“十四五”时期国家重点出版物出版专项规划项目
人工智能重大基础研究丛书

人工智能的矩阵代数方法

·数学基础·

A Matrix Algebra Approach to Artificial Intelligence

张贤达 著
张远声 译

高等教育出版社·北京

图书在版编目（C I P）数据

人工智能的矩阵代数方法：数学基础 / 张贤达著；张远声译．-- 北京：高等教育出版社，2022. 1（2024.6重印）
ISBN 978-7-04-057167-7

Ⅰ．①人… Ⅱ．①张… ②张… Ⅲ．①人工智能 - 线性变换环 - 算法 Ⅳ．① TP18 ② O153. 3

中国版本图书馆 CIP 数据核字（2021）第 207663 号

RENGONG ZHINENG DE JUZHEN DAISHU FANGFA SHUXUE JICHU

策划编辑 冯 英	责任编辑 冯 英	封面设计 张雨微
版式设计 王艳红	责任校对 胡美萍	责任印制 刁 毅

出版发行	高等教育出版社	网　　址	http://www.hep.edu.cn
社　　址	北京市西城区德外大街4号		http://www.hep.com.cn
邮政编码	100120	网上订购	http://www.hepmall.com.cn
印　　刷	涿州市京南印刷厂		http://www.hepmall.com
开　　本	787 mm× 1092 mm 1/16		http://www.hepmall.cn
印　　张	15		
字　　数	400 千字	版　　次	2022 年 1 月第 1 版
购书热线	010-58581118	印　　次	2024 年 6 月第 2 次印刷
咨询电话	400-810-0598	定　　价	79.00 元

本书如有缺页、倒页、脱页等质量问题，请到所购图书销售部门联系调换

物 料 号 57167-00

忆张贤达教授 (代序)

张贤达教授不仅是我相伴近五十载的丈夫, 更是我的良师、我最敬重的人。他一生勤奋、拼搏、默默奉献。

张贤达出生于江西省兴国县革命根据地的一个小村庄, 正是这块红色的土地养育了他, 使他具有淳朴善良、忠厚正直、持重务实、懂得感恩和奉献的品德。在爷爷等革命前辈的教诲下, 他从小就立下了报效祖国的志向。无论是在小时候为了求学每日独自走过横跨深壑的独木桥, 还是在生活困难的日子里, 他都不曾懈怠过学习。课本中讲述的民族英雄的伟大精神和优秀品德深深铭刻在他心中, “人生自古谁无死, 留取丹心照汗青”“鞠躬尽瘁, 死而后已” 成为他人生的座右铭。1964 年 8 月他被选拔进入军事院校学习, 六年后毕业分配到西北某总装厂的烈性炸药生产线上工作, 他毫无怨言、任劳任怨, 而且一干就是四年之久。1978 年国家恢复研究生招生, 虽地处偏远, 缺少资料, 但他仍刻苦钻研, 不仅把工厂技术革新搞得很好, 而且考取了研究生。之后在被公派到日本留学的日子里, 他亲身感受到我国科技与世界先进水平的差距, 为使我国科学技术能早日赶超世界先进水平, 他更加如饥似渴地学习。在获得博士学位回国后, 又到美国进行博士后研究, 虽成果斐然, 但他毅然决然回来报效祖国。1992 年调入清华大学后, 他开始潜心教学和科研。

张贤达作为我国最早开展非高斯信号处理、盲信号处理和通信信号处理的学者之一, 以第一完成人荣获国家自然科学奖和省部级科技进步奖 4 项, 享受国务院政府特殊津贴。他是首批“长江学者奖励计划”特聘教授, 先后培养了 60 多名博士、硕士研究生, 发表 SCI 论文 120 多篇, 他引上万次。为了更好地为国家培养高水平人才和高质量地进行教学, 他在 1997 年撰写了经典的《信号处理中的线性代数》一书, 该书后被译为日文行销海外。之后, 他又陆续撰写了 9 本著作。其中,《矩阵分析与应用》被近百所大学选为教材或参考书, 成为众多工程技术人员与研究人员的案头必备工具书。

张贤达对教书育人一贯严谨负责, 每一次讲课前, 即便是讲授自己的著述, 他也会精心备课。在指导学生进行研究时, 他更是严格要求、悉心指导, 注重培养他们的创造力和探究精神, 力求学生们能够高水平地完成项目。在科研领域, 他用求真务实的思维在信号处理、通信、应用数学、人工智能等多个学科领域不断探索、撰写专著, 贡献了毕生的精力。退休后本来可以好好休养的他仍笔耕不辍, 相继撰写了 *Matrix Analysis and Application* 和 *A Matrix Algebra Approach to Artificial Intelligence* 两本英文著作。在书中, 凭借扎实的数学功底, 他以独特的视角, 阐述了如何将深奥的矩阵理论融入前沿的工程技术应用, 如何运用基础数学方法开展科学研究、推动技术进步。不为人知的是, 人工智能英文专著写作过程的艰难。2018 年元月, 他在写作中因过度劳累住进了医院, 被诊断为心力衰竭。随后的两年, 他抱病工作, 先后 4 次住院治疗, 医生和我都劝他调养身体、暂缓写作。但他却表示: 这些年人工智能技术发展迅速, 无论是理论研究人员还是工程技术人员, 都需要一本能够对这门学科的数学原理深入阐述的书籍, 自己宁愿少活几年也要把积累的知识尽快写出来。可以说, 今天呈现在读者面前的这本书, 不仅凝结了他不倦科研的最新成果, 还是一名知识分子对国家科学和教育事业的无私奉献, 是他用生命为民族复兴谱写的篇章。

张贤达教授一生情系民族、心向祖国, 他淡泊名利、严谨治学, 他待人谦和宽厚、风清名正, 他的浩然正气长存。

谨以此书献给他的民族和祖国, 献给他的科学事业, 献给他不舍的三尺讲台。

唐晓英

2021 年 2 月

前　言

所谓人的智能, 是指人具有 4 种基本而重要的能力: 学习能力、认知 (获取和储存知识) 能力、推广能力和计算能力。相应地, 人工智能包括 4 个基本而重要的领域: 机器学习 (学习智能)、神经网络 (认知智能)、支持向量机 (推广智能) 和演化计算 (计算智能)。

人工智能的发展需要对待解决的问题有深入的数学理解。例如, 多元微积分就是机器学习算法处理优化问题的强有力支撑。研究人工智能的主要数学方法有矩阵代数、最优化和数理统计, 而后两者通常以矩阵的形式表达和解决。因此, 矩阵代数作为一个基本的数学工具, 在人工智能学科中具有重要的基础性意义。

本书的目的是提供坚实的矩阵代数理论基础和大量在 4 个重要的人工智能领域中的应用, 包括机器学习、神经网络、支持向量机与演化计算。

结构和内容

本书内容分为两部分。

第一部分提供矩阵代数的基础知识, 包括第 1—5 章。第 1 章介绍矩阵的基本计算和性质, 讲述矩阵的向量化和向量的矩阵化。第 2 章介绍的矩阵微分是梯度计算和优化中重要而有效的工具。第 3 章介绍凸优化的理论和方法, 重点讲述光滑和非光滑凸优化和约束凸优化中的梯度/次梯度方法。第 4 章介绍奇异值分解 (SVD)、Tikhonov 正则化和总体最小二乘法求解超定矩阵方程, 以及用 Lasso 和 LARS 方法求解欠定矩阵方程。第 5 章介绍特征值分解 (EVD)、广义特征值分解、Rayleigh 商和广义 Rayleigh 商。

第二部分集中在机器学习、神经网络、支持向量机 (SVM) 和演化计算。这部分是本书的主体部分, 由以下 4 章组成。

第 6 章 (机器学习) 首先介绍机器学习的基本理论和方法, 包括单目标优化、特征选择、主成分分析和典型相关分析, 以及有监督、无监督、半监督学习和机器学习中的主动学习。然后, 介绍图机器学习、强化学习、Q 学习和转移学习的内容和进展。

第 7 章 (神经网络) 描述神经网络的优化、激活函数和基本神经网络, 中心内容是卷积神经网络 (CNN)、丢弃学习、自动编码器、极限学习机 (ELM)、图嵌入、网络嵌入、图神经网络、批量规格化网络和生成对抗网络 (GAN)。

第 8 章 (支持向量机) 讨论支持向量机的回归与分类, 以及相关向量机。

第 9 章 (演化计算) 主要涉及多目标优化、多目标模拟退火、多目标遗传算法、多目标进化算法、演化规划、差分演化、蚁群优化、人工蜂群算法和粒子群优化。特别地, 强调了演化计算的主题和进展: 帕累托 (Pareto) 优化理论、含噪多目标优化和基于对立的演化计算。

第一部分使用了我的另一本书的一些内容和材料 (*Matrix Analysis and Applications*, 剑桥大学出版社, 2017), 但两者在内容和目的上存在着相当大的差异。本书的内容集中在第二部分, 关于矩阵代数方法在人工智能中的应用。相比之下, 第一部分只有 200 多页的篇幅。本书还与我的另一本书《信号处理中的线性代数》(中文, 科学出版社, 1997; 日文, 森北出版社, 2008) 有关。

特点和贡献

- 第一部关于矩阵代数方法与人工智能应用的著作。
- 提出了机器学习树、神经网络树和演化计算树。
- 介绍了 4 个人工智能核心领域的实用矩阵代数理论和方法: 机器学习、神经网络、支持向量机和演化计算。
- 重点介绍机器学习、神经网络和演化计算中特定的主题和进展。
- 总结了约 80 种人工智能算法, 使读者能够进一步理解和实践相关的人工智能方法。

本书适合在人工智能、计算机科学、数学、工程等领域的教师、工程师和研究生学习和参考使用。

致谢

感谢我的 40 多名博士生和 20 多名硕士生在智能信号与信息处理、模式识别方面的合作研究。

最后, 我还要感谢我的妻子唐晓英, 感谢她近 50 年来对我的工作、教学和研究给予的一贯理解和支持。

张贤达

2019 年 11 月于北京

目 录

符号列表

$\forall$	对所有
$\mid$	使得
$\ni$	包含
$\exists$	存在
$\nexists$	不存在
$\wedge$	合取, 逻辑与
$\vee$	析取, 逻辑或
$\lvert A\rvert$	集合 A 的基数
$A \Rightarrow B$	推断, "B 是 A 的结果" 或 "A 意味着 B"
$A \subseteq B$	A 是 B 的子集
$A \subset B$	A 是 B 的真子集
$A = B$	集合 $A = B$
$A \cup B$	A 与 B 的并集
$A \cap B$	A 与 B 的交集
$A \cap B = \varnothing$	集合 A 与 B 是不相交的
$A + B$	集合 A 与 B 的并集
$A - B$	A 中不在 B 中的元素集合
$X \setminus A$	集合 X 中集合 A 的补集
$A \succ B$	集合 A 支配集合 B: 若对所有目标函数 $\mathbf{f}(\mathbf{x}_2) \in B$ 都至少有一个 $\mathbf{f}(\mathbf{x}_1) \in A$ 使得 $\mathbf{f}(\mathbf{x}_1) <_{IN} \mathbf{f}(\mathbf{x}_2)$ (对于最小化问题) 或 $\mathbf{f}(\mathbf{x}_1) >_{IN} \mathbf{f}(\mathbf{x}_2)$ (对于最大化问题)
$A \succeq B$	集合 A 弱支配集合 B: 若对所有目标函数 $\mathbf{f}(\mathbf{x}_2) \in B$ 都至少有一个 $\mathbf{f}(\mathbf{x}_1) \in A$ 使得 $\mathbf{f}(\mathbf{x}_1) \leqslant_{IN} \mathbf{f}(\mathbf{x}_2)$ (对于最小化问题) 或 $\mathbf{f}(\mathbf{x}_1) \geqslant_{IN} \mathbf{f}(\mathbf{x}_2)$ (对于最大化问题)
$A \succ\succ B$	集合 A 强支配集合 B: 若对所有目标函数 $\mathbf{f}(\mathbf{x}_2) \in B$ 都至少有一个 $\mathbf{f}(\mathbf{x}_1) \in A$ 使得 $f_i(\mathbf{x}_1) <_{IN} f_i(\mathbf{x}_2), \forall i = \{1, \cdots, m\}$ (对于最小化) 或 $f_i(\mathbf{x}_1) >_{IN} f_i(\mathbf{x}_2)$, $\forall i = \{1, \cdots, m\}$ (对于最大化问题)
$A \parallel B$	集合 A 与集合 B 不可比较: 既不 $A \succeq B$ 也不 $B \succeq A$
$A \triangleright B$	集合 A 优于集合 B: 若对所有目标函数 $\mathbf{f}(\mathbf{x}_2) \in B$ 至少被一个 $\mathbf{f}(\mathbf{x}_1) \in A$ 支配，并且 $A \neq B$
$\mathrm{AGG}_{\mathrm{mean}}(z)$	z 的平均聚合函数
$\mathrm{AGG}_{\mathrm{LSTM}}(z)$	z 的 LSTM 平均聚合函数

$\mathrm{AGG}_{\mathrm{pool}}(z)$	z 的池化聚合函数
$\mathbb{C}$	复数
$\mathbb{C}^n$	复 n 向量
$\mathbb{C}^{m\times n}$	复 $m\times n$ 矩阵
$\mathbb{C}[x]$	复多项式
$\mathbb{C}[x]^{m\times n}$	复 $m\times n$ 多项式矩阵
$\mathbb{C}^{I\times J\times K}$	复三阶张量
$\mathbb{C}^{I_1\times\cdots\times I_N}$	复 N 阶张量
$\mathbb{K}$	实数或复数
$\mathbb{K}^n$	实或复 n 阶向量
$\mathbb{K}^{m\times n}$	实或复 $m\times n$ 矩阵
$\mathbb{K}^{I\times J\times K}$	实或复三阶张量
$\mathbb{K}^{I_1\times\cdots\times I_N}$	实或复 N 阶张量
$G(V,E,\mathbf{W})$	具有顶点集 V、边集 E 和邻接矩阵 $\mathbf{W}$ 的图
$\mathcal{N}(v)$	顶点（节点） v 的邻域
$\mathrm{PReLU}(z)$	参数校正线性单位激活函数
$\mathrm{ReLU}(z)$	校正线性单位激活函数
$\mathbb{R}$	实数
$\mathbb{R}^n$	实 n 阶向量
$\mathbb{R}^{m\times n}$	实 $m\times n$ 矩阵
$\mathbb{R}[x]$	实数多项式
$\mathbb{R}[x]^{m\times n}$	实 $m\times n$ 多项式矩阵
$\mathbb{R}^{I\times J\times K}$	实三阶张量
$\mathbb{R}^{I_1\times\cdots\times I_N}$	实 N 阶张量
$\mathbb{R}_+$	非负实数，非负象限
$\mathbb{R}_{++}$	正实数
$\sigma(z)$	z 的 sigmoid 激活函数
$\mathrm{softmax}(z)$	z 的 softmax 激活函数
$\mathrm{softplus}(z)$	z 的 softplus 激活函数
$\mathrm{softsign}(z)$	z 的 softsign 激活函数
$\tanh(z)$	z 的双曲正切 (tanh) 激活函数
$T:V\rightarrow W$	将 V 中的向量映射到 W 中的对应向量
$T^{-1}:W\rightarrow V$	一对一映射 $T:V\rightarrow W$ 的逆映射
$X_1\times\cdots\times X_n$	n 个集 $X_1,\cdots,X_n$ 的笛卡儿积
$\{(\mathbf{x}_i,y_i=+1)\}$	属于类别 (+) 的训练数据向量 $\mathbf{x}_i$ 的集合
$\{(\mathbf{x}_i,y_i=-1)\}$	属于类别 (−) 的训练数据向量 $\mathbf{x}_i$ 的集合
$\mathbf{1}_n$	n 维求和向量，所有项为 1
$\mathbf{0}_n$	n 维零向量
$\mathbf{e}_i$	第 i 项等于 1，其他项为零的基向量
$\mathbf{x}\sim N(\bar{\mathbf{x}},\mathbf{\Gamma}_x)$	具有均值向量 $\bar{\mathbf{x}}$ 和协方差矩阵 $\mathbf{\Gamma}_x$ 的高斯向量

$\|\mathbf{x}\|_0$	向量 $\mathbf{x}$ 的 ℓ_0 范数: 向量的非零项数
$\|\mathbf{x}\|_1$	向量 $\mathbf{x}$ 的 ℓ_1 范数
$\|\mathbf{x}\|_2$	向量 $\mathbf{x}$ 的欧氏范数
$\|\mathbf{x}\|_p$	向量 $\mathbf{x}$ 的 ℓ_p 范数
$\|\mathbf{x}\|_*$	向量 $\mathbf{x}$ 的核范数
$\|\mathbf{x}\|_\infty$	向量 $\mathbf{x}$ 的 ℓ_∞ 范数
$\langle\mathbf{x},\mathbf{y}\rangle$	向量 $\mathbf{x}$ 和 $\mathbf{y}$ 的内积
$d(\mathbf{x},\mathbf{y})$	向量 $\mathbf{x}$ 和 $\mathbf{y}$ 之间的距离或相异性
$N_\epsilon(\mathbf{x})$	$\mathbf{x}$ 向量的 ϵ 邻域
$\rho(\mathbf{x},\mathbf{y})$	两个随机向量 $\mathbf{x}$ 和 $\mathbf{y}$ 之间的相关系数
$\mathbf{x}\in A$	$\mathbf{x}$ 属于集合 A, 即 $\mathbf{x}$ 是集合 A 的元素
$\mathbf{x}\notin A$	$\mathbf{x}$ 不是集合 A 的元素
$\mathbf{x}\circ\mathbf{y}=\mathbf{x}\mathbf{y}^{\mathrm{H}}$	向量 $\mathbf{x}$ 和 $\mathbf{y}$ 的外积
$\mathbf{x}\perp\mathbf{y}$	向量正交
$\mathbf{x}>0$	正向量，所有项 $x_i>0,\forall i$
$\mathbf{x}\geqslant 0$	非负向量，所有项 $x_i\geqslant 0,\forall i$
$\mathbf{x}\geqslant\mathbf{y}$	向量元素不等式 $x_i\geqslant y_i,\forall i$
$\mathbf{x}\succ\mathbf{x}'$	$\mathbf{x}$ 支配（或优于）$\mathbf{x}'$: $\mathbf{f}(\mathbf{x})<\mathbf{f}(\mathbf{x}')$ 对于最小化问题
$\mathbf{x}\succ\mathbf{x}'$	$\mathbf{x}$ 支配（或优于）$\mathbf{x}'$: $\mathbf{f}(\mathbf{x})>\mathbf{f}(\mathbf{x}')$ 对于最大化问题
$\mathbf{x}\succeq\mathbf{x}'$	$\mathbf{x}$ 弱支配（或优于）$\mathbf{x}'$: $\mathbf{f}(\mathbf{x})\leqslant\mathbf{f}(\mathbf{x}')$ 对于最小化问题
$\mathbf{x}\succeq\mathbf{x}'$	$\mathbf{x}$ 弱支配（或优于）$\mathbf{x}'$: $\mathbf{f}(\mathbf{x})\geqslant\mathbf{f}(\mathbf{x}')$ 对于最大化问题
$\mathbf{x}\succ\succ\mathbf{x}'$	$\mathbf{x}$ 强支配（或优于）$\mathbf{x}'$: $f_i(\mathbf{x})<f_i(\mathbf{x}'),\forall i$ 对于最小化问题
$\mathbf{x}\succ\succ\mathbf{x}'$	$\mathbf{x}$ 强支配（或优于）$\mathbf{x}'$: $f_i(\mathbf{x})>f_i(\mathbf{x}'),\forall i$ 对于最大化问题
$\mathbf{x}\parallel\mathbf{x}'$	$\mathbf{x}$ 和 $\mathbf{x}'$ 无法比较, 即, $\mathbf{x}\not\succeq\mathbf{x}'\wedge\mathbf{x}'\not\succeq\mathbf{x}$
$\mathbf{f}(\mathbf{x})=\mathbf{f}(\mathbf{x}')$	$f_i(\mathbf{x})=f_i(\mathbf{x}'),\ \forall i=1,\cdots,m$
$\mathbf{f}(\mathbf{x})\neq\mathbf{f}(\mathbf{x}')$	$f_i(\mathbf{x})\neq f_i(\mathbf{x}')$, 至少存在一个 $i\in\{1,\cdots,m\}$
$\mathbf{f}(\mathbf{x})\leqslant\mathbf{f}(\mathbf{x}')$	$f_i(\mathbf{x})\leqslant f_i(\mathbf{x}'),\ \forall i=1,\cdots,m$
$\mathbf{f}(\mathbf{x})<\mathbf{f}(\mathbf{x}')$	$\forall i=1,\cdots,m: f_i(\mathbf{x})\leqslant f_i(\mathbf{x}')\ \wedge\exists j\in\{1,\cdots,m\}: f_j(\mathbf{x})<f_j(\mathbf{x}')$
$\mathbf{f}(\mathbf{x})\geqslant\mathbf{f}(\mathbf{x}')$	$f_i(\mathbf{x})\geqslant f_i(\mathbf{x}'),\ \forall i=1,\cdots,m$
$\mathbf{f}(\mathbf{x})>\mathbf{f}(\mathbf{x}')$	$\forall i=1,\cdots,m: f_i(\mathbf{x})\geqslant f_i(\mathbf{x}')\ \wedge\exists j\in\{1,\cdots,m\}: f_j(\mathbf{x})>f_j(\mathbf{x}')$
$\mathbf{f}(\mathbf{x}_1)<_{IN}\mathbf{f}(\mathbf{x}_2)$	区间排序关系: $\forall i=1,\cdots,m: \underline{f}_i(\mathbf{x}_1)\leqslant\underline{f}_i(\mathbf{x}_2)\wedge\overline{f}_i(\mathbf{x}_1)\leqslant\overline{f}_i(\mathbf{x}_2)\wedge\exists j\in\{1,\cdots,m\}: \underline{f}_j(\mathbf{x}_1)\neq\underline{f}_j(\mathbf{x}_2)\vee\overline{f}_j(\mathbf{x}_1)\neq\overline{f}_j(\mathbf{x}_2)$
$\mathbf{f}(\mathbf{x}_1)>_{IN}\mathbf{f}(\mathbf{x}_2)$	区间排序关系: $\forall i=1,\cdots,m: \underline{f}_i(\mathbf{x}_1)\geqslant\underline{f}_i(\mathbf{x}_2)\wedge\overline{f}_i(\mathbf{x}_1)\geqslant\overline{f}_i(\mathbf{x}_2)\wedge\exists j\in\{1,\cdots,m\}: \underline{f}_j(\mathbf{x}_1)\neq\underline{f}_j(\mathbf{x}_2)\vee\overline{f}_j(\mathbf{x}_1)\neq\overline{f}_j(\mathbf{x}_2)$
$\mathbf{f}(\mathbf{x}_1)\leqslant_{IN}\mathbf{f}(\mathbf{x}_2)$	弱区间排序关系: $\forall i\in\{1,\cdots,m\}: \underline{f}_i(\mathbf{x}_1)\leqslant\underline{f}_i(\mathbf{x}_2)\wedge\overline{f}_i(\mathbf{x}_1)\leqslant\overline{f}_i(\mathbf{x}_2)$

$\mathbf{f}(\mathbf{x}_1) \geqslant_{IN} \mathbf{f}(\mathbf{x}_2)$	弱区间排序关系: $\forall i \in \{1,\cdots,m\} : \underline{f}_i(\mathbf{x}_1) \geqslant \underline{f}_i(\mathbf{x}_2) \wedge \overline{f}_i(\mathbf{x}_1) \geqslant \overline{f}_i(\mathbf{x}_2)$
$\mathbf{A}^{\mathrm{T}}$	$\mathbf{A}$ 的转置矩阵
$\mathbf{A}^{\mathrm{H}}$	$\mathbf{A}$ 的复共轭转置矩阵
$\mathbf{A}^{-1}$	非奇异矩阵 $\mathbf{A}$ 的逆
$\mathbf{A}^{\dagger}$	矩阵 $\mathbf{A}$ 的 Moore-Penrose 逆
$\mathbf{A}^{*}$	矩阵 $\mathbf{A}$ 的共轭矩阵
$\mathbf{A} \succ 0$	正定矩阵
$\mathbf{A} \succeq 0$	正半定矩阵
$\mathbf{A} \prec 0$	负定矩阵
$\mathbf{A} \preceq 0$	负半定矩阵
$\mathbf{A} > 0$	正（或元素正）矩阵
$\mathbf{A} \geqslant 0$	非负（或元素非负）矩阵
$\mathbf{A} \geqslant \mathbf{B}$	矩阵元素不等式 $a_{ij} \geqslant b_{ij}, \forall i,j$
$\mathbf{I}_n$	$n \times n$ 单位矩阵
$\mathbf{O}_n$	$n \times n$ 零矩阵
$\|\mathbf{A}\|$	矩阵 $\mathbf{A}$ 的行列式
$\\|\mathbf{A}\\|_1$	矩阵 $\mathbf{A}$ 的最大绝对列和范数
$\\|\mathbf{A}\\|_2 = \\|\mathbf{A}\\|_{\mathrm{spec}}$	矩阵 $\mathbf{A}$ 的谱范数
$\\|\mathbf{A}\\|_F$	矩阵 $\mathbf{A}$ 的 Frobenius 范数
$\\|\mathbf{A}\\|_\infty$	最大标准值: $\mathbf{A}$ 的所有项的最大绝对值
$\\|\mathbf{A}\\|_{\mathbf{G}}$	矩阵 $\mathbf{A}$ 的 Mahalanobis 范数
$\\|\mathbf{A}\\|_*$	矩阵 $\mathbf{A}$ 的核范数，也称为迹范数
$\mathbf{A} \oplus \mathbf{B}$	$m \times m$ 矩阵 $\mathbf{A}$ 和 $n \times n$ 矩阵 $\mathbf{B}$ 的直和
$\mathbf{A} \odot \mathbf{B}$	矩阵 $\mathbf{A}$ 和 $\mathbf{B}$ 的 Hadamard 积（或元素形式积）
$\mathbf{A} \oslash \mathbf{B}$	矩阵 $\mathbf{A}$ 和 $\mathbf{B}$ 的元素商
$\mathbf{A} \otimes \mathbf{B}$	矩阵 $\mathbf{A}$ 和 $\mathbf{B}$ 的 Kronecker 积
$\langle \mathbf{A}, \mathbf{B} \rangle$	矩阵 $\mathbf{A}$ 和 $\mathbf{B}$ 的内积: $\langle \mathbf{A}, \mathbf{B} \rangle = \langle \mathrm{vec}(\mathbf{A}), \mathrm{vec}(\mathbf{B}) \rangle$
$\rho(\mathbf{A})$	矩阵 $\mathbf{A}$ 的谱半径
$\mathrm{cond}(\mathbf{A})$	矩阵 $\mathbf{A}$ 的条件数
$\mathrm{diag}(\mathbf{A})$	矩阵 $\mathbf{A} = [a_{ij}]$ 的对角函数: $\sum_{i=1}^{n} \|a_{ii}\|^2$
$\mathbf{Diag}(\mathbf{A})$	由 $\mathbf{A}$ 的对角线项组成的对角矩阵
$\mathrm{eig}(\mathbf{A})$	Hermite 矩阵 $\mathbf{A}$ 的特征值
$\mathrm{Gr}(n,r)$	格拉斯曼流形
$\mathrm{rvec}(\mathbf{A})$	矩阵 $\mathbf{A}$ 的列向量化
$\mathrm{off}(\mathbf{A})$	矩阵 $\mathbf{A} = [a_{ij}]$ 的非对角函数: $\sum_{i=1,i\neq j}^{m} \sum_{j=1}^{n} \|a_{ij}\|^2$
$\mathrm{tr}(\mathbf{A})$	矩阵 $\mathbf{A}$ 的迹
$\mathrm{vec}(\mathbf{A})$	矩阵 $\mathbf{A}$ 的向量化

第 1 章 矩阵计算基础

[3]

在科学与工程应用中, 我们经常会遇到求解线性方程组的问题。矩阵为描述和求解线性方程组提供了最基本、最有用的数学工具。作为线性代数的导论, 本章先介绍矩阵的基本运算与性能指标, 然后再聚焦矩阵的向量化与向量的矩阵化。

1.1 向量与矩阵的基本概念

在介绍具体运算之前, 先介绍向量与矩阵的基本概念与符号。

1.1.1 向量与矩阵

一个实线性方程组

$$\left.\begin{aligned} a_{11}x_1+\cdots+a_{1n}x_n&=b_1\\ &\vdots\\ a_{m1}x_1+\cdots+a_{mn}x_n&=b_m \end{aligned}\right\} \tag{1.1.1}$$

可以简单地表示为一个矩阵方程

$$\mathbf{A}\mathbf{x}=\mathbf{b} \tag{1.1.2}$$

式中

[4]

$$\mathbf{A}=\begin{bmatrix} a_{11} & \cdots & a_{1n}\\ \vdots & & \vdots\\ a_{m1} & \cdots & a_{mn}\end{bmatrix}\in\mathbb{R}^{m\times n},\quad \mathbf{x}=\begin{bmatrix} x_1\\ \vdots\\ x_n\end{bmatrix}\in\mathbb{R}^n,\quad \mathbf{b}=\begin{bmatrix} b_1\\ \vdots\\ b_m\end{bmatrix}\in\mathbb{R}^m \tag{1.1.3}$$

若线性方程组为复数值, 则 $\mathbf{A}\in\mathbb{C}^{m\times n},\mathbf{x}\in\mathbb{C}^n$, $\mathbf{b}\in\mathbb{C}^m$。这里, $\mathbb{R}$ (或 $\mathbb{C}$) 表示实 (或复) 数的集合, $\mathbb{R}^m$ (或 $\mathbb{C}^m$) 表示所有实 (或复) m 维列向量的集合, 而 $\mathbb{R}^{m\times n}$ (或 $\mathbb{C}^{m\times n}$) 是所有 $m\times n$ 实 (或复) 矩阵的集合。

一个 m 维行向量 $\mathbf{x} = [x_1, \cdots, x_m]$ 表示为 $\mathbf{x} \in \mathbb{R}^{1\times m}$ 或 $\mathbf{x} \in \mathbb{C}^{1\times m}$。为了节省书写空间，一个 m 维列向量通常写为一个行向量的转置，记作 $\mathbf{x} = [x_1, \cdots, x_m]^{\mathrm{T}}$，其中 T 代表“转置”。

在科学与工程中有 3 种不同的向量 [18]:

- 物理向量: 其元素为具有幅值和方向的物理量，例如，位移向量、速度向量、加速度向量等。
- 几何向量: 一个有向线段或者矢量可以用一个物理向量可视化。这样的表示称为几何向量。例如，$\overrightarrow{AB}$ 表示一个有向线段，其起点为点 A，终点为点 B。
- 代数向量: 几何向量需要表示成代数形式，以便进行运算。对于平面上的几何向量 $\mathbf{v} = \overrightarrow{AB}$，若其起点为 $A = (a_1, a_2)$，终点为 $B = (b_1, b_2)$，则几何向量 $\mathbf{v} = \overrightarrow{AB}$ 可以用代数形式表示为 $\mathbf{v} = \begin{bmatrix} b_1 - a_1 \\ b_2 - a_2 \end{bmatrix}$。这样一种用代数形式表示的几何向量称为代数向量。

物理向量是在实际应用中经常遇到的向量，几何向量和代数向量则分别是物理向量的可视化表示和代数形式。代数向量提供了物理向量的一种计算工具。

根据元素取值的不同，代数向量可以分为以下 3 种类型:

- 常数向量: 所有元素均为实常数或复常数，例如 $\mathbf{a} = [1, 5, 2]^{\mathrm{T}}$。
- 函数向量: 函数作为元素，如 $\mathbf{x} = [x^1, \cdots, x^n]^{\mathrm{T}}$。
- 随机向量: 所有元素为随机变量或随机信号，例如 $\mathbf{x}(n) = [x_1(n), \cdots, x_m(n)]^{\mathrm{T}}$，其中 $x_1(n), \cdots, x_m(n)$ 是 m 个随机变量或随机信号。

图 1.1 归纳了向量的分类。

[5]

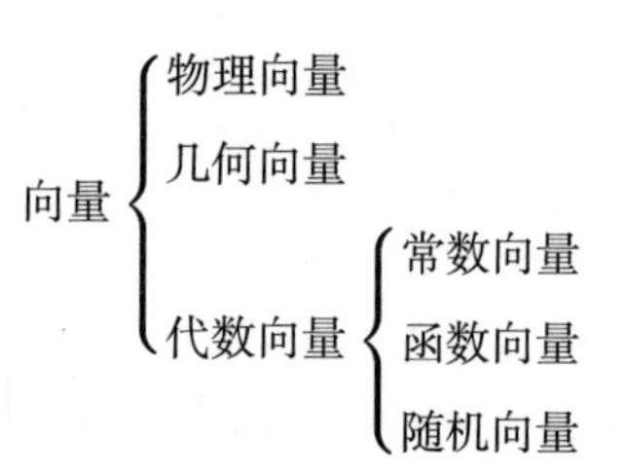

图 1.1　向量的分类

所有元素等于零的向量称为零向量，记作 $\mathbf{0} = [0, \cdots, 0]^{\mathrm{T}}$。

只有一个非零元素 $x_i = 1$ 的 $n \times 1$ 向量 $\mathbf{x} = [x_1, \cdots, x_n]^{\mathrm{T}}$ 称为基 (本) 向量，记作 $\mathbf{e}_i$，例如

$$\mathbf{e}_1 = \begin{bmatrix} 1 \\ 0 \\ 0 \\ \vdots \\ 0 \end{bmatrix}, \quad \mathbf{e}_2 = \begin{bmatrix} 0 \\ 1 \\ 0 \\ \vdots \\ 0 \end{bmatrix}, \quad \cdots, \quad \mathbf{e}_n = \begin{bmatrix} 0 \\ 0 \\ 0 \\ \vdots \\ 1 \end{bmatrix} \tag{1.1.4}$$

在物理问题建模中, 矩阵 $\mathbf{A}$ 通常是物理系统的符号表示 (例如线性系统、滤波器或学习机)。对于 $m \times n$ 矩阵, 当 $m = n$ 时, 称 $\mathbf{A}$ 为 [正] 方阵; 当 $m < n$ 时, 称 $\mathbf{A}$ 为宽矩阵; 当 $m > n$ 时, 称 $\mathbf{A}$ 为高矩阵。

一个 $n \times n$ 矩阵 $\mathbf{A} = [a_{ij}]$ 的主对角线是从左上角到右下角的连线。位于主对角线上的元素 $a_{11}, a_{22}, \cdots, a_{nn}$ 称为 (主) 对角元素。

一个 $n \times n$ 矩阵 $\mathbf{A} = [a_{ij}]$ 称为对角矩阵, 若主对角线以外的所有元素均等于零。对角矩阵记作

$$\mathbf{D} = \mathbf{Diag}(d_{11}, \cdots, d_{nn}) \tag{1.1.5}$$

特别地, 对角矩阵

$$\mathbf{I} = \mathbf{Diag}(1, \cdots, 1) \tag{1.1.6}$$

称为单位矩阵。

对角矩阵

$$\mathbf{O} = \mathbf{Diag}(0, \cdots, 0) \tag{1.1.7}$$

称作零矩阵。

显然, 一个 $n \times n$ 单位矩阵 $\mathbf{I}$ 可以用基向量表示为 $\mathbf{I} = [\mathbf{e}_1, \cdots, \mathbf{e}_n]$。

在本书中, 我们会经常遇到以下矩阵符号。

$\mathbf{A}(i,:)$: 矩阵 $\mathbf{A}$ 的第 i 行。

$\mathbf{A}(:,j)$: 矩阵 $\mathbf{A}$ 的第 j 列。

$\mathbf{A}(p:q, r:s)$: 矩阵 $\mathbf{A}$ 的 $(q-p+1) \times (s-r+1)$ 子矩阵, 由 $\mathbf{A}$ 的第 p 行到第 q 行, 以及第 r 列到第 s 列组成。例如 [6]

$$\mathbf{A}(2:5, 1:3) = \begin{bmatrix} a_{21} & a_{22} & a_{23} \\ a_{31} & a_{32} & a_{33} \\ a_{41} & a_{42} & a_{43} \\ a_{51} & a_{52} & a_{53} \end{bmatrix}$$

矩阵 $\mathbf{A}$ 是一个 $m \times n$ 分块矩阵, 若它具有以下形式

$$\mathbf{A} = [\mathbf{A}_{ij}] = \begin{bmatrix} \mathbf{A}_{11} & \mathbf{A}_{12} & \cdots & \mathbf{A}_{1n} \\ \mathbf{A}_{21} & \mathbf{A}_{22} & \cdots & \mathbf{A}_{2n} \\ \vdots & \vdots & & \vdots \\ \mathbf{A}_{m1} & \mathbf{A}_{m2} & \cdots & \mathbf{A}_{mn} \end{bmatrix}$$

1.1.2 基本向量运算

基本向量运算包括向量加、向量与标量的乘和向量乘积。

两个向量 $\mathbf{u} = [u_1, \cdots, u_n]^{\mathrm{T}}$ 和 $\mathbf{v} = [v_1, \cdots, v_n]^{\mathrm{T}}$ 的向量加定义为

$$\mathbf{u} + \mathbf{v} = [u_1 + v_1, \cdots, u_n + v_n]^{\mathrm{T}} \tag{1.1.8}$$

向量加具有以下两个主要性质:

- 交换律: $\mathbf{u}+\mathbf{v}=\mathbf{v}+\mathbf{u}$。
- 结合律: $(\mathbf{u}+\mathbf{v})\pm\mathbf{w}=\mathbf{u}+(\mathbf{v}\pm\mathbf{w})=(\mathbf{u}\pm\mathbf{w})+\mathbf{v}$。

一个 $n\times 1$ 向量 $\mathbf{u}$ 与标量 α 的向量乘定义为

$$\alpha\mathbf{u}=[\alpha u_1,\cdots,\alpha u_n]^{\mathrm{T}} \tag{1.1.9}$$

向量与标量乘的基本性质是其分配律

$$\alpha(\mathbf{u}+\mathbf{v})=\alpha\mathbf{u}+\alpha\mathbf{v} \tag{1.1.10}$$

两个实或复 $n\times 1$ 向量 $\mathbf{u}=[u_1,\cdots,u_n]^{\mathrm{T}}$ 和 $\mathbf{v}=[v_1,\cdots,v_n]^{\mathrm{T}}$ 的内积 (或称点积、标量积) 记作 $\langle\mathbf{u},\mathbf{v}\rangle$, 定义为实数

$$\mathbf{u}\cdot\mathbf{v}=\langle\mathbf{u},\mathbf{v}\rangle=\mathbf{u}^{\mathrm{T}}\mathbf{v}=u_1v_1+\cdots+u_nv_n=\sum_{i=1}^{n}u_iv_i \tag{1.1.11}$$

[7] 或者复数

$$\mathbf{u}\cdot\mathbf{v}=\langle\mathbf{u},\mathbf{v}\rangle=\mathbf{u}^{\mathrm{H}}\mathbf{v}=u_1^*v_1+\cdots+u_n^*v_n=\sum_{i=1}^{n}u_i^*v_i \tag{1.1.12}$$

这里 $\mathbf{u}^{\mathrm{H}}$ 是 $\mathbf{u}$ 的复共轭转置。

请注意, 如果 $\mathbf{u}$ 和 $\mathbf{v}$ 是两个行向量, 则对于实向量, $\mathbf{u}\cdot\mathbf{v}=\mathbf{u}\mathbf{v}^{\mathrm{T}}$; 对于复向量, $\mathbf{u}\cdot\mathbf{v}=\mathbf{u}\mathbf{v}^{\mathrm{H}}$。

两个向量的内积 $\langle\mathbf{u},\mathbf{v}\rangle=\mathbf{u}^{\mathrm{H}}\mathbf{v}$ 有重要的应用, 例如: 它可以用于度量一个向量的尺度 (或长度), 两个向量之间的距离, 一个向量的邻域等。我们将在后面介绍这些应用。

一个 $m\times 1$ 实 (或复) 向量与一个 $n\times 1$ 实 (或复) 向量的外积 (或叉积) 记作 $\mathbf{u}\circ\mathbf{v}$, 并定义为一个 $m\times n$ 实矩阵

$$\mathbf{u}\circ\mathbf{v}=\mathbf{u}\mathbf{v}^{\mathrm{T}}=\begin{bmatrix}u_1v_1 & \cdots & u_1v_n\\ \vdots & & \vdots\\ u_mv_1 & \cdots & u_mv_n\end{bmatrix} \tag{1.1.13}$$

或一个 $m\times n$ 复矩阵

$$\mathbf{u}\circ\mathbf{v}=\mathbf{u}\mathbf{v}^{\mathrm{H}}=\begin{bmatrix}u_1v_1^* & \cdots & u_1v_n^*\\ \vdots & & \vdots\\ u_mv_1^* & \cdots & u_mv_n^*\end{bmatrix} \tag{1.1.14}$$

1.1.3 基本矩阵运算

基本矩阵运算包括矩阵转置、共轭、共轭转置、加和乘。

定义 1.1 (矩阵转置) 若 $\mathbf{A}=[a_{ij}]$ 是一个 $m\times n$ 矩阵, 则其转置 $\mathbf{A}^{\mathrm{T}}$ 是一个 $n\times m$ 矩阵, 第 (i,j) 个元素为 $[\mathbf{A}^{\mathrm{T}}]_{ij}=a_{ji}$。矩阵 $\mathbf{A}$ 的共轭记作 $\mathbf{A}^*$, 是

一个 $m \times n$ 矩阵, 其第 (i, j) 个元素 $[\mathbf{A}^*]_{ij} = a_{ij}^*$, 而 $\mathbf{A}$ 的共轭转置记作 $\mathbf{A}^{\mathrm{H}} \in \mathbb{C}^{n \times m}$, 并且定义为 [8]

$$\mathbf{A}^{\mathrm{H}} = (\mathbf{A}^*)^{\mathrm{T}} = \begin{bmatrix} a_{11}^* & a_{21}^* & \cdots & a_{m1}^* \\ a_{12}^* & a_{22}^* & \cdots & a_{m2}^* \\ \vdots & \vdots & & \vdots \\ a_{1n}^* & a_{2n}^* & \cdots & a_{mn}^* \end{bmatrix} \tag{1.1.15}$$

共轭转置也称 Hermite 转置。

定义 1.2 (Hermite 矩阵) 一个满足 $\mathbf{A}^{\mathrm{T}} = \mathbf{A}$ (或 $\mathbf{A}^{\mathrm{H}} = \mathbf{A}$) 的 $n \times n$ 实 (或复) 矩阵 $\mathbf{A}$ 称为对称矩阵 (或 Hermite 矩阵)。

矩阵的转置和共轭转置之间存在下列关系

$$\mathbf{A}^{\mathrm{H}} = (\mathbf{A}^*)^{\mathrm{T}} = (\mathbf{A}^{\mathrm{T}})^* \tag{1.1.16}$$

对一个 $m \times n$ 分块矩阵 $\mathbf{A} = [\mathbf{A}_{ij}]$, 其共轭转置 $\mathbf{A}^{\mathrm{H}} = [\mathbf{A}_{ji}^{\mathrm{H}}]$ 是一个 $n \times m$ 分块矩阵, 定义为

$$\mathbf{A}^{\mathrm{H}} = \begin{bmatrix} \mathbf{A}_{11}^{\mathrm{H}} & \mathbf{A}_{21}^{\mathrm{H}} & \cdots & \mathbf{A}_{m1}^{\mathrm{H}} \\ \mathbf{A}_{12}^{\mathrm{H}} & \mathbf{A}_{22}^{\mathrm{H}} & \cdots & \mathbf{A}_{m2}^{\mathrm{H}} \\ \vdots & \vdots & & \vdots \\ \mathbf{A}_{1n}^{\mathrm{H}} & \mathbf{A}_{2n}^{\mathrm{H}} & \cdots & \mathbf{A}_{mn}^{\mathrm{H}} \end{bmatrix}$$

矩阵之间最简单的代数运算是两个矩阵的加, 以及一个矩阵与一个标量的乘。

定义 1.3 (矩阵加) 给定两个 $m \times n$ 矩阵 $\mathbf{A} = [a_{ij}]$ 和 $\mathbf{B} = [b_{ij}]$。矩阵 $\mathbf{A}+\mathbf{B}$ 定义为 $[\mathbf{A}+\mathbf{B}]_{ij} = a_{ij} + b_{ij}$。类似地, 矩阵减 $\mathbf{A}-\mathbf{B}$ 定义为 $[\mathbf{A}-\mathbf{B}]_{ij} = a_{ij} - b_{ij}$。

根据定义, 容易验证两个矩阵的加和减服从以下规则:

- 交换律: $\mathbf{A} + \mathbf{B} = \mathbf{B} + \mathbf{A}$。
- 结合律: $(\mathbf{A} + \mathbf{B}) \pm \mathbf{C} = \mathbf{A} + (\mathbf{B} \pm \mathbf{C}) = (\mathbf{A} \pm \mathbf{C}) + \mathbf{B}$。

定义 1.4 (矩阵积) 一个 $m \times n$ 矩阵 $\mathbf{A} = [a_{ij}]$ 与一个 $r \times s$ 矩阵 $\mathbf{B} = [b_{ij}]$ 的矩阵积 $\mathbf{AB}$, 当且仅当 $n = r$ 时存在, 其结果为一个 $m \times s$ 矩阵, 其元素为

$$[\mathbf{AB}]_{ij} = \sum_{k=1}^{n} a_{ik} b_{kj}, \quad i = 1, \cdots, m;\ j = 1, \cdots, s$$

特别地, 如果 $\mathbf{B} = \alpha \mathbf{I}$, 则 $[\alpha \mathbf{A}]_{ij} = \alpha a_{ij}$; 如果 $\mathbf{B} = \mathbf{x} = [x_1, \cdots, x_n]^{\mathrm{T}}$, 则 $[\mathbf{Ax}]_i = \sum_{j=1}^{n} a_{ij} x_j$, $i = 1, \cdots, m$。

矩阵积服从以下运算规则:

(a) 乘法结合律: 若 $\mathbf{A} \in \mathbb{C}^{m\times n}, \mathbf{B} \in \mathbb{C}^{n\times p}$, 且 $\mathbf{C} \in \mathbb{C}^{p\times q}$, 则 $\mathbf{A}(\mathbf{BC}) = (\mathbf{AB})\mathbf{C}$。

(b) 左乘分配律: 对于两个 $m \times n$ 矩阵 $\mathbf{A}$ 和 $\mathbf{B}$, 若 $\mathbf{C}$ 是一个 $n \times p$ 矩阵, 则 $(\mathbf{A} \pm \mathbf{B})\mathbf{C} = \mathbf{AC} \pm \mathbf{BC}$。

(c) 右乘分配律: 若 $\mathbf{A}$ 是一个 $m \times n$ 矩阵, 而 $\mathbf{B}$ 和 $\mathbf{C}$ 是两个 $n \times p$ 矩阵, 则 $\mathbf{A}(\mathbf{B} \pm \mathbf{C}) = \mathbf{AB} \pm \mathbf{AC}$。

(d) 若 α 为标量, 且 $\mathbf{A}$ 和 $\mathbf{B}$ 是两个 $m \times n$ 矩阵, 则 $\alpha(\mathbf{A}+\mathbf{B}) = \alpha\mathbf{A} + \alpha\mathbf{B}$。

一般情况下, 两个矩阵的积不满足交换律, 即 $\mathbf{AB} \neq \mathbf{BA}$。

方阵的另一个重要运算是求逆。

令 $\mathbf{x} = [x_1, \cdots, x_n]^{\mathrm{T}}$, $\mathbf{y} = [y_1, \cdots, y_n]^{\mathrm{T}}$。矩阵–向量乘积 $\mathbf{Ax} = \mathbf{y}$ 可视为对向量 $\mathbf{x}$ 的线性变换, 其中 $n \times n$ 矩阵 $\mathbf{A}$ 称为线性变换矩阵。令 $\mathbf{A}^{-1}$ 表示向量 $\mathbf{y}$ 到 $\mathbf{x}$ 的线性变换。若 $\mathbf{A}^{-1}$ 存在, 则有

[9]

$$\mathbf{x} = \mathbf{A}^{-1}\mathbf{y} \tag{1.1.17}$$

这个方程可视为用 $\mathbf{A}^{-1}$ 左乘原线性变换 $\mathbf{Ax} = \mathbf{y}$ 两边所得结果, 即 $\mathbf{A}^{-1}\mathbf{Ax} = \mathbf{A}^{-1}\mathbf{y} = \mathbf{x}$。这意味着, 线性逆变换矩阵 $\mathbf{A}^{-1}$ 必须满足 $\mathbf{A}^{-1}\mathbf{A} = \mathbf{I}$。同样地, 有

$$\mathbf{x} = \mathbf{A}^{-1}\mathbf{y} \Rightarrow \mathbf{Ax} = \mathbf{AA}^{-1}\mathbf{y} \equiv \mathbf{y}, \quad \forall \mathbf{y} \neq \mathbf{0}$$

这个结果与原线性变换 $\mathbf{Ax} = \mathbf{y}$ 一致, 即 $\mathbf{A}^{-1}$ 还必须满足 $\mathbf{AA}^{-1} = \mathbf{I}$。

基于以上讨论, 可以引出逆矩阵的定义如下。

定义 1.5 (逆矩阵) 一个 $n \times n$ 矩阵 $\mathbf{A}$ 是可逆的, 若存在一个 $n \times n$ 矩阵 $\mathbf{A}^{-1}$, 使得 $\mathbf{AA}^{-1} = \mathbf{A}^{-1}\mathbf{A} = \mathbf{I}$。矩阵 $\mathbf{A}^{-1}$ 称为 $\mathbf{A}$ 的逆矩阵。

下面是共轭、转置、共轭转置和逆矩阵的性质。

- 矩阵共轭、转置和共轭转置满足分配律:

$$(\mathbf{A}+\mathbf{B})^* = \mathbf{A}^* + \mathbf{B}^*, \quad (\mathbf{A}+\mathbf{B})^{\mathrm{T}} = \mathbf{A}^{\mathrm{T}} + \mathbf{B}^{\mathrm{T}}, \quad (\mathbf{A}+\mathbf{B})^{\mathrm{H}} = \mathbf{A}^{\mathrm{H}} + \mathbf{B}^{\mathrm{H}}$$

- 两个矩阵积的转置、共轭转置与逆矩阵满足下列关系:

$$(\mathbf{AB})^{\mathrm{T}} = \mathbf{B}^{\mathrm{T}}\mathbf{A}^{\mathrm{T}}, \quad (\mathbf{AB})^{\mathrm{H}} = \mathbf{B}^{\mathrm{H}}\mathbf{A}^{\mathrm{H}}, \quad (\mathbf{AB})^{-1} = \mathbf{B}^{-1}\mathbf{A}^{-1}$$

  其中 $\mathbf{A}$ 和 $\mathbf{B}$ 均假设可逆。

- 共轭、转置和共轭转置的符号均可与逆矩阵的符号互换, 即有

$$\begin{aligned}(\mathbf{A}^*)^{-1} &= (\mathbf{A}^{-1})^* = \mathbf{A}^{-*},\\ (\mathbf{A}^{\mathrm{T}})^{-1} &= (\mathbf{A}^{-1})^{\mathrm{T}} = \mathbf{A}^{-\mathrm{T}},\\ (\mathbf{A}^{\mathrm{H}})^{-1} &= (\mathbf{A}^{-1})^{\mathrm{H}} = \mathbf{A}^{-\mathrm{H}}\end{aligned}$$

- 对任何一个 $m \times n$ 矩阵 $\mathbf{A}$, $n \times n$ 矩阵 $\mathbf{B} = \mathbf{A}^{\mathrm{H}}\mathbf{A}$ 和 $m \times m$ 矩阵 $\mathbf{C} = \mathbf{AA}^{\mathrm{H}}$ 均是 Hermite 矩阵。

一个 $n\times n$ 矩阵 $\mathbf{A}$ 是非奇异的, 当且仅当矩阵方程 $\mathbf{Ax} = \mathbf{0}$ 只有零解 $\mathbf{x} = \mathbf{0}$。若 $\mathbf{Ax} = \mathbf{0}$ 存在任何非零解 $\mathbf{x} \neq \mathbf{0}$, 则矩阵 $\mathbf{A}$ 是奇异的。

对于一个 $n \times n$ 矩阵 $\mathbf{A} = [\mathbf{a}_1, \cdots, \mathbf{a}_n]$, 矩阵方程 $\mathbf{Ax} = \mathbf{0}$ 等价于

$$\mathbf{a}_1 x_1 + \cdots + \mathbf{a}_n x_n = \mathbf{0} \tag{1.1.18}$$

由上述定义可知, 矩阵方程 $\mathbf{Ax} = \mathbf{0}$ 只有零解, 即矩阵 $\mathbf{A}$ 非奇异, 当且仅当矩阵 $\mathbf{A}$ 的列向量线性无关。 [10]

综合以上讨论, 一个 $n \times n$ 矩阵 $\mathbf{A}$ 的非奇异性可以采用以下 3 种方法中的任何一种确定:

- 其列向量线性无关;
- 矩阵方程 $\mathbf{Ax} = \mathbf{b}$ 存在唯一的非零解;
- 矩阵方程 $\mathbf{Ax} = \mathbf{0}$ 仅有零解。

1.2 集合与线性映射

具有实 (或复) 元素的所有 n 维向量的集合称为实 (或复) n 维向量空间, 记作 $\mathbb{R}^n$ (或 $\mathbb{C}^n$)。对于现实世界的人工智能问题, 常常使用 N 个 n 维向量 $\{\mathbf{x}_1, \cdots, \mathbf{x}_N\}$ 的子集 X, 而不是 $\mathbb{R}^n$。这样的子集称为 n 维向量空间 $\mathbb{R}^n$ 的向量子空间, 记作 $\{\mathbf{x}_1, \cdots, \mathbf{x}_N\} \in X \subset \mathbb{R}^n$。在本节中, 我们介绍集合、向量子空间和一个向量子空间到另一个向量子空间的线性映射。

1.2.1 集合

在引入向量空间和子空间的定义之前, 有必要介绍有关集合的一些概念。顾名思义, 集合就是一些元素的组合。

集合通常使用符号 $S = \{\cdot\}$ 表示, 花括号的内部由集合 S 的元素组成。如果集合 S 只有少量几个元素, 我们就在花括号内写出这些元素, 例如 $S = \{a, b, c, d\}$。

为了在数学上描述一个更加复杂集合的组成, 我们使用符号 "|" 表示 "使得" 或者 "满足"。例如, 集合符号 $S = \{\mathbf{x} | P(\mathbf{x}) = 0\}$ 读作 "集合 S 内的元素 $\mathbf{x}$ 满足 $P(\mathbf{x}) = 0$"。只有一个元素 α 的集合称为单集, 记作 $\{\alpha\}$。

下面是关于集合运算的几种常用符号:

$\forall$ 表示 "对所有 $\cdots$";

$\mathbf{x} \in A$ 读作 "$\mathbf{x}$ 属于集合 A", 即 $\mathbf{x}$ 是 A 的一个元素;

$\mathbf{x} \notin A$ 表示 $\mathbf{x}$ 不属于集合 A, 即 $\mathbf{x}$ 不是集合 A 的一个元素;

$\ni$ 表示 "包含" 或者 "满足";

$\exists$ 表示 "存在";

$\nexists$ 表示 "不存在";

$A \Rightarrow B$ 读作 "B 是 A 的结果" 或者 "A 意味着 B"。

作为一个例子, 冗长的叙述 "在集合 V 内, 存在一个零元素 θ, 使得 $\mathbf{x} + \theta = \mathbf{x} = \theta + \mathbf{x}$ 对 V 内的所有元素 $\mathbf{x}$ 成立" 可以用上述符号表示为 [11]

$$\exists \theta \in V \ni \mathbf{x} + \theta = \mathbf{x} = \theta + \mathbf{x}, \quad \forall \mathbf{x} \in V$$

令 A 和 B 是两个集合, 则集合有以下基本运算。

符号 $A \subseteq B$ 读作 "集合 A 包含在集合 B" 或 "A 是 B 的子集", 它意味着集合 A 内的每一个元素都是集合 B 内的一个元素, 即 $\mathbf{x} \in A \Rightarrow \mathbf{x} \in B$。

若 $A \subset B$, 则 A 称为 B 的真子集。符号 $B \supset A$ 读作 "B 包含 A" 或者 "B 是 A 的超集"。没有任何元素的集合记作 $\varnothing$, 称为空集。

$A = B$ 读作 "集合 A 等于集合 B", 这意味着 $A \subseteq B$ 且 $B \subseteq A$, 或者 $\mathbf{x} \in A \Leftrightarrow \mathbf{x} \in B$ (集合 A 的任何一个元素是集合 B 的一个元素, 反之亦然)。$A = B$ 的否定写作 $A \neq B$, 意味着 A 不包含 B, 并且 B 也不包含 A。

集合 A 和 B 的并集记作 $A \cup B$。若记 $X = A \cup B$, 则 X 称为 A 和 B 的并集。并集定义为

$$X = A \cup B = \{\mathbf{x} \in X | \mathbf{x} \in A \text{ 或 } \mathbf{x} \in B\} \tag{1.2.1}$$

换言之, 并集 $A \cup B$ 的元素由 A 或者 B 的元素组成。

集合 A 和 B 的交集用符号 $\cap$ 表示, 定义为

$$X = A \cap B = \{\mathbf{x} \in X | \mathbf{x} \in A \text{ 且 } \mathbf{x} \in B\} \tag{1.2.2}$$

$X = A \cap B$ 称为 A 和 B 的交集。交集 $A \cap B$ 的每一个元素由 A 和 B 共有的元素组成。特别地，如果 $A \cap B = \varnothing$, 则称 A 和 B 无交集。

符号 $Z = A + B$ 表示集合 A 和 B 的和集, 定义为

$$Z = A + B = \{\mathbf{z} = \mathbf{x} + \mathbf{y} \in Z | \mathbf{x} \in A,\ \mathbf{y} \in B\} \tag{1.2.3}$$

即: $Z = A + B$ 的元素 $\mathbf{z}$ 由 A 中的元素 $\mathbf{x}$ 和 B 中的元素 $\mathbf{y}$ 之和组成。

集合 A 和 B 的集合论差 (set-theoretic difference) 记作 "$A - B$", 也叫差集, 定义为

$$X = A - B = \{\mathbf{x} \in X | \mathbf{x} \in A, \text{ 但 } \mathbf{x} \notin B\} \tag{1.2.4}$$

就是说, 差集 $A - B$ 的元素由属于集合 A 的元素但不属 B 的元素组成。差集 $A - B$ 有时也表示为 $X = A \setminus B$ 表示。例如, $\{\mathbb{C}^n \setminus \mathbf{0}\}$ 表示在 n 维复向量空间中的非零向量的集合。

[12] A 在 X 中的相对补定义为

$$A^{\mathrm{c}} = X - A = X \setminus A = \{\mathbf{x} \in X | \mathbf{x} \notin A\} \tag{1.2.5}$$

例 1.1 对于集合

$$A = \{1, 5, 3\},\ B = \{3, 4, 5\}$$

有

$$A \cup B = \{1, 5, 3, 4\}, \quad A \cap B = \{5, 3\}, \quad A + B = \{4, 9, 8\},$$
$$A - B = A \setminus B = \{1\},\ B - A = B \setminus A = \{4\}$$

若 X 和 Y 为集合, 且 $\mathbf{x} \in X$ 和 $\mathbf{y} \in Y$, 则所有有序对 (x, y) 的集合记

为 $X \times Y$, 称为集合 A 和 B 的笛卡儿积, 定义为

$$X \times Y = \{(\mathbf{x}, \mathbf{y}) | \mathbf{x} \in X,\ \mathbf{y} \in Y\} \tag{1.2.6}$$

类似地, $X_1 \times \cdots \times X_n$ 表示 n 个集合 $X_1, \cdots, X_n$ 的笛卡儿积, 其元素为有序 n 元组 $(\mathbf{x}_1, \cdots, \mathbf{x}_n)$, 即

$$X_1 \times \cdots \times X_n = \{(\mathbf{x}_1, \cdots, \mathbf{x}_n) | \mathbf{x}_1 \in X_1, \cdots, \mathbf{x}_n \in X_n\} \tag{1.2.7}$$

1.2.2 线性映射

考虑两个向量空间中向量之间的转换。在数学中, 映射是数学函数或态射的同义词。

映射 $T: V \mapsto W$ 表示将 V 内的向量变换到 W 内的向量的一种规则。因此, 子空间 V 称为映射 T 的始集或定义域, 而 W 称为 T 的终集或值域。

当 $\mathbf{v}$ 是向量空间 V 中的某个向量时, $T(\mathbf{v})$ 称为向量 $\mathbf{v}$ 在映射 T 下的像或者映射 T 在点 $\mathbf{v}$ 的值, 而 $\mathbf{v}$ 则称为映射 $T(\mathbf{v})$ 的原像。

若 $T(V)$ 表示向量子空间 V 内所有向量 $\mathbf{v}$ 的变换输出的集合, 即

$$T(V) = \{T(\mathbf{v}) \,|\, \mathbf{v} \in V\} \tag{1.2.8}$$

则 $T(V)$ 称为映射 T 的值域, 记作

$$\text{Im}(T) = T(V) = \{T(\mathbf{v}) \,|\, \mathbf{v} \in V\} \tag{1.2.9}$$

定义 1.6 (线性映射) 映射 T 称为向量空间 V 内的线性映射或线性变换, 若它满足对所有 $\mathbf{v}_1, \mathbf{v}_2 \in V$ 及所有标量 c_1, c_2, 则线性关系 [13]

$$T(c_1\mathbf{v}_1 + c_2\mathbf{v}_2) = c_1 T(\mathbf{v}_1) + c_2 T(\mathbf{v}_2) \tag{1.2.10}$$

成立。

线性映射具有以下基本性质: 若 $T: V \to W$ 是线性映射, 则

$$T(\mathbf{0}) = \mathbf{0}, \quad T(-\mathbf{x}) = -T(\mathbf{x}) \tag{1.2.11}$$

如果 $f(\mathbf{X}, \mathbf{Y})$ 是一个以实矩阵 $\mathbf{X} \in \mathbb{R}^{n\times n}$ 和 $\mathbf{Y} \in \mathbb{R}^{n\times n}$ 为变元的标量函数, 则该函数可以使用线性映射的符号表示为 $f: \mathbb{R}^{n\times n} \times \mathbb{R}^{n\times n} \to \mathbb{R}$。

线性映射的一个有趣的特殊应用是高保真电子放大器 $\mathbf{A} \in \mathbb{C}^{n\times n}$。所谓高保真, 就是在任何一个输入信号向量 $\mathbf{u}$ 和与之对应的输出信号向量 $\mathbf{Au}$ 之间存在下列线性关系

$$\mathbf{Au} = \lambda \mathbf{u} \tag{1.2.12}$$

其中 $\lambda > 1$ 是放大因子或增益。上述方程是典型的矩阵特征方程。

定义 1.7 (一对一映射) 映射 T 称为一对一映射, 若映射 $T: V \mapsto W$ 既是单射, 又是满射, 即 $T(\mathbf{x}) = T(\mathbf{y})$ 意味着 $\mathbf{x} = \mathbf{y}$, 或不同的元素有不同的像。

一个一对一映射 $T: V \to W$ 存在其逆映射 $T^{-1}: W \to V$。逆映射 T^{-1} 的

任务就是恢复映射 T 做过的每一件事。因此, 如果 $T(\mathbf{v}) = \mathbf{w}$, 则 $T^{-1}(\mathbf{w}) = \mathbf{v}$, 从而有 $T^{-1}(T(\mathbf{v})) = \mathbf{v}, \forall \mathbf{v} \in V$ 和 $T(T^{-1}(\mathbf{w})) = \mathbf{w}, \forall \mathbf{w} \in W$。

如果 $\mathbf{u}_1, \cdots, \mathbf{u}_p$ 是工程中一个系统 T 的输入向量, 则 $T(\mathbf{u}_1), \cdots, T(\mathbf{u}_p)$ 可以视为该系统的输出。辨识一个系统是否为线性系统的准则是: 如果系统输入是线性表达式 $\mathbf{y} = c_1\mathbf{u}_1 + \cdots + c_p\mathbf{u}_p$, 只有当系统的输出满足线性表达式 $T(\mathbf{y}) = T(c_1\mathbf{u}_1 + \cdots + c_p\mathbf{u}_p) = c_1T(\mathbf{u}_1) + \cdots + c_pT(\mathbf{u}_p)$ 时, 该系统才是一个线性系统; 否则, 该系统就是非线性的。

下面是线性空间与线性映射之间的内在关系。

定理 1.1[4] 令 V 和 W 是两个向量空间, 并且 $T: V \to W$ 是一个线性映射, 则以下关系为真:

- 若 M 是 V 内的线性子空间, 则 $T(M)$ 是在 W 内的线性子空间;
- 若 N 是在 W 内的线性子空间, 则线性逆变换 $T^{-1}(N)$ 是在 V 内的线性子空间。

[14]

特别地, 对于一个给定的线性变换 $\mathbf{y} = \mathbf{A}\mathbf{x}$, 其中变换矩阵 $\mathbf{A}$ 已知, 若我们希望从输入向量 $\mathbf{x}$ 得到输出向量 $\mathbf{y}$, 则 $\mathbf{A}\mathbf{x} = \mathbf{y}$ 是一个前向问题。相反, 由输出向量 $\mathbf{y}$ 求输入向量 $\mathbf{x}$ 的问题称为逆问题。显然, 前向问题的实质是矩阵-向量乘法, 而逆问题的本质是矩阵方程的求解。

1.3 范数

人工智能中的许多问题都需要解决以向量和/或矩阵范数为成本函数项的优化问题。

1.3.1 向量的范数

定义 1.8 (向量范数) 令 V 是一个实或者复向量空间。给定一个向量 $\mathbf{x} \in V$, 则映射函数 $p(\mathbf{x}): V \to \mathbb{R}$ 称为向量 $\mathbf{x} \in V$ 的范数, 若对于所有向量 $\mathbf{x}, \mathbf{y} \in V$ 和任意标量 $c \in \mathbb{K}$ (这里 $\mathbb{K}$ 表示 $\mathbb{R}$ 或者 $\mathbb{C}$), 下列 3 个范数公理成立:

- 非负性: $p(\mathbf{x}) \geqslant 0$ 且 $p(\mathbf{x}) = 0 \Leftrightarrow \mathbf{x} = \mathbf{0}$;
- 齐次性: $p(c\mathbf{x}) = |c| \cdot p(\mathbf{x})$ 对所有复常数 c 为真;
- 三角不等式: $p(\mathbf{x} + \mathbf{y}) \leqslant p(\mathbf{x}) + p(\mathbf{y})$。

在实或复内积空间 V, 向量范数具有以下性质[4]:

① $\|\mathbf{0}\| = 0$ 和 $\|\mathbf{x}\| > 0, \ \forall \ \mathbf{x} \neq \mathbf{0}$。

② $\|c\mathbf{x}\| = |c| \cdot \|\mathbf{x}\|$ 对所有向量 $\mathbf{x} \in V$ 和任意标量 $c \in \mathbb{K}$ 成立。

③ 极化恒等式: 对于实内积空间, 有恒等式

$$\langle \mathbf{x}, \mathbf{y} \rangle = \frac{1}{4}\left(\|\mathbf{x} + \mathbf{y}\|^2 - \|\mathbf{x} - \mathbf{y}\|^2\right), \quad \forall \ \mathbf{x}, \mathbf{y} \tag{1.3.1}$$

或者对于复内积空间, 有恒等式

$$\langle \mathbf{x}, \mathbf{y} \rangle = \frac{1}{4}\left(\|\mathbf{x}+\mathbf{y}\|^2 - \|\mathbf{x}-\mathbf{y}\|^2 - \mathrm{j}\|\mathbf{x}+\mathrm{j}\,\mathbf{y}\|^2 + \mathrm{j}\|\mathbf{x}-\mathrm{j}\,\mathbf{y}\|^2\right), \quad \forall\, \mathbf{x}, \mathbf{y} \tag{1.3.2}$$

④ 平行四边形法则

$$\|\mathbf{x}+\mathbf{y}\|^2 + \|\mathbf{x}-\mathbf{y}\|^2 = 2(\|\mathbf{x}\|^2 + \|\mathbf{y}\|^2), \quad \forall\, \mathbf{x}, \mathbf{y} \tag{1.3.3}$$

⑤ 三角不等式 [15]

$$\|\mathbf{x}+\mathbf{y}\| \leqslant \|\mathbf{x}\| + \|\mathbf{y}\|, \quad \forall\, \mathbf{x}, \mathbf{y} \in V \tag{1.3.4}$$

⑥ Cauchy-Schwartz 不等式

$$|\langle \mathbf{x}, \mathbf{y} \rangle| \leqslant \|\mathbf{x}\| \cdot \|\mathbf{y}\| \tag{1.3.5}$$

等式 $|\langle \mathbf{x}, \mathbf{y} \rangle| = \|\mathbf{x}\| \cdot \|\mathbf{y}\|$ 成立, 当且仅当 $\mathbf{y} = c\mathbf{x}$, 其中 c 是某个非零复常数。

1. 常数向量的常用范数

下面是常数向量的几种常用范数。

- ℓ_0 范数

$$\|\mathbf{x}\|_0 \stackrel{\text{def}}{=} \sum_{i=1}^m x_i^0, \quad x_i^0 = \begin{cases} 1, & x_i \neq 0 \\ 0, & x_i = 0 \end{cases} \tag{1.3.6}$$

即 $\|\mathbf{x}\|_0 = \mathbf{x}$ 的非零元素的个数。

- ℓ_1 范数

$$\|\mathbf{x}\|_1 \stackrel{\text{def}}{=} \sum_{i=1}^m |x_i| = |x_1| + \cdots + |x_m| \tag{1.3.7}$$

即 $\|\mathbf{x}\|_1$ 是 $\mathbf{x}$ 非零项的绝对值 (或模值) 之和。

- ℓ_2 范数或 Euclid (欧几里得/欧氏) 范数

$$\|\mathbf{x}\|_2 \stackrel{\text{def}}{=} \|\mathbf{x}\|_E = \sqrt{|x_1|^2 + \cdots + |x_m|^2} \tag{1.3.8}$$

- ℓ_∞ 范数

$$\|\mathbf{x}\|_\infty \stackrel{\text{def}}{=} \max\{|x_1|, \cdots, |x_m|\} \tag{1.3.9}$$

- ℓ_p 范数或 Hölder 范数[19]

$$\|\mathbf{x}\|_p \stackrel{\text{def}}{=} \left(\sum_{i=1}^m |x_i|^p\right)^{1/p}, \quad p \geqslant 1 \tag{1.3.10}$$

ℓ_0 范数不满足齐次性 $\|c\mathbf{x}\|_0 = |c| \cdot \|\mathbf{x}\|_0$, 因此是一个伪范数。$\ell_p$ 范数也是一个伪范数, 若 $0 < p < 1$; 而当 $p \geqslant 1$ 时为范数。 [16]

显然, 当 $p = 1$ 或 $p = 2$ 时, ℓ_p 范数分别退化为 ℓ_1 范数或 ℓ_2 范数。

在人工智能中, ℓ_0 范数通常用作稀疏向量的一种测度

$$\text{稀疏测度 }(\mathbf{x}) = \arg\min_{\mathbf{x}} \|\mathbf{x}\|_0 \tag{1.3.11}$$

然而, ℓ_0 范数很难优化。重要的是, ℓ_1 范数可以被视为一种松弛的 ℓ_0 范数, 并且易于优化

$$\text{稀疏测度}(\mathbf{x}) = \arg\min_{\mathbf{x}} \|\mathbf{x}\|_1 \tag{1.3.12}$$

最常用的向量范数是 Euclid 范数。下面是 Euclid 范数的几种重要应用。

- 度量一个向量的长度或尺寸

$$\text{size}(\mathbf{x}) = \|\mathbf{x}\|_2 = \sqrt{x_1^2 + \cdots + x_m^2} \tag{1.3.13}$$

称为 Euclid 长度。

- 定义向量 $\mathbf{x}$ 的 ϵ 邻域

$$N_\epsilon(\mathbf{x}) = \{\mathbf{y} | \|\mathbf{y} - \mathbf{x}\|_2 \leqslant \epsilon\}, \quad \epsilon > 0 \tag{1.3.14}$$

- 度量两个向量 $\mathbf{x}$ 和 $\mathbf{y}$ 之间的距离

$$d(\mathbf{x}, \mathbf{y}) = \|\mathbf{x} - \mathbf{y}\|_2 = \sqrt{(x_1 - y_1)^2 + \cdots + (x_m - y_m)^2} \tag{1.3.15}$$

称为 Euclid 距离。

- 定义两个向量 $\mathbf{x}$ 和 $\mathbf{y}$ 之间的夹角 θ $(0 \leqslant \theta \leqslant 2\pi)$

$$\theta \stackrel{\text{def}}{=} \arccos\left(\frac{\langle \mathbf{x}, \mathbf{y}\rangle}{\sqrt{\langle \mathbf{x}, \mathbf{x}\rangle}\sqrt{\langle \mathbf{y}, \mathbf{y}\rangle}}\right) = \arccos\left(\frac{\mathbf{x}^{\mathrm{H}}\mathbf{y}}{\|\mathbf{x}\| \cdot \|\mathbf{y}\|}\right) \tag{1.3.16}$$

一个具有单位 Euclid 长度的向量称为归一化向量或者标准化向量。对任何非零向量 $\mathbf{x} \in \mathbb{C}^m$, 向量 $\mathbf{x}/\langle \mathbf{x}, \mathbf{x}\rangle^{1/2}$ 必定是一个归一化向量, 并且与 $\mathbf{x}$ 具有相同的方向。

若 $\|\mathbf{U}\mathbf{x}\| = \|\mathbf{x}\|$ 对所有向量 $\mathbf{x} \in \mathbb{C}^m$ 和所有酉矩阵 $\mathbf{U} \in \mathbb{C}^{m\times m}$ $(\mathbf{U}^{\mathrm{H}}\mathbf{U} = \mathbf{I})$ 成立, 则范数 $\|\mathbf{x}\|$ 称为酉不变范数。

命题 1.1 [15] Euclid 范数 $\|\cdot\|_2$ 是酉不变的。

[17]

内积 $\langle \mathbf{x}, \mathbf{y}\rangle = \mathbf{x}^{\mathrm{H}}\mathbf{y} = 0$ 意味着这两个向量之间的夹角 $\theta = \pi/2$。在这种情况下, 向量 $\mathbf{x}$ 和 $\mathbf{y}$ 称为正交。由此, 我们有下列定义。

定义 1.9 (正交) 两个向量 $\mathbf{x}$ 和 $\mathbf{y}$ 的内积 $\langle \mathbf{x}, \mathbf{y}\rangle = \mathbf{x}^{\mathrm{H}}\mathbf{y} = 0$, 则称两个向量为正交, 记作 $\mathbf{x}\perp\mathbf{y}$。

2. 函数向量的内积与范数

定义 1.10 (函数向量内积) 令 $\mathbf{x}(t), \mathbf{y}(t)$ 是复向量空间 $\mathbb{C}^n$ 内的两个函数向量, 并且变量 t 的定义域为 $[a, b]$, 其中 $a < b$。函数向量内积定义为

$$\langle \mathbf{x}(t), \mathbf{y}(t)\rangle \stackrel{\text{def}}{=} \int_a^b \mathbf{x}^{\mathrm{H}}(t)\mathbf{y}(t)\mathrm{d}t \tag{1.3.17}$$

两个函数向量的夹角定义为

$$\cos\theta \stackrel{\text{def}}{=} \frac{\langle \mathbf{x}(t), \mathbf{y}(t)\rangle}{\sqrt{\langle \mathbf{x}(t), \mathbf{x}(t)\rangle}\sqrt{\langle \mathbf{y}(t), \mathbf{y}(t)\rangle}} = \frac{\int_a^b \mathbf{x}^{\mathrm{H}}(t)\mathbf{y}(t)\mathrm{d}t}{\|\mathbf{x}(t)\| \cdot \|\mathbf{y}(t)\|} \tag{1.3.18}$$

其中 $\|\mathbf{x}(t)\|$ 是函数向量 $\mathbf{x}$ 的范数, 定义为

$$\|\mathbf{x}(t)\| \stackrel{\text{def}}{=} \left(\int_a^b \mathbf{x}^{\mathrm{H}}(t)\mathbf{x}(t)\mathrm{d}t\right)^{1/2} \tag{1.3.19}$$

显然, 若两个函数向量的内积等于零, 即

$$\int_{-\infty}^{\infty} \mathbf{x}^{\mathrm{H}}(t)\mathbf{y}(t)\mathrm{d}t = 0$$

则它们的夹角 $\theta = \pi/2$。因此, 若两个函数向量的内积等于零, 就称这两个函数向量在 $[a, b]$ 中正交, 记作 $\mathbf{x}(t)\perp\mathbf{y}(t)$。

下面的性质表明, 任意两个正交向量之和的范数平方等于各个向量范数平方之和。

命题 1.2 若 $\mathbf{x} \perp \mathbf{y}$, 则 $\|\mathbf{x}+\mathbf{y}\|^2 = \|\mathbf{x}\|^2 + \|\mathbf{y}\|^2$。

证明: 由向量范数公理可知

$$\|\mathbf{x}+\mathbf{y}\|^2 = \langle \mathbf{x}+\mathbf{y}, \mathbf{x}+\mathbf{y}\rangle = \langle \mathbf{x}, \mathbf{x}\rangle + \langle \mathbf{x}, \mathbf{y}\rangle + \langle \mathbf{y}, \mathbf{x}\rangle + \langle \mathbf{y}, \mathbf{y}\rangle \tag{1.3.20}$$

由于 $\mathbf{x}$ 与 $\mathbf{y}$ 正交, 故有 $\langle \mathbf{x}, \mathbf{y}\rangle = E\{\mathbf{x}^{\mathrm{T}}\mathbf{y}\} = 0$。另由内积公理可知, $\langle \mathbf{y}, \mathbf{x}\rangle = \langle \mathbf{x}, \mathbf{y}\rangle = 0$。将此结果代入式 (1.3.20), 立即得

[18]

$$\|\mathbf{x}+\mathbf{y}\|^2 = \langle \mathbf{x}, \mathbf{x}\rangle + \langle \mathbf{y}, \mathbf{y}\rangle = \|\mathbf{x}\|^2 + \|\mathbf{y}\|^2$$

证毕。 □

这个命题也被称为勾股定理。

关于两个向量的正交, 有以下结论[40]。

- 数学定义: 两个向量 $\mathbf{x}$ 和 $\mathbf{y}$ 正交, 若它们的内积等于零, 即 $\langle \mathbf{x}, \mathbf{y}\rangle = 0$。
- 几何解释: 若两个向量正交, 则它们的夹角为 $\pi/2$, 并且一个向量到另一个向量的投影等于零。
- 物理意义: 当两个向量正交时, 一个向量将不含有另一个向量的任何分量, 即在这两个向量之间不存在任何相互作用或干扰。

1.3.2 矩阵的范数

向量的内积和范数可以推广为矩阵的内积和范数。

令 $\mathbf{A} = [\mathbf{a}_1, \cdots, \mathbf{a}_n]$ 和 $\mathbf{B} = [\mathbf{b}_1, \cdots, \mathbf{b}_n]$ 是两个 $m\times n$ 复矩阵。将 $\mathbf{A}$ 与 $\mathbf{B}$ 按

照它们的列分别堆叠为下列 $mn \times 1$ 向量

$$\mathbf{a} = \mathrm{vec}(\mathbf{A}) = \begin{bmatrix} \mathbf{a}_1 \\ \vdots \\ \mathbf{a}_n \end{bmatrix}, \quad \mathbf{b} = \mathrm{vec}(\mathbf{B}) = \begin{bmatrix} \mathbf{b}_1 \\ \vdots \\ \mathbf{b}_n \end{bmatrix}$$

式中, $\mathrm{vec}(\mathbf{A})$ 为矩阵 $\mathbf{A}$ 的向量化。关于矩阵的向量化, 我们将在第 1.9 节详细介绍。

两个 $m \times n$ 矩阵 $\mathbf{A}$ 与 $\mathbf{B}$ 的内积记作 $\langle \mathbf{A}, \mathbf{B} \rangle | \mathbb{C}^{m\times n} \times \mathbb{C}^{m\times n} \to \mathbb{C}$, 定义为两个拉长向量的内积

$$\langle \mathbf{A}, \mathbf{B} \rangle = \langle \mathrm{vec}(\mathbf{A}), \mathrm{vec}(\mathbf{B}) \rangle = \sum_{i=1}^{n} \mathbf{a}_i^{\mathrm{H}} \mathbf{b}_i = \sum_{i=1}^{n} \langle \mathbf{a}_i, \mathbf{b}_i \rangle \tag{1.3.21}$$

或者等价为

$$\langle \mathbf{A}, \mathbf{B} \rangle = \mathrm{vec}(\mathbf{A})^{\mathrm{H}} \mathrm{vec}(\mathbf{B}) = \mathrm{tr}(\mathbf{A}^{\mathrm{H}} \mathbf{B}) \tag{1.3.22}$$

式中, $\mathrm{tr}(\cdot)$ 表示方阵的迹, 定义为其所有对角元素之和。

[19]

令 $\mathbf{a} = [a_{11}, \cdots, a_{m1}, a_{12}, \cdots, a_{m2}, \cdots, a_{1n}, \cdots, a_{mn}]^{\mathrm{T}} = \mathrm{vec}(\mathbf{A})$ 是 $m \times n$ 矩阵 $\mathbf{A}$ 的一个 $mn \times 1$ 拉长向量。如果对拉长向量 $\mathbf{a}$ 使用 ℓ_p 范数定义, 则可以得到矩阵 $\mathbf{A}$ 的 ℓ_p 范数

$$\|\mathbf{A}\|_p \stackrel{\mathrm{def}}{=} \|\mathbf{a}\|_p = \|\mathrm{vec}(\mathbf{A})\|_p = \left(\sum_{i=1}^{m} \sum_{j=1}^{n} |a_{ij}|^p \right)^{1/p} \tag{1.3.23}$$

由于这类矩阵范数利用矩阵元素表示, 故称为元素形式范数。下面是 3 种典型的元素形式的矩阵范数。

- ℓ_1 范数 $(p = 1)$

$$\|\mathbf{A}\|_1 \stackrel{\mathrm{def}}{=} \sum_{i=1}^{m} \sum_{j=1}^{n} |a_{ij}| \tag{1.3.24}$$

- Frobenius 范数 $(p = 2)$

$$\|\mathbf{A}\|_F \stackrel{\mathrm{def}}{=} \left(\sum_{i=1}^{m} \sum_{j=1}^{n} |a_{ij}|^2 \right)^{1/2} \tag{1.3.25}$$

  是最常见的矩阵范数。显然, Frobenius 范数是由向量到拉长向量 $\mathbf{a} = [a_{11}, \cdots, a_{m1}, \cdots, a_{1n}, \cdots, a_{mn}]^{\mathrm{T}}$ 的 Euclid 范数扩展。
- Max 范数或 ℓ_∞ 范数 $(p = \infty)$

$$\|\mathbf{A}\|_\infty = \max_{i=1,\cdots,m;\, j=1,\cdots,n} \{|a_{ij}|\} \tag{1.3.26}$$

另一种常用矩阵范数为导出的范数, 如谱范数 $\|\mathbf{A}\|_2 = \|\mathbf{A}\|_{\mathrm{spec}}$, 其定义为

$$\|\mathbf{A}\|_2 = \sqrt{\lambda_{\max}(\mathbf{A}^{\mathrm{H}} \mathbf{A})} = \sigma_{\max}(\mathbf{A}) \tag{1.3.27}$$

即谱范数是矩阵 $\mathbf{A}$ 的最大奇异值或者半正定矩阵 $\mathbf{A}^{\mathrm{H}}\mathbf{A}$ 的最大特征值的平方根。

因为 $\sum_{i=1}^{m}\sum_{j=1}^{n}|a_{ij}|^2 = \mathrm{tr}(\mathbf{A}^{\mathrm{H}}\mathbf{A})$, Frobenius 范数也可以使用迹函数形式表示为

$$\|\mathbf{A}\|_F \stackrel{\mathrm{def}}{=} \langle \mathbf{A}, \mathbf{A}\rangle^{1/2} = \sqrt{\mathrm{tr}(\mathbf{A}^{\mathrm{H}}\mathbf{A})} = \sqrt{\sigma_1^2 + \cdots + \sigma_k^2} \tag{1.3.28}$$

这里 $k = \mathrm{rank}(\mathbf{A}) \leqslant \min\{m, n\}$ 是矩阵 $\mathbf{A}$ 的秩。显然, 我们有

$$\|\mathbf{A}\|_2 \leqslant \|\mathbf{A}\|_F \tag{1.3.29}$$

给定一个 $m \times n$ 矩阵 $\mathbf{A}$, 其被正定矩阵 $\boldsymbol{\Omega}$ 加权的 Frobenius 范数记作 $\|\mathbf{A}\|_{\boldsymbol{\Omega}}$, 定义为 [20]

$$\|\mathbf{A}\|_{\boldsymbol{\Omega}} = \sqrt{\mathrm{tr}(\mathbf{A}^{\mathrm{H}}\boldsymbol{\Omega}\mathbf{A})} \tag{1.3.30}$$

这个范数常被称为 Mahalanobis 范数。

以下是矩阵的内积与范数之间的关系[15]。

- Cauchy-Schwartz 不等式

$$|\langle \mathbf{A}, \mathbf{B}\rangle|^2 \leqslant \|\mathbf{A}\|^2 \|\mathbf{B}\|^2 \tag{1.3.31}$$

  等号成立, 当且仅当 $\mathbf{A} = c\,\mathbf{B}$, 其中 c 为复常数。

- Pathagoras 定理 (勾股定理)

$$\langle \mathbf{A}, \mathbf{B}\rangle = 0 \ \Rightarrow \ \|\mathbf{A} + \mathbf{B}\|^2 = \|\mathbf{A}\|^2 + \|\mathbf{B}\|^2 \tag{1.3.32}$$

- 极化恒等式

$$\mathrm{Re}\,(\langle \mathbf{A}, \mathbf{B}\rangle) = \frac{1}{4}\left(\|\mathbf{A} + \mathbf{B}\|^2 - \|\mathbf{A} - \mathbf{B}\|^2\right) \tag{1.3.33}$$

$$\mathrm{Re}\,(\langle \mathbf{A}, \mathbf{B}\rangle) = \frac{1}{2}\left(\|\mathbf{A} + \mathbf{B}\|^2 - \|\mathbf{A}\|^2 - \|\mathbf{B}\|^2\right) \tag{1.3.34}$$

  其中, $\mathrm{Re}\,(\langle \mathbf{A}, \mathbf{B}\rangle)$ 表示内积 $\langle \mathbf{A}, \mathbf{B}\rangle$ 的实部。

1.4 随机向量

在工程应用中, 测量的数据往往为随机变量。元素为随机变量的向量称作随机向量。

本节讨论随机向量的统计量与性质, 重点是高斯随机向量。

1.4.1 随机向量的统计解释

在随机向量的统计解释中, 最重要的统计量是随机向量的一阶和二阶统计量。

定义 1.11 (随机向量内积) 令 $\mathbf{x}(\xi)$ 和 $\mathbf{y}(\xi)$ 是变量为 ξ 的两个 $n \times 1$ 随机向量。随机向量内积定义为

$$\langle \mathbf{x}(\xi), \mathbf{y}(\xi) \rangle \stackrel{\text{def}}{=} E\{\mathbf{x}^{\text{H}}(\xi)\mathbf{y}(\xi)\} \tag{1.4.1}$$

[21] 其中, E 是期望算子, $E\{\mathbf{x}(\xi)\} = [E\{x_1(\xi)\}, \cdots, E\{x_n(\xi)\}]^{\text{T}}$, 函数变量 ξ 可以是时间 t、圆频率 f、角频率 ω 或者空间参数 s 等。

随机向量 $\mathbf{x}(\xi)$ 的范数平方定义为

$$\|\mathbf{x}(\xi)\|^2 \stackrel{\text{def}}{=} E\{\mathbf{x}^{\text{H}}(\xi)\mathbf{x}(\xi)\} \tag{1.4.2}$$

给定一个随机向量 $\mathbf{x}(\xi) = [x_1(\xi), \cdots, x_m(\xi)]^{\text{T}}$, 则 $\mathbf{x}(\xi)$ 的均值向量记作 $\boldsymbol{\mu}_x$, 并定义为

$$\boldsymbol{\mu}_x = E\{\mathbf{x}(\xi)\} \stackrel{\text{def}}{=} \begin{bmatrix} E\{x_1(\xi)\} \\ \vdots \\ E\{x_m(\xi)\} \end{bmatrix} = \begin{bmatrix} \mu_1 \\ \vdots \\ \mu_m \end{bmatrix} \tag{1.4.3}$$

其中, $E\{x_i(\xi)\} = \mu_i$ 表示第 i 个随机向量 $x_i(\xi)$ 的均值。

随机向量 $\mathbf{x}(\xi)$ 的自相关矩阵定义为

$$\mathbf{R}_x \stackrel{\text{def}}{=} E\{\mathbf{x}(\xi)\mathbf{x}^{\text{H}}(\xi)\} = \begin{bmatrix} r_{11} & \cdots & r_{1m} \\ \vdots & & \vdots \\ r_{m1} & \cdots & r_{mm} \end{bmatrix} \tag{1.4.4}$$

其中, $r_{ii}, i = 1, \cdots, m$ 表示 $\mathbf{x}(\xi)$ 的自相关函数, 定义为

$$r_{ii} \stackrel{\text{def}}{=} E\{x_i(\xi)x_i^*(\xi)\} = E\{|x_i(\xi)|^2\}, \quad i = 1, \cdots, m \tag{1.4.5}$$

而 r_{ij} 表示 $x_i(\xi)$ 与 $x_j(\xi)$ 的互相关函数, 定义为

$$r_{ij} \stackrel{\text{def}}{=} E\{x_i(\xi)x_j^*(\xi)\}, \quad i, j = 1, \cdots, m, \ i \neq j \tag{1.4.6}$$

显然, 自相关矩阵是复共轭对称矩阵, 即 Hermite 矩阵。

随机向量 $\mathbf{x}(\xi)$ 的自协方差矩阵记作 $\mathbf{C}_x$, 并定义为

$$\mathbf{C}_x = \text{Cov}(\mathbf{x}, \mathbf{x}) \stackrel{\text{def}}{=} E\{[\mathbf{x}(\xi) - \boldsymbol{\mu}_x][\mathbf{x}(\xi) - \boldsymbol{\mu}_x]^{\text{H}}\} \tag{1.4.7}$$

$$= \begin{bmatrix} c_{11} & \cdots & c_{1m} \\ \vdots & & \vdots \\ c_{m1} & \cdots & c_{mm} \end{bmatrix} \tag{1.4.8}$$

[22] 其中, 对角元素

$$c_{ii} \stackrel{\text{def}}{=} E\{|x_i(\xi) - \mu_i|^2\} = \sigma_i^2, \quad i = 1, \cdots, m \tag{1.4.9}$$

表示随机变量 $x_i(\xi)$ 的方差 σ_i^2, 即 $c_{ii}=\sigma_i^2$, 而其他元素

$$c_{ij} \stackrel{\text{def}}{=} E\{[x_i(\xi)-\mu_i][x_j(\xi)-\mu_j]^*\} = E\{x_i(\xi)x_j^*(\xi)\} - \mu_i\mu_j^* = c_{ji}^* \tag{1.4.10}$$

表示随机变量 $x_i(\xi)$ 与 $x_j(\xi)$ 的协方差。类似地, 自协方差矩阵也是 Hermite 矩阵。

自相关矩阵与自协方差矩阵的关系为

$$\mathbf{C}_x = \mathbf{R}_x - \boldsymbol{\mu}_x\boldsymbol{\mu}_x^{\text{H}} \tag{1.4.11}$$

通过推广自相关矩阵和自协方差矩阵, 可以得到 $\mathbf{x}(\xi)$ 与 $\mathbf{y}(\xi)$ 的互相关矩阵

$$\mathbf{R}_{xy} \stackrel{\text{def}}{=} E\{\mathbf{x}(\xi)\mathbf{y}^{\text{H}}(\xi)\} = \begin{bmatrix} r_{x_1,y_1} & \cdots & r_{x_1,y_m} \\ \vdots & & \vdots \\ r_{x_m,y_1} & \cdots & r_{x_m,y_m} \end{bmatrix} \tag{1.4.12}$$

和互协方差矩阵

$$\mathbf{C}_{xy} \stackrel{\text{def}}{=} E\{[\mathbf{x}(\xi)-\boldsymbol{\mu}_x][\mathbf{y}(\xi)-\boldsymbol{\mu}_y]^{\text{H}}\} = \begin{bmatrix} c_{x_1,y_1} & \cdots & c_{x_1,y_m} \\ \vdots & & \vdots \\ c_{x_m,y_1} & \cdots & c_{x_m,y_m} \end{bmatrix} \tag{1.4.13}$$

其中, $r_{x_i,y_j} \stackrel{\text{def}}{=} E\{x_i(\xi)y_j^*(\xi)\}$ 是随机变量 $x_i(\xi)$ 与 $y_j(\xi)$ 的互相关函数, 而 $c_{x_i,y_j} \stackrel{\text{def}}{=} E\{[x_i(\xi)-\mu_{x_i}][y_j(\xi)-\mu_{y_j}]^*\}$ 是 $x_i(\xi)$ 与 $y_j(\xi)$ 的互协方差。

易知, 在互协方差矩阵与互相关矩阵之间存在以下关系

$$\mathbf{C}_{xy} = \mathbf{R}_{xy} - \boldsymbol{\mu}_x\boldsymbol{\mu}_y^{\text{H}} \tag{1.4.14}$$

在实际应用中, 一个具有非零均值 μ 的数据向量 $\mathbf{x}=[x(0),x(1),\cdots,x(N-1)]^{\text{T}}$ 通常需要进行零均值化

$$\mathbf{x} \leftarrow \mathbf{x} = [x(0)-\mu_x, x(1)-\mu_x, \cdots, x(N-1)-\mu_x]^{\text{T}}, \quad \mu_x = \frac{1}{N}\sum_{n=0}^{N-1} x(n)$$

零均值化后, 相关矩阵和协方差矩阵相等, 即 $\mathbf{R}_x=\mathbf{C}_x$, $\mathbf{R}_{xy}=\mathbf{C}_{xy}$。 [23]

自相关矩阵的性质如下:

① 自相关矩阵是 Hermite 矩阵, 即 $\mathbf{R}_x^{\text{H}}=\mathbf{R}_x$。

② 线性组合向量 $\mathbf{y}=\mathbf{A}\mathbf{x}+\mathbf{b}$ 的自相关矩阵满足 $\mathbf{R}_y=\mathbf{A}\mathbf{R}_x\mathbf{A}^{\text{H}}$。

③ 互相关矩阵不是 Hermite 矩阵, 但满足 $\mathbf{R}_{xy}^{\text{H}}=\mathbf{R}_{yx}$。

④ $\mathbf{R}_{(x_1+x_2)y}=\mathbf{R}_{x_1y}+\mathbf{R}_{x_2y}$。

⑤ 若 $\mathbf{x}$ 和 $\mathbf{y}$ 具有相同维数, 则

$$\mathbf{R}_{x+y} = \mathbf{R}_x + \mathbf{R}_{xy} + \mathbf{R}_{yx} + \mathbf{R}_y$$

⑥ $\mathbf{R}_{Ax,By}=\mathbf{A}\mathbf{R}_{xy}\mathbf{B}^{\text{H}}$。

两个随机变量 $x(\xi)$ 与 $y(\xi)$ 的相关度可以利用它们的相关系数 ρ_{xy} 进行

度量

$$\rho_{xy} \stackrel{\text{def}}{=} \frac{E\{[x(\xi)-\bar{x}][y(\xi)-\bar{y}]^*\}}{\sqrt{E\{|x(\xi)-\bar{x}|^2\}E\{|y(\xi)-\bar{y}|^2\}}} = \frac{c_{xy}}{\sigma_x\sigma_y} \tag{1.4.15}$$

式中, $c_{xy} = E\{[x(\xi)-\bar{x}][y(\xi)-\bar{y}]^*\}$ 是随机变量 $x(\xi)$ 与 $y(\xi)$ 的协方差, 而 σ_x^2 和 σ_y^2 分别是 $x(\xi)$ 和 $y(\xi)$ 的方差。对式 (1.4.15) 应用 Cauchy-Schwartz 不等式, 则有

$$0 \leqslant |\rho_{xy}| \leqslant 1 \tag{1.4.16}$$

相关系数 ρ_{xy} 可以测量两个随机变量 $x(\xi)$ 和 $y(\xi)$ 之间的相似度。

- ρ_{xy} 越接近零, 随机向量 $x(\xi)$ 与 $y(\xi)$ 的相似度就越弱。
- 相关系数 ρ_{xy} 越接近 1, $x(\xi)$ 与 $y(\xi)$ 越相似。
- $\rho_{xy} = 0$ 说明互协方差 $c_{xy} = 0$, 这意味着在两个随机变量 $x(\xi)$ 和 $y(\xi)$ 之间不存在任何相关的分量。若 $\rho_{xy} = 0$, 则称随机变量 $x(\xi)$ 与 $y(\xi)$ 不相关。由于这种不相关是在统计意义下定义的, 所以通常称之为统计不相关。
- 容易验证: 若 $x(\xi) = cy(\xi)$, 其中 c 是复数, 则 $|\rho_{xy}| = 1$。随机变量 $x(\xi)$ 与 $y(\xi)$ 之间的不同至多相差一个固定的幅值比例因子 $|c|$ 和相位 $\phi(c)$, 使得 $x(\xi) = cy(\xi) = |c|\mathrm{e}^{\mathrm{j}\phi(c)}y(\xi)$。这样的一对随机变量称为完全相关或者相干。

定义 1.12 (不相关) 若互协方差矩阵 $\mathbf{C}_{xy} = \mathbf{O}_{m\times n}$, 或者等价于 $\rho_{x_i,y_j} = 0, \forall i,j$, 则称两个随机向量 $\mathbf{x}(\xi) = [x_1(\xi),\cdots,x_m(\xi)]^{\mathrm{T}}$ 与 $\mathbf{y}(\xi) = [y_1(\xi),\cdots,y_n(\xi)]^{\mathrm{T}}$ 统计不相关。

与常数向量或函数向量的情况不同, 如果 $\mathbf{x}(\xi)$ 的任一分量与 $\mathbf{y}(\xi)$ 的每个分量正交, 则 $m\times 1$ 随机向量 $\mathbf{x}(\xi)$ 和 $n\times 1$ 随机向量 $\mathbf{y}(\xi)$ 称为正交, 即

[24]

$$r_{x_i,y_j} = E\{x_i(\xi)y_j(\xi)\} = 0, \forall i = 1,\cdots,m, j = 1,\cdots,n \tag{1.4.17}$$

或 $\mathbf{R}_{xy} = E\{\mathbf{x}(\xi)\mathbf{y}^{\mathrm{H}}(\xi)\} = \mathbf{O}_{m\times n}$。

定义 1.13 (随机向量正交性) 称 $m\times 1$ 随机向量 $\mathbf{x}(\xi)$ 与 $n\times 1$ 随机向量 $\mathbf{y}(\xi)$ 正交, 记作 $\mathbf{x}(\xi) \perp \mathbf{y}(\xi)$, 若它们的互相关矩阵 $\mathbf{R}_{xy}$ 等于 $m\times n$ 零矩阵 $\mathbf{O}$, 即

$$\mathbf{R}_{xy} = E\{\mathbf{x}(\xi)\mathbf{y}^{\mathrm{H}}(\xi)\} = \mathbf{O}_{m\times n} \tag{1.4.18}$$

注意, 对于两个零均值化的 $m\times 1$ 随机向量 $\mathbf{x}(\xi)$ 与 $n\times 1$ 随机向量 $\mathbf{y}(\xi)$, 它们的统计不相关与正交等价, 因为它们的互协方差矩阵和互相关矩阵相等, 即有 $\mathbf{C}_{xy} = \mathbf{R}_{xy}$。

1.4.2 高斯随机向量

定义 1.14 (高斯随机向量) 若每一个元素 $x_i(\xi), i = 1,\cdots,m$ 是高斯随机变量, 则随机向量 $\mathbf{x} = [x_1(\xi),\cdots,x_m(\xi)]^{\mathrm{T}}$ 称为高斯或正态随机向量。

如下所述，实和复高斯随机向量的概率密度函数的表示略有不同。

令 $\mathbf{x} \sim N(\bar{\mathbf{x}}, \mathbf{\Gamma}_x)$ 表示一个实高斯或正态随机向量，其均值向量为 $\bar{\mathbf{x}} = [\bar{x}_1, \cdots, \bar{x}_m]^{\mathrm{T}}$，方差矩阵 $\mathbf{\Gamma}_x = E\{(\mathbf{x}-\bar{\mathbf{x}})(\mathbf{x}-\bar{\mathbf{x}})^{\mathrm{T}}\}$。如果高斯随机向量每一个元素都是独立同分布 (iid)，则其方差矩阵 $\mathbf{\Gamma}_x = E\{(\mathbf{x}-\bar{\mathbf{x}})(\mathbf{x}-\bar{\mathbf{x}})^{\mathrm{T}}\} = \mathbf{Diag}(\sigma_1^2, \cdots, \sigma_m^2)$，其中 $\sigma_i^2 = E\{(x_i - \bar{x}_i)^2\}$ 是高斯随机变量 x_i 的方差。

在所有元素都互相统计独立的条件下，高斯随机向量 $\mathbf{x} \sim N(\bar{\mathbf{x}}, \mathbf{\Gamma}_x)$ 的概率密度函数是其 m 个随机变量的联合概率密度函数，即

$$
\begin{aligned}
f(\mathbf{x}) &= f(x_1, \cdots, x_m) \\
&= f(x_1) \cdots f(x_m) \\
&= \frac{1}{\sqrt{2\pi\sigma_1^2}} \exp\left(-\frac{(x_1-\bar{x}_1)^2}{2\sigma_1^2}\right) \cdots \frac{1}{\sqrt{2\pi\sigma_m^2}} \exp\left(-\frac{(x_m-\bar{x}_m)^2}{2\sigma_m^2}\right) \\
&= \frac{1}{(2\pi)^{m/2}\sigma_1 \cdots \sigma_m} \exp\left(-\frac{(x_1-\bar{x}_1)^2}{2\sigma_1^2} - \cdots - \frac{(x_m-\bar{x}_m)^2}{2\sigma_m^2}\right)
\end{aligned}
$$

或者 [25]

$$
f(\mathbf{x}) = \frac{1}{(2\pi)^{m/2}|\mathbf{\Gamma}_x|^{1/2}} \exp\left(-\frac{1}{2}(\mathbf{x}-\bar{\mathbf{x}})^{\mathrm{T}}\mathbf{\Gamma}_x^{-1}(\mathbf{x}-\bar{\mathbf{x}})\right) \tag{1.4.19}
$$

如果元素不是相互统计独立，则高斯随机向量 $\mathbf{x} \sim N(\bar{\mathbf{x}}, \mathbf{\Gamma}_x)$ 的概率密度函数仍然由式 (1.4.19) 给出，但是指数项变为[25, 29]

$$
(\mathbf{x}-\bar{\mathbf{x}})^{\mathrm{T}}\mathbf{\Gamma}_x^{-1}(\mathbf{x}-\bar{\mathbf{x}}) = \sum_{i=1}^{m}\sum_{j=1}^{m}[\mathbf{\Gamma}_x^{-1}]_{i,j}(x_i-\mu_i)(x_j-\mu_j) \tag{1.4.20}
$$

其中，$[\mathbf{\Gamma}_x^{-1}]_{i,j}$ 表示逆矩阵 $\mathbf{\Gamma}_x^{-1}$ 的第 (i,j) 个元素，并且 $\mu_i = E\{x_i\}$ 是随机变量 x_i 的均值。

一个实高斯随机向量的特征函数由下式给出

$$
\mathbf{\Phi}_{\mathbf{x}}(\omega_1, \cdots, \omega_m) = \exp\left(\mathrm{j}\,\boldsymbol{\omega}^{\mathrm{T}}\boldsymbol{\mu}_x - \frac{1}{2}\boldsymbol{\omega}^{\mathrm{T}}\mathbf{\Gamma}_x\boldsymbol{\omega}\right) \tag{1.4.21}
$$

其中，$\boldsymbol{\omega} = [\omega_1, \cdots, \omega_m]^{\mathrm{T}}$。

若 $x_i \sim CN(\mu_i, \sigma_i^2)$，则 $\mathbf{x} = [x_1, \cdots, x_m]^{\mathrm{T}}$ 称为复高斯随机向量，记作 $\mathbf{x} \sim CN(\boldsymbol{\mu}_x, \mathbf{\Gamma}_x)$，其中 $\boldsymbol{\mu}_x = [\mu_1, \cdots, \mu_m]^{\mathrm{T}}$ 和 $\mathbf{\Gamma}$ 分别是随机向量 $\mathbf{x}$ 的均值向量和协方差矩阵。如果 $x_i = u_i + \mathrm{j}v_i$ 及随机向量 $[u_1, v_1]^{\mathrm{T}}, \cdots, [u_m, v_m]^{\mathrm{T}}$ 相互统计独立，则复高斯随机向量 $\mathbf{x}$ 的概率密度函数为[29]

$$
\begin{aligned}
f(\mathbf{x}) &= \prod_{i=1}^{m} f(x_i) \\
&= \left(\pi^m \prod_{i=1}^{m}\sigma_i^2\right)^{-1} \exp\left(-\sum_{i=1}^{m}\frac{1}{\sigma_i^2}|x_i-\mu_i|^2\right)
\end{aligned}
$$

$$= \frac{1}{\pi^m |\boldsymbol{\Gamma}_x|} \exp\left[-(\mathbf{x}-\boldsymbol{\mu}_x)^{\mathrm{H}} \boldsymbol{\Gamma}_x^{-1} (\mathbf{x}-\boldsymbol{\mu}_x)\right] \tag{1.4.22}$$

式中, $\boldsymbol{\Gamma}_x = \mathbf{Diag}(\sigma_1^2, \cdots, \sigma_m^2)$。复高斯随机向量 $\mathbf{x}$ 的特征函数为

$$\boldsymbol{\Phi}_{\mathbf{x}}(\boldsymbol{\omega}) = \exp\left(\mathrm{j}\,\mathrm{Re}(\boldsymbol{\omega}^{\mathrm{H}}\boldsymbol{\mu}_x) - \frac{1}{4}\boldsymbol{\omega}^{\mathrm{H}}\boldsymbol{\Gamma}_x\boldsymbol{\omega}\right) \tag{1.4.23}$$

高斯随机向量 $\mathbf{x}$ 具有以下重要性质:

[26]

- $\mathbf{x}$ 的概率密度函数由其均值向量和协方差矩阵完全描述。
- 若两个高斯随机向量 $\mathbf{x}$ 和 $\mathbf{y}$ 统计不相关, 则它们也是统计独立的。
- 给定一个高斯随机向量 $\mathbf{x}$, 若其均值向量为 $\boldsymbol{\mu}_x$, 协方差矩阵为 $\boldsymbol{\Gamma}_x$, 则线性变换 $\mathbf{y}(\xi) = \mathbf{A}\mathbf{x}(\xi)$ 仍是高斯随机向量。对实高斯随机向量, 其概率密度函数为

$$f(\mathbf{y}) = \frac{1}{(2\pi)^{m/2}|\boldsymbol{\Gamma}_y|^{1/2}} \exp\left[-\frac{1}{2}(\mathbf{y}-\boldsymbol{\mu}_y)^{\mathrm{T}}\boldsymbol{\Gamma}_y^{-1}(\mathbf{y}-\boldsymbol{\mu}_y)\right] \tag{1.4.24}$$

对复高斯随机向量, 其概率密度函数为

$$f(\mathbf{y}) = \frac{1}{\pi^m|\boldsymbol{\Gamma}_y|} \exp\left[-(\mathbf{y}-\boldsymbol{\mu}_y)^{\mathrm{H}}\boldsymbol{\Gamma}_y^{-1}(\mathbf{y}-\boldsymbol{\mu}_y)\right] \tag{1.4.25}$$

实高斯白噪声向量的统计表示为

$$E\{\mathbf{x}(t)\} = \mathbf{0}, \quad E\{\mathbf{x}(t)\mathbf{x}^{\mathrm{T}}(t)\} = \sigma^2\mathbf{I} \tag{1.4.26}$$

但是, 这个表达式不适用于复高斯白噪声向量。对于复高斯随机向量 $\mathbf{x}(t) = [x_1(t), \cdots, x_m(t)]^{\mathrm{T}}$, 其分量为复高斯白噪声, 并且相互统计不相关。若 $x_i(t), i = 1, \cdots, m$ 具有零均值和相同的方差 σ^2, 则实部 $x_{\mathrm{R},i}(t)$ 与虚部 $x_{\mathrm{I},i}(t)$ 是两个相互统计独立的实高斯白噪声, 并且它们具有相同的方差。这意味着

$$\begin{aligned}
&E\{x_{\mathrm{R},i}(t)\} = 0, \quad E\{x_{\mathrm{I},i}(t)\} = 0 \\
&E\{x_{\mathrm{R},i}^2(t)\} = E\{x_{\mathrm{I},i}^2(t)\} = \frac{1}{2}\sigma^2 \\
&E\{x_{\mathrm{R},i}(t)x_{\mathrm{I},i}(t)\} = 0 \\
&E\{x_i(t)x_i^*(t)\} = E\{x_{\mathrm{R},i}^2(t)\} + E\{x_{\mathrm{I},i}^2(t)\} = \sigma^2
\end{aligned}$$

由上述条件知

$$\begin{aligned}
E\{x_i^2(t)\} &= E\{[x_{\mathrm{R},i}(t) + \mathrm{j}\,x_{\mathrm{I},i}(t)]^2\} \\
&= E\{x_{\mathrm{R},i}^2(t)\} - E\{x_{\mathrm{I},i}^2(t)\} + \mathrm{j}\,2E\{x_{\mathrm{R},i}(t)x_{\mathrm{I},i}(t)\} \\
&= \frac{1}{2}\sigma^2 - \frac{1}{2}\sigma^2 + 0 = 0
\end{aligned}$$

由于 $x_1(t), \cdots, x_m(t)$ 相互统计不相关, 故有

$$E\{x_i(t)x_k(t)\} = 0, \quad E\{x_i(t)x_k^*(t)\} = 0, \quad i \neq k$$

总结以上结果, 复高斯白噪声向量 $\mathbf{x}$ 的统计表示为 [27]

$$\left.\begin{aligned} E\{\mathbf{x}(t)\} &= \mathbf{0} \\ E\{\mathbf{x}(t)\mathbf{x}^{\mathrm{H}}(t)\} &= \sigma^2\mathbf{I} \\ E\{\mathbf{x}(t)\mathbf{x}^{\mathrm{T}}(t)\} &= \mathbf{O} \end{aligned}\right\} \tag{1.4.27}$$

1.5 矩阵的基本性能指标

一个 $m \times n$ 矩阵是一种具有 mn 个分量的多元表示。在数学中, 通常希望使用一个数或标量来概括多元表示, 矩阵的性能指标就是这样的数学工具。

1.5.1 二次型

一个 $n \times n$ 矩阵 $\mathbf{A}$ 的二次型定义为 $\mathbf{x}^{\mathrm{H}}\mathbf{A}\mathbf{x}$, 其中 $\mathbf{x}$ 可以是任意 $n \times 1$ 非零向量。为了保证二次型 $(\mathbf{x}^{\mathrm{H}}\mathbf{A}\mathbf{x})^{\mathrm{H}} = \mathbf{x}^{\mathrm{H}}\mathbf{A}\mathbf{x}$ 定义的唯一性, 有必要假设矩阵 $\mathbf{A}$ 是 Hermite 矩阵或复共轭对称, 即 $\mathbf{A}^{\mathrm{H}} = \mathbf{A}$。这个假设也保证了任何二次型函数都是实值的, 因为实值函数的一个基本优点是适合与零进行比较。

若二次型 $\mathbf{x}^{\mathrm{H}}\mathbf{A}\mathbf{x} > 0$, 则称为正定二次型, 相应的 Hermite 矩阵 $\mathbf{A}$ 叫作正定矩阵。类似地, 我们可以定义 Hermite 矩阵的半正定性、负定性和半负定性, 见表 1.1。

表 1.1 Hermite 矩阵 $\mathbf{A}$ 的二次型和正定性 [28]

二次型	符号	正定性
$\mathbf{x}^{\mathrm{H}}\mathbf{A}\mathbf{x} > 0$	$\mathbf{A} \succ 0$	$\mathbf{A}$ 为正定矩阵
$\mathbf{x}^{\mathrm{H}}\mathbf{A}\mathbf{x} \geqslant 0$	$\mathbf{A} \succeq 0$	$\mathbf{A}$ 为半正定矩阵
$\mathbf{x}^{\mathrm{H}}\mathbf{A}\mathbf{x} < 0$	$\mathbf{A} \prec 0$	$\mathbf{A}$ 为负定矩阵
$\mathbf{x}^{\mathrm{H}}\mathbf{A}\mathbf{x} \leqslant 0$	$\mathbf{A} \preceq 0$	$\mathbf{A}$ 为半负定矩阵

若对某些非零向量 $\mathbf{x}$ 二次型 $\mathbf{x}^{\mathrm{H}}\mathbf{A}\mathbf{x} > 0$, 而对另一些非零向量 $\mathbf{x}$ 二次型 $\mathbf{x}^{\mathrm{H}}\mathbf{A}\mathbf{x} < 0$, 则称 Hermite 矩阵 $\mathbf{A}$ 为不定矩阵。

1.5.2 行列式

一个 $n \times n$ 矩阵 $\mathbf{A}$ 的行列式记作 $\det(\mathbf{A})$ 或 $|\mathbf{A}|$, 定义为

$$\det(\mathbf{A}) = |\mathbf{A}| = \begin{vmatrix} a_{11} & a_{12} & \cdots & a_{1n} \\ a_{21} & a_{22} & \cdots & a_{2n} \\ \vdots & \vdots & & \vdots \\ a_{n1} & a_{n2} & \cdots & a_{nn} \end{vmatrix} \tag{1.5.1}$$

在除去矩阵 $\mathbf{A} = [a_{ij}]$ 的第 i 行和第 j 列之后, 所得矩阵的行列式记作 $A_{ij} = \det(\mathbf{A}_{ij})$, 并称之为元素 a_{ij} 的余子式。特别地, 当 $j = i$ 时, A_{ii} 称为矩阵 $\mathbf{A}$ 的主子式。若令 $\mathbf{A}_{ij}$ 是一个从 $n \times n$ 矩阵 $\mathbf{A}$ 除去第 i 行、第 j 列得到的 $(n-1) \times (n-1)$ 子矩阵, 则余子式 A_{ij} 与子矩阵 $\mathbf{A}_{ij}$ 的行列式具有以下关系

$$A_{ij} = (-1)^{i+j} \det(\mathbf{A}_{ij}) \tag{1.5.2}$$

一个 $n \times n$ 矩阵 $\mathbf{A}$ 的行列式等于其任意一行 (例如第 i 行) 或者任意一列 (例如第 j 列) 的每个元素与对应的余子式的乘积, 即

$$\det(\mathbf{A}) = a_{i1}A_{i1} + \cdots + a_{in}A_{in} = \sum_{j=1}^{n} a_{ij}(-1)^{i+j} \det(\mathbf{A}_{ij}) \tag{1.5.3}$$

或

$$\det(\mathbf{A}) = a_{1j}A_{1j} + \cdots + a_{nj}A_{nj} = \sum_{i=1}^{n} a_{ij}(-1)^{i+j} \det(\mathbf{A}_{ij}) \tag{1.5.4}$$

因此, 行列式可以递推计算: n 阶行列式可以由 $(n-1)$ 阶行列式计算, 而 $(n-1)$ 阶行列式又可以由 $(n-2)$ 阶行列式计算, 依次类推。

对于一个 3×3 矩阵 $\mathbf{A}$, 其行列式的递推计算为

$$\begin{aligned} \det(\mathbf{A}) = \det \begin{bmatrix} a_{11} & a_{12} & a_{13} \\ a_{21} & a_{22} & a_{23} \\ a_{31} & a_{32} & a_{33} \end{bmatrix} \\ &= a_{11}A_{11} + a_{12}A_{12} + a_{13}A_{13} \\ &= a_{11}(-1)^{1+1} \begin{vmatrix} a_{22} & a_{23} \\ a_{32} & a_{33} \end{vmatrix} + a_{12}(-1)^{1+2} \begin{vmatrix} a_{21} & a_{23} \\ a_{31} & a_{33} \end{vmatrix} + a_{13}(-1)^{1+3} \begin{vmatrix} a_{21} & a_{22} \\ a_{31} & a_{33} \end{vmatrix} \\ &= a_{11}(a_{22}a_{33} - a_{23}a_{32}) - a_{12}(a_{21}a_{33} - a_{23}a_{31}) + a_{13}(a_{21}a_{33} - a_{22}a_{31}) \end{aligned}$$

这种方法称为三阶行列式的对角线法。

一个具有非零行列式的矩阵称为非奇异矩阵。

关于行列式有如下性质[20]。

- 若互换矩阵 $\mathbf{A}$ 的两行 (或列), 则其行列式 $\det(\mathbf{A})$ 的数值保持不变, 但符号改变。
- 如果矩阵 $\mathbf{A}$ 的某行 (或列) 是其他行 (或列) 的线性组合, 则 $\det(\mathbf{A}) = 0$。特别地, 若某行 (或列) 与其他行 (或列) 成比例或相等, 或者存在一个零元素行 (或列), 则 $\det(\mathbf{A}) = 0$。

[29]

- 单位矩阵的行列式等于 1, 即 $\det(\mathbf{I}) = 1$。
- 任何一个方阵 $\mathbf{A}$ 和它的转置矩阵 $\mathbf{A}^{\mathrm{T}}$ 具有相同的行列式, 即 $\det(\mathbf{A}) = \det(\mathbf{A}^{\mathrm{T}})$, 但 $\det(\mathbf{A}^{\mathrm{H}}) = [\det(\mathbf{A}^{\mathrm{T}})]^*$。
- Hermite 矩阵的行列式为实值, 因为

$$\det(\mathbf{A}) = \det(\mathbf{A}^{\mathrm{H}}) = [\det(\mathbf{A})]^* \tag{1.5.5}$$

- 两个方阵的乘积的行列式等于它们各自行列式的乘积, 即

$$\det(\mathbf{AB}) = \det(\mathbf{A})\det(\mathbf{B}), \quad \mathbf{A}, \mathbf{B} \in \mathbb{C}^{n\times n} \tag{1.5.6}$$

- 对于任一常数 c 与任意一个 $n \times n$ 矩阵 $\mathbf{A}$, $\det(c \times \mathbf{A}) = c^n \times \det(\mathbf{A})$。
- 若 $\mathbf{A}$ 非奇异, 则 $\det(\mathbf{A}^{-1}) = 1/\det(\mathbf{A})$。
- 对于矩阵 $\mathbf{A}_{m\times m}$、$\mathbf{B}_{m\times n}$、$\mathbf{C}_{n\times m}$、$\mathbf{D}_{n\times n}$, 分块矩阵的行列式

$$\mathbf{A}\text{ 非奇异 } \det\begin{bmatrix}\mathbf{A} & \mathbf{B}\\ \mathbf{C} & \mathbf{D}\end{bmatrix} = \det(\mathbf{A})\det(\mathbf{D} - \mathbf{C}\mathbf{A}^{-1}\mathbf{B}) \tag{1.5.7}$$

$$\mathbf{D}\text{ 非奇异 } \det\begin{bmatrix}\mathbf{A} & \mathbf{B}\\ \mathbf{C} & \mathbf{D}\end{bmatrix} = \det(\mathbf{D})\det(\mathbf{A} - \mathbf{B}\mathbf{D}^{-1}\mathbf{C}) \tag{1.5.8}$$

- 三角 (上或下三角) 矩阵 $\mathbf{A}$ 的行列式等于其所有主对角线元素的乘积

$$\det(\mathbf{A}) = \prod_{i=1}^{n} a_{ii}$$

  对角矩阵 $\mathbf{A} = \mathbf{Diag}(a_{11}, \cdots, a_{nn})$ 的行列式等于其所有对角元素的乘积。

这里给出式 (1.5.7) 的证明

$$\begin{aligned}\det\begin{bmatrix}\mathbf{A} & \mathbf{B}\\ \mathbf{C} & \mathbf{D}\end{bmatrix} &= \det\left(\begin{bmatrix}\mathbf{A} & \mathbf{O}\\ \mathbf{C} & \mathbf{D} - \mathbf{C}\mathbf{A}^{-1}\mathbf{B}\end{bmatrix}\begin{bmatrix}\mathbf{I} & \mathbf{A}^{-1}\mathbf{B}\\ \mathbf{O} & \mathbf{I}\end{bmatrix}\right)\\ &= \det(\mathbf{A}) \times \det(\mathbf{D} - \mathbf{C}\mathbf{A}^{-1}\mathbf{B})\end{aligned}$$

类似地, 可以证明式 (1.5.8)。

以下是关于行列式的不等式[20]。 [30]

- 正定矩阵 $\mathbf{A}$ 的行列式大于 0, 即 $\det(\mathbf{A}) > 0$。
- 半正定矩阵 $\mathbf{A}$ 的行列式大于或者等于 0, 即有 $\det(\mathbf{A}) \geqslant 0$。

1.5.3 矩阵特征值

若 $n \times n$ 矩阵 $\mathbf{A}$ 的线性代数方程

$$\mathbf{Au} = \lambda\mathbf{u} \tag{1.5.9}$$

具有一个 $n \times 1$ 非零解 (向量) $\mathbf{u}$, 则标量 λ 称为矩阵 $\mathbf{A}$ 的特征值, $\mathbf{u}$ 是与特征值 λ 对应的特征向量。

矩阵方程式 (1.5.9) 可以等价为

$$(\mathbf{A}-\lambda\mathbf{I})\mathbf{u}=\mathbf{0} \tag{1.5.10}$$

方程式 (1.5.10) 有非零解的唯一条件是矩阵 $\mathbf{A}-\lambda\mathbf{I}$ 的行列式等于零, 即

$$\det(\mathbf{A}-\lambda\mathbf{I})=0 \tag{1.5.11}$$

这个方程称为矩阵 $\mathbf{A}$ 的特征方程。

特征方程式 (1.5.11) 反映了以下事实:

- 若式 (1.5.11) 对 $\lambda=0$ 成立, 则 $\det(\mathbf{A})=0$。这意味着只要矩阵 $\mathbf{A}$ 有一个零特征值, 则该矩阵必定是一个奇异矩阵。
- 只有零矩阵的所有特征值为零, 并且任意一个奇异矩阵至少存在一个零特征值。显然, 若一个 $n\times n$ 奇异矩阵 $\mathbf{A}$ 的所有对角元素都减去一个不是 $\mathbf{A}$ 的特征值的同一标量 $x(x\neq 0)$, 则新矩阵 $\mathbf{A}-x\mathbf{I}$ 必然是非奇异的, 因为 $|\mathbf{A}-x\mathbf{I}|\neq 0$。

令 $\text{eig}(\mathbf{A})$ 表示矩阵 $\mathbf{A}$ 的特征值。特征值的基本性质如下:

- 对于 $\mathbf{A}_{m\times m}$ 和 $\mathbf{B}_{m\times m}$, $\text{eig}(\mathbf{AB})=\text{eig}(\mathbf{BA})$, 因为

$$\mathbf{ABu}=\lambda\mathbf{u}\Rightarrow(\mathbf{BA})\mathbf{Bu}=\lambda\mathbf{Bu}\Rightarrow\mathbf{BAu}'=\lambda\mathbf{u}'$$

  其中 $\mathbf{u}'=\mathbf{Bu}$。但是, 如果 λ 对应的 $\mathbf{AB}$ 的特征向量是 $\mathbf{u}$, 则相同 λ 对应的 $\mathbf{BA}$ 的特征向量是 $\mathbf{u}'=\mathbf{Bu}$。
- 若 $\text{rank}(\mathbf{A})=r$, 则矩阵 $\mathbf{A}$ 至多有 r 不同特征值。
- 逆矩阵的特征值 $\text{eig}(\mathbf{A}^{-1})=1/\text{eig}(\mathbf{A})$。

[31]

- 令 $\mathbf{I}$ 为单位矩阵, 则

$$\text{eig}(\mathbf{I}+c\mathbf{A})=1+c\times\text{eig}(\mathbf{A}) \tag{1.5.12}$$

$$\text{eig}(\mathbf{A}-c\mathbf{I})=\text{eig}(\mathbf{A})-c \tag{1.5.13}$$

由于 $\mathbf{u}^{\mathrm{H}}\mathbf{u}>0$ 对任意非零向量 $\mathbf{u}$ 成立, 由 $\lambda=\mathbf{u}^{\mathrm{H}}\mathbf{Au}/(\mathbf{u}^{\mathrm{H}}\mathbf{u})$ 直接可知, 正定和非正定矩阵可以用它们的特征值刻画如下:

- 正定矩阵所有特征值为正实数。
- 半正定矩阵所有特征值非负。
- 负定矩阵所有特征值为负值。
- 半负定矩阵所有特征值为非正数。
- 不定矩阵具有正和负特征值。

若 $\mathbf{A}$ 正定或者半正定, 则

$$\det(\mathbf{A})\leqslant\prod_i a_{ii} \tag{1.5.14}$$

此不等式称为 Hadamard 不等式。

由特征方程式 (1.5.11) 可以得到改善矩阵方程 $\mathbf{Ax}=\mathbf{b}$ 解的数值稳定性和精度的两种方法[40]。

1. 改进数值稳定性的方法

考虑矩阵方程 $\mathbf{Ax}=\mathbf{b}$, 其中 $\mathbf{A}$ 通常为正定或者非奇异。然而, 由于噪声或误差的存在, $\mathbf{A}$ 有可能接近于奇异。若 λ 是一个很小的正数, 则 $-\lambda$ 不可能是 $\mathbf{A}$ 的一个特征值。这意味着特征方程 $|\mathbf{A}-x\mathbf{I}|=|\mathbf{A}-(-\lambda)\mathbf{I}|=|\mathbf{A}+\lambda\mathbf{I}|=0$ 不可能对任意 $\lambda>0$ 成立, 因此矩阵 $(\mathbf{A}+\lambda\mathbf{I})$ 必定非奇异。如果求解 $(\mathbf{A}+\lambda\mathbf{I})\mathbf{x}=\mathbf{b}$, 而不是求解原矩阵方程 $\mathbf{Ax}=\mathbf{b}$, 并且 λ 取一个非常小的正数, 则可以克服 $\mathbf{A}$ 的奇异性, 大大改善求解 $\mathbf{Ax}=\mathbf{b}$ 的数值稳定性。这种用于取代原矩阵方程 $\mathbf{Ax}=\mathbf{b}$, 转而求解矩阵方程 $(\mathbf{A}+\lambda\mathbf{I})\mathbf{x}=\mathbf{b}$ (其中 $\lambda>0$ 很小) 的方法就是求解近奇异矩阵方程的著名 Tikhonov 正则化方法。

2. 改进精度的方法

考虑矩阵方程 $\mathbf{Ax}=\mathbf{b}$, 其中, 数据矩阵 $\mathbf{A}$ 非奇异, 但含有加性干扰或者观测噪声。如果选择一个非常小的标量 λ, 用求解矩阵方程 $(\mathbf{A}-\lambda\mathbf{I})\mathbf{x}=\mathbf{b}$ 代替求解原矩阵方程 $\mathbf{Ax}=\mathbf{b}$, 则数据矩阵 $\mathbf{A}$ 的误差对解向量 $\mathbf{x}$ 的影响就可以大大减小。这正是著名的总体最小二乘 (TLS) 方法的基本思想。

1.5.4 矩阵的迹

[32]

定义 1.15 (迹) 一个 $n\times n$ 矩阵 $\mathbf{A}$ 的对角元素之和称为该矩阵的迹, 记作 $\mathrm{tr}(\mathbf{A})$, 即

$$\mathrm{tr}(\mathbf{A})=a_{11}+\cdots+a_{nn}=\sum_{i=1}^{n}a_{ii} \tag{1.5.15}$$

显然, 对于随机信号 $\mathbf{x}=[x_1,\cdots,x_n]^{\mathrm{T}}$, 其自相关矩阵 $\mathbf{R}_x$ 的迹 $\mathrm{tr}(\mathbf{R}_x)=\sum_{i=1}^{n}E\{|x_i|^2\}$ 表示随机信号的能量。

下面是矩阵的迹的性质。

迹的等式[20]

- 若 $\mathbf{A}$ 和 $\mathbf{B}$ 是两个 $n\times n$ 矩阵, 则 $\mathrm{tr}(\mathbf{A}\pm\mathbf{B})=\mathrm{tr}(\mathbf{A})\pm\mathrm{tr}(\mathbf{B})$。
- 若 $\mathbf{A}$ 和 $\mathbf{B}$ 均是 $n\times n$ 矩阵, 并且 c_1 与 c_2 为常数, 则 $\mathrm{tr}(c_1\times\mathbf{A}\pm c_2\times\mathbf{B})=c_1\times\mathrm{tr}(\mathbf{A})\pm c_2\times\mathrm{tr}(\mathbf{B})$。特别地, $\mathrm{tr}(c\times\mathbf{A})=c\times\mathrm{tr}(\mathbf{A})$。
- $\mathrm{tr}(\mathbf{A}^{\mathrm{T}})=\mathrm{tr}(\mathbf{A})$, $\mathrm{tr}(\mathbf{A}^*)=[\mathrm{tr}(\mathbf{A})]^*$, $\mathrm{tr}(\mathbf{A}^{\mathrm{H}})=[\mathrm{tr}(\mathbf{A})]^*$。
- 若 $\mathbf{A}\in\mathbb{C}^{m\times n},\mathbf{B}\in\mathbb{C}^{n\times m}$, 则 $\mathrm{tr}(\mathbf{AB})=\mathrm{tr}(\mathbf{BA})$。
- 若 $\mathbf{A}$ 是一个 $m\times n$ 矩阵, 则 $\mathrm{tr}(\mathbf{A}^{\mathrm{H}}\mathbf{A})=0$ 意味着 $\mathbf{A}$ 是一个 $m\times n$ 零矩阵。
- $\mathbf{x}^{\mathrm{H}}\mathbf{Ax}=\mathrm{tr}(\mathbf{Axx}^{\mathrm{H}})$ 及 $\mathbf{y}^{\mathrm{H}}\mathbf{x}=\mathrm{tr}(\mathbf{xy}^{\mathrm{H}})$。
- 一个 $n\times n$ 矩阵的迹等于其特征值之和, 即 $\mathrm{tr}(\mathbf{A})=\lambda_1+\cdots+\lambda_n$。
- 分块矩阵的迹满足

$$\mathrm{tr}\begin{bmatrix}\mathbf{A} & \mathbf{B}\\ \mathbf{C} & \mathbf{D}\end{bmatrix}=\mathrm{tr}(\mathbf{A})+\mathrm{tr}(\mathbf{D})$$

其中, $\mathbf{A}\in\mathbb{C}^{m\times m},\mathbf{B}\in\mathbb{C}^{m\times n},\mathbf{C}\in\mathbb{C}^{n\times m},\mathbf{D}\in\mathbb{C}^{n\times n}$。

- 对于任意正整数 k, 有

$$\mathrm{tr}(\mathbf{A}^k)=\sum_{i=1}^{n}\lambda_i^k \tag{1.5.16}$$

由迹等式 $\mathrm{tr}(\mathbf{UV})=\mathrm{tr}(\mathbf{VU})$, 易知

$$\mathrm{tr}(\mathbf{A}^{\mathrm{H}}\mathbf{A})=\mathrm{tr}(\mathbf{A}\mathbf{A}^{\mathrm{H}})=\sum_{i=1}^{n}\sum_{j=1}^{n}a_{ij}a_{ij}^*=\sum_{i=1}^{n}\sum_{j=1}^{n}|a_{ij}|^2 \tag{1.5.17}$$

另外, 若分别令 $\mathbf{U}=\mathbf{A},\mathbf{V}=\mathbf{BC}$ 和 $\mathbf{U}=\mathbf{AB},\mathbf{V}=\mathbf{C}$, 则迹等式 $\mathrm{tr}(\mathbf{UV})=\mathrm{tr}(\mathbf{VU})$ 可变作

$$\mathrm{tr}(\mathbf{ABC})=\mathrm{tr}(\mathbf{BCA})=\mathrm{tr}(\mathbf{CAB}) \tag{1.5.18}$$

[33] 类似地, 若分别令 $\mathbf{U}=\mathbf{A},\mathbf{V}=\mathbf{BCD}$; $\mathbf{U}=\mathbf{AB},\mathbf{V}=\mathbf{CD}$; $\mathbf{U}=\mathbf{ABC},\mathbf{V}=\mathbf{D}$, 则有

$$\mathrm{tr}(\mathbf{ABCD})=\mathrm{tr}(\mathbf{BCDA})=\mathrm{tr}(\mathbf{CDAB})=\mathrm{tr}(\mathbf{DABC}) \tag{1.5.19}$$

若矩阵 $\mathbf{A}$ 和 $\mathbf{B}$ 是 $m\times m$ 矩阵, 并且 $\mathbf{B}$ 非奇异, 则

$$\mathrm{tr}(\mathbf{BAB}^{-1})=\mathrm{tr}(\mathbf{B}^{-1}\mathbf{AB})=\mathrm{tr}(\mathbf{ABB}^{-1})=\mathrm{tr}(\mathbf{A}) \tag{1.5.20}$$

一个 $m\times n$ 矩阵 $\mathbf{A}$ 的 Frobenius 范数也可以利用 $m\times m$ 矩阵 $\mathbf{A}^{\mathrm{H}}\mathbf{A}$ 或 $n\times n$ 矩阵 $\mathbf{A}\mathbf{A}^{\mathrm{H}}$ 的迹得到[22]

$$\|\mathbf{A}\|_F=\sqrt{\mathrm{tr}(\mathbf{A}^{\mathrm{H}}\mathbf{A})}=\sqrt{\mathrm{tr}(\mathbf{A}\mathbf{A}^{\mathrm{H}})} \tag{1.5.21}$$

1.5.5 矩阵的秩

定理 1.2[36] 在一组 p 维行或列向量中, 至多存在 p 个线性无关的行或列向量。

定理 1.3[36] 对于一个 $m\times n$ 矩阵 $\mathbf{A}$, 其线性无关的行数和线性无关的列数相同。

由上述定理可以引出如下矩阵的秩的定义。

定义 1.16 (秩) 一个 $m\times n$ 矩阵 $\mathbf{A}$ 的秩定义为其线性无关的行数或列数。

需要指出, 矩阵的秩只是强调线性无关的行数或列数, 并没有给出这些无关的行或者列所在位置的任何信息。

按照矩阵的秩, 矩阵方程可以有如下分类。

- 若 $\mathrm{rank}(\mathbf{A}_{m\times n})<\min\{m,n\}$, 则 $\mathbf{A}$ 为秩亏矩阵。
- 若 $\mathrm{rank}(\mathbf{A}_{m\times n})=m(<n)$, 则 $\mathbf{A}$ 为全行秩矩阵。
- 若 $\mathrm{rank}(\mathbf{A}_{m\times n})=n(<m)$, 则 $\mathbf{A}$ 为全列秩矩阵。
- 若 $\mathrm{rank}(\mathbf{A}_{n\times n})=n$, 则 $\mathbf{A}$ 为全秩矩阵 (或非奇异矩阵)。

若矩阵方程 $\mathbf{A}_{m\times n}\mathbf{x}_{n\times 1} = \mathbf{b}_{m\times 1}$ 至少有一个精确解, 则称为一致方程。没有任何精确解的矩阵称为非一致方程。

一个秩 $\text{rank}(\mathbf{A}) = r_A$ 的矩阵 $\mathbf{A}$ 有 r_A 个线性无关的列向量。所有 r_A 个线性无关的列向量的线性组合构成一向量空间, 称为矩阵 $\mathbf{A}$ 的列空间或值域或流形。

列空间 $\text{Col}(\mathbf{A})$ 或值域 $\text{Range}(\mathbf{A})$ 为 r_A 维空间。因此, 矩阵的秩可以用其列空间或值域的维数定义, 如下所述。 [34]

定义 1.17 (列空间维数) 一个 $m \times n$ 矩阵 $\mathbf{A}$ 的列空间 $\text{Col}(\mathbf{A})$ 或值域 $\text{Range}(\mathbf{A})$ 的维数定义为矩阵的秩, 即有

$$r_A = \dim[\text{Col}(\mathbf{A})] = \dim[\text{Range}(\mathbf{A})] \tag{1.5.22}$$

有关矩阵 $\mathbf{A}$ 的秩的下列叙述等价:

- $\text{rank}(\mathbf{A}) = k$;
- 矩阵 $\mathbf{A}$ 存在 k 列或行, 且不多于 k 列或行组成一个线性无关集合;
- 存在 $\mathbf{A}$ 的 $k \times k$ 子矩阵有非零的行列式, 并且所有 $(k+1)\times(k+1)$ 子矩阵的行列式都等于零;
- 列空间 $\text{Col}(\mathbf{A})$ 或值域 $\text{Range}(\mathbf{A})$ 的维数等于 k;
- $k = n - \dim[\text{Null}(\mathbf{A})]$, 其中 $\text{Null}(\mathbf{A})$ 表示矩阵 $\mathbf{A}$ 的零空间。

定理 1.4[36] 矩阵积 $\mathbf{AB}$ 的秩满足不等式

$$\text{rank}(\mathbf{AB}) \leqslant \min\{\text{rank}(\mathbf{A}), \text{rank}(\mathbf{B})\} \tag{1.5.23}$$

引理 1.1 若一个 $m \times n$ 矩阵 $\mathbf{A}$ 左乘一个 $m \times m$ 非奇异矩阵 $\mathbf{P}$ 或者右乘一个 $n \times n$ 非奇异矩阵 $\mathbf{Q}$, 则矩阵 $\mathbf{A}$ 的秩不变, 即 $\text{rank}(\mathbf{PAQ}) = \text{rank}(\mathbf{A})$。

矩阵的秩具有下列性质。

1. 秩的性质

- 秩是一个正整数。
- 秩等于或者小于矩阵的列数 (或行数)。
- 任一矩阵 $\mathbf{A}$ 左乘一个满列秩矩阵或者右乘一个满行秩矩阵, 矩阵 $\mathbf{A}$ 的秩保持不变。

2. 关于秩的等式

- 若 $\mathbf{A} \in \mathbb{C}^{m\times n}$, 则 $\text{rank}(\mathbf{A}^{\text{H}}) = \text{rank}(\mathbf{A}^{\text{T}}) = \text{rank}(\mathbf{A}^*) = \text{rank}(\mathbf{A})$。
- 若 $\mathbf{A} \in \mathbb{C}^{m\times n}$ 且 $c \neq 0$, 则 $\text{rank}(c\mathbf{A}) = \text{rank}(\mathbf{A})$。
- 若 $\mathbf{A} \in \mathbb{C}^{m\times m}$, $\mathbf{B} \in \mathbb{C}^{m\times n}$, $\mathbf{C} \in \mathbb{C}^{n\times n}$ 是非奇异, 则

  $$\text{rank}(\mathbf{AB}) = \text{rank}(\mathbf{B}) = \text{rank}(\mathbf{BC}) = \text{rank}(\mathbf{ABC})$$

  即, 非奇异矩阵 $\mathbf{B}$ 左乘和/或右乘之后, $\mathbf{B}$ 的秩不变。
- $\mathbf{A}, \mathbf{B} \in \mathbb{C}^{m\times n}$, $\text{rank}(\mathbf{A}) = \text{rank}(\mathbf{B})$ 当且仅当存在非奇异矩阵 $\mathbf{X} \in \mathbb{C}^{m\times m}$, $\mathbf{Y} \in \mathbb{C}^{n\times n}$, 使得 $\mathbf{B} = \mathbf{XAY}$。
- $\text{rank}(\mathbf{AA}^{\text{H}}) = \text{rank}(\mathbf{A}^{\text{H}}\mathbf{A}) = \text{rank}(\mathbf{A})$。
- 若 $\mathbf{A} \in \mathbb{C}^{m\times m}$, 则 $\text{rank}(\mathbf{A}) = m \Leftrightarrow \det(\mathbf{A}) \neq 0 \Leftrightarrow \mathbf{A}$ 非奇异。

[35] 常用的有关秩的不等式是对任意的 $m \times n$ 矩阵 $\mathbf{A}$, $\text{rank}(\mathbf{A}) \leqslant \min\{m, n\}$。

1.6 逆矩阵与伪逆矩阵

矩阵求逆是一种重要的矩阵计算。特别地, 矩阵求逆引理经常应用于信号处理、系统科学、自动控制、神经网络等。本节讨论满秩方阵的逆矩阵和满行 (或满列) 秩的非方阵的伪逆矩阵, 以及秩亏矩阵的逆。

1.6.1 逆矩阵

若 $\mathbf{A}^{-1}$ 存在使得 $\mathbf{A}^{-1}\mathbf{A} = \mathbf{A}\mathbf{A}^{-1} = \mathbf{I}$, 则称非奇异矩阵 $\mathbf{A}$ 可逆。

关于 $n \times n$ 矩阵 $\mathbf{A}$ 的非奇异或者可逆性, 下列叙述等价[15]。

- $\mathbf{A}$ 非奇异。
- $\mathbf{A}^{-1}$ 存在。
- $\text{rank}(\mathbf{A}) = n$。
- $\mathbf{A}$ 的所有行线性无关。
- $\mathbf{A}$ 的所有列线性无关。
- $\det(\mathbf{A}) \neq 0$。
- $\mathbf{A}$ 的值域的维数等于 n。
- $\mathbf{A}$ 的零空间的维数等于零。
- $\mathbf{Ax} = \mathbf{b}$ 对每一个 $\mathbf{b} \in \mathbb{C}^n$ 都是一致方程。
- $\mathbf{Ax} = \mathbf{b}$ 对每一个 $\mathbf{b}$ 都有唯一解。
- $\mathbf{Ax} = \mathbf{0}$ 只有平凡解 $\mathbf{x} = \mathbf{0}$。

逆矩阵 $\mathbf{A}^{-1}$ 有如下性质[2, 15]。

- $\mathbf{A}^{-1}\mathbf{A} = \mathbf{A}\mathbf{A}^{-1} = \mathbf{I}$。
- $\mathbf{A}^{-1}$ 唯一。
- 逆矩阵的行列式等于原矩阵的行列式的倒数, 即 $|\mathbf{A}^{-1}| = \frac{1}{|\mathbf{A}|}$。
- 逆矩阵 $\mathbf{A}^{-1}$ 非奇异。
- 逆矩阵的逆矩阵为原矩阵, 即 $(\mathbf{A}^{-1})^{-1} = \mathbf{A}$。
- Hermite 矩阵 $\mathbf{A} = \mathbf{A}^{\text{H}}$ 的逆矩阵满足 $(\mathbf{A}^{\text{H}})^{-1} = (\mathbf{A}^{-1})^{\text{H}} = \mathbf{A}^{-1}$。即是说, 任何 Hermite 矩阵的逆矩阵也是 Hermite 矩阵。
- $(\mathbf{A}^*)^{-1} = (\mathbf{A}^{-1})^*$。
- [36] 若 $\mathbf{A}$ 与 $\mathbf{B}$ 可逆, 则 $(\mathbf{AB})^{-1} = \mathbf{B}^{-1}\mathbf{A}^{-1}$。
- 若 $\mathbf{A} = \mathbf{Diag}(a_1, \cdots, a_m)$ 是对角矩阵, 则其逆矩阵

$$\mathbf{A}^{-1} = \mathbf{Diag}(a_1^{-1}, \cdots, a_m^{-1})$$

- 令 $\mathbf{A}$ 非奇异。若 $\mathbf{A}$ 为正交矩阵, 则 $\mathbf{A}^{-1} = \mathbf{A}^{\text{T}}$; 若 $\mathbf{A}$ 是酉矩阵, 则 $\mathbf{A}^{-1} = \mathbf{A}^{\text{H}}$。

引理 1.2　令 $\mathbf{A}$ 是 $n \times n$ 可逆矩阵, 并且 $\mathbf{x}$ 和 $\mathbf{y}$ 是两个 $n \times 1$ 向量, 使得 $(\mathbf{A}+\mathbf{x}\mathbf{y}^{\mathrm{H}})$ 可逆。于是, 有

$$(\mathbf{A}+\mathbf{x}\mathbf{y}^{\mathrm{H}})^{-1} = \mathbf{A}^{-1} - \frac{\mathbf{A}^{-1}\mathbf{x}\mathbf{y}^{\mathrm{H}}\mathbf{A}^{-1}}{1+\mathbf{y}^{\mathrm{H}}\mathbf{A}^{-1}\mathbf{x}} \tag{1.6.1}$$

引理 1.2 称为矩阵求逆引理, 由 Sherman 与 Morrison[37] 于 1950 年提出。矩阵求逆引理可以扩展为矩阵之和的求逆公式

$$\begin{aligned}(\mathbf{A}+\mathbf{UBV})^{-1} &= \mathbf{A}^{-1} - \mathbf{A}^{-1}\mathbf{UB}(\mathbf{B}+\mathbf{BVA}^{-1}\mathbf{UB})^{-1}\mathbf{BVA}^{-1} \\ &= \mathbf{A}^{-1} - \mathbf{A}^{-1}\mathbf{U}(\mathbf{I}+\mathbf{BVA}^{-1}\mathbf{U})^{-1}\mathbf{BVA}^{-1}\end{aligned} \tag{1.6.2}$$

或者

$$(\mathbf{A}-\mathbf{UV})^{-1} = \mathbf{A}^{-1} + \mathbf{A}^{-1}\mathbf{U}(\mathbf{I}-\mathbf{VA}^{-1}\mathbf{U})^{-1}\mathbf{VA}^{-1} \tag{1.6.3}$$

上述公式由 Woodbury 于 1950 年得出[38], 称为 Woodbury 公式。

当取 $\mathbf{U}=\mathbf{u}$, $\mathbf{B}=\beta$ 和 $\mathbf{V}=\mathbf{v}^{\mathrm{H}}$ 时, 由 Woodbury 公式可得

$$(\mathbf{A}+\beta\mathbf{u}\mathbf{v}^{\mathrm{H}})^{-1} = \mathbf{A}^{-1} - \frac{\beta}{1+\beta\mathbf{v}^{\mathrm{H}}\mathbf{A}^{-1}\mathbf{u}}\mathbf{A}^{-1}\mathbf{u}\mathbf{v}^{\mathrm{H}}\mathbf{A}^{-1} \tag{1.6.4}$$

特别地, 若令 $\beta=1$, 则式 (1.6.4) 简化为 Sherman 与 Morrison 的矩阵求逆引理式 (1.6.1)。

事实上, 在 Woodbury 得到求逆公式式 (1.6.2) 之前, Duncan[8] 于 1944 年、Guttman[12] 于 1946 年分别得到了以下求逆公式

$$(\mathbf{A}-\mathbf{UD}^{-1}\mathbf{V})^{-1} = \mathbf{A}^{-1} + \mathbf{A}^{-1}\mathbf{U}(\mathbf{D}-\mathbf{VA}^{-1}\mathbf{U})^{-1}\mathbf{VA}^{-1} \tag{1.6.5}$$

这个公式被习惯地称为 Duncan-Guttman 求逆公式[28]。

除了 Woodbury 公式之外, 两个矩阵之和的逆矩阵还有以下形式[14]

[37]

$$(\mathbf{A}+\mathbf{UBV})^{-1} = \mathbf{A}^{-1} - \mathbf{A}^{-1}(\mathbf{I}+\mathbf{UBVA}^{-1})^{-1}\mathbf{UBVA}^{-1} \tag{1.6.6}$$

$$= \mathbf{A}^{-1} - \mathbf{A}^{-1}\mathbf{UB}(\mathbf{I}+\mathbf{VA}^{-1}\mathbf{UB})^{-1}\mathbf{VA}^{-1} \tag{1.6.7}$$

$$= \mathbf{A}^{-1} - \mathbf{A}^{-1}\mathbf{UBV}(\mathbf{I}+\mathbf{A}^{-1}\mathbf{UBV})^{-1}\mathbf{A}^{-1} \tag{1.6.8}$$

$$= \mathbf{A}^{-1} - \mathbf{A}^{-1}\mathbf{UBVA}^{-1}(\mathbf{I}+\mathbf{UBVA}^{-1})^{-1} \tag{1.6.9}$$

下面是分块矩阵的求逆公式。

当矩阵 $\mathbf{A}$ 可逆时, 有[1]

$$\begin{bmatrix}\mathbf{A} & \mathbf{U}\\ \mathbf{V} & \mathbf{D}\end{bmatrix}^{-1} =$$

$$\begin{bmatrix}\mathbf{A}^{-1}+\mathbf{A}^{-1}\mathbf{U}(\mathbf{D}-\mathbf{VA}^{-1}\mathbf{U})^{-1}\mathbf{VA}^{-1} & -\mathbf{A}^{-1}\mathbf{U}(\mathbf{D}-\mathbf{VA}^{-1}\mathbf{U})^{-1}\\ -(\mathbf{D}-\mathbf{VA}^{-1}\mathbf{U})^{-1}\mathbf{VA}^{-1} & (\mathbf{D}-\mathbf{VA}^{-1}\mathbf{U})^{-1}\end{bmatrix} \tag{1.6.10}$$

若矩阵 $\mathbf{A}$ 和 $\mathbf{D}$ 可逆, 则[16, 17]

$$\begin{bmatrix}\mathbf{A} & \mathbf{U}\\ \mathbf{V} & \mathbf{D}\end{bmatrix}^{-1} = \begin{bmatrix}(\mathbf{A}-\mathbf{U}\mathbf{D}^{-1}\mathbf{V})^{-1} & -\mathbf{A}^{-1}\mathbf{U}(\mathbf{D}-\mathbf{V}\mathbf{A}^{-1}\mathbf{U})^{-1}\\ -\mathbf{D}^{-1}\mathbf{V}(\mathbf{A}-\mathbf{U}\mathbf{D}^{-1}\mathbf{V})^{-1} & (\mathbf{D}-\mathbf{V}\mathbf{A}^{-1}\mathbf{U})^{-1}\end{bmatrix} \tag{1.6.11}$$

或者[8]

$$\begin{bmatrix}\mathbf{A} & \mathbf{U}\\ \mathbf{V} & \mathbf{D}\end{bmatrix}^{-1} = \begin{bmatrix}(\mathbf{A}-\mathbf{U}\mathbf{D}^{-1}\mathbf{V})^{-1} & -(\mathbf{A}-\mathbf{U}\mathbf{D}^{-1}\mathbf{V})^{-1}\mathbf{U}\mathbf{D}^{-1}\\ -(\mathbf{D}-\mathbf{V}\mathbf{A}^{-1}\mathbf{U})^{-1}\mathbf{V}\mathbf{A}^{-1} & (\mathbf{D}-\mathbf{V}\mathbf{A}^{-1}\mathbf{U})^{-1}\end{bmatrix} \tag{1.6.12}$$

$(m+1)\times(m+1)$ 非奇异 Hermite 矩阵 $\mathbf{R}_{m+1}$, 可以写作分块形式

$$\mathbf{R}_{m+1} = \begin{bmatrix}\mathbf{R}_m & \mathbf{r}_m\\ \mathbf{r}_m^{\mathrm{H}} & \rho_m\end{bmatrix} \tag{1.6.13}$$

其中, ρ_m 是矩阵 $\mathbf{R}_{m+1}$ 的第 $(m+1, m+1)$ 个元素, $\mathbf{R}_m$ 是一个 $m\times m$ Hermite 矩阵。

为了利用逆矩阵 $\mathbf{R}_m^{-1}$ 计算逆矩阵 $\mathbf{R}_{m+1}^{-1}$, 令

$$\mathbf{Q}_{m+1} = \begin{bmatrix}\mathbf{Q}_m & \mathbf{q}_m\\ \mathbf{q}_m^{\mathrm{H}} & \alpha_m\end{bmatrix} \tag{1.6.14}$$

是 $\mathbf{R}_{m+1}$ 的逆矩阵。于是, 有

$$\mathbf{R}_{m+1}\mathbf{Q}_{m+1} = \begin{bmatrix}\mathbf{R}_m & \mathbf{r}_m\\ \mathbf{r}_m^{\mathrm{H}} & \rho_m\end{bmatrix}\begin{bmatrix}\mathbf{Q}_m & \mathbf{q}_m\\ \mathbf{q}_m^{\mathrm{H}} & \alpha_m\end{bmatrix} = \begin{bmatrix}\mathbf{I}_m & \mathbf{0}_m\\ \mathbf{0}_m^{\mathrm{H}} & 1\end{bmatrix} \tag{1.6.15}$$

[38]

由此可得以下 4 个方程

$$\mathbf{R}_m\mathbf{Q}_m + \mathbf{r}_m\mathbf{q}_m^{\mathrm{H}} = \mathbf{I}_m \tag{1.6.16}$$

$$\mathbf{r}_m^{\mathrm{H}}\mathbf{Q}_m + \rho_m\mathbf{q}_m^{\mathrm{H}} = \mathbf{0}_m^{\mathrm{H}} \tag{1.6.17}$$

$$\mathbf{R}_m\mathbf{q}_m + \mathbf{r}_m\alpha_m = \mathbf{0}_m \tag{1.6.18}$$

$$\mathbf{r}_m^{\mathrm{H}}\mathbf{q}_m + \rho_m\alpha_m = 1 \tag{1.6.19}$$

若 $\mathbf{R}_m$ 可逆, 则由式 (1.6.18) 得

$$\mathbf{q}_m = -\alpha_m\mathbf{R}_m^{-1}\mathbf{r}_m \tag{1.6.20}$$

将这个结果代入式 (1.6.19), 则有

$$\alpha_m = \frac{1}{\rho_m - \mathbf{r}_m^{\mathrm{H}}\mathbf{R}_m^{-1}\mathbf{r}_m} \tag{1.6.21}$$

将式 (1.6.21) 代入式 (1.6.20) 后, 可得

$$\mathbf{q}_m = \frac{-\mathbf{R}_m^{-1}\mathbf{r}_m}{\rho_m - \mathbf{r}_m^{\mathrm{H}}\mathbf{R}_m^{-1}\mathbf{r}_m} \tag{1.6.22}$$

然后, 将式 (1.6.22) 代入式 (1.6.16), 立即有

$$\mathbf{Q}_m = \mathbf{R}_m^{-1} - \mathbf{R}_m^{-1}\mathbf{r}_m\mathbf{q}_m^{\mathrm{H}} = \mathbf{R}_m^{-1} + \frac{\mathbf{R}_m^{-1}\mathbf{r}_m(\mathbf{R}_m^{-1}\mathbf{r}_m)^{\mathrm{H}}}{\rho_m - \mathbf{r}_m^{\mathrm{H}}\mathbf{R}_m^{-1}\mathbf{r}_m} \tag{1.6.23}$$

为了简化式 (1.6.21)—式 (1.6.23), 令

$$\mathbf{b}_m \stackrel{\text{def}}{=} [b_0^{(m)}, b_1^{(m)}, \cdots, b_{m-1}^{(m)}]^{\mathrm{T}} = -\mathbf{R}_m^{-1}\mathbf{r}_m \tag{1.6.24}$$

$$\beta_m \stackrel{\text{def}}{=} \rho_m - \mathbf{r}_m^{\mathrm{H}}\mathbf{R}_m^{-1}\mathbf{r}_m = \rho_m + \mathbf{r}_m^{\mathrm{H}}\mathbf{b}_m \tag{1.6.25}$$

则式 (1.6.21)—式 (1.6.23) 可以分别简化为

$$\alpha_m = \frac{1}{\beta_m}$$

$$\mathbf{q}_m = \frac{1}{\beta_m}\mathbf{b}_m$$

$$\mathbf{Q}_m = \mathbf{R}_m^{-1} + \frac{1}{\beta_m}\mathbf{b}_m\mathbf{b}_m^{\mathrm{H}}$$

将这些结果代入式 (1.6.14), 立即知

$$\mathbf{R}_{m+1}^{-1} = \mathbf{Q}_{m+1} = \begin{bmatrix} \mathbf{R}_m^{-1} & \mathbf{0}_m \\ \mathbf{0}_m^{\mathrm{H}} & 0 \end{bmatrix} + \frac{1}{\beta_m}\begin{bmatrix} \mathbf{b}_m\mathbf{b}_m^{\mathrm{H}} & \mathbf{b}_m \\ \mathbf{b}_m^{\mathrm{H}} & 1 \end{bmatrix} \tag{1.6.26}$$

这个由 $m \times m$ 逆矩阵 $\mathbf{R}_m^{-1}$ 计算 $(m+1) \times (m+1)$ 逆矩阵 $\mathbf{R}_{m+1}^{-1}$ 的公式称为 [39]
Hermite 矩阵的分块求逆引理[24]。

1.6.2 左、右伪逆矩阵

从更广的角度看, 若 $\mathbf{G}$ 和 $\mathbf{A}$ 的乘积等于一个单位矩阵 $\mathbf{I}$, 任何一个 $n \times m$ 矩阵 $\mathbf{G}$ 都可以称作是一个已知 $m \times n$ 矩阵 $\mathbf{A}$ 的逆矩阵。

定义 1.18 (左逆矩阵、右逆矩阵)[36] 满足 $\mathbf{LA} = \mathbf{I}$, 但不满足 $\mathbf{AL} = \mathbf{I}$ 的矩阵 $\mathbf{L}$ 称为矩阵 $\mathbf{A}$ 的左逆矩阵。类似地, 满足 $\mathbf{AR} = \mathbf{I}$, 但不满足 $\mathbf{RA} = \mathbf{I}$ 的矩阵 $\mathbf{R}$ 称为 $\mathbf{A}$ 的右逆矩阵。

对于矩阵 $\mathbf{A} \in \mathbb{C}^{m \times n}$, 只有当 $m \geqslant n$ 时存在左逆矩阵; 且仅当 $m \leqslant n$ 时存在右逆矩阵。接下来考虑左逆和右逆矩阵唯一解的条件。

令 $m > n$, 且 $m \times n$ 矩阵 $\mathbf{A}$ 满列秩, 即 $\mathrm{rank}(\mathbf{A}) = n$。此时, $n \times n$ 矩阵 $\mathbf{A}^{\mathrm{H}}\mathbf{A}$ 可逆。可以验证

$$\mathbf{L} = (\mathbf{A}^{\mathrm{H}}\mathbf{A})^{-1}\mathbf{A}^{\mathrm{H}} \tag{1.6.27}$$

满足 $\mathbf{LA} = \mathbf{I}$, 但不满足 $\mathbf{AL} = \mathbf{I}$。这种左逆矩阵唯一, 通常称为 $\mathbf{A}$ 的左伪逆矩阵。

此外, 若 $m < n$, 并且 $\mathbf{A}$ 满行秩, 即 $\mathrm{rank}(\mathbf{A}) = m$, 则 $m \times m$ 矩阵 $\mathbf{AA}^{\mathrm{H}}$ 可

逆。定义

$$\mathbf{R} = \mathbf{A}^{\mathrm{H}}(\mathbf{A}\mathbf{A}^{\mathrm{H}})^{-1} \tag{1.6.28}$$

易知, $\mathbf{R}$ 满足 $\mathbf{AR} = \mathbf{I}$, 但不满足 $\mathbf{RA} = \mathbf{I}$。这种右逆矩阵唯一, 通常称为 $\mathbf{A}$ 的右伪逆矩阵。

左伪逆矩阵与超定矩阵方程的最小二乘解密切相关, 而右伪逆矩阵则与欠定矩阵方程的最小二乘最小范数解密切相关。

考虑一个 $n \times m$ 矩阵 $\mathbf{F}_m = [\mathbf{F}_{m-1}, \mathbf{f}_m]$ (其中 $n > m$), 其左伪逆矩阵 $\mathbf{F}_m^{\mathrm{left}} = (\mathbf{F}_m^{\mathrm{H}}\mathbf{F}_m)^{-1}\mathbf{F}_m^{\mathrm{H}}$ 由 zhang[39] 用递推方式给出

$$\mathbf{F}_m^{\mathrm{left}} = \begin{bmatrix} \mathbf{F}_{m-1}^{\mathrm{left}} - \mathbf{F}_{m-1}^{\mathrm{left}}\mathbf{f}_m\mathbf{e}_m^{\mathrm{H}}\Delta_m^{-1} \\ \mathbf{e}_m^{\mathrm{H}}\Delta_m^{-1} \end{bmatrix} \tag{1.6.29}$$

式中, $\mathbf{e}_m = (\mathbf{I}_n - \mathbf{F}_{m-1}\mathbf{F}_{m-1}^{\mathrm{left}})\mathbf{f}_m$, $\Delta_m^{-1} = (\mathbf{f}_m^{\mathrm{H}}\mathbf{e}_m)^{-1}$; 并且递推初始值为 $\mathbf{F}_1^{\mathrm{left}} = \mathbf{f}_1^{\mathrm{H}}/(\mathbf{f}_1^{\mathrm{H}}\mathbf{f}_1)$。类似地, 右伪逆矩阵 $\mathbf{F}_m^{\mathrm{right}} = \mathbf{F}_m^{\mathrm{H}}(\mathbf{F}_m\mathbf{F}_m^{\mathrm{H}})^{-1}$ 具有下列递推公式[39]

[40]

$$\mathbf{F}_m^{\mathrm{right}} = \begin{bmatrix} \mathbf{F}_{m-1}^{\mathrm{right}} - \Delta_m\mathbf{F}_{m-1}^{\mathrm{right}}\mathbf{f}_m\mathbf{c}_m \\ \Delta_m\mathbf{c}_m^{\mathrm{H}} \end{bmatrix} \tag{1.6.30}$$

式中, $\mathbf{c}_m^{\mathrm{H}} = \mathbf{f}_m^{\mathrm{H}}(\mathbf{I}_n - \mathbf{F}_{m-1}\mathbf{F}_{m-1}^{\mathrm{right}})$, $\Delta_m = \mathbf{c}_m^{\mathrm{H}}f_m$, 递推的初始值是 $\mathbf{F}_1^{\mathrm{right}} = \mathbf{f}_1^{\mathrm{H}}/(\mathbf{f}_1^{\mathrm{H}}\mathbf{f}_1)$。

1.6.3 Moore-Penrose 逆矩阵

考虑一个 $m \times n$ 秩亏矩阵 $\mathbf{A}$, m, n 的大小不论, 但 $\mathrm{rank}(\mathbf{A}) = k < \min\{m, n\}$。$m \times n$ 秩亏矩阵的逆矩阵称为广义逆矩阵, 令 $\mathbf{A}^\dagger$ 表示 $\mathbf{A}$ 的广义逆矩阵, 它是一个 $n \times m$ 矩阵。

秩亏矩阵 $\mathbf{A}$ 的广义逆矩阵应满足以下条件。

- 若 $\mathbf{A}^\dagger$ 是 $\mathbf{A}$ 的广义逆矩阵, 则 $\mathbf{Ax} = \mathbf{y} \Rightarrow \mathbf{x} = \mathbf{A}^\dagger\mathbf{y}$。将 $\mathbf{x} = \mathbf{A}^\dagger\mathbf{y}$ 代入式 $\mathbf{Ax} = \mathbf{y}$, 得 $\mathbf{AA}^\dagger\mathbf{y} = \mathbf{y}$, 进而有 $\mathbf{AA}^\dagger\mathbf{Ax} = \mathbf{Ax}$。由于这一等式应该对任意一个非零向量 $\mathbf{x}$ 成立, 所以下列条件必须满足

$$\mathbf{AA}^\dagger\mathbf{A} = \mathbf{A} \tag{1.6.31}$$

- 给定任意一个非零向量 $\mathbf{y} \neq \mathbf{0}$, 显然, $\mathbf{x} = \mathbf{A}^\dagger\mathbf{y}$ 可以写为 $\mathbf{x} = \mathbf{A}^\dagger\mathbf{Ax}$, 从而给出结果 $\mathbf{A}^\dagger\mathbf{y} = \mathbf{A}^\dagger\mathbf{AA}^\dagger\mathbf{y}$。由于 $\mathbf{A}^\dagger\mathbf{y} = \mathbf{A}^\dagger\mathbf{AA}^\dagger\mathbf{y}$ 应该对任意非零向量 $\mathbf{y}$ 成立, 故条件

$$\mathbf{A}^\dagger\mathbf{AA}^\dagger = \mathbf{A}^\dagger \tag{1.6.32}$$

也必须满足。

- 若 $m \times n$ 矩阵 $\mathbf{A}$ 满列秩或者满行秩, 则我们一定希望其广义逆矩阵 $\mathbf{A}^\dagger$ 可以包含左和右伪逆矩阵作为特例。因为 $m \times n$ 满列秩矩阵 $\mathbf{A}$ 的左伪逆矩阵 $\mathbf{L} = (\mathbf{A}^{\mathrm{H}}\mathbf{A})^{-1}\mathbf{A}^{\mathrm{H}}$ 和右伪逆矩阵 $\mathbf{R} = \mathbf{A}^{\mathrm{H}}(\mathbf{AA}^{\mathrm{H}})^{-1}$, 分别满足 $\mathbf{AL} = \mathbf{A}(\mathbf{A}^{\mathrm{H}}\mathbf{A})^{-1}\mathbf{A}^{\mathrm{H}} = (\mathbf{AL})^{\mathrm{H}}$, $\mathbf{RA} = \mathbf{A}^{\mathrm{H}}(\mathbf{AA}^{\mathrm{H}})^{-1}\mathbf{A} = (\mathbf{RA})^{\mathrm{H}}$, 为了

保证广义逆矩阵 $\mathbf{A}^\dagger$ 对任意 $m \times n$ 矩阵 $\mathbf{A}$ 唯一存在, 还需要增加以下两个条件

$$\left.\begin{array}{l}\mathbf{A}\mathbf{A}^\dagger = (\mathbf{A}\mathbf{A}^\dagger)^{\mathrm{H}} \\ \mathbf{A}^\dagger\mathbf{A} = (\mathbf{A}^\dagger\mathbf{A})^{\mathrm{H}}\end{array}\right\} \tag{1.6.33}$$

定义 1.19 (Moore-Penrose 逆矩阵)[26] 令 $\mathbf{A}$ 是任意 $m\times n$ 矩阵。称 $n\times m$ 矩阵 $\mathbf{A}^\dagger$ 是 $\mathbf{A}$ 的 Moore-Penrose 逆矩阵, 若 $\mathbf{A}^\dagger$ 满足下列 4 个条件 (通常称为 Moore-Penrose 条件)

[41]

(a) $\mathbf{A}\mathbf{A}^\dagger\mathbf{A} = \mathbf{A}$;

(b) $\mathbf{A}^\dagger\mathbf{A}\mathbf{A}^\dagger = \mathbf{A}^\dagger$;

(c) $\mathbf{A}\mathbf{A}^\dagger$ 是 $m \times m$ Hermite 矩阵, 即 $\mathbf{A}\mathbf{A}^\dagger = (\mathbf{A}\mathbf{A}^\dagger)^{\mathrm{H}}$;

(d) $\mathbf{A}^\dagger\mathbf{A}$ 是 $n \times n$ Hermite 矩阵, 即 $\mathbf{A}^\dagger\mathbf{A} = (\mathbf{A}^\dagger\mathbf{A})^{\mathrm{H}}$。

注释 Moore[23] 于 1935 年证明了: 一个 $m \times n$ 矩阵 $\mathbf{A}$ 的广义逆矩阵 $\mathbf{A}^\dagger$ 必须满足两个条件, 但是这两个条件不方便使用。20 年后, Penrose[26] 于 1955 年介绍了上述 4 个条件 (a)— (d)。1956 年, Rado[32] 证明了 Penrose 的 4 个条件等价 Moore 的两个条件。因此, 条件 (a)—(d) 习惯称为 Moore-Penrose 条件, 并且满足 Moore-Penrose 条件的广义逆矩阵称为 $\mathbf{A}$ 的 Moore-Penrose 逆矩阵。

易知, 逆矩阵 $\mathbf{A}^{-1}$、左伪逆矩阵 $(\mathbf{A}^{\mathrm{H}}\mathbf{A})^{-1}\mathbf{A}^{\mathrm{H}}$ 和右伪逆矩阵 $\mathbf{A}^{\mathrm{H}}(\mathbf{A}\mathbf{A}^{\mathrm{H}})^{-1}$ 是 Moore-Penrose 逆矩阵 $\mathbf{A}^\dagger$ 的特例。

任何一个 $m \times n$ 矩阵 $\mathbf{A}$ 的 Moore-Penrose 逆矩阵都可以利用[5]

$$\mathbf{A}^\dagger = (\mathbf{A}^{\mathrm{H}}\mathbf{A})^\dagger\mathbf{A}^{\mathrm{H}}, \quad m \geqslant n \tag{1.6.34}$$

或者[10]

$$\mathbf{A}^\dagger = \mathbf{A}^{\mathrm{H}}(\mathbf{A}\mathbf{A}^{\mathrm{H}})^\dagger, \quad m \leqslant n \tag{1.6.35}$$

唯一确定。

由定义 1.19 易知, $\mathbf{A}^\dagger = (\mathbf{A}^{\mathrm{H}}\mathbf{A})^\dagger\mathbf{A}^{\mathrm{H}}$ 和 $\mathbf{A}^\dagger = \mathbf{A}^{\mathrm{H}}(\mathbf{A}\mathbf{A}^{\mathrm{H}})^\dagger$ 均满足 Moore-Penrose 条件。

给定一个 $m\times n$ 矩阵 $\mathbf{A}$, 其秩 $r \leqslant \min(m,n)$。下面是计算其 Moore-Penrose 逆矩阵 $\mathbf{A}^\dagger$ 的 3 种方法。

1. 方程求解法[26]

- 求解矩阵方程 $\mathbf{A}\mathbf{A}^{\mathrm{H}}\mathbf{X}^{\mathrm{H}} = \mathbf{A}$ 和 $\mathbf{A}^{\mathrm{H}}\mathbf{A}\mathbf{Y} = \mathbf{A}^{\mathrm{H}}$, 分别得到解 $\mathbf{X}^{\mathrm{H}}$ 和 $\mathbf{Y}$。
- 计算广义逆矩阵 $\mathbf{A}^\dagger = \mathbf{X}\mathbf{A}\mathbf{Y}$。

2. 满秩分解方法

若 $\mathbf{A} = \mathbf{F}\mathbf{G}$, 其中 $\mathbf{F}_{m\times r}$ 满列秩, 且 $\mathbf{G}_{r\times n}$ 满行秩, 则 $\mathbf{A} = \mathbf{F}\mathbf{G}$ 称为矩阵 $\mathbf{A}$ 的满秩分解。

Searle[35] 证明, 一个秩 $\mathrm{rank}(\mathbf{A}) = r$ 的矩阵 $\mathbf{A} \in \mathbb{C}^{m\times n}$ 可以满秩分解为 $\mathbf{A} = \mathbf{F}\mathbf{G}$, 其中 $\mathbf{F} \in \mathbb{C}^{m\times r}$ 和 $\mathbf{G} \in \mathbb{C}^{r\times n}$ 分别满列秩和满行秩。若 $\mathbf{A} =$

$\mathbf{FG}$ 是 $m\times n$ 矩阵 $\mathbf{A}$ 的满秩分解, 则 $\mathbf{A}^\dagger=\mathbf{G}^\dagger\mathbf{F}^\dagger=\mathbf{G}^{\mathrm{H}}(\mathbf{G}\mathbf{G}^{\mathrm{H}})^{-1}(\mathbf{F}^{\mathrm{H}}\mathbf{F})^{-1}\mathbf{F}^{\mathrm{H}}$。

[42]

3. 递推方法

将矩阵 $\mathbf{A}_{m\times n}$ 分块为 $\mathbf{A}_k=[\mathbf{A}_{k-1},\mathbf{a}_k]$, 其中 $\mathbf{A}_{k-1}$ 由 $\mathbf{A}$ 的前 $k-1$ 列组成, 且 $\mathbf{a}_k$ 是 $\mathbf{A}$ 的第 k 列, 则分块矩阵 $\mathbf{A}_k$ 的 Moore-Penrose 逆矩阵 $\mathbf{A}_k^\dagger$ 可以由 $\mathbf{A}_{k-1}^\dagger$ 递推计算。当 $k=n$ 时, 即可得到 Moore-Penrose 逆矩阵 $\mathbf{A}^\dagger$。这种递推算法由 Greville 于 1960 年提出[11]。

由文献 [20, 22, 30, 31, 33], Moore-Penrose 逆矩阵 $\mathbf{A}^\dagger$ 具有以下性质。

- 对于 $m\times n$ 矩阵 $\mathbf{A}$, 其 Moore-Penrose 逆矩阵 $\mathbf{A}^\dagger$ 是唯一确定的。
- 复共轭转置矩阵 $\mathbf{A}^{\mathrm{H}}$ 的 Moore-Penrose 逆由 $(\mathbf{A}^{\mathrm{H}})^\dagger=(\mathbf{A}^\dagger)^{\mathrm{H}}=\mathbf{A}^{\dagger\mathrm{H}}=\mathbf{A}^{\mathrm{H}\dagger}$ 给出。
- Moore-Penrose 逆矩阵的广义逆等于原始矩阵, 即 $(\mathbf{A}^\dagger)^\dagger=\mathbf{A}$。
- 若 $c\neq 0$, 则 $(c\mathbf{A})^\dagger=c^{-1}\mathbf{A}^\dagger$。
- 若 $\mathbf{D}=\mathbf{Diag}(d_{11},\cdots,d_{nn})$, 则 $\mathbf{D}^\dagger=\mathbf{Diag}(d_{11}^\dagger,\cdots,d_{nn}^\dagger)$, 其中, $d_{ii}^\dagger=d_{ii}^{-1}$ $(d_{ii}\neq 0)$ 或 $d_{ii}^\dagger=0$ $(d_{ii}=0)$。
- $m\times n$ 零矩阵 $\mathbf{O}_{m\times n}$ 的 Moore-Penrose 逆矩阵是 $n\times m$ 零矩阵, 即 $\mathbf{O}_{m\times n}^\dagger=\mathbf{O}_{n\times m}$。
- 若 $\mathbf{A}^{\mathrm{H}}=\mathbf{A}$, $\mathbf{A}^2=\mathbf{A}$, 则 $\mathbf{A}^\dagger=\mathbf{A}$。
- 若 $\mathbf{A}=\mathbf{BC}$, $\mathbf{B}$ 为全列秩, $\mathbf{C}$ 为全行秩, 则

$$\mathbf{A}^\dagger=\mathbf{C}^\dagger\mathbf{B}^\dagger=\mathbf{C}^{\mathrm{H}}(\mathbf{C}\mathbf{C}^{\mathrm{H}})^{-1}(\mathbf{B}^{\mathrm{H}}\mathbf{B})^{-1}\mathbf{B}^{\mathrm{H}}$$

- $(\mathbf{A}\mathbf{A}^{\mathrm{H}})^\dagger=(\mathbf{A}^\dagger)^{\mathrm{H}}\mathbf{A}^\dagger$, $(\mathbf{A}\mathbf{A}^{\mathrm{H}})^\dagger(\mathbf{A}\mathbf{A}^{\mathrm{H}})=\mathbf{A}\mathbf{A}^\dagger$。
- 若矩阵 $\mathbf{A}_i$ 相互正交, 即 $\mathbf{A}_i^{\mathrm{H}}\mathbf{A}_j=\mathbf{O}$, $i\neq j$, 则 $(\mathbf{A}_1+\cdots+\mathbf{A}_m)^\dagger=\mathbf{A}_1^\dagger+\cdots+\mathbf{A}_m^\dagger$。
- 关于广义逆矩阵的秩, 有

$$\begin{aligned}\mathrm{rank}(\mathbf{A}^\dagger)&=\mathrm{rank}(\mathbf{A})=\mathrm{rank}(\mathbf{A}^{\mathrm{H}})=\mathrm{rank}(\mathbf{A}^\dagger\mathbf{A})=\mathrm{rank}(\mathbf{A}\mathbf{A}^\dagger)\\&=\mathrm{rank}(\mathbf{A}\mathbf{A}^\dagger\mathbf{A})=\mathrm{rank}(\mathbf{A}^\dagger\mathbf{A}\mathbf{A}^\dagger)\end{aligned}$$

- 对于任意矩阵 $\mathbf{A}_{m\times n}$, 其 Moore-Penrose 逆矩阵由

$$\mathbf{A}^\dagger=(\mathbf{A}^{\mathrm{H}}\mathbf{A})^\dagger\mathbf{A}^{\mathrm{H}}\quad 或\quad \mathbf{A}^\dagger=\mathbf{A}^{\mathrm{H}}(\mathbf{A}\mathbf{A}^{\mathrm{H}})^\dagger$$

  确定。

1.7 直和与 Hadamard 积

本节讨论矩阵的两种特殊运算: 两个或多个矩阵的直和, 以及两个矩阵的 Hadamard 积。

1.7.1 矩阵的直和

[43]

定义 1.20 (直和)[9] 一个 $m \times m$ 矩阵 $\mathbf{A}$ 与一个 $n \times n$ 矩阵 $\mathbf{B}$ 的直和记作 $\mathbf{A} \oplus \mathbf{B}$, 它是一个 $(m+n) \times (m+n)$ 矩阵, 定义为

$$\mathbf{A} \oplus \mathbf{B} = \begin{bmatrix} \mathbf{A} & \mathbf{O}_{m \times n} \\ \mathbf{O}_{n \times m} & \mathbf{B} \end{bmatrix} \tag{1.7.1}$$

由上述定义容易证明, 矩阵的直和具有下列性质[15, 27]:

① 若 c 是常数, 则 $c(\mathbf{A} \oplus \mathbf{B}) = c\mathbf{A} \oplus c\mathbf{B}$。

② 矩阵的直和不满足可交换性, 即 $\mathbf{A} \oplus \mathbf{B} \neq \mathbf{B} \oplus \mathbf{A}$, 除非 $\mathbf{A} = \mathbf{B}$。

③ 若 $\mathbf{A}$、$\mathbf{B}$ 是两个 $m \times m$ 矩阵, 并且 $\mathbf{C}$ 与 $\mathbf{D}$ 是两个 $n \times n$ 矩阵, 则

$$(\mathbf{A} \pm \mathbf{B}) \oplus (\mathbf{C} \pm \mathbf{D}) = (\mathbf{A} \oplus \mathbf{C}) \pm (\mathbf{B} \oplus \mathbf{D})$$

$$(\mathbf{A} \oplus \mathbf{C})(\mathbf{B} \oplus \mathbf{D}) = \mathbf{AB} \oplus \mathbf{CD}$$

④ 若 $\mathbf{A}$、$\mathbf{B}$、$\mathbf{C}$ 分别是 $m \times m$、$n \times n$、$p \times p$ 矩阵, 则

$$\mathbf{A} \oplus (\mathbf{B} \oplus \mathbf{C}) = (\mathbf{A} \oplus \mathbf{B}) \oplus \mathbf{C} = \mathbf{A} \oplus \mathbf{B} \oplus \mathbf{C}$$

⑤ 若 $\mathbf{A}_{m \times m}$ 和 $\mathbf{B}_{n \times n}$ 分别为正交矩阵, 则 $\mathbf{A} \oplus \mathbf{B}$ 是一个 $(m+n) \times (m+n)$ 正交矩阵。

⑥ 直和的复共轭、转置、复共轭转置和逆矩阵分别为

$$(\mathbf{A} \oplus \mathbf{B})^* = \mathbf{A}^* \oplus \mathbf{B}^*$$

$$(\mathbf{A} \oplus \mathbf{B})^{\mathrm{T}} = \mathbf{A}^{\mathrm{T}} \oplus \mathbf{B}^{\mathrm{T}}$$

$$(\mathbf{A} \oplus \mathbf{B})^{\mathrm{H}} = \mathbf{A}^{\mathrm{H}} \oplus \mathbf{B}^{\mathrm{H}}$$

$$(\mathbf{A} \oplus \mathbf{B})^{-1} = \mathbf{A}^{-1} \oplus \mathbf{B}^{-1} \quad (\text{若 } \mathbf{A}^{-1}, \mathbf{B}^{-1} \text{ 存在})$$

⑦ 直和的迹、秩及行列式

$$\mathrm{tr}\left(\bigoplus_{i=0}^{N-1} \mathbf{A}_i\right) = \sum_{i=0}^{N-1} \mathrm{tr}(\mathbf{A}_i)$$

$$\mathrm{rank}\left(\bigoplus_{i=0}^{N-1} \mathbf{A}_i\right) = \sum_{i=0}^{N-1} \mathrm{rank}(\mathbf{A}_i)$$

$$\left|\bigoplus_{i=0}^{N-1} \mathbf{A}_i\right| = \prod_{i=0}^{N-1} |\mathbf{A}_i|$$

1.7.2 Hadamard 积

定义 1.21 (Hadamard 积) 两个 $m \times n$ 矩阵 $\mathbf{A} = [a_{ij}]$ 与 $\mathbf{B} = [b_{ij}]$ 的 Hadamard 积记作 $\mathbf{A} \odot \mathbf{B}$, 它仍然是一个 $m \times n$ 矩阵, 其每一个元素定义为两个

[44] 矩阵对应的元素形式积

$$(\mathbf{A}\odot\mathbf{B})_{ij}=a_{ij}b_{ij} \tag{1.7.2}$$

即 Hadamard 积是 $\mathbb{R}^{m\times n}\times\mathbb{R}^{m\times n}\to\mathbb{R}^{m\times n}$ 的映射。

Hadamard 积也称 Schur 积或元素形式积。同样, 两个 $m\times n$ 矩阵 $\mathbf{A}=[a_{ij}]$ 和 $\mathbf{B}=[b_{ij}]$ 的元素形式商 $\mathbf{A}\oslash\mathbf{B}$ 定义为

$$[\mathbf{A}\oslash\mathbf{B}]_{ij}=a_{ij}/b_{ij} \tag{1.7.3}$$

下面的定理描述了 Hadamard 积的正定性, 常称为 Hadamard 积定理[15]。

定理 1.5 若两个 $m\times m$ 矩阵 $\mathbf{A}$ 和 $\mathbf{B}$ 正定 (或者半正定), 则它们的 Hadamard 积 $\mathbf{A}\odot\mathbf{B}$ 也正定 (或者半正定)。

推论 1.1 (Fejer 定理)[15] 一个 $m\times m$ 矩阵 $\mathbf{A}=[a_{ij}]$ 半正定, 当且仅当

$$\sum_{i=1}^{m}\sum_{j=1}^{m}a_{ij}b_{ij}\geqslant 0$$

对所有 $m\times m$ 半正定矩阵 $\mathbf{B}=[b_{ij}]$ 成立。

下面的定理描述了 Hadamard 积与矩阵迹之间的关系。

定理 1.6[22] 令 $\mathbf{A}$、$\mathbf{B}$、$\mathbf{C}$ 是 $m\times n$ 矩阵, $\mathbf{1}=[1,\cdots,1]^{\mathrm{T}}$ 是一个 $n\times 1$ 求和向量, 并且 $\mathbf{D}=\mathbf{Diag}(d_1,\cdots,d_m)$, 其中 $d_i=\sum_{j=1}^{n}a_{ij}$, 则

$$\mathrm{tr}\left(\mathbf{A}^{\mathrm{T}}(\mathbf{B}\odot\mathbf{C})\right)=\mathrm{tr}\left((\mathbf{A}^{\mathrm{T}}\odot\mathbf{B}^{\mathrm{T}})\mathbf{C}\right) \tag{1.7.4}$$

$$\mathbf{1}^{\mathrm{T}}\mathbf{A}^{\mathrm{T}}(\mathbf{B}\odot\mathbf{C})\mathbf{1}=\mathrm{tr}(\mathbf{B}^{\mathrm{T}}\mathbf{D}\mathbf{C}) \tag{1.7.5}$$

定理 1.7[22] 令 $\mathbf{A}$ 和 $\mathbf{B}$ 是两个 $n\times n$ 正定方阵, 并且 $\mathbf{1}=[1,\cdots,1]^{\mathrm{T}}$ 是一个 $n\times 1$ 求和向量。假定 $\mathbf{M}$ 是一个 $n\times n$ 对角矩阵, 即 $\mathbf{M}=\mathbf{Diag}(\mu_1,\cdots,\mu_n)$, 而 $\mathbf{m}=\mathbf{M1}$ 是一个 $n\times 1$ 向量, 则有

$$\mathrm{tr}(\mathbf{AMB}^{\mathrm{T}}\mathbf{M})=\mathbf{m}^{\mathrm{T}}(\mathbf{A}\odot\mathbf{B})\mathbf{m} \tag{1.7.6}$$

$$\mathrm{tr}(\mathbf{AB}^{\mathrm{T}})=\mathbf{1}^{\mathrm{T}}(\mathbf{A}\odot\mathbf{B})\mathbf{1} \tag{1.7.7}$$

$$\mathbf{MA}\odot\mathbf{B}^{\mathrm{T}}\mathbf{M}=\mathbf{M}(\mathbf{A}\odot\mathbf{B}^{\mathrm{T}})\mathbf{M} \tag{1.7.8}$$

[45] 由上述定义知, Hadamard 积服从加法的交换律、结合律和分配律

$$\mathbf{A}\odot\mathbf{B}=\mathbf{B}\odot\mathbf{A} \tag{1.7.9}$$

$$\mathbf{A}\odot(\mathbf{B}\odot\mathbf{C})=(\mathbf{A}\odot\mathbf{B})\odot\mathbf{C} \tag{1.7.10}$$

$$\mathbf{A}\odot(\mathbf{B}\pm\mathbf{C})=\mathbf{A}\odot\mathbf{B}\pm\mathbf{A}\odot\mathbf{C} \tag{1.7.11}$$

Hadamard 积的性质如下[22]。

① 若 $\mathbf{A}$ 和 $\mathbf{B}$ 是 $m \times n$ 矩阵, 则

$$(\mathbf{A} \odot \mathbf{B})^{\mathrm{T}} = \mathbf{A}^{\mathrm{T}} \odot \mathbf{B}^{\mathrm{T}}, \quad (\mathbf{A} \odot \mathbf{B})^{\mathrm{H}} = \mathbf{A}^{\mathrm{H}} \odot \mathbf{B}^{\mathrm{H}}, \quad (\mathbf{A} \odot \mathbf{B})^{*} = \mathbf{A}^{*} \odot \mathbf{B}^{*}$$

② 矩阵 $\mathbf{A}_{m\times n}$ 与零矩阵 $\mathbf{O}_{m\times n}$ 的 Hadamard 积由 $\mathbf{A} \odot \mathbf{O}_{m\times n} = \mathbf{O}_{m\times n} \odot \mathbf{A} = \mathbf{O}_{m\times n}$ 给出。

③ 若 c 为常数, 则 $c\,(\mathbf{A} \odot \mathbf{B}) = (c\mathbf{A}) \odot \mathbf{B} = \mathbf{A} \odot (c\,\mathbf{B})$。

④ 两个正定 (或半正定) 矩阵 $\mathbf{A}$ 和 $\mathbf{B}$ 的 Hadamard 积也是正定 (或半正定) 的。

⑤ $\mathbf{A}_{m\times m} = [a_{ij}]$ 与单位矩阵 $\mathbf{I}_m$ 的 Hadamard 积是一个 $m \times m$ 对角矩阵, 即

$$\mathbf{A} \odot \mathbf{I}_m = \mathbf{I}_m \odot \mathbf{A} = \mathbf{Diag}(\mathbf{A}) = \mathbf{Diag}(a_{11}, \cdots, a_{mm})$$

⑥ 若 $\mathbf{A}$、$\mathbf{B}$、$\mathbf{D}$ 是 3 个 $m \times m$ 矩阵, 并且 $\mathbf{D}$ 为对角矩阵, 则

$$(\mathbf{DA}) \odot (\mathbf{BD}) = \mathbf{D}(\mathbf{A} \odot \mathbf{B})\mathbf{D}$$

⑦ 若 $\mathbf{A}$ 和 $\mathbf{C}$ 是两个 $m \times m$ 矩阵, 并且 $\mathbf{B}$ 和 $\mathbf{D}$ 是两个 $n \times n$ 矩阵, 则

$$(\mathbf{A} \oplus \mathbf{B}) \odot (\mathbf{C} \oplus \mathbf{D}) = (\mathbf{A} \odot \mathbf{C}) \oplus (\mathbf{B} \odot \mathbf{D})$$

⑧ 若所有 $\mathbf{A}$、$\mathbf{B}$、$\mathbf{C}$、$\mathbf{D}$ 为 $m \times n$ 矩阵, 则

$$(\mathbf{A} + \mathbf{B}) \odot (\mathbf{C} + \mathbf{D}) = \mathbf{A} \odot \mathbf{C} + \mathbf{A} \odot \mathbf{D} + \mathbf{B} \odot \mathbf{C} + \mathbf{B} \odot \mathbf{D}$$

⑨ 若 $\mathbf{A}$、$\mathbf{B}$、$\mathbf{C}$ 是 $m \times n$ 矩阵, 则

$$\mathrm{tr}\left(\mathbf{A}^{\mathrm{T}}(\mathbf{B} \odot \mathbf{C})\right) = \mathrm{tr}\left((\mathbf{A}^{\mathrm{T}} \odot \mathbf{B}^{\mathrm{T}})\mathbf{C}\right)$$

两个矩阵的 Hadamard (即元素形式) 积广泛用于机器学习、神经网络和演化计算。

1.8 Kronecker 积

[46]

上节介绍的 Hadamard 积是两个矩阵的特殊乘积。本节讨论矩阵的另外一个特殊乘积 Kronecker 积。Kronecker 积也称直积或者张量积[20]。

1.8.1 Kronecker 积的定义

Kronecker 积分为右 Kronecker 积与左 Kronecker 积。

定义 1.22 (右 Kronecker 积)[3] 给定一个 $m \times n$ 矩阵 $\mathbf{A} = [\mathbf{a}_1, \cdots, \mathbf{a}_n]$ 和另一个 $p \times q$ 矩阵 $\mathbf{B}$, 则它们的右 Kronecker 积 $\mathbf{A} \otimes \mathbf{B}$ 是一个 $mp \times nq$ 矩阵, 定义为

$$\mathbf{A} \otimes \mathbf{B} = [a_{ij}\mathbf{B}]_{i=1,j=1}^{m,n} = \begin{bmatrix} a_{11}\mathbf{B} & a_{12}\mathbf{B} & \cdots & a_{1n}\mathbf{B} \\ a_{21}\mathbf{B} & a_{22}\mathbf{B} & \cdots & a_{2n}\mathbf{B} \\ \vdots & \vdots & & \vdots \\ a_{m1}\mathbf{B} & a_{m2}\mathbf{B} & \cdots & a_{mn}\mathbf{B} \end{bmatrix} \tag{1.8.1}$$

定义 1.23 (左 Kronecker 积) [9, 34] 对一个 $m \times n$ 矩阵 $\mathbf{A}$ 与一个 $p \times q$ 矩阵 $\mathbf{B} = [\mathbf{b}_1, \cdots, \mathbf{b}_q]$, 它们的左 Kronecker 积 $\mathbf{A} \otimes \mathbf{B}$ 是一个 $mp \times nq$ 矩阵, 定义为

$$[\mathbf{A} \otimes \mathbf{B}]_{\text{left}} = [\mathbf{A}b_{ij}]_{i=1,j=1}^{p,q} = \begin{bmatrix} \mathbf{A}b_{11} & \mathbf{A}b_{12} & \cdots & \mathbf{A}b_{1q} \\ \mathbf{A}b_{21} & \mathbf{A}b_{22} & \cdots & \mathbf{A}b_{2q} \\ \vdots & \vdots & & \vdots \\ \mathbf{A}b_{p1} & \mathbf{A}b_{p2} & \cdots & \mathbf{A}b_{pq} \end{bmatrix} \tag{1.8.2}$$

显然, 左或右 Kronecker 积都是一种映射: $\mathbb{R}^{m \times n} \times \mathbb{R}^{p \times q} \to \mathbb{R}^{mp \times nq}$。容易看出, 若采用右 Kronecker 积的形式, 则左 Kronecker 积可以写作 $[\mathbf{A} \otimes \mathbf{B}]_{\text{left}} = \mathbf{B} \otimes \mathbf{A}$。由于一般使用右 Kronecker 积, 故本书将采用右 Kronecker 积的定义, 除非另有说明。

特别地, 当 $n = 1$ 及 $q = 1$ 时, 两个矩阵的 Kronecker 积给出两个向量 $\mathbf{a} \in \mathbb{R}^m$ 与 $\mathbf{b} \in \mathbb{R}^p$ 的 Kronecker 积

$$\mathbf{a} \otimes \mathbf{b} = [a_i\mathbf{b}]_{i=1}^{m} = \begin{bmatrix} a_1\mathbf{b} \\ \vdots \\ a_m\mathbf{b} \end{bmatrix} \tag{1.8.3}$$

[47]

其结果为 $mp \times 1$ 向量。显而易见, 两个向量的外积 $\mathbf{x} \circ \mathbf{y} = \mathbf{x}\mathbf{y}^{\mathrm{T}}$ 也可以使用 Kronecker 积表示为 $\mathbf{x} \circ \mathbf{y} = \mathbf{x} \otimes \mathbf{y}^{\mathrm{T}}$。

1.8.2 Kronecker 积的性质

综合文献 [3, 6] 和其他文献的结果, Kronecker 积具有以下性质。

- 任何一个矩阵与一个零矩阵的 Kronecker 积等于零矩阵, 即 $\mathbf{A} \otimes \mathbf{O} = \mathbf{O} \otimes \mathbf{A} = \mathbf{O}$。
- 若 α 和 β 均为常数, 则 $\alpha\mathbf{A} \otimes \beta\mathbf{B} = \alpha\beta(\mathbf{A} \otimes \mathbf{B})$。
- 一个 $m \times m$ 单位矩阵与一个 $n \times n$ 单位矩阵的 Kronecker 积等于一个 $mn \times mn$ 单位矩阵, 即 $\mathbf{I}_m \otimes \mathbf{I}_n = \mathbf{I}_{mn}$。
- 对于矩阵 $\mathbf{A}_{m \times n}$、$\mathbf{B}_{n \times k}$、$\mathbf{C}_{l \times p}$ 和 $\mathbf{D}_{p \times q}$, 有

$$(\mathbf{AB}) \otimes (\mathbf{CD}) = (\mathbf{A} \otimes \mathbf{C})(\mathbf{B} \otimes \mathbf{D}) \tag{1.8.4}$$

- 对于矩阵 $\mathbf{A}_{m \times n}$、$\mathbf{B}_{p \times q}$ 和 $\mathbf{C}_{p \times q}$, 有

$$\mathbf{A} \otimes (\mathbf{B} \pm \mathbf{C}) = \mathbf{A} \otimes \mathbf{B} \pm \mathbf{A} \otimes \mathbf{C} \tag{1.8.5}$$

$$(\mathbf{B} \pm \mathbf{C}) \otimes \mathbf{A} = \mathbf{B} \otimes \mathbf{A} \pm \mathbf{C} \otimes \mathbf{A} \tag{1.8.6}$$

- Kronecker 积的逆矩阵和广义逆矩阵

$$(\mathbf{A} \otimes \mathbf{B})^{-1} = \mathbf{A}^{-1} \otimes \mathbf{B}^{-1}, \quad (\mathbf{A} \otimes \mathbf{B})^{\dagger} = \mathbf{A}^{\dagger} \otimes \mathbf{B}^{\dagger} \tag{1.8.7}$$

- Kronecker 积的转置和复共轭转置

$$(\mathbf{A} \otimes \mathbf{B})^{\mathrm{T}} = \mathbf{A}^{\mathrm{T}} \otimes \mathbf{B}^{\mathrm{T}}, \quad (\mathbf{A} \otimes \mathbf{B})^{\mathrm{H}} = \mathbf{A}^{\mathrm{H}} \otimes \mathbf{B}^{\mathrm{H}} \tag{1.8.8}$$

- Kronecker 积的秩

$$\mathrm{rank}(\mathbf{A} \otimes \mathbf{B}) = \mathrm{rank}(\mathbf{A})\mathrm{rank}(\mathbf{B}) \tag{1.8.9}$$

- Kronecker 积的行列式

$$\det(\mathbf{A}_{n\times n} \otimes \mathbf{B}_{m\times m}) = (\det \mathbf{A})^m (\det \mathbf{B})^n \tag{1.8.10}$$

- Kronecker 积的迹

$$\mathrm{tr}(\mathbf{A} \otimes \mathbf{B}) = \mathrm{tr}(\mathbf{A})\mathrm{tr}(\mathbf{B}) \tag{1.8.11}$$

- 对于矩阵 $\mathbf{A}_{m\times n}$、$\mathbf{B}_{m\times n}$、$\mathbf{C}_{p\times q}$ 和 $\mathbf{D}_{p\times q}$, 有 [48]

$$(\mathbf{A} + \mathbf{B}) \otimes (\mathbf{C} + \mathbf{D}) = \mathbf{A} \otimes \mathbf{C} + \mathbf{A} \otimes \mathbf{D} + \mathbf{B} \otimes \mathbf{C} + \mathbf{B} \otimes \mathbf{D} \tag{1.8.12}$$

- 对于矩阵 $\mathbf{A}_{m\times n}$、$\mathbf{B}_{p\times q}$ 和 $\mathbf{C}_{k\times l}$, 下列结果为真

$$(\mathbf{A} \otimes \mathbf{B}) \otimes \mathbf{C} = \mathbf{A} \otimes (\mathbf{B} \otimes \mathbf{C}) \tag{1.8.13}$$

- 对于矩阵 $\mathbf{A}_{m\times n}$ 和 $\mathbf{B}_{p\times q}$, 有

$$\exp(\mathbf{A} \otimes \mathbf{B}) = \exp(\mathbf{A}) \otimes \exp(\mathbf{B})$$

- 令 $\mathbf{A} \in \mathbb{C}^{m\times n}, \mathbf{B} \in \mathbb{C}^{p\times q}$, 则有[22]

$$\mathbf{K}_{pm}(\mathbf{A} \otimes \mathbf{B}) = (\mathbf{B} \otimes \mathbf{A})\mathbf{K}_{qn} \tag{1.8.14}$$

$$\mathbf{K}_{pm}(\mathbf{A} \otimes \mathbf{B})\mathbf{K}_{nq} = \mathbf{B} \otimes \mathbf{A} \tag{1.8.15}$$

$$\mathbf{K}_{pm}(\mathbf{A} \otimes \mathbf{B}) = \mathbf{B} \otimes \mathbf{A} \tag{1.8.16}$$

$$\mathbf{K}_{mp}(\mathbf{B} \otimes \mathbf{A}) = \mathbf{A} \otimes \mathbf{B} \tag{1.8.17}$$

其中, $\mathbf{K}$ 是交换矩阵 (见第 1.9.1 节)。

1.9 向量化与矩阵化

在矩阵与向量之间存在相互变换的函数或运算, 这些函数或运算就是矩阵的向量化算子和向量的矩阵化算子。

1.9.1 向量化与交换矩阵

矩阵 $\mathbf{A} \in \mathbb{R}^{m\times n}$ 的向量化记作 $\mathrm{vec}(\mathbf{A})$, 它是线性变换, 将矩阵 $\mathbf{A} = [a_{ij}]$ 的元素 a_{ij} 通过列堆叠形式排列成一个 $mn \times 1$ 向量

$$\mathrm{vec}(\mathbf{A}) = [a_{11}, \cdots, a_{m1}, \cdots, a_{1n}, \cdots, a_{mn}]^{\mathrm{T}} \tag{1.9.1}$$

一个矩阵 $\mathbf{A}$ 也可以通过按行堆叠, 排列成一个行向量, 称为矩阵的行向量化, 记作 $\mathrm{rvec}(\mathbf{A})$, 定义为

$$\mathrm{rvec}(\mathbf{A}) = [a_{11}, \cdots, a_{1n}, \cdots, a_{m1}, \cdots, a_{mn}] \tag{1.9.2}$$

[49] 例如, 给定矩阵 $\mathbf{A} = \begin{bmatrix} a_{11} & a_{12} \\ a_{21} & a_{22} \end{bmatrix}$, 则

$$\mathrm{vec}(\mathbf{A}) = [a_{11}, a_{21}, a_{12}, a_{22}]^{\mathrm{T}}, \quad \mathrm{rvec}(\mathbf{A}) = [a_{11}, a_{12}, a_{21}, a_{22}]$$

显然, 向量化和行向量化之间存在下列关系

$$\mathrm{rvec}(\mathbf{A}) = (\mathrm{vec}(\mathbf{A}^{\mathrm{T}}))^{\mathrm{T}}, \quad \mathrm{vec}(\mathbf{A}^{\mathrm{T}}) = (\mathrm{rvec}(\mathbf{A}))^{\mathrm{T}} \tag{1.9.3}$$

一个明显的事实是, 对一个给定的 $m\times n$ 矩阵 $\mathbf{A}$, 两个向量 $\mathrm{vec}(\mathbf{A})$ 和 $\mathrm{vec}(\mathbf{A}^{\mathrm{T}})$ 具有相同的元素, 只是排列次序不同。令人感兴趣的是, 存在一个唯一的 $mn \times mn$ 置换矩阵, 它可以将矩阵向量化 $\mathrm{vec}(\mathbf{A})$ 变换成转置矩阵的向量化 $\mathrm{vec}(\mathbf{A}^{\mathrm{T}})$。这种置换矩阵称为交换矩阵, 记作 $\mathbf{K}_{mn}$, 定义为

$$\mathbf{K}_{mn}\mathrm{vec}(\mathbf{A}) = \mathrm{vec}(\mathbf{A}^{\mathrm{T}}) \tag{1.9.4}$$

类似地, 还存在一个 $nm\times nm$ 置换矩阵, 可以将转置矩阵的向量化 $\mathrm{vec}(\mathbf{A}^{\mathrm{T}})$ 变换为原矩阵的向量化 $\mathrm{vec}(\mathbf{A})$。这个交换矩阵记作 $\mathbf{K}_{nm}$, 定义为

$$\mathbf{K}_{nm}\mathrm{vec}(\mathbf{A}^{\mathrm{T}}) = \mathrm{vec}(\mathbf{A}) \tag{1.9.5}$$

由式 (1.9.4) 和式 (1.9.5) 知, $\mathbf{K}_{nm}\mathbf{K}_{mn}\mathrm{vec}(\mathbf{A}) = \mathbf{K}_{nm}\mathrm{vec}(\mathbf{A}^{\mathrm{T}}) = \mathrm{vec}(\mathbf{A})$。由于此公式对任意 $m \times n$ 矩阵 $\mathbf{A}$ 成立, 故有 $\mathbf{K}_{nm}\mathbf{K}_{mn} = \mathbf{I}_{mn}$ 或者 $\mathbf{K}_{mn}^{-1} = \mathbf{K}_{nm}$。

$mn \times mn$ 交换矩阵 $\mathbf{K}_{mn}$ 具有以下性质[21]。

- $\mathbf{K}_{mn}\mathrm{vec}(\mathbf{A}) = \mathrm{vec}(\mathbf{A}^{\mathrm{T}})$, $\mathbf{K}_{nm}\mathrm{vec}(\mathbf{A}^{\mathrm{T}}) = \mathrm{vec}(\mathbf{A})$, 其中 $\mathbf{A}$ 是一个 $m \times n$ 矩阵。
- $\mathbf{K}_{mn}^{\mathrm{T}}\mathbf{K}_{mn} = \mathbf{K}_{mn}\mathbf{K}_{mn}^{\mathrm{T}} = \mathbf{I}_{mn}$, 或者 $\mathbf{K}_{mn}^{-1} = \mathbf{K}_{nm}$。
- $\mathbf{K}_{mn}^{\mathrm{T}} = \mathbf{K}_{nm}$。
- $\mathbf{K}_{mn}$ 可以表示成基本向量的 Kronecker 积

$$\mathbf{K}_{mn} = \sum_{j=1}^{n}(\mathbf{e}_j^{\mathrm{T}} \otimes \mathbf{I}_m \otimes \mathbf{e}_j)$$

- $\mathbf{K}_{1n} = \mathbf{K}_{n1} = \mathbf{I}_n$。
- $\mathbf{K}_{nm}\mathbf{K}_{mn}\mathrm{vec}(\mathbf{A}) = \mathbf{K}_{nm}\mathrm{vec}(\mathbf{A}^{\mathrm{T}}) = \mathrm{vec}(\mathbf{A})$。

- 交换矩阵 $\mathbf{K}_{nn}$ 的特征值取 1 和 -1, 它们的多重度分别为 $\frac{1}{2}n(n+1)$ 和 $\frac{1}{2}n(n-1)$。

- 交换矩阵的秩由 $\text{rank}(\mathbf{K}_{mn}) = 1 + d(m-1, n-1)$ 给出, 其中 $d(m,n)$ 是 m 和 n 的最大公因数, 并且 $d(n,0) = d(0,n) = n$。

- $\mathbf{K}_{mn}(\mathbf{A}\otimes\mathbf{B})\mathbf{K}_{pq} = \mathbf{B}\otimes\mathbf{A}$, 可以等价为 $\mathbf{K}_{mn}(\mathbf{A}\otimes\mathbf{B}) = (\mathbf{B}\otimes\mathbf{A})\mathbf{K}_{qp}$, 其中 $\mathbf{A}$ 是一个 $n\times p$ 矩阵, 并且 $\mathbf{B}$ 是一个 $m\times q$ 矩阵。特别地, $\mathbf{K}_{mn}(\mathbf{A}_{n\times n}\otimes \mathbf{B}_{m\times m}) = (\mathbf{B}\otimes\mathbf{A})\mathbf{K}_{mn}$。 [50]

- $\text{tr}(\mathbf{K}_{mn}(\mathbf{A}_{m\times n}\otimes\mathbf{B}_{m\times n})) = \text{tr}(\mathbf{A}^{\text{T}}\mathbf{B}) = \left(\text{vec}(\mathbf{B})^{\text{T}}\right)^{\text{T}}\mathbf{K}_{mn}\text{vec}(\mathbf{A})$。

$mn\times mn$ 交换矩阵的构造方法如下: 首先令

$$\mathbf{K}_{mn} = \begin{bmatrix}\mathbf{K}_1\\ \vdots \\ \mathbf{K}_m\end{bmatrix}, \quad \mathbf{K}_i\in\mathbb{R}^{n\times mn}, i=1,\cdots,m, \tag{1.9.6}$$

然后, 第一个子矩阵的第 (i,j) 个元素由下式给出

$$K_1(i,j) = \begin{cases}1, & j=(i-1)m+1,\ i=1,\cdots,n\\ 0, & \text{其他}\end{cases} \tag{1.9.7}$$

最后, 第 i 个子矩阵 $\mathbf{K}_i$ $(i=2,\cdots,m)$ 由第 $(i-1)$ 个子矩阵 $\mathbf{K}_{i-1}$ 构造如下

$$\mathbf{K}_i = [\mathbf{0}, \mathbf{K}_{i-1}(1:mn-1)], \quad i=2,\cdots,m \tag{1.9.8}$$

其中, 子矩阵 $\mathbf{K}_{i-1}(1:mn-1)$ 由 $n\times m$ 子矩阵 $\mathbf{K}_{i-1}$ 的前 $(mn-1)$ 列组成。

1.9.2 向量的矩阵化

将一个 $mn\times 1$ 向量 $\mathbf{a} = [a_1,\cdots,a_{mn}]^{\text{T}}$ 变换为一个 $m\times n$ 矩阵 $\mathbf{A}$ 的运算称为列向量的矩阵化, 记作 $\text{unvec}_{m,n}(\mathbf{a})$, 定义为

$$\mathbf{A}_{m\times n} = \text{unvec}_{m,n}(\mathbf{a}) = \begin{bmatrix} a_1 & a_{m+1} & \cdots & a_{m(n-1)+1}\\ a_2 & a_{m+2} & \cdots & a_{m(n-1)+2}\\ \vdots & \vdots & & \vdots\\ a_m & a_{2m} & \cdots & a_{mn}\end{bmatrix} \tag{1.9.9}$$

其中,

$$A_{ij} = a_{i+(j-1)m}, \quad i=1,\cdots,m; j=1,\cdots,n \tag{1.9.10}$$

类似地, 将 $1\times mn$ 行向量 $\mathbf{b} = [b_1,\cdots,b_{mn}]$ 变换为 $m\times n$ 矩阵 $\mathbf{B}$ 的运算称为行向量的矩阵化, 记作 $\text{unrvec}_{m,n}(\mathbf{b})$, 定义为 [51]

$$\mathbf{B}_{m\times n} = \mathrm{unrvec}_{m,n}(\mathbf{b}) = \begin{bmatrix} b_1 & b_2 & \cdots & b_n \\ b_{n+1} & b_{n+2} & \cdots & b_{2n} \\ \vdots & \vdots & & \vdots \\ b_{(m-1)n+1} & b_{(m-1)n+2} & \cdots & b_{mn} \end{bmatrix} \tag{1.9.11}$$

或者等价表示成元素形式

$$B_{ij} = b_{j+(i-1)n}, \quad i = 1, \cdots, m; j = 1, \cdots, n \tag{1.9.12}$$

由上述定义可知, 矩阵化 (unvec) (或行矩阵化 unrvec) 与向量化 (vec) (或行向量化 rvec) 之间存在以下关系

$$\begin{bmatrix} A_{11} & \cdots & A_{1n} \\ \vdots & & \vdots \\ A_{m1} & \cdots & A_{mn} \end{bmatrix} \underset{\text{unvec}}{\overset{\text{vec}}{\rightleftarrows}} [A_{11}, \cdots, A_{m1}, \cdots, A_{1n}, \cdots, A_{mn}]^{\mathrm{T}}$$

$$\begin{bmatrix} A_{11} & \cdots & A_{1n} \\ \vdots & & \vdots \\ A_{m1} & \cdots & A_{mn} \end{bmatrix} \underset{\text{unrvec}}{\overset{\text{rvec}}{\rightleftarrows}} [A_{11}, \cdots, A_{1n}, \cdots, A_{m1}, \cdots, A_{mn}]$$

或写为

$$\mathrm{unvec}_{m,n}(\mathbf{a}) = \mathbf{A}_{m\times n} \ \Leftrightarrow \ \mathrm{vec}(\mathbf{A}_{m\times n}) = \mathbf{a}_{mn\times 1} \tag{1.9.13}$$

$$\mathrm{unrvec}_{m,n}(\mathbf{b}) = \mathbf{B}_{m\times n} \ \Leftrightarrow \ \mathrm{rvec}(\mathbf{B}_{m\times n}) = \mathbf{b}_{1\times mn} \tag{1.9.14}$$

向量化算子具有以下性质[7, 13, 22]。

- 转置矩阵的向量化 $\mathrm{vec}(\mathbf{A}^{\mathrm{T}}) = \mathbf{K}_{mn}\mathrm{vec}(\mathbf{A})$, 其中 $\mathbf{A} \in \mathbb{C}^{m\times n}$。
- 矩阵之和的向量化 $\mathrm{vec}(\mathbf{A}+\mathbf{B}) = \mathrm{vec}(\mathbf{A}) + \mathrm{vec}(\mathbf{B})$。
- Kronecker 积的向量化[22]

$$\mathrm{vec}(\mathbf{X}\otimes\mathbf{Y}) = (\mathbf{I}_m \otimes \mathbf{K}_{qp} \otimes \mathbf{I}_n)(\mathrm{vec}(\mathbf{X}) \otimes \mathrm{vec}(\mathbf{Y})) \tag{1.9.15}$$

- 矩阵乘积的迹

$$\mathrm{tr}(\mathbf{A}^{\mathrm{T}}\mathbf{B}) = (\mathrm{vec}(\mathbf{A}))^{\mathrm{T}}\mathrm{vec}(\mathbf{B}) \tag{1.9.16}$$

$$\mathrm{tr}(\mathbf{A}^{\mathrm{H}}\mathbf{B}) = (\mathrm{vec}(\mathbf{A}))^{\mathrm{H}}\mathrm{vec}(\mathbf{B}) \tag{1.9.17}$$

$$\mathrm{tr}(\mathbf{ABC}) = (\mathrm{vec}(\mathbf{A}))^{\mathrm{T}}(\mathbf{I}_p \otimes \mathbf{B})\mathrm{vec}(\mathbf{C}) \tag{1.9.18}$$

[52] 而 4 个矩阵乘积的迹由 Magnus 和 Neudecker 给出[22]

$$\begin{aligned} \mathrm{tr}(\mathbf{ABCD}) &= (\mathrm{vec}(\mathbf{D}^{\mathrm{T}}))^{\mathrm{T}}(\mathbf{C}^{\mathrm{T}} \otimes \mathbf{A})\mathrm{vec}(\mathbf{B}) \\ &= (\mathrm{vec}(\mathbf{D}))^{\mathrm{T}}(\mathbf{A} \otimes \mathbf{C}^{\mathrm{T}})\mathrm{vec}(\mathbf{B}^{\mathrm{T}}) \end{aligned}$$

- 两个向量 $\mathbf{a}$ 与 $\mathbf{b}$ 的 Kronecker 积可以用它们的外积 $\mathbf{ba}^{\mathrm{T}}$ 的向量化形式

表示

$$\mathbf{a} \otimes \mathbf{b} = \mathrm{vec}(\mathbf{b}\mathbf{a}^{\mathrm{T}}) = \mathrm{vec}(\mathbf{b} \circ \mathbf{a}) \tag{1.9.19}$$

- Hadamard 积的向量化

$$\mathrm{vec}(\mathbf{A} \odot \mathbf{B}) = \mathrm{vec}(\mathbf{A}) \odot \mathrm{vec}(\mathbf{B}) = \mathbf{Diag}(\mathrm{vec}(\mathbf{A}))\mathrm{vec}(\mathbf{B}) \tag{1.9.20}$$

式中, $\mathbf{Diag}(\mathrm{vec}(\mathbf{A}))$ 为对角矩阵, 其对角元素为向量化函数 $\mathrm{vec}(\mathbf{A})$。

- 矩阵乘积 $\mathbf{A}_{m\times p}\mathbf{B}_{p\times q}\mathbf{C}_{q\times n}$ 与 Kronecker 积的关系[36]

$$\mathrm{vec}(\mathbf{ABC}) = (\mathbf{C}^{\mathrm{T}} \otimes \mathbf{A})\mathrm{vec}(\mathbf{B}) \tag{1.9.21}$$

$$\mathrm{vec}(\mathbf{ABC}) = (\mathbf{I}_q \otimes \mathbf{AB})\mathrm{vec}(\mathbf{C}) = (\mathbf{C}^{\mathrm{T}}\mathbf{B}^{\mathrm{T}} \otimes \mathbf{I}_m)\mathrm{vec}(\mathbf{A}) \tag{1.9.22}$$

$$\mathrm{vec}(\mathbf{AC}) = (\mathbf{I}_p \otimes \mathbf{A})\mathrm{vec}(\mathbf{C}) = (\mathbf{C}^{\mathrm{T}} \otimes \mathbf{I}_m)\mathrm{vec}(\mathbf{A}) \tag{1.9.23}$$

例 1.2 考虑矩阵函数 $\mathbf{AXB} = \mathbf{C}$, 其中 $\mathbf{A} \in \mathbb{R}^{m\times n}, \mathbf{X} \in \mathbb{R}^{n\times p}$, 并且 $\mathbf{B} \in \mathbb{R}^{p\times q}$ 和 $\mathbf{C} \in \mathbb{R}^{m\times q}$。利用向量化函数的性质 $\mathrm{vec}(\mathbf{AXB}) = (\mathbf{B}^{\mathrm{T}} \otimes \mathbf{A})\mathrm{vec}(\mathbf{X})$, 原矩阵方程的向量化 $\mathrm{vec}(\mathbf{AXB}) = \mathrm{vec}(\mathbf{C})$ 可以重写为 Kronecker 积形式[33]

$$(\mathbf{B}^{\mathrm{T}} \otimes \mathbf{A})\mathrm{vec}(\mathbf{X}) = \mathrm{vec}(\mathbf{C})$$

从而有 $\mathrm{vec}(\mathbf{X}) = (\mathbf{B}^{\mathrm{T}} \otimes \mathbf{A})^{\dagger}\mathrm{vec}(\mathbf{C})$。于是, 再通过 $\mathrm{vec}(\mathbf{X})$ 的矩阵化, 即可得到原矩阵方程 $\mathbf{AXB} = \mathbf{C}$ 的解矩阵 $\mathbf{X}$。

本章小结

- 本章主要讨论矩阵的基本运算和性能, 这是矩阵代数的基础。
- 迹、秩、正定性、Moore-Penrose 逆矩阵、Kronecker 积、Hadamard 积 (元素形式积) 和矩阵的向量化在人工智能技术中会经常用到。

参考文献

[53]

[1] Banachiewicz T.: Zur Berechungung der Determinanten, wie auch der Inverse, und zur darauf basierten Auflösung der Systeme linearer Gleichungen. Acta Astronomica, Sér. C, **3**: 41-67 (1937)

[2] Barnett S.: *Matrices: Methods and Applications*. Oxford: Clarendon Press (1990)

[3] Bellman R.: *Introduction to Matrix Analysis*, 2nd edn. New York: McGraw-Hill (1970)

[4] Berberian S. K.: *Linear Algebra*. New York: Oxford University Press (1992)

[5] Boot J.: Computation of the generalized inverse of singular or ractangular matrices. Amer Math Monthly, **70**: 302-303 (1963)

[6] Brewer J. W.: Kronecker products and matrix calculus in system theory. IEEE Trans. Circuits Syst., **25**: 772-781 (1978)

[7] Brookes M.: *Matrix Reference Manual* 2011.

[8] Duncan W. J.: Some devices for the solution of large sets of simultaneous linear equations. The London, Edinburgh, anf Dublin Philosophical Magazine and J. Science, Seventh Series, **35**: 660-670 (1944)

[9] Graybill F. A., Meyer C. D., Painter R. J.: Note on the computation of the generalized inverse of a matrix. SIAM Review, **8** (4): 522-524 (1966)

[10] Graybill F. A.: *Matrices with Applications in Statistics.* Balmont CA: Wadsworth International Group, (1983)

[11] Greville T. N. E.: Some applications of the pseudoinverse of a matrix. SIAM Review, **2**: 15-22 (1960)

[12] Guttman L.: Enlargement methods for computing the inverse matrix. Ann Math Statist, **17**: 336-343 (1946)

[13] Henderson H. V., Searle S. R.: The vec-permutation matrix, the vec operator and Kronecker products: a review. Linear Multilinear Alg., **9**: 271-288 (1981)

[14] Hendeson H. V., Searle S. R.: On deriving the inverse of a sum of matrices. SIAM Review, **23**: 53-60 (1981)

[15] Horn R. A., Johnson C. R.: *Matrix Analysis.* Cambridge: Cambridge Univ. Press (1985)

[16] Hotelling H.: Some new methods in matrix calculation. Ann. Math. Statist, **14**: 1-34 (1943)

[17] Hotelling H.: Further points on matrix calculation and simultaneous equations. Ann. Math. Statist, **14**: 440-441 (1943)

[18] Johnson L. W., Riess R. D., Arnold J. T.: *Introduction to Linear Algebra*, 5th edn. New York: Prentice-Hall (2000)

[19] Lancaster P., Tismenetsky M.: *The Theory of Matrices with Applications*, 2nd edn. New York: Academic (1985)

[20] Lütkepohl H.: *Handbook of Matrices.* New York: John Wiley & Sons (1996)

[21] Magnus J. R, Neudecker H.: The commutation matrix: some properties and applications. Ann. Statist., **7**: 381-394 (1979)

[22] Magnus J. R., Neudecker H.: *Matrix Differential Calculus with Applications in Statistics and Econometrics*, revised edn. Chichester: Wiley (1999)

[23] Moore E. H.: General analysis, Part 1. Mem. Amer. Philos. Soc., **1**: 1 (1935)

[24] Noble B., Danniel J. W.: *Applied Linear Algebra*, 3rd edn. Englewood Cliffs: Prentice-Hall (1988)

[25] Papoulis A.: *Probability, Random Variables and Stochastic Processes.* New York: McGraw-Hill (1991)

[26] Penrose R. A.: A generalized inverse for matrices. Proc. Cambridge Philos. Soc., **51**: 406-413 (1955)

[27] Phillip A., Regalia P. A., Mitra S.: Kronecker propucts, unitary matrices and signal processing applications. SIAM Review, **31** (4): 586-613 (1989)

[28] Piegorsch W. W., Casella G.: The early use of matrix diagonal increments in statistical problems. SIAM Review, **31**: 428-434 (1989)

[29] Poularikas A. D.: *The Handbook of Formulas and Tables for Signal Processing.* New York: CRC Press (1999)

[30] Price C.: The matrix pseudoinverse and minimal variance estimates. SIAM Review, **6**: 115-120 (1964)

[31] Pringle R. M., Rayner A. A.: *Generalized Inverse of Matrices with Applications to Statistics.* London: Griffin (1971)

[32] Rado R.: Note on generalized inverse of matrices. Proc. Cambridge Philos. Soc., **52**: 600-601 (1956)

[33] Rao C. R., Mitra S. K.: *Generalized Inverse of Matrices and its Applications.* New York: Wiley (1971)

[34] Regalia P. A., Mitra S. K.: Kronecker products, unitary matrices and signal processing applications. SIAM Review, **31** (4): 586-613 (1989)

[35] Searle S. R.: *Matrix Algebra Useful for Statististics.* New York: John Wiley & Sons (1982)

[36] Schott J. R.: *Matrix Analysis for Statistics.* New York: Wiley (1997)

[37] Sherman J., Morrison W. J.: Adjustment of an inverse matrix corresponding to a change in one element of a given matrix. Ann. Math. Statist., **21**: 124-127 (1950)

[38] Woodbury M. A.: Inverting modified matrices. Memorandum Report 42, Statistical Research Group, Princeton (1950)

[39] Zhang X. D.: Numerical computations of left and right pseudo inverse matrices (in Chinese). Kexue Tongbao, **7**(2): 126 (1982)

[40] Zhang X. D.: *Matrix Analysis and Applications.* Cambridge: Cambridge University Press (2017)

[54]

第 2 章

[55]

矩阵微分

矩阵微分是多元函数微分的推广。矩阵微分 (包括矩阵偏导和梯度) 是机器学习、神经网络、支持向量机和演化计算中矩阵分析与计算的一种重要运算工具。本章主要介绍矩阵微分的理论和方法。

2.1 Jacobi 矩阵与梯度矩阵

本节讨论实标量函数和实矩阵函数的偏导, 表 2.1 汇总了实函数的分类。

表 2.1 实函数的分类

函数类型	向量 $\mathbf{x} \in \mathbb{R}^m$	矩阵 $\mathbf{X} \in \mathbb{R}^{m\times n}$
标量函数 $f \in \mathbb{R}$	$f(\mathbf{x}):\ \mathbb{R}^m \to \mathbb{R}$	$f(\mathbf{X}):\ \mathbb{R}^{m\times n} \to \mathbb{R}$
向量函数 $\mathbf{f} \in \mathbb{R}^p$	$\mathbf{f}(\mathbf{x}):\ \mathbb{R}^m \to \mathbb{R}^p$	$\mathbf{f}(\mathbf{X}):\ \mathbb{R}^{m\times n} \to \mathbb{R}^p$
矩阵函数 $\mathbf{F} \in \mathbb{R}^{p\times q}$	$\mathbf{F}(\mathbf{x}):\ \mathbb{R}^m \to \mathbb{R}^{p\times q}$	$\mathbf{F}(\mathbf{X}):\ \mathbb{R}^{m\times n} \to \mathbb{R}^{p\times q}$

2.1.1 Jacobi 矩阵

首先, 我们介绍偏导和 Jacobi 算子的定义。

- $m \times 1$ 向量的行偏导算子定义为

$$\boldsymbol{\nabla}_{\mathbf{x}^{\mathrm{T}}} \overset{\text{def}}{=} \frac{\partial}{\partial\, \mathbf{x}^{\mathrm{T}}} = \left[\frac{\partial}{\partial x_1}, \cdots, \frac{\partial}{\partial x_m}\right] \tag{2.1.1}$$

实标量函数 $f(\mathbf{x})$ 相对 $m \times 1$ 向量变元 $\mathbf{x}$ 的偏导向量是一个 $1 \times m$ 行向量, 由下式给出

$$\boldsymbol{\nabla}_{\mathbf{x}^{\mathrm{T}}} f(\mathbf{x}) = \frac{\partial f(\mathbf{x})}{\partial\, \mathbf{x}^{\mathrm{T}}} = \left[\frac{\partial f(\mathbf{x})}{\partial x_1}, \cdots, \frac{\partial f(\mathbf{x})}{\partial x_m}\right] \tag{2.1.2}$$

[56]

- $m \times n$ 矩阵 $\mathbf{X}$ 的行偏导算子定义为

$$\nabla_{(\text{vec}\,\mathbf{X})^{\mathrm{T}}} \stackrel{\text{def}}{=} \frac{\partial}{\partial(\text{vec}\,\mathbf{X})^{\mathrm{T}}} = \left[\frac{\partial}{\partial x_{11}}, \cdots, \frac{\partial}{\partial x_{m1}}, \cdots, \frac{\partial}{\partial x_{1n}}, \cdots, \frac{\partial}{\partial x_{mn}}\right] \tag{2.1.3}$$

而

$$\begin{aligned}\nabla_{(\text{vec}\,\mathbf{X})^{\mathrm{T}}} f(\mathbf{X}) &= \frac{\partial f(\mathbf{X})}{\partial(\text{vec}\,\mathbf{X})^{\mathrm{T}}} \\ &= \left[\frac{\partial f(\mathbf{X})}{\partial x_{11}}, \cdots, \frac{\partial f(\mathbf{X})}{\partial x_{m1}}, \cdots, \frac{\partial f(\mathbf{X})}{\partial x_{1n}}, \cdots, \frac{\partial f(\mathbf{X})}{\partial x_{mn}}\right]\end{aligned} \tag{2.1.4}$$

则称为实标量函数 $f(\mathbf{X})$ 相对矩阵变元 $\mathbf{X} \in \mathbb{R}^{m\times n}$ 的行偏导向量。

- $m \times n$ 矩阵 $\mathbf{X}$ 的 Jacobi 算子定义为

$$\nabla_{\mathbf{X}^{\mathrm{T}}} \stackrel{\text{def}}{=} \frac{\partial}{\partial\,\mathbf{X}^{\mathrm{T}}} = \begin{bmatrix} \dfrac{\partial}{\partial x_{11}} & \cdots & \dfrac{\partial}{\partial x_{m1}} \\ \vdots & & \vdots \\ \dfrac{\partial}{\partial x_{1n}} & \cdots & \dfrac{\partial}{\partial x_{mn}} \end{bmatrix} \tag{2.1.5}$$

偏导矩阵

$$\mathbf{J} = \nabla_{\mathbf{X}^{\mathrm{T}}} f(\mathbf{X}) = \frac{\partial f(\mathbf{X})}{\partial\,\mathbf{X}^{\mathrm{T}}} = \begin{bmatrix} \dfrac{\partial f(\mathbf{X})}{\partial x_{11}} & \cdots & \dfrac{\partial f(\mathbf{X})}{\partial x_{m1}} \\ \vdots & & \vdots \\ \dfrac{\partial f(\mathbf{X})}{\partial x_{1n}} & \cdots & \dfrac{\partial f(\mathbf{X})}{\partial x_{mn}} \end{bmatrix} \in \mathbb{R}^{n\times m} \tag{2.1.6}$$

称为实标量函数 $f(\mathbf{X})$ 的 Jacobi 矩阵。

Jacobi 矩阵和行偏导向量之间存在下列关系

$$\nabla_{(\text{vec}\,\mathbf{X})^{\mathrm{T}}} f(\mathbf{X}) = \text{rvec}(\mathbf{J}) = \big(\text{vec}(\mathbf{J}^{\mathrm{T}})\big)^{\mathrm{T}} \tag{2.1.7}$$

这个重要关系是 Jacobi 矩阵辨识的基础。

[57]

事实上, Jacobi 矩阵比行偏导向量更有用。

下面的定理提供了一个 $p \times q$ 实值矩阵函数 $\mathbf{F}(\mathbf{X})$ 相对 $m \times n$ 矩阵变元 $\mathbf{X}$ 的 Jacobi 矩阵的具体表示。

定义 2.1 (Jacobi 矩阵)[6] 令 $p \times q$ 矩阵函数 $\mathbf{F}(\mathbf{X})$ 的向量化为

$$\text{vec}(\mathbf{F}(\mathbf{X})) \stackrel{\text{def}}{=} [f_{11}(\mathbf{X}), \cdots, f_{p1}(\mathbf{X}), \cdots, f_{1q}(\mathbf{X}), \cdots, f_{pq}(\mathbf{X})]^{\mathrm{T}} \in \mathbb{R}^{pq} \tag{2.1.8}$$

矩阵函数 $\mathbf{F}(\mathbf{X})$ 的 $pq \times mn$ Jacobi 矩阵定义为

$$\mathbf{J} = \nabla_{(\text{vec}\mathbf{X})^{\mathrm{T}}} \mathbf{F}(\mathbf{X}) \stackrel{\text{def}}{=} \frac{\partial\,\text{vec}\mathbf{F}(\mathbf{X})}{\partial(\text{vec}\mathbf{X})^{\mathrm{T}}} \in \mathbb{R}^{pq\times mn} \tag{2.1.9}$$

其具体表示为

$$
\mathbf{J}=\begin{bmatrix}\dfrac{\partial f_{11}}{\partial(\mathrm{vec}\mathbf{X})^{\mathrm{T}}}\\ \vdots \\ \dfrac{\partial f_{p1}}{\partial(\mathrm{vec}\mathbf{X})^{\mathrm{T}}}\\ \vdots \\ \dfrac{\partial f_{1q}}{\partial(\mathrm{vec}\mathbf{X})^{\mathrm{T}}}\\ \vdots \\ \dfrac{\partial f_{pq}}{\partial(\mathrm{vec}\mathbf{X})^{\mathrm{T}}}\end{bmatrix}=\begin{bmatrix}\dfrac{\partial f_{11}}{\partial x_{11}} & \cdots & \dfrac{\partial f_{11}}{\partial x_{m1}} & \cdots & \dfrac{\partial f_{11}}{\partial x_{1n}} & \cdots & \dfrac{\partial f_{11}}{\partial x_{mn}}\\ \vdots & & \vdots & & \vdots & & \vdots \\ \dfrac{\partial f_{p1}}{\partial x_{11}} & \cdots & \dfrac{\partial f_{p1}}{\partial x_{m1}} & \cdots & \dfrac{\partial f_{p1}}{\partial x_{1n}} & \cdots & \dfrac{\partial f_{p1}}{\partial x_{mn}}\\ \vdots & & \vdots & & \vdots & & \vdots \\ \dfrac{\partial f_{1q}}{\partial x_{11}} & \cdots & \dfrac{\partial f_{1q}}{\partial x_{m1}} & \cdots & \dfrac{\partial f_{1q}}{\partial x_{1n}} & \cdots & \dfrac{\partial f_{1q}}{\partial x_{mn}}\\ \vdots & & \vdots & & \vdots & & \vdots \\ \dfrac{\partial f_{pq}}{\partial x_{11}} & \cdots & \dfrac{\partial f_{pq}}{\partial x_{m1}} & \cdots & \dfrac{\partial f_{pq}}{\partial x_{1n}} & \cdots & \dfrac{\partial f_{pq}}{\partial x_{mn}}\end{bmatrix} \tag{2.1.10}
$$

2.1.2 梯度矩阵

列向量形式表示的偏导算子称为梯度向量算子。

定义 2.2 (梯度向量算子) $m\times 1$ 向量 $\mathbf{x}$ 和 $m\times n$ 矩阵 $\mathbf{X}$ 的梯度向量算子分别定义为

$$
\nabla_{\mathbf{x}} \overset{\mathrm{def}}{=} \frac{\partial}{\partial \mathbf{x}} = \left[\frac{\partial}{\partial x_1},\cdots,\frac{\partial}{\partial x_m}\right]^{\mathrm{T}} \tag{2.1.11}
$$

与 [58]

$$
\nabla_{\mathrm{vec}\mathbf{X}} \overset{\mathrm{def}}{=} \frac{\partial}{\partial \mathrm{vec}\mathbf{X}} = \left[\frac{\partial}{\partial x_{11}},\cdots,\frac{\partial}{\partial x_{1n}},\cdots,\frac{\partial}{\partial x_{m1}},\cdots,\frac{\partial}{\partial x_{mn}}\right]^{\mathrm{T}} \tag{2.1.12}
$$

定义 2.3 (梯度矩阵算子) $m\times n$ 矩阵 $\mathbf{X}$ 的梯度矩阵算子定义为

$$
\nabla_{\mathbf{X}} \overset{\mathrm{def}}{=} \frac{\partial}{\partial \mathbf{X}} = \begin{bmatrix}\dfrac{\partial}{\partial x_{11}} & \cdots & \dfrac{\partial}{\partial x_{1n}}\\ \vdots & & \vdots \\ \dfrac{\partial}{\partial x_{m1}} & \cdots & \dfrac{\partial}{\partial x_{mn}}\end{bmatrix} \tag{2.1.13}
$$

定义 2.4 (梯度向量) 函数 $f(\mathbf{x})$ 和 $f(\mathbf{X})$ 的梯度向量分别定义为

$$
\nabla_{\mathbf{x}} f(\mathbf{x}) \overset{\mathrm{def}}{=} \left[\frac{\partial f(\mathbf{x})}{\partial x_1},\cdots,\frac{\partial f(\mathbf{x})}{\partial x_m}\right]^{\mathrm{T}} = \frac{\partial f(\mathbf{x})}{\partial \mathbf{x}} \tag{2.1.14}
$$

$$
\nabla_{\mathrm{vec}\mathbf{X}} f(\mathbf{X}) \overset{\mathrm{def}}{=} \left[\frac{\partial f(\mathbf{X})}{\partial x_{11}},\cdots,\frac{\partial f(\mathbf{X})}{\partial x_{m1}},\cdots,\frac{\partial f(\mathbf{X})}{\partial x_{1n}},\cdots,\frac{\partial f(\mathbf{X})}{\partial x_{mn}}\right]^{\mathrm{T}} \tag{2.1.15}
$$

定义 2.5 (梯度矩阵) 函数 $f(\mathbf{X})$ 的梯度矩阵定义为

$$\nabla_{\mathbf{X}} f(\mathbf{X}) = \begin{bmatrix} \dfrac{\partial f(\mathbf{X})}{\partial x_{11}} & \cdots & \dfrac{\partial f(\mathbf{X})}{\partial x_{1n}} \\ \vdots & & \vdots \\ \dfrac{\partial f(\mathbf{X})}{\partial x_{m1}} & \cdots & \dfrac{\partial f(\mathbf{X})}{\partial x_{mn}} \end{bmatrix} = \frac{\partial f(\mathbf{X})}{\partial \mathbf{X}} \tag{2.1.16}$$

对于具有矩阵变元 $\mathbf{X} \in \mathbb{R}^{m\times n}$ 的实矩阵函数 $\mathbf{F}(\mathbf{X}) \in \mathbb{R}^{p\times q}$, 其梯度矩阵定义为

$$\nabla_{\mathbf{X}} \mathbf{F}(\mathbf{X}) = \frac{\partial(\mathrm{vec}\mathbf{F}(\mathbf{X}))^{\mathrm{T}}}{\partial \mathrm{vec}\mathbf{X}} = \left(\frac{\partial \mathrm{vec}\mathbf{F}(\mathbf{X})}{\partial(\mathrm{vec}\mathbf{X})^{\mathrm{T}}}\right)^{\mathrm{T}} \tag{2.1.17}$$

比较式 (2.1.16) 和式 (2.1.6), 有

$$\nabla_{\mathbf{X}} f(\mathbf{X}) = \mathbf{J}^{\mathrm{T}} \tag{2.1.18}$$

类似的, 比较式 (2.1.17) 和式 (2.1.9), 则有

$$\nabla_{\mathbf{X}} \mathbf{F}(\mathbf{X}) = \mathbf{J}^{\mathrm{T}} \tag{2.1.19}$$

[59]

一个明显的事实是, 给定一个实标量函数 $f(\mathbf{x})$, 其梯度向量直接等于行偏导向量的转置。在这一意义上, 行向量形式的偏导是梯度向量的一种协变形式, 所以行偏导向量又称为协梯度向量。类似地, Jacobi 矩阵有时也称为协梯度矩阵。协梯度是一种协变算子, 它本身虽然不是梯度, 但它是梯度的合作伙伴 (转置后即为梯度)。

有鉴于此, 偏导算子 $\frac{\partial}{\partial \mathbf{x}^{\mathrm{T}}}$ 和 Jacobi 算子 $\frac{\partial}{\partial \mathbf{X}^{\mathrm{T}}}$ 称为行偏导算子、梯度算子的协变形式或协梯度算子。

负梯度方向 $-\nabla_{\mathbf{x}} f(\mathbf{x})$ 称为函数 $f(\mathbf{x})$ 在点 $\mathbf{x}$ 的梯度流, 表示为

$$\dot{\mathbf{x}} = -\nabla_{\mathbf{x}} f(\mathbf{x}) \quad 或 \quad \dot{\mathbf{X}} = -\nabla_{\mathrm{vec}\mathbf{X}} f(\mathbf{X}) \tag{2.1.20}$$

由梯度向量的定义公式, 可以看出:

- 在梯度流方向, 函数 $f(\mathbf{x})$ 以最大下降速率减小。相反, 则相反的方向 (即正梯度方向), 函数值将以最大上升速率增大。
- 梯度向量的每一个分量给出标量函数 $f(\mathbf{x})$ 在该分量方向的变化率。

2.1.3 偏导和梯度的计算

实函数相对于其矩阵变元的梯度计算有以下性质和法则[5]。

- 若 $f(\mathbf{X}) = c$, 其中 c 为实常数, 且 $\mathbf{X}$ 是 $m\times n$ 实矩阵, 则梯度 $\frac{\partial c}{\partial \mathbf{X}} = \mathbf{O}_{m\times n}$。
- 线性法则: 若 $f(\mathbf{X})$ 和 $g(\mathbf{X})$ 分别是矩阵变元 $\mathbf{X}$ 的实值函数, 并且 c_1 与 c_2 是两个实常数, 则

$$\frac{\partial[c_1 f(\mathbf{X}) + c_2 g(\mathbf{X})]}{\partial \mathbf{X}} = c_1 \frac{\partial f(\mathbf{X})}{\partial \mathbf{X}} + c_2 \frac{\partial g(\mathbf{X})}{\partial \mathbf{X}} \tag{2.1.21}$$

- 乘积法则: 若 $f(\mathbf{X})$、$g(\mathbf{X})$ 和 $h(\mathbf{X})$ 均为矩阵变元 $\mathbf{X}$ 的实值函数, 则

$$\frac{\partial[f(\mathbf{X})g(\mathbf{X})]}{\partial\mathbf{X}}=g(\mathbf{X})\frac{\partial f(\mathbf{X})}{\partial\mathbf{X}}+f(\mathbf{X})\frac{\partial g(\mathbf{X})}{\partial\mathbf{X}} \tag{2.1.22}$$

和 [60]

$$\begin{aligned}\frac{\partial[f(\mathbf{X})g(\mathbf{X})h(\mathbf{X})]}{\partial\mathbf{X}}&=g(\mathbf{X})h(\mathbf{X})\frac{\partial f(\mathbf{X})}{\partial\mathbf{X}}+f(\mathbf{X})h(\mathbf{X})\frac{\partial g(\mathbf{X})}{\partial\mathbf{X}}\\&\quad+f(\mathbf{X})g(\mathbf{X})\frac{\partial h(\mathbf{X})}{\partial\mathbf{X}}\end{aligned} \tag{2.1.23}$$

- 除法 (商) 法则: 若 $g(\mathbf{X})\neq 0$, 则

$$\frac{\partial[f(\mathbf{X})/g(\mathbf{X})]}{\partial\mathbf{X}}=\frac{1}{g^2(\mathbf{X})}\left[g(\mathbf{X})\frac{\partial f(\mathbf{X})}{\partial\mathbf{X}}-f(\mathbf{X})\frac{\partial g(\mathbf{X})}{\partial\mathbf{X}}\right] \tag{2.1.24}$$

- 链式法则: 令 $\mathbf{X}$ 是 $m\times n$ 矩阵, 并且 $y=f(\mathbf{X})$ 和 $g(y)$ 分别是矩阵变元 $\mathbf{X}$ 和标量变元 y 的实值函数, 则

$$\frac{\partial g(f(\mathbf{X}))}{\partial\mathbf{X}}=\frac{\mathrm{d}g(y)}{\mathrm{d}y}\frac{\partial f(\mathbf{X})}{\partial\mathbf{X}} \tag{2.1.25}$$

作为一个推广, 若 $g(\mathbf{F}(\mathbf{X}))=g(\mathbf{F})$, 其中 $\mathbf{F}=[f_{kl}]\in\mathbb{R}^{p\times q},\mathbf{X}=[x_{ij}]\in\mathbb{R}^{m\times n}$, 则链式法则为[7]

$$\left[\frac{\partial g(\mathbf{F})}{\partial\mathbf{X}}\right]_{ij}=\frac{\partial g(\mathbf{F})}{\partial x_{ij}}=\sum_{k=1}^{p}\sum_{l=1}^{q}\frac{\partial g(\mathbf{F})}{\partial f_{kl}}\frac{\partial f_{kl}}{\partial x_{ij}} \tag{2.1.26}$$

当计算函数 $f(\mathbf{x})$ 与 $f(\mathbf{X})$ 的偏导时, 必须做以下基本假设。

独立性假设: 给定一个实值函数 f, 假定向量变元 $\mathbf{x}=[x_i]_{i=1}^m\in\mathbb{R}^m$ 或者矩阵变元 $\mathbf{X}=[x_{ij}]_{i=1,j=1}^{m,n}\in\mathbb{R}^{m\times n}$ 本身不具有任何特殊结构, 即 $\mathbf{x}$ 或 $\mathbf{X}$ 的元素是相互独立的。

独立性假设可以利用数学公式表示为

$$\frac{\partial x_i}{\partial x_j}=\delta_{ij}=\begin{cases}1, & i=j\\0, & \text{其他}\end{cases} \tag{2.1.27}$$

$$\frac{\partial x_{kl}}{\partial x_{ij}}=\delta_{ki}\delta_{lj}=\begin{cases}1, & k=i\ \text{和}\ l=j\\0, & \text{其他}\end{cases} \tag{2.1.28}$$

式 (2.1.27) 与式 (2.1.28) 是偏导计算的基本公式。下面给出几个例子。

例 2.1 求实值函数 $f(\mathbf{x})=\mathbf{a}^{\mathrm{T}}\mathbf{X}\mathbf{X}^{\mathrm{T}}\mathbf{b}=\sum\limits_{k=1}^{m}\sum\limits_{l=1}^{m}a_k\left(\sum\limits_{p=1}^{n}x_{kp}x_{lp}\right)b_l$, 其中 $\mathbf{X}\in\mathbb{R}^{m\times n},\mathbf{a},\mathbf{b}\in\mathbb{R}^{n\times 1}$。 [61]

解　利用式 (2.1.26), 易知

$$\begin{aligned}\left[\frac{\partial f(\mathbf{X})}{\partial \mathbf{X}^{\mathrm{T}}}\right]_{ij} &= \frac{\partial f(\mathbf{X})}{\partial x_{ji}} \\ &= \sum_{k=1}^{m}\sum_{l=1}^{m}\sum_{p=1}^{n} \frac{\partial a_k x_{kp} x_{lp} b_l}{\partial x_{ji}} \\ &= \sum_{k=1}^{m}\sum_{l=1}^{m}\sum_{p=1}^{n} \left[a_k x_{lp} b_l \frac{\partial x_{kp}}{\partial x_{ji}} + a_k x_{kp} b_l \frac{\partial x_{lp}}{\partial x_{ji}}\right] \\ &= \sum_{l=1}^{m} a_j x_{li} b_l + \sum_{k=1}^{m} a_k x_{ki} b_j \\ &= \left[\mathbf{X}^{\mathrm{T}}\mathbf{b}\right]_i a_j + \left[\mathbf{X}^{\mathrm{T}}\mathbf{a}\right]_i b_j\end{aligned}$$

分别给出 Jacobi 矩阵和梯度矩阵如下

$$\mathbf{J} = \mathbf{X}^{\mathrm{T}}(\mathbf{b}\mathbf{a}^{\mathrm{T}} + \mathbf{a}\mathbf{b}^{\mathrm{T}}) \quad \text{和} \quad \nabla_{\mathbf{X}} f(\mathbf{X}) = \mathbf{J} = (\mathbf{b}\mathbf{a}^{\mathrm{T}} + \mathbf{a}\mathbf{b}^{\mathrm{T}})\mathbf{X}$$

□

例 2.2　令 $\mathbf{F}(\mathbf{X}) = \mathbf{AXB}$, 其中 $\mathbf{A} \in \mathbb{R}^{p\times m}, \mathbf{X} \in \mathbb{R}^{m\times n}, \mathbf{B} \in \mathbb{R}^{n\times q}$, 则有

$$\frac{\partial f_{kl}}{\partial x_{ij}} = \frac{\partial [\mathbf{AXB}]_{kl}}{\partial x_{ij}} = \frac{\partial\left(\sum_{u=1}^{m}\sum_{v=1}^{n} a_{ku} x_{uv} b_{vl}\right)}{\partial x_{ij}} = b_{jl} a_{ki}$$

$$\Rightarrow \nabla_{\mathbf{X}}(\mathbf{AXB}) = \mathbf{B} \otimes \mathbf{A}^{\mathrm{T}} \Rightarrow \mathbf{J} = (\nabla_{\mathbf{X}}(\mathbf{AXB}))^{\mathrm{T}} = \mathbf{B}^{\mathrm{T}} \otimes \mathbf{A}$$

即, $pq \times mn$ Jacobi 矩阵是 $\mathbf{J} = \mathbf{B}^{\mathrm{T}} \otimes \mathbf{A}$, $mn \times pq$ 梯度矩阵由 $\nabla_{\mathbf{X}}(\mathbf{AXB}) = \mathbf{B} \otimes \mathbf{A}^{\mathrm{T}}$ 给出。

2.2　实矩阵微分

偏导数的直接计算 $\partial f_{kl}/\partial x_{ji}$ 或 $\partial f_{kl}/\partial x_{ij}$ 可用于求解矩阵函数的 Jacobi 矩阵或梯度矩阵, 对于更复杂的函数 (如逆矩阵、Moore-Penrose 逆矩阵和矩阵的指数函数), 直接计算其偏导数十分复杂和困难。因此, 我们希望有一个易于记忆且有效的数学工具, 用于计算实标量函数和实矩阵函数的 Jacobi 矩阵和梯度矩阵, 而这种数学工具就是矩阵微分。[62]

2.2.1　实矩阵微分的计算

一个 $m \times n$ 矩阵 $\mathbf{X} = [x_{ij}]$ 的微分称为矩阵微分, 记作 $\mathrm{d}\mathbf{X}$, 定义为 $\mathrm{d}\mathbf{X} = [\mathrm{d}x_{ij}]_{i=1,j=1}^{m,n}$。

考虑标量函数 $\mathrm{tr}(\mathbf{U})$ 的微分, 有

$$\mathrm{d}(\mathrm{tr}\,\mathbf{U}) = \mathrm{d}\left(\sum_{i=1}^{n} u_{ii}\right) = \sum_{i=1}^{n} \mathrm{d}u_{ii} = \mathrm{tr}(\mathrm{d}\mathbf{U})$$

即 $\mathrm{d}(\mathrm{tr}\,\mathbf{U}) = \mathrm{tr}(\mathrm{d}\,\mathbf{U})$。

矩阵乘积 $\mathbf{UV}$ 的矩阵微分的元素形式为

$$\begin{aligned}
[\mathrm{d}(\mathbf{UV})]_{ij} &= \mathrm{d}\left([\mathbf{UV}]_{ij}\right) = \mathrm{d}\left(\sum_k u_{ik}v_{kj}\right) = \sum_k \mathrm{d}(u_{ik}v_{kj}) \\
&= \sum_k \left[(\mathrm{d}u_{ik})v_{kj} + u_{ik}\mathrm{d}v_{kj}\right] = \sum_k (\mathrm{d}u_{ik})v_{kj} + \sum_k u_{ik}\mathrm{d}v_{kj} \\
&= [(\mathrm{d}\mathbf{U})\mathbf{V}]_{ij} + [\mathbf{U}\mathrm{d}\mathbf{V}]_{ij}
\end{aligned}$$

由此得矩阵微分 $\mathrm{d}(\mathbf{UV}) = (\mathrm{d}\mathbf{U})\mathbf{V} + \mathbf{U}\mathrm{d}\mathbf{V}$。

下面总结了矩阵微分的几种常用计算公式[6]。

- 常数矩阵的微分为零矩阵, 即 $\mathrm{d}\mathbf{A} = \mathbf{O}$。
- 乘积 $\alpha\mathbf{X}$ 的矩阵微分由 $\mathrm{d}(\alpha\mathbf{X}) = \alpha\mathrm{d}\mathbf{X}$ 给出。
- 转置矩阵的矩阵微分等于原矩阵微分的转置, 即 $\mathrm{d}(\mathbf{X}^{\mathrm{T}}) = (\mathrm{d}\mathbf{X})^{\mathrm{T}}$。
- 两个矩阵之和 (或差) 的矩阵微分由 $\mathrm{d}(\mathbf{U} \pm \mathbf{V}) = \mathrm{d}\mathbf{U} \pm \mathrm{d}\mathbf{V}$ 给出。更多一般性, $\mathrm{d}(a\mathbf{U} \pm b\mathbf{V}) = a \cdot \mathrm{d}\mathbf{U} \pm b \cdot \mathrm{d}\mathbf{V}$。
- $\mathbf{U} = \mathbf{F}(\mathbf{X}), \mathbf{V} = \mathbf{G}(\mathbf{X}), \mathbf{W} = \mathbf{H}(\mathbf{X})$ 的矩阵微分分别为 $\mathrm{d}\mathbf{U}$、$\mathrm{d}\mathbf{V}$ 和 $\mathrm{d}\mathbf{W}$, 则

$$\mathrm{d}(\mathbf{UV}) = (\mathrm{d}\mathbf{U})\mathbf{V} + \mathbf{U}(\mathrm{d}\mathbf{V}) \tag{2.2.1}$$

$$\mathrm{d}(\mathbf{UVW}) = (\mathrm{d}\mathbf{U})\mathbf{VW} + \mathbf{U}(\mathrm{d}\mathbf{V})\mathbf{W} + \mathbf{UV}(\mathrm{d}\mathbf{W}) \tag{2.2.2}$$

  若 $\mathbf{A}$、$\mathbf{B}$ 是常数矩阵, 则矩阵乘积的矩阵微分 $\mathrm{d}(\mathbf{AXB}) = \mathbf{A}(\mathrm{d}\mathbf{X})\mathbf{B}$。

- 矩阵迹函数的微分等于矩阵微分 $\mathrm{d}\mathbf{X}$ 的迹, 即有 [63]

$$\mathrm{d}(\mathrm{tr}(\mathbf{X})) = \mathrm{tr}(\mathrm{d}\mathbf{X}) \tag{2.2.3}$$

  特别地, 矩阵函数 $\mathbf{F}(\mathbf{X})$ 的迹的微分由 $\mathrm{d}(\mathrm{tr}\mathbf{F}(\mathbf{X})) = \mathrm{tr}(\mathrm{d}\mathbf{F}(\mathbf{X}))$ 给出。

- 行列式的微分

$$\mathrm{d}|\mathbf{X}| = |\mathbf{X}|\mathrm{tr}(\mathbf{X}^{-1}\mathrm{d}\mathbf{X}) \tag{2.2.4}$$

  特别地, 矩阵函数 $\mathbf{F}(\mathbf{X})$ 的行列式的微分由 $\mathrm{d}|\mathbf{F}(\mathbf{X})| = |\mathbf{F}(\mathbf{X})|\mathrm{tr}(\mathbf{F}^{-1}(\mathbf{X}) \cdot \mathrm{d}\mathbf{F}(\mathbf{X}))$ 确定。

- Kronecker 积的矩阵微分

$$\mathrm{d}(\mathbf{U} \otimes \mathbf{V}) = (\mathrm{d}\mathbf{U}) \otimes \mathbf{V} + \mathbf{U} \otimes \mathrm{d}\mathbf{V} \tag{2.2.5}$$

- Hadamard 积的矩阵微分

$$\mathrm{d}(\mathbf{U} \odot \mathbf{V}) = (\mathrm{d}\mathbf{U}) \odot \mathbf{V} + \mathbf{U} \odot \mathrm{d}\mathbf{V} \tag{2.2.6}$$

- 逆矩阵的矩阵微分

$$\mathrm{d}(\mathbf{X}^{-1}) = -\mathbf{X}^{-1}(\mathrm{d}\mathbf{X})\mathbf{X}^{-1} \tag{2.2.7}$$

- 向量化函数 $\mathrm{vec}(\mathbf{X})$ 的微分等于矩阵微分的向量化, 即

$$\mathrm{d}(\mathrm{vec}(\mathbf{X})) = \mathrm{vec}(\mathrm{d}\mathbf{X}) \tag{2.2.8}$$

- 矩阵对数的微分

$$\mathrm{d}\log\mathbf{X} = \mathbf{X}^{-1}\mathrm{d}\mathbf{X} \tag{2.2.9}$$

特别地, $\mathrm{d}\log(\mathbf{F}(\mathbf{X})) = \mathbf{F}^{-1}(\mathbf{X})\mathrm{d}(\mathbf{F}(\mathbf{X}))$。

- Moore-Penrose 逆矩阵的矩阵微分

$$\begin{aligned}\mathrm{d}(\mathbf{X}^\dagger) = & -\mathbf{X}^\dagger(\mathrm{d}\mathbf{X})\mathbf{X}^\dagger + \mathbf{X}^\dagger(\mathbf{X}^\dagger)^\mathrm{T}(\mathrm{d}\mathbf{X}^\mathrm{T})(\mathbf{I} - \mathbf{X}\mathbf{X}^\dagger) \\ & + (\mathbf{I} - \mathbf{X}^\dagger\mathbf{X})(\mathrm{d}\mathbf{X}^\mathrm{T})(\mathbf{X}^\dagger)^\mathrm{T}\mathbf{X}^\dagger\end{aligned} \tag{2.2.10}$$

$$\mathrm{d}(\mathbf{X}^\dagger\mathbf{X}) = \mathbf{X}^\dagger(\mathrm{d}\mathbf{X})(\mathbf{I} - \mathbf{X}^\dagger\mathbf{X}) + \left(\mathbf{X}^\dagger(\mathrm{d}\mathbf{X})(\mathbf{I} - \mathbf{X}^\dagger\mathbf{X})\right)^\mathrm{T} \tag{2.2.11}$$

$$\mathrm{d}(\mathbf{X}\mathbf{X}^\dagger) = (\mathbf{I} - \mathbf{X}\mathbf{X}^\dagger)(\mathrm{d}\mathbf{X})\mathbf{X}^\dagger + \left((\mathbf{I} - \mathbf{X}\mathbf{X}^\dagger)(\mathrm{d}\mathbf{X})\mathbf{X}^\dagger\right)^\mathrm{T} \tag{2.2.12}$$

[64]

2.2.2 Jacobi 矩阵识别

在多元微积分中, 称多元函数 $f(x_1,\cdots,x_m)$ 在点 $(x_1,\cdots,x_m)$ 是可微分的, 若 $f(x_1,\cdots,x_m)$ 的改变量可以表示为

$$\begin{aligned}\Delta f(x_1,\cdots,x_m) &= f(x_1+\Delta x_1,\cdots,x_m+\Delta x_m) - f(x_1,\cdots,x_m) \\ &= A_1\Delta x_1 + \cdots + A_m\Delta x_m + O(\Delta x_1,\cdots,\Delta x_m)\end{aligned}$$

式中, $A_1,\cdots,A_m$ 分别与 $\Delta x_1,\cdots,\Delta x_m$ 独立; 并且 $O(\Delta x_1,\cdots,\Delta x_m)$ 表示 $\Delta x_1,\cdots,\Delta x_m$ 的二阶和高阶项。此时, 偏导 $\frac{\partial f}{\partial x_1},\cdots,\frac{\partial f}{\partial x_m}$ 必须存在, 并且

$$\frac{\partial f}{\partial x_1} = A_1, \quad \cdots \quad , \quad \frac{\partial f}{\partial x_m} = A_m$$

改变量 $\Delta f(x_1,\cdots,x_m)$ 的线性部分

$$A_1\Delta x_1 + \cdots + A_m\Delta x_m = \frac{\partial f}{\partial x_1}\mathrm{d}x_1 + \cdots + \frac{\partial f}{\partial x_m}\mathrm{d}x_m$$

称为多元函数 $f(x_1,\cdots,x_m)$ 的微分或者一阶微分, 并记作

$$\mathrm{d}f(x_1,\cdots,x_m) = \frac{\partial f}{\partial x_1}\mathrm{d}x_1 + \cdots + \frac{\partial f}{\partial x_m}\mathrm{d}x_m \tag{2.2.13}$$

多元函数 $f(x_1,\cdots,x_m)$ 在点 $(x_1,\cdots,x_m)$ 可微分的充分条件是偏导 $\frac{\partial f}{\partial x_1},\cdots,\frac{\partial f}{\partial x_m}$ 存在和连续。

1. 实函数 $f(\mathbf{x})$ 的 Jacobi 矩阵识别

考虑标量函数 $f(\mathbf{x})$, 其变元 $\mathbf{x} = [x_1,\cdots,x_m]^\mathrm{T} \in \mathbb{R}^m$。将元素 $x_1,\cdots,x_m$ 视为 m 个变量, 并使用式 (2.2.13), 可以直接得到标量函数 $f(\mathbf{x})$ 的微分表达式

$$
\mathrm{d}f(\mathbf{x}) = \frac{\partial f(\mathbf{x})}{\partial x_1}\mathrm{d}x_1 + \cdots + \frac{\partial f(\mathbf{x})}{\partial x_m}\mathrm{d}x_m = \left[\frac{\partial f(\mathbf{x})}{\partial x_1}, \cdots, \frac{\partial f(\mathbf{x})}{\partial x_m}\right]\begin{bmatrix}\mathrm{d}x_1\\ \vdots \\ \mathrm{d}x_m\end{bmatrix}
$$

或者

$$
\mathrm{d}f(\mathbf{x}) = \frac{\partial f(\mathbf{x})}{\partial \mathbf{x}^{\mathrm{T}}}\mathrm{d}\mathbf{x} \tag{2.2.14}
$$

其中, $\frac{\partial f(\mathbf{x})}{\partial \mathbf{x}^{\mathrm{T}}} = \left[\frac{\partial f(\mathbf{x})}{\partial x_1}, \cdots, \frac{\partial f(\mathbf{x})}{\partial x_m}\right]$ 及 $\mathrm{d}\mathbf{x} = [\mathrm{d}x_1, \cdots, \mathrm{d}x_m]^{\mathrm{T}}$。 [65]

式 (2.2.14) 称为微分法则的向量形式, 它意味着一种重要的应用: 若令 $\mathbf{A} = \frac{\partial f(\mathbf{x})}{\partial \mathbf{x}^{\mathrm{T}}}$, 则一阶微分可以表示成迹函数的形式

$$
\mathrm{d}f(\mathbf{x}) = \frac{\partial f(\mathbf{x})}{\partial \mathbf{x}^{\mathrm{T}}}\mathrm{d}\mathbf{x} = \mathbf{A}\mathrm{d}\mathbf{x} = \mathrm{tr}(\mathbf{A}\mathrm{d}\mathbf{x})
$$

这表明, 在标量函数 $f(\mathbf{x})$ 的 Jacobi 矩阵与函数的矩阵微分之间存在等价关系, 即

$$
\mathrm{d}f(\mathbf{x}) = \mathrm{tr}(\mathbf{A}\mathrm{d}\mathbf{x}) \Leftrightarrow \mathbf{J} = \frac{\partial f(\mathbf{x})}{\partial \mathbf{x}^{\mathrm{T}}} = \mathbf{A} \tag{2.2.15}
$$

换句话说, 如果函数 $f(\mathbf{x})$ 的微分可以记作 $\mathrm{d}f(\mathbf{x}) = \mathrm{tr}(\mathbf{A}\mathrm{d}\mathbf{x})$, 则矩阵 $\mathbf{A}$ 恰好是函数 $f(\mathbf{x})$ 的 Jacobi 矩阵。

2. 标量函数 $f(\mathbf{X})$ 的 Jacobi 矩阵识别

考虑标量函数 $f(\mathbf{X})$, 其变元为矩阵 $\mathbf{X} = [\mathbf{x}_1, \cdots, \mathbf{x}_n] \in \mathbb{R}^{m\times n}$。记 $\mathbf{x}_j = [x_{1j}, \cdots, x_{mj}]^{\mathrm{T}}, j = 1, \cdots, n$, 则由式 (2.2.13) 易知

$$
\begin{aligned}
\mathrm{d}f(\mathbf{X}) &= \left[\frac{\partial f(\mathbf{X})}{\partial x_{11}}, \cdots, \frac{\partial f(\mathbf{X})}{\partial x_{m1}}, \cdots, \frac{\partial f(\mathbf{X})}{\partial x_{1n}}, \cdots, \frac{\partial f(\mathbf{X})}{\partial x_{mn}}\right]\begin{bmatrix}\mathrm{d}x_{11}\\ \vdots \\ \mathrm{d}x_{m1} \\ \vdots \\ \mathrm{d}x_{1n} \\ \vdots \\ \mathrm{d}x_{mn}\end{bmatrix} \\
&= \frac{\partial f(\mathbf{X})}{\partial (\mathrm{vec}\mathbf{X})^{\mathrm{T}}}\mathrm{d}(\mathrm{vec}\mathbf{X}) = \nabla_{(\mathrm{vec}\mathbf{X})^{\mathrm{T}}} f(\mathbf{X})\mathrm{d}(\mathrm{vec}\mathbf{X})
\end{aligned} \tag{2.2.16}
$$

由行偏导向量与 Jacobi 矩阵的关系式 $\nabla_{(\mathrm{vec}\mathbf{X})^{\mathrm{T}}} f(\mathbf{X}) = \left(\mathrm{vec}(\mathbf{J}^{\mathrm{T}})\right)^{\mathrm{T}}$, 式 (2.2.16) 可以写为

$$
\mathrm{d}f(\mathbf{X}) = (\mathrm{vec}\mathbf{A}^{\mathrm{T}})^{\mathrm{T}}\mathrm{d}(\mathrm{vec}\mathbf{X}) \tag{2.2.17}
$$

式中

$$\mathbf{A} = \mathbf{J} = \frac{\partial f(\mathbf{X})}{\partial \mathbf{X}^{\mathrm{T}}} = \begin{bmatrix} \frac{\partial f(\mathbf{X})}{\partial x_{11}} & \cdots & \frac{\partial f(\mathbf{X})}{\partial x_{m1}} \\ \vdots & & \vdots \\ \frac{\partial f(\mathbf{X})}{\partial x_{1n}} & \cdots & \frac{\partial f(\mathbf{X})}{\partial x_{mn}} \end{bmatrix} \tag{2.2.18}$$

是标量函数 $f(\mathbf{X})$ 的 Jacobi 矩阵。

[66] 利用向量化算子 vec 与迹函数之间的关系式 $\mathrm{tr}(\mathbf{B}^{\mathrm{T}}\mathbf{C}) = (\mathrm{vec}\mathbf{B})^{\mathrm{T}}\mathrm{vec}\mathbf{C}$, 并令 $\mathbf{B} = \mathbf{A}^{\mathrm{T}}$ 和 $\mathbf{C} = \mathrm{d}\mathbf{X}$, 则式 (2.2.17) 可以用迹的形式表示为

$$\mathrm{d}f(\mathbf{X}) = \mathrm{tr}(\mathbf{A}\mathrm{d}\mathbf{X}) \tag{2.2.19}$$

这个结果可以看作是标量函数 $f(\mathbf{X})$ 的微分的一种典范形式。

上述讨论表明, 一旦标量函数 $f(\mathbf{X})$ 的矩阵微分表示成其典范形式, 我们即可得到标量函数 $f(\mathbf{X})$ 的 Jacobi 矩阵与/或梯度矩阵, 详见下述。

命题 2.1 若标量函数 $f(\mathbf{X})$ 在点 $\mathbf{X}$ 可微分, 则 Jacobi 矩阵可以直接由下式辨识[6]

$$\mathrm{d}f(\mathbf{x}) = \mathrm{tr}(\mathbf{A}\mathrm{d}\mathbf{x}) \quad \Leftrightarrow \quad \mathbf{J} = \mathbf{A} \tag{2.2.20}$$

$$\mathrm{d}f(\mathbf{X}) = \mathrm{tr}(\mathbf{A}\mathrm{d}\mathbf{X}) \quad \Leftrightarrow \quad \mathbf{J} = \mathbf{A} \tag{2.2.21}$$

命题 2.1 启示了直接辨识标量函数 $f(\mathbf{X})$ 的 Jacobi 矩阵 $\mathbf{J} = \mathrm{D}_{\mathbf{X}} f(\mathbf{X})$ 的有效方法:

步骤 1 求实函数 $f(\mathbf{X})$ 的微分 $\mathrm{d}f(\mathbf{X})$, 并将其表示成典范形式 $\mathrm{d}f(\mathbf{X}) = \mathrm{tr}(\mathbf{A}\mathrm{d}\mathbf{X})$;

步骤 2 Jacobi 矩阵直接由 $\mathbf{A}$ 给出。

以下是应用命题 2.1 的两个要点:

- 任何标量函数 $f(\mathbf{X})$ 都可以以迹函数的形式写入, 因为 $f(\mathbf{X}) = \mathrm{tr}(f(\mathbf{X}))$。
- 无论 $\mathrm{d}\mathbf{X}$ 最初出现在迹函数中的什么位置, 我们都可以通过跟踪属性 $\mathrm{tr}(\mathbf{C}(\mathrm{d}\mathbf{X})\mathbf{B}) = \mathrm{tr}(\mathbf{B}\mathbf{C}\mathrm{d}\mathbf{X})$ 将其放置在最右边的位置, 给出标准形式 $\mathrm{d}f(\mathbf{X}) = \mathrm{tr}(\mathbf{A}\mathrm{d}\mathbf{X})$。

业已证明[6], Jacobi 矩阵 $\mathbf{A}$ 是唯一确定的: 若存在 $\mathbf{A}_1$ 和 $\mathbf{A}_2$ 满足 $\mathrm{d}f(\mathbf{X}) = \mathbf{A}_i\mathrm{d}\mathbf{X}, i = 1, 2$, 则 $\mathbf{A}_1 = \mathbf{A}_2$。

由于对于一个给定的实函数 $f(\mathbf{X})$, 其梯度矩阵是其 Jacobi 矩阵的转置, 所以命题 2.1 也意味着

$$\mathrm{d}f(\mathbf{X}) = \mathrm{tr}(\mathbf{A}\mathrm{d}\mathbf{X}) \;\Leftrightarrow\; \nabla_{\mathbf{X}} f(\mathbf{X}) = \mathbf{A}^{\mathrm{T}} \tag{2.2.22}$$

由于 Jacobi 矩阵 $\mathbf{A}$ 是唯一确定的, 故梯度矩阵也是唯一确定的。

[67]

3. 迹函数的 Jacobi 矩阵

例 2.3 迹函数 $\mathrm{tr}(\mathbf{X}^{\mathrm{T}}\mathbf{A}\mathbf{X})$ 的微分由下式给出

$$\mathrm{dtr}(\mathbf{X}^{\mathrm{T}}\mathbf{A}\mathbf{X}) = \mathrm{tr}(\mathrm{d}(\mathbf{X}^{\mathrm{T}}\mathbf{A}\mathbf{X})) = \mathrm{tr}((\mathrm{d}\mathbf{X})^{\mathrm{T}}\mathbf{A}\mathbf{X} + \mathbf{X}^{\mathrm{T}}\mathbf{A}\mathrm{d}\mathbf{X})$$

$$= \mathrm{tr}((\mathrm{d}\mathbf{X})^{\mathrm{T}}\mathbf{AX}) + \mathrm{tr}(\mathbf{X}^{\mathrm{T}}\mathbf{A}\mathrm{d}\mathbf{X}) = \mathrm{tr}((\mathbf{AX})^{\mathrm{T}}\mathrm{d}\mathbf{X}) + \mathrm{tr}(\mathbf{X}^{\mathrm{T}}\mathbf{A}\mathrm{d}\mathbf{X})$$
$$= \mathrm{tr}(\mathbf{X}^{\mathrm{T}}(\mathbf{A}^{\mathrm{T}} + \mathbf{A})\mathrm{d}\mathbf{X})$$

由此得梯度矩阵

$$\frac{\partial \mathrm{tr}(\mathbf{X}^{\mathrm{T}}\mathbf{AX})}{\partial \mathbf{X}} = \left[\mathbf{X}^{\mathrm{T}}(\mathbf{A}^{\mathrm{T}} + \mathbf{A})\right]^{\mathrm{T}} = (\mathbf{A} + \mathbf{A}^{\mathrm{T}})\mathbf{X} \tag{2.2.23}$$

同样, 我们可以计算其他典型迹函数的微分矩阵和 Jacobi 矩阵。

表 2.2 汇总了几种典型的迹函数的微分矩阵与 Jacobi 矩阵的对应关系[6]。

表 2.2 迹函数的微分矩阵与 Jacobi 矩阵

$f(\mathbf{X})$	微分 $\mathrm{d}f(\mathbf{X})$	Jacobi 矩阵 $\mathbf{J} = \partial f(\mathbf{X})/\partial \mathbf{X}$
$\mathrm{tr}(\mathbf{X})$	$\mathrm{tr}(\mathbf{I}\mathrm{d}\mathbf{X})$	$\mathbf{I}$
$\mathrm{tr}(\mathbf{X}^{-1})$	$-\mathrm{tr}(\mathbf{X}^{-2}\mathrm{d}\mathbf{X})$	$-\mathbf{X}^{-2}$
$\mathrm{tr}(\mathbf{AX})$	$\mathrm{tr}(\mathbf{A}\mathrm{d}\mathbf{X})$	$\mathbf{A}$
$\mathrm{tr}(\mathbf{X}^2)$	$2\mathrm{tr}(\mathbf{X}\mathrm{d}\mathbf{X})$	$2\mathbf{X}$
$\mathrm{tr}(\mathbf{X}^{\mathrm{T}}\mathbf{X})$	$2\mathrm{tr}(\mathbf{X}^{\mathrm{T}}\mathrm{d}\mathbf{X})$	$\mathbf{X}^{\mathrm{T}}$
$\mathrm{tr}(\mathbf{X}^{\mathrm{T}}\mathbf{AX})$	$\mathrm{tr}(\mathbf{X}^{\mathrm{T}}(\mathbf{A} + \mathbf{A}^{\mathrm{T}})\mathrm{d}\mathbf{X})$	$\mathbf{X}^{\mathrm{T}}(\mathbf{A} + \mathbf{A}^{\mathrm{T}})$
$\mathrm{tr}(\mathbf{XAX}^{\mathrm{T}})$	$\mathrm{tr}((\mathbf{A} + \mathbf{A}^{\mathrm{T}})\mathbf{X}^{\mathrm{T}}\mathrm{d}\mathbf{X})$	$(\mathbf{A} + \mathbf{A}^{\mathrm{T}})\mathbf{X}^{\mathrm{T}}$
$\mathrm{tr}(\mathbf{XAX})$	$\mathrm{tr}((\mathbf{AX} + \mathbf{XA})\mathrm{d}\mathbf{X})$	$\mathbf{AX} + \mathbf{XA}$
$\mathrm{tr}(\mathbf{AX}^{-1})$	$-\mathrm{tr}(\mathbf{X}^{-1}\mathbf{AX}^{-1}\mathrm{d}\mathbf{X})$	$-\mathbf{X}^{-1}\mathbf{AX}^{-1}$
$\mathrm{tr}(\mathbf{AX}^{-1}\mathbf{B})$	$-\mathrm{tr}(\mathbf{X}^{-1}\mathbf{BAX}^{-1}\mathrm{d}\mathbf{X})$	$-\mathbf{X}^{-1}\mathbf{BAX}^{-1}$
$\mathrm{tr}((\mathbf{X} + \mathbf{A})^{-1})$	$-\mathrm{tr}((\mathbf{X} + \mathbf{A})^{-2}\mathrm{d}\mathbf{X})$	$-(\mathbf{X} + \mathbf{A})^{-2}$
$\mathrm{tr}(\mathbf{XAXB})$	$\mathrm{tr}((\mathbf{AXB} + \mathbf{BXA})\mathrm{d}\mathbf{X})$	$\mathbf{AXB} + \mathbf{BXA}$
$\mathrm{tr}(\mathbf{XAX}^{\mathrm{T}}\mathbf{B})$	$\mathrm{tr}((\mathbf{AX}^{\mathrm{T}}\mathbf{B} + \mathbf{A}^{\mathrm{T}}\mathbf{X}^{\mathrm{T}}\mathbf{B}^{\mathrm{T}})\mathrm{d}\mathbf{X})$	$\mathbf{AX}^{\mathrm{T}}\mathbf{B} + \mathbf{A}^{\mathrm{T}}\mathbf{X}^{\mathrm{T}}\mathbf{B}^{\mathrm{T}}$
$\mathrm{tr}(\mathbf{AXX}^{\mathrm{T}}\mathbf{B})$	$\mathrm{tr}(\mathbf{X}^{\mathrm{T}}(\mathbf{BA} + \mathbf{A}^{\mathrm{T}}\mathbf{B}^{\mathrm{T}})\mathrm{d}\mathbf{X})$	$\mathbf{X}^{\mathrm{T}}(\mathbf{BA} + \mathbf{A}^{\mathrm{T}}\mathbf{B}^{\mathrm{T}})$
$\mathrm{tr}(\mathbf{AX}^{\mathrm{T}}\mathbf{XB})$	$\mathrm{tr}((\mathbf{BA} + \mathbf{A}^{\mathrm{T}}\mathbf{B}^{\mathrm{T}})\mathbf{X}^{\mathrm{T}}\mathrm{d}\mathbf{X})$	$(\mathbf{BA} + \mathbf{A}^{\mathrm{T}}\mathbf{B}^{\mathrm{T}})\mathbf{X}^{\mathrm{T}}$

其中, $\mathbf{A}^{-2} = \mathbf{A}^{-1}\mathbf{A}^{-1}$。

4. 行列式函数的 Jacobi 矩阵 [68]

考虑典型行列式函数的 Jacobi 矩阵辨识。

例 2.4 对于非奇异矩阵 $\mathbf{XX}^{\mathrm{T}}$, 有以下表达式

$$\mathrm{d}|\mathbf{XX}^{\mathrm{T}}| = |\mathbf{XX}^{\mathrm{T}}|\,\mathrm{tr}\left((\mathbf{XX}^{\mathrm{T}})^{-1}\mathrm{d}(\mathbf{XX}^{\mathrm{T}})\right)$$
$$= |\mathbf{XX}^{\mathrm{T}}|\left(\mathrm{tr}\left((\mathbf{XX}^{\mathrm{T}})^{-1}(\mathrm{d}\mathbf{X})\mathbf{X}^{\mathrm{T}}\right) + \mathrm{tr}\left((\mathbf{XX}^{\mathrm{T}})^{-1}\mathbf{X}(\mathrm{d}\mathbf{X})^{\mathrm{T}}\right)\right)$$

$$= |\mathbf{X}\mathbf{X}^{\mathrm{T}}| \left(\mathrm{tr}\left(\mathbf{X}^{\mathrm{T}}(\mathbf{X}\mathbf{X}^{\mathrm{T}})^{-1}\mathrm{d}\mathbf{X}\right) + \mathrm{tr}\left(\mathbf{X}^{\mathrm{T}}(\mathbf{X}\mathbf{X}^{\mathrm{T}})^{-1}\mathrm{d}\mathbf{X}\right)\right)$$
$$= \mathrm{tr}\left(2|\mathbf{X}\mathbf{X}^{\mathrm{T}}|\, \mathbf{X}^{\mathrm{T}}(\mathbf{X}\mathbf{X}^{\mathrm{T}})^{-1}\mathrm{d}\mathbf{X}\right)$$

由命题 2.1 得梯度矩阵

$$\frac{\partial|\mathbf{X}\mathbf{X}^{\mathrm{T}}|}{\partial\mathbf{X}} = 2|\mathbf{X}\mathbf{X}^{\mathrm{T}}|(\mathbf{X}\mathbf{X}^{\mathrm{T}})^{-1}\mathbf{X} \tag{2.2.24}$$

类似地, 令 $\mathbf{X} \in \mathbb{R}^{m\times n}$。若 $\mathrm{rank}(\mathbf{X}) = n$, 即 $\mathbf{X}^{\mathrm{T}}\mathbf{X}$ 可逆, 则

$$\mathrm{d}|\mathbf{X}^{\mathrm{T}}\mathbf{X}| = \mathrm{tr}\left(2|\mathbf{X}^{\mathrm{T}}\mathbf{X}|(\mathbf{X}^{\mathrm{T}}\mathbf{X})^{-1}\mathbf{X}^{\mathrm{T}}\mathrm{d}\mathbf{X}\right) \tag{2.2.25}$$

从而有 $\frac{\partial|\mathbf{X}^{\mathrm{T}}\mathbf{X}|}{\partial\mathbf{X}} = 2|\mathbf{X}^{\mathrm{T}}\mathbf{X}|\mathbf{X}(\mathbf{X}^{\mathrm{T}}\mathbf{X})^{-1}$。

同样, 我们可以计算其他典型行列式函数的微分矩阵和 Jacobi 矩阵。表 2.3 汇总了几种典型的行列式函数的实矩阵微分和 Jacobi 矩阵。

[69]

表 2.3 行列式函数的实矩阵微分与 Jacobi 矩阵

$f(\mathbf{X})$	$\mathrm{d}f(\mathbf{X})$	$\mathbf{J} = \partial f(\mathbf{X})/\partial\mathbf{X}$
$\|\mathbf{X}\|$	$\|\mathbf{X}\|\,\mathrm{tr}(\mathbf{X}^{-1}\mathrm{d}\mathbf{X})$	$\|\mathbf{X}\|\mathbf{X}^{-1}$
$\log\|\mathbf{X}\|$	$\mathrm{tr}(\mathbf{X}^{-1}\mathrm{d}\mathbf{X})$	$\mathbf{X}^{-1}$
$\|\mathbf{X}^{-1}\|$	$-\|\mathbf{X}^{-1}\|\mathrm{tr}(\mathbf{X}^{-1}\mathrm{d}\mathbf{X})$	$-\|\mathbf{X}^{-1}\|\mathbf{X}^{-1}$
$\|\mathbf{X}^2\|$	$2\|\mathbf{X}\|^2\mathrm{tr}\left(\mathbf{X}^{-1}\mathrm{d}\mathbf{X}\right)$	$2\|\mathbf{X}\|^2\mathbf{X}^{-1}$
$\|\mathbf{X}^k\|$	$k\|\mathbf{X}\|^k\mathrm{tr}(\mathbf{X}^{-1}\mathrm{d}\mathbf{X})$	$k\|\mathbf{X}\|^k\mathbf{X}^{-1}$
$\|\mathbf{X}\mathbf{X}^{\mathrm{T}}\|$	$2\|\mathbf{X}\mathbf{X}^{\mathrm{T}}\|\,\mathrm{tr}\left(\mathbf{X}^{\mathrm{T}}(\mathbf{X}\mathbf{X}^{\mathrm{T}})^{-1}\mathrm{d}\mathbf{X}\right)$	$2\|\mathbf{X}\mathbf{X}^{\mathrm{T}}\|\mathbf{X}^{\mathrm{T}}(\mathbf{X}\mathbf{X}^{\mathrm{T}})^{-1}$
$\|\mathbf{X}^{\mathrm{T}}\mathbf{X}\|$	$2\|\mathbf{X}^{\mathrm{T}}\mathbf{X}\|\,\mathrm{tr}\left((\mathbf{X}^{\mathrm{T}}\mathbf{X})^{-1}\mathbf{X}^{\mathrm{T}}\mathrm{d}\mathbf{X}\right)$	$2\|\mathbf{X}^{\mathrm{T}}\mathbf{X}\|(\mathbf{X}^{\mathrm{T}}\mathbf{X})^{-1}\mathbf{X}^{\mathrm{T}}$
$\log\|\mathbf{X}^{\mathrm{T}}\mathbf{X}\|$	$2\mathrm{tr}\left((\mathbf{X}^{\mathrm{T}}\mathbf{X})^{-1}\mathbf{X}^{\mathrm{T}}\mathrm{d}\mathbf{X}\right)$	$2(\mathbf{X}^{\mathrm{T}}\mathbf{X})^{-1}\mathbf{X}^{\mathrm{T}}$
$\|\mathbf{A}\mathbf{X}\mathbf{B}\|$	$\|\mathbf{A}\mathbf{X}\mathbf{B}\|\,\mathrm{tr}\left(\mathbf{B}(\mathbf{A}\mathbf{X}\mathbf{B})^{-1}\mathbf{A}\mathrm{d}\mathbf{X}\right)$	$\|\mathbf{A}\mathbf{X}\mathbf{B}\|\mathbf{B}(\mathbf{A}\mathbf{X}\mathbf{B})^{-1}\mathbf{A}$
$\|\mathbf{X}\mathbf{A}\mathbf{X}^{\mathrm{T}}\|$	$\|\mathbf{X}\mathbf{A}\mathbf{X}^{\mathrm{T}}\|\,\mathrm{tr}([\mathbf{A}\mathbf{X}^{\mathrm{T}}(\mathbf{X}\mathbf{A}\mathbf{X}^{\mathrm{T}})^{-1}$ $+(\mathbf{X}\mathbf{A})^{\mathrm{T}}(\mathbf{X}\mathbf{A}^{\mathrm{T}}\mathbf{X}^{\mathrm{T}})^{-1}]\mathrm{d}\mathbf{X})$	$\|\mathbf{X}\mathbf{A}\mathbf{X}^{\mathrm{T}}\|[\mathbf{A}\mathbf{X}^{\mathrm{T}}(\mathbf{X}\mathbf{A}\mathbf{X}^{\mathrm{T}})^{-1}$ $+(\mathbf{X}\mathbf{A})^{\mathrm{T}}(\mathbf{X}\mathbf{A}^{\mathrm{T}}\mathbf{X}^{\mathrm{T}})^{-1}]$
$\|\mathbf{X}^{\mathrm{T}}\mathbf{A}\mathbf{X}\|$	$\|\mathbf{X}^{\mathrm{T}}\mathbf{A}\mathbf{X}\|\mathrm{tr}([(\mathbf{X}^{\mathrm{T}}\mathbf{A}\mathbf{X})^{-\mathrm{T}}(\mathbf{A}\mathbf{X})^{\mathrm{T}}$ $+(\mathbf{X}^{\mathrm{T}}\mathbf{A}\mathbf{X})^{-1}\mathbf{X}^{\mathrm{T}}\mathbf{A}]\mathrm{d}\mathbf{X})$	$\|\mathbf{X}^{\mathrm{T}}\mathbf{A}\mathbf{X}\|[(\mathbf{X}^{\mathrm{T}}\mathbf{A}\mathbf{X})^{-\mathrm{T}}(\mathbf{A}\mathbf{X})^{\mathrm{T}}$ $+(\mathbf{X}^{\mathrm{T}}\mathbf{A}\mathbf{X})^{-1}\mathbf{X}^{\mathrm{T}}\mathbf{A}]$

2.2.3 实矩阵函数的 Jacobi 矩阵

令 $f_{kl} = f_{kl}(\mathbf{X})$ 是实矩阵函数 $\mathbf{F}(\mathbf{X})$ 的第 k 行和第 l 列的元素, 则 $\mathrm{d}f_{kl}(\mathbf{X}) = [\mathrm{d}\mathbf{F}(\mathbf{X})]_{kl}$ 表示标量函数 $f_{kl}(\mathbf{X})$ 的微分。由式 (2.2.16) 有

$$\mathrm{d}f_{kl}(\mathbf{X}) = \left[\frac{\partial f_{kl}(\mathbf{X})}{\partial x_{11}}, \cdots, \frac{\partial f_{kl}(\mathbf{X})}{\partial x_{m1}}, \cdots, \frac{\partial f_{kl}(\mathbf{X})}{\partial x_{1n}}, \cdots, \frac{\partial f_{kl}(\mathbf{X})}{\partial x_{mn}}\right] \begin{bmatrix} \mathrm{d}x_{11} \\ \vdots \\ \mathrm{d}x_{m1} \\ \vdots \\ \mathrm{d}x_{1n} \\ \vdots \\ \mathrm{d}x_{mn} \end{bmatrix}$$

上述结果可以采用向量化改写为

$$\mathrm{d}(\mathrm{vec}\mathbf{F}(\mathbf{X})) = \mathbf{A}\mathrm{d}(\mathrm{vec}\mathbf{X}) \tag{2.2.26}$$

式中

$$\mathrm{d}(\mathrm{vec}\mathbf{F}(\mathbf{X})) = [\mathrm{d}f_{11}(\mathbf{X}), \cdots, \mathrm{d}f_{p1}(\mathbf{X}), \cdots, \mathrm{d}f_{1q}(\mathbf{X}), \cdots, \mathrm{d}f_{pq}(\mathbf{X})]^{\mathrm{T}} \tag{2.2.27}$$

$$\mathrm{d}(\mathrm{vec}\mathbf{X}) = [\mathrm{d}x_{11}, \cdots, \mathrm{d}x_{m1}, \cdots, \mathrm{d}x_{1n}, \cdots, \mathrm{d}x_{mn}]^{\mathrm{T}} \tag{2.2.28}$$

$$\begin{aligned} \mathbf{A} &= \begin{bmatrix} \frac{\partial f_{11}(\mathbf{X})}{\partial x_{11}} & \cdots & \frac{\partial f_{11}(\mathbf{X})}{\partial x_{m1}} & \cdots & \frac{\partial f_{11}(\mathbf{X})}{\partial x_{1n}} & \cdots & \frac{\partial f_{11}(\mathbf{X})}{\partial x_{mn}} \\ \vdots & & \vdots & & \vdots & & \vdots \\ \frac{\partial f_{p1}(\mathbf{X})}{\partial x_{11}} & \cdots & \frac{\partial f_{p1}(\mathbf{X})}{\partial x_{m1}} & \cdots & \frac{\partial f_{p1}(\mathbf{X})}{\partial x_{1n}} & \cdots & \frac{\partial f_{p1}(\mathbf{X})}{\partial x_{mn}} \\ \vdots & & \vdots & & \vdots & & \vdots \\ \frac{\partial f_{1q}(\mathbf{X})}{\partial x_{11}} & \cdots & \frac{\partial f_{1q}(\mathbf{X})}{\partial x_{m1}} & \cdots & \frac{\partial f_{1q}(\mathbf{X})}{\partial x_{1n}} & \cdots & \frac{\partial f_{1q}(\mathbf{X})}{\partial x_{mn}} \\ \vdots & & \vdots & & \vdots & & \vdots \\ \frac{\partial f_{pq}(\mathbf{X})}{\partial x_{11}} & \cdots & \frac{\partial f_{pq}(\mathbf{X})}{\partial x_{m1}} & \cdots & \frac{\partial f_{pq}(\mathbf{X})}{\partial x_{1n}} & \cdots & \frac{\partial f_{pq}(\mathbf{X})}{\partial x_{mn}} \end{bmatrix} \\ &= \frac{\partial \mathrm{vec}\mathbf{F}(\mathbf{X})}{\partial (\mathrm{vec}\mathbf{X})^{\mathrm{T}}} \end{aligned} \tag{2.2.29}$$

换言之, 矩阵 $\mathbf{A}$ 是矩阵函数 $\mathbf{F}(\mathbf{X})$ 的 Jacobi 矩阵 $\mathbf{J} = \dfrac{\partial\, \mathrm{vec}\mathbf{F}(\mathbf{X})}{\partial (\mathrm{vec}\,\mathbf{X})^{\mathrm{T}}}$。 [70]

令 $\mathbf{F}(\mathbf{X}) \in \mathbb{R}^{p\times q}$ 是一个包含了 $\mathbf{X}$ 和 $\mathbf{X}^{\mathrm{T}}$ 作变元的矩阵函数, 其中 $\mathbf{X} \in \mathbb{R}^{m\times n}$。

定理 2.1 给定矩阵函数 $\mathbf{F}(\mathbf{X}) : \mathbb{R}^{m\times n} \to \mathbb{R}^{p\times q}$, 则其 $pq \times mn$ Jacobi 矩阵可以辨识为[6]

$$\mathrm{d}\mathbf{F}(\mathbf{X}) = \mathbf{A}(\mathrm{d}\mathbf{X})\mathbf{B} + \mathbf{C}(\mathrm{d}\mathbf{X}^{\mathrm{T}})\mathbf{D}$$

$$\Leftrightarrow \mathbf{J} = \frac{\partial \operatorname{vec} \mathbf{F}(\mathbf{X})}{\partial (\operatorname{vec} \mathbf{X})^{\mathrm{T}}} = (\mathbf{B}^{\mathrm{T}} \otimes \mathbf{A}) + (\mathbf{D}^{\mathrm{T}} \otimes \mathbf{C})\mathbf{K}_{mn} \tag{2.2.30}$$

或者 $mn \times pq$ 梯度矩阵可以由下式辨识

$$\nabla_{\mathbf{X}} \mathbf{F}(\mathbf{X}) = \frac{\partial (\operatorname{vec}\mathbf{F}(\mathbf{X}))^{\mathrm{T}}}{\partial (\operatorname{vec}\mathbf{X})} = (\mathbf{B} \otimes \mathbf{A}^{\mathrm{T}}) + \mathbf{K}_{nm}(\mathbf{D} \otimes \mathbf{C}^{\mathrm{T}}) \tag{2.2.31}$$

表 2.4 归纳了某些实函数的矩阵微分与 Jacobi 矩阵。

表 2.4 实函数的矩阵微分与 Jacobi 矩阵

函数	矩阵微分	Jacobi 矩阵
$f(x): \mathbb{R} \to \mathbb{R}$	$\mathrm{d}f(x) = A\mathrm{d}x$	$A \in \mathbb{R}$
$f(\mathbf{x}): \mathbb{R}^m \to \mathbb{R}$	$\mathrm{d}f(\mathbf{x}) = \mathbf{A}\mathrm{d}\mathbf{x}$	$\mathbf{A} \in \mathbb{R}^{1\times m}$
$f(\mathbf{X}): \mathbb{R}^{m\times n} \to \mathbb{R}$	$\mathrm{d}f(\mathbf{X}) = \operatorname{tr}(\mathbf{A}\mathrm{d}\mathbf{X})$	$\mathbf{A} \in \mathbb{R}^{n\times m}$
$\mathbf{f}(\mathbf{x}): \mathbb{R}^m \to \mathbb{R}^p$	$\mathrm{d}\mathbf{f}(\mathbf{x}) = \mathbf{A}\mathrm{d}\mathbf{x}$	$\mathbf{A} \in \mathbb{R}^{p\times m}$
$\mathbf{f}(\mathbf{X}): \mathbb{R}^{m\times n} \to \mathbb{R}^p$	$\mathrm{d}\mathbf{f}(\mathbf{X}) = \mathbf{A}\mathrm{d}(\operatorname{vec}\mathbf{X})$	$\mathbf{A} \in \mathbb{R}^{p\times mn}$
$\mathbf{F}(\mathbf{x}): \mathbb{R}^m \to \mathbb{R}^{p\times q}$	$\mathrm{d}(\operatorname{vec}\mathbf{F}(\mathbf{x})) = \mathbf{A}\mathrm{d}\mathbf{x}$	$\mathbf{A} \in \mathbb{R}^{pq\times m}$
$\mathbf{F}(\mathbf{X}): \mathbb{R}^{m\times n} \to \mathbb{R}^{p\times q}$	$\mathrm{d}\mathbf{F}(\mathbf{X}) = \mathbf{A}(\mathrm{d}\mathbf{X})\mathbf{B} + \mathbf{C}(\mathrm{d}\mathbf{X}^{\mathrm{T}})\mathbf{D}$	$(\mathbf{B}^{\mathrm{T}} \otimes \mathbf{A}) + (\mathbf{D}^{\mathrm{T}} \otimes \mathbf{C})\mathbf{K}_{mn} \in \mathbb{R}^{pq\times mn}$

表 2.5 列出了某些矩阵函数和它们的 Jacobi 矩阵。

[71]

表 2.5 某些矩阵函数和 Jacobi 矩阵

$\mathbf{F}(\mathbf{X})$	$\mathrm{d}\mathbf{F}(\mathbf{X})$	Jacobi 矩阵
$\mathbf{X}^{\mathrm{T}}\mathbf{X}$	$\mathbf{X}^{\mathrm{T}}\mathrm{d}\mathbf{X} + (\mathrm{d}\mathbf{X}^{\mathrm{T}})\mathbf{X}$	$(\mathbf{I}_n \otimes \mathbf{X}^{\mathrm{T}}) + (\mathbf{X}^{\mathrm{T}} \otimes \mathbf{I}_n)\mathbf{K}_{mn}$
$\mathbf{X}\mathbf{X}^{\mathrm{T}}$	$\mathbf{X}(\mathrm{d}\mathbf{X}^{\mathrm{T}}) + (\mathrm{d}\mathbf{X})\mathbf{X}^{\mathrm{T}}$	$(\mathbf{I}_m \otimes \mathbf{X})\mathbf{K}_{mn} + (\mathbf{X} \otimes \mathbf{I}_m)$
$\mathbf{A}\mathbf{X}^{\mathrm{T}}\mathbf{B}$	$\mathbf{A}(\mathrm{d}\mathbf{X}^{\mathrm{T}})\mathbf{B}$	$(\mathbf{B}^{\mathrm{T}} \otimes \mathbf{A})\mathbf{K}_{mn}$
$\mathbf{X}^{\mathrm{T}}\mathbf{B}\mathbf{X}$	$\mathbf{X}^{\mathrm{T}}\mathbf{B}\mathrm{d}\mathbf{X} + \mathrm{d}(\mathbf{X}^{\mathrm{T}})\mathbf{B}\mathbf{X}$	$\mathbf{I} \otimes (\mathbf{X}^{\mathrm{T}}\mathbf{B}) + ((\mathbf{B}\mathbf{X})^{\mathrm{T}} \otimes \mathbf{I})\mathbf{K}_{mn}$
$\mathbf{A}\mathbf{X}^{\mathrm{T}}\mathbf{B}\mathbf{X}\mathbf{C}$	$\mathbf{A}(\mathrm{d}\mathbf{X}^{\mathrm{T}})\mathbf{B}\mathbf{X}\mathbf{C} + \mathbf{A}\mathbf{X}^{\mathrm{T}}\mathbf{B}(\mathrm{d}\mathbf{X})\mathbf{C}$	$((\mathbf{B}\mathbf{X}\mathbf{C})^{\mathrm{T}} \otimes \mathbf{A})\mathbf{K}_{mn} + \mathbf{C}^{\mathrm{T}} \otimes (\mathbf{A}\mathbf{X}^{\mathrm{T}}\mathbf{B})$
$\mathbf{A}\mathbf{X}\mathbf{B}\mathbf{X}^{\mathrm{T}}\mathbf{C}$	$\mathbf{A}(\mathrm{d}\mathbf{X})\mathbf{B}\mathbf{X}^{\mathrm{T}}\mathbf{C} + \mathbf{A}\mathbf{X}\mathbf{B}(\mathrm{d}\mathbf{X}^{\mathrm{T}})\mathbf{C}$	$(\mathbf{B}\mathbf{X}^{\mathrm{T}}\mathbf{C})^{\mathrm{T}} \otimes \mathbf{A} + (\mathbf{C}^{\mathrm{T}} \otimes (\mathbf{A}\mathbf{X}\mathbf{B}))\mathbf{K}_{mn}$
$\mathbf{X}^{-1}$	$-\mathbf{X}^{-1}(\mathrm{d}\mathbf{X})\mathbf{X}^{-1}$	$-(\mathbf{X}^{-\mathrm{T}} \otimes \mathbf{X}^{-1})$
$\mathbf{X}^k$	$\sum_{j=1}^{k} \mathbf{X}^{j-1}(\mathrm{d}\mathbf{X})\mathbf{X}^{k-j}$	$\sum_{j=1}^{k} (\mathbf{X}^{\mathrm{T}})^{k-j} \otimes \mathbf{X}^{j-1}$
$\log \mathbf{X}$	$\mathbf{X}^{-1}\mathrm{d}\mathbf{X}$	$\mathbf{I} \otimes \mathbf{X}^{-1}$
$\exp(\mathbf{X})$	$\sum_{k=0}^{\infty} \frac{1}{(k+1)!} \sum_{j=0}^{k} \mathbf{X}^j(\mathrm{d}\mathbf{X})\mathbf{X}^{k-j}$	$\sum_{k=0}^{\infty} \frac{1}{(k+1)!} \sum_{j=0}^{k} (\mathbf{X}^{\mathrm{T}})^{k-j} \otimes \mathbf{X}^j$

例 2.5 令 $\mathbf{F}(\mathbf{X},\mathbf{Y})=\mathbf{X}\otimes\mathbf{Y}$ 是两个矩阵 $\mathbf{X}\in\mathbb{R}^{p\times m}$ 和 $\mathbf{Y}\in\mathbb{R}^{n\times q}$ 的 Kronecker 积。考虑矩阵微分 $\mathrm{d}\mathbf{F}(\mathbf{X},\mathbf{Y})=(\mathrm{d}\mathbf{X})\otimes\mathbf{Y}+\mathbf{X}\otimes(\mathrm{d}\mathbf{Y})$。由向量化公式 $\mathrm{vec}(\mathbf{X}\otimes\mathbf{Y})=(\mathbf{I}_m\otimes\mathbf{K}_{qp}\otimes\mathbf{I}_n)(\mathrm{vec}\mathbf{X}\otimes\mathrm{vec}\mathbf{Y})$, 得

$$\begin{aligned}\mathrm{vec}(\mathrm{d}\mathbf{X}\otimes\mathbf{Y})&=(\mathbf{I}_m\otimes\mathbf{K}_{qp}\otimes\mathbf{I}_n)(\mathrm{d}\,\mathrm{vec}\mathbf{X}\otimes\mathrm{vec}\mathbf{Y})\\&=(\mathbf{I}_m\otimes\mathbf{K}_{qp}\otimes\mathbf{I}_n)(\mathbf{I}_{pm}\otimes\mathrm{vec}\mathbf{Y})\mathrm{d}\,\mathrm{vec}\mathbf{X}\end{aligned}\tag{2.2.32}$$

$$\begin{aligned}\mathrm{vec}(\mathbf{X}\otimes\mathrm{d}\mathbf{Y})&=(\mathbf{I}_m\otimes\mathbf{K}_{qp}\otimes\mathbf{I}_n)(\mathrm{vec}\mathbf{X}\otimes\mathrm{d}\,\mathrm{vec}\mathbf{Y})\\&=(\mathbf{I}_m\otimes\mathbf{K}_{qp}\otimes\mathbf{I}_n)(\mathrm{vec}\mathbf{X}\otimes\mathbf{I}_{nq})\mathrm{d}\,\mathrm{vec}\mathbf{Y}\end{aligned}\tag{2.2.33}$$

因此, 关于变量矩阵 $\mathbf{X}$ 的 Jacobi 矩阵 $\mathbf{Y}$ 分别如下:

$$\mathbf{J}_{\mathbf{X}}(\mathbf{X}\otimes\mathbf{Y})=(\mathbf{I}_m\otimes\mathbf{K}_{qp}\otimes\mathbf{I}_n)(\mathbf{I}_{pm}\otimes\mathrm{vec}\,\mathbf{Y})\tag{2.2.34}$$

$$\mathbf{J}_{\mathbf{Y}}(\mathbf{X}\otimes\mathbf{Y})=(\mathbf{I}_m\otimes\mathbf{K}_{qp}\otimes\mathbf{I}_n)(\mathrm{vec}\,\mathbf{X}\otimes\mathbf{I}_{nq})\tag{2.2.35}$$

本节中的分析和实例表明, 一阶实矩阵微分确实是一个辨识实函数 Jacobi 矩阵和梯度矩阵的有效数学工具。该工具操作简单, 易于掌握。

2.3 复梯度矩阵

在许多工程应用中, 观测数据通常比较复杂。在这些应用中, 优化问题的目标函数是复向量或复矩阵变元的实值函数。因此, 目标函数相对于复向量或矩阵变量的梯度为复向量或复矩阵。显然, 这种复梯度有以下两种形式:

- 复梯度: 目标函数相对于复变元向量或复变元矩阵本身的梯度。
- 共轭梯度: 目标函数相对于复共轭向量或复共轭矩阵的梯度。

2.3.1 全纯函数与复偏导

[72]

在讨论复梯度和共轭梯度之前, 有必要回顾一下复变函数的相关知识。

定义 2.6 (复解析函数)[4] 令 $D\subseteq\mathbb{C}$ 是函数 $f:D\to\mathbb{C}$ 的定义域。具有复变元 z 的函数 $f(z)$ 称作定义域 D 内的复解析函数, 若 $f(z)$ 是复可微分的, 即 $\lim\limits_{\Delta z\to 0}\frac{f(z+\Delta z)-f(z)}{\Delta z}$ 对所有 $z\in D$ 存在。

术语 "复解析" 通常用完全同义的术语 "全纯" 代替。因此, 复解析函数常称为全纯函数。注意, 一个复函数即使在实变量 x 域和 y 域是 (实) 解析的, 但它在复变量域 $z=x+\mathrm{j}y$ 中却不一定是全纯的, 即它有可能是复非解析的。

通常假定复函数 $f(z)$ 可以用实部 $u(x,y)$ 和虚部 $v(x,y)$ 表示为

$$f(z)=u(x,y)+\mathrm{j}v(x,y)$$

其中 $z=x+\mathrm{j}y$, 并且 $u(x,y)$ 和 $v(x,y)$ 为实函数。

关于全纯标量函数, 以下 4 种叙述等价[2]:

- 复函数 $f(z)$ 是全纯 (即复解析) 函数。
- 复函数的导数 $f'(z)$ 存在且连续。
- 复函数 $f(z)$ 满足 Cauchy-Riemann 条件

$$\frac{\partial u}{\partial x}=\frac{\partial v}{\partial y},\quad \frac{\partial v}{\partial x}=-\frac{\partial u}{\partial y} \tag{2.3.1}$$

- 复函数 $f(z)$ 的所有导数存在, 并且 $f(z)$ 有收敛的幂级数。

Cauchy-Riemann 条件也叫 Cauchy-Riemann 方程, 其直接结果是: 函数 $f(z)=u(x,y)+\mathrm{j}v(x,y)$ 是全纯函数, 当且仅当实函数 $u(x,y)$ 和 $v(x,y)$ 同时满足 Laplace 方程

$$\frac{\partial^2 u(x,y)}{\partial x^2}+\frac{\partial^2 u(x,y)}{\partial y^2}=0,\quad \frac{\partial^2 v(x,y)}{\partial x^2}+\frac{\partial^2 v(x,y)}{\partial y^2}=0 \tag{2.3.2}$$

[73] 实函数 $g(x,y)$ 称为调和函数, 若它满足 Laplace 方程

$$\frac{\partial^2 g(x,y)}{\partial x^2}+\frac{\partial^2 g(x,y)}{\partial y^2}=0 \tag{2.3.3}$$

一个复函数 $f(z)=u(x,y)+\mathrm{j}v(x,y)$ 不是全纯函数, 若实函数 $u(x,y)$ 和 $v(x,y)$ 中任何一个不满足 Cauchy-Riemann 条件或 Laplace 方程。

虽然幂函数 z^n、指数函数 e^z、对数函数 $\ln z$、正弦函数 $\sin z$ 和余弦函数 $\cos z$ 都是全纯函数, 即复平面上的解析函数, 但是许多常用的函数却不是全纯函数。一个自然会问的问题是: 是否存在一种通用的表示形式可以保证任何一个复函数都是全纯或复解析的? 为了回答这个问题, 有必要回顾一下复变函数论中有关复数 z 及其共轭 z^* 的导数的定义, 见表 2.6。

表 2.6　复函数的形式

函数	$z, z^* \in \mathbb{C}$	$\mathbf{z}, \mathbf{z}^* \in \mathbb{C}^m$	$\mathbf{Z}, \mathbf{Z}^* \in \mathbb{C}^{m\times n}$
$f \in \mathbb{C}$	$f(z,z^*)$ $f: \mathbb{C}\times\mathbb{C}\to\mathbb{C}$	$f(\mathbf{z},\mathbf{z}^*)$ $f: \mathbb{C}^m\times\mathbb{C}^m\to\mathbb{C}$	$f(\mathbf{Z},\mathbf{Z}^*)$ $f: \mathbb{C}^{m\times n}\times\mathbb{C}^{m\times n}\to\mathbb{C}$
$\mathbf{f} \in \mathbb{C}^p$	$\mathbf{f}(z,z^*)$ $\mathbf{f}: \mathbb{C}\times\mathbb{C}\to\mathbb{C}^p$	$\mathbf{f}(\mathbf{z},\mathbf{z}^*)$ $\mathbf{f}: \mathbb{C}^m\times\mathbb{C}^m\to\mathbb{C}^p$	$\mathbf{f}(\mathbf{Z},\mathbf{Z}^*)$ $\mathbf{f}: \mathbb{C}^{m\times n}\times\mathbb{C}^{m\times n}\to\mathbb{C}^p$
$\mathbf{F} \in \mathbb{C}^{p\times q}$	$\mathbf{F}(z,z^*)$ $\mathbf{F}: \mathbb{C}\times\mathbb{C}\to\mathbb{C}^{p\times q}$	$\mathbf{F}(\mathbf{z},\mathbf{z}^*)$ $\mathbf{F}: \mathbb{C}^m\times\mathbb{C}^m\to\mathbb{C}^{p\times q}$	$\mathbf{F}(\mathbf{Z},\mathbf{Z}^*)$ $\mathbf{F}: \mathbb{C}^{m\times n}\times\mathbb{C}^{m\times n}\to\mathbb{C}^{p\times q}$

复数的形式偏导定义为

$$\frac{\partial}{\partial z}=\frac{1}{2}\left(\frac{\partial}{\partial x}-\mathrm{j}\,\frac{\partial}{\partial y}\right),\quad \frac{\partial}{\partial z^*}=\frac{1}{2}\left(\frac{\partial}{\partial x}+\mathrm{j}\,\frac{\partial}{\partial y}\right) \tag{2.3.4}$$

上述形式偏导由 Wirtinger 于 1927 提出[8], 故有时称为 Wirtinger 偏导。

关于复变量 $z = x + \mathrm{j}y$ 的偏导, 存在一个实部和虚部独立性的基本假设

$$\frac{\partial x}{\partial y} = 0, \quad \frac{\partial y}{\partial x} = 0 \tag{2.3.5}$$

由偏导的定义和上述独立性假设, 容易求得 [74]

$$\begin{aligned}
\frac{\partial z}{\partial z^*} &= \frac{\partial x}{\partial z^*} + \mathrm{j}\frac{\partial y}{\partial z^*} \\
&= \frac{1}{2}\left(\frac{\partial x}{\partial x} + \mathrm{j}\,\frac{\partial x}{\partial y}\right) + \mathrm{j}\frac{1}{2}\left(\frac{\partial y}{\partial x} + \mathrm{j}\,\frac{\partial y}{\partial y}\right) \\
&= \frac{1}{2}(1+0) + \mathrm{j}\frac{1}{2}(0+\mathrm{j}) \\
\frac{\partial z^*}{\partial z} &= \frac{\partial x}{\partial z} - \mathrm{j}\frac{\partial y}{\partial z} \\
&= \frac{1}{2}\left(\frac{\partial x}{\partial x} - \mathrm{j}\frac{\partial x}{\partial y}\right) - \mathrm{j}\frac{1}{2}\left(\frac{\partial y}{\partial x} - \mathrm{j}\frac{\partial y}{\partial y}\right) \\
&= \frac{1}{2}(1-0) - \mathrm{j}\frac{1}{2}(0-\mathrm{j})
\end{aligned}$$

这意味着

$$\frac{\partial z}{\partial z^*} = 0, \quad \frac{\partial z^*}{\partial z} = 0 \tag{2.3.6}$$

式 (2.3.6) 揭示了复变函数论中的一个基本结果: 复变量 z 和复共轭变量 z^* 是两个独立的变量。

因此, 当求复偏导 $\nabla_z f(z, z^*)$ 和复共轭偏导 $\nabla_{z^*} f(z, z^*)$ 时, 复变量 z 和复共轭变量 z^* 可以视为两个独立的变量

$$\left.\begin{aligned}
\nabla_z f(z, z^*) &= \left.\frac{\partial f(z, z^*)}{\partial z}\right|_{z^*=\mathrm{const}} \\
\nabla_{z^*} f(z, z^*) &= \left.\frac{\partial f(z, z^*)}{\partial z^*}\right|_{z=\mathrm{const}}
\end{aligned}\right\} \tag{2.3.7}$$

这意味着, 非全纯函数 $f(z)$ 写为 $f(z, z^*)$ 之后, 复函数即变成全纯函数, 因为对于一个固定的 z^* 值, 复函数 $f(z, z^*)$ 在整个复平面 $z = x + \mathrm{j}y$ 上是解析的; 而对于一个固定的 z 值, 复函数 $f(z, z^*)$ 在整个复平面 $z^* = x - \mathrm{j}y$ 上是解析的, 例如参见文献 [2]。

表 2.7 列出了复函数的非全纯和全纯表示形式之间的比较。

表 2.7 非全纯函数与全纯函数的比较

函数	非全纯函数	全纯函数
坐标	$\begin{cases} r \stackrel{\mathrm{def}}{=} (x, y) \in \mathbb{R} \times \mathbb{R} \\ z = x + \mathrm{j}y \end{cases}$	$\begin{cases} c \stackrel{\mathrm{def}}{=} (z, z^*) \in \mathbb{C} \times \mathbb{C} \\ z = x + \mathrm{j}y,\ z^* = x - \mathrm{j}y \end{cases}$
表示	$f(r) = f(x, y)$	$f(c) = f(z, z^*)$

[75] 下面是复偏导的常用公式和法则。

- 函数 $\frac{\partial f^*(z,z^*)}{\partial z^*}$ 的共轭偏导

$$\frac{\partial f^*(z,z^*)}{\partial z^*}=\left(\frac{\partial f(z,z^*)}{\partial z}\right)^* \tag{2.3.8}$$

- 复函数 $\frac{\partial f^*(z,z^*)}{\partial z}$ 的偏导

$$\frac{\partial f^*(z,z^*)}{\partial z}=\left(\frac{\partial f(z,z^*)}{\partial z^*}\right)^* \tag{2.3.9}$$

- 复微分法则

$$\mathrm{d}f(z,z^*)=\frac{\partial f(z,z^*)}{\partial z}\mathrm{d}z+\frac{\partial f(z,z^*)}{\partial z^*}\mathrm{d}z^* \tag{2.3.10}$$

- 复链式法则

$$\frac{\partial h(g(z,z^*))}{\partial z}=\frac{\partial h(g(z,z^*))}{\partial g(z,z^*)}\frac{\partial g(z,z^*)}{\partial z}+\frac{\partial h(g(z,z^*))}{\partial g^*(z,z^*)}\frac{\partial g^*(z,z^*)}{\partial z} \tag{2.3.11}$$

$$\frac{\partial h(g(z,z^*))}{\partial z^*}=\frac{\partial h(g(z,z^*))}{\partial g(z,z^*)}\frac{\partial g(z,z^*)}{\partial z^*}+\frac{\partial h(g(z,z^*))}{\partial g^*(z,z^*)}\frac{\partial g^*(z,z^*)}{\partial z^*} \tag{2.3.12}$$

2.3.2 复矩阵微分

复标量 z 的复函数 $f(z)$ 和全纯函数 $f(z,z^*)$ 可以很容易地推广到复矩阵函数 $\mathbf{F}(\mathbf{Z})$ 和全纯复矩阵函数 $\mathbf{F}(\mathbf{Z},\mathbf{Z}^*)$。

关于全纯复矩阵函数, 下列叙述等价[1]:

- 矩阵函数 $\mathbf{F}(\mathbf{Z})$ 是复矩阵变元 $\mathbf{Z}$ 的全纯函数。
- 复矩阵微分 $\mathrm{d}\,\mathrm{vec}\mathbf{F}(\mathbf{Z})=\frac{\partial \mathrm{vec}\mathbf{F}(\mathbf{Z})}{\partial(\mathrm{vec}\mathbf{Z})^{\mathrm{T}}}\mathrm{d}\,\mathrm{vec}\mathbf{Z}$。
- 对所有 $\mathbf{Z}$, $\frac{\partial \mathrm{vec}\mathbf{F}(\mathbf{Z})}{\partial(\mathrm{vec}\mathbf{Z}^*)^{\mathrm{T}}}=\mathbf{O}$ (零矩阵) 成立。
- $\frac{\partial \mathrm{vec}\mathbf{F}(\mathbf{Z})}{\partial(\mathrm{vecRe}\mathbf{Z})^{\mathrm{T}}}+\mathrm{j}\frac{\partial \mathrm{vec}\mathbf{F}(\mathbf{Z})}{\partial(\mathrm{vecIm}\mathbf{Z})^{\mathrm{T}}}=\mathbf{O}$。

复矩阵函数 $\mathbf{F}(\mathbf{Z},\mathbf{Z}^*)$ 显然是全纯函数, 其矩阵微分

$$\mathrm{d}\,\mathrm{vec}\mathbf{F}(\mathbf{Z},\mathbf{Z}^*)=\frac{\partial \mathrm{vec}\mathbf{F}(\mathbf{Z},\mathbf{Z}^*)}{\partial(\mathrm{vec}\mathbf{Z})^{\mathrm{T}}}\mathrm{d}\,\mathrm{vec}\mathbf{Z}+\frac{\partial \mathrm{vec}\mathbf{F}(\mathbf{Z},\mathbf{Z}^*)}{\partial(\mathrm{vec}\mathbf{Z}^*)^{\mathrm{T}}}\mathrm{d}\,\mathrm{vec}\mathbf{Z}^* \tag{2.3.13}$$

[76] 复矩阵偏导 $\mathrm{d}\mathbf{Z}=[\mathrm{d}Z_{ij}]_{i=1,j=1}^{m,n}$ 有以下性质[1]:

- 转置: $\mathrm{d}\mathbf{Z}^{\mathrm{T}}=\mathrm{d}(\mathbf{Z}^{\mathrm{T}})=(\mathrm{d}\mathbf{Z})^{\mathrm{T}}$。
- Hermite 转置: $\mathrm{d}\mathbf{Z}^{\mathrm{H}}=\mathrm{d}(\mathbf{Z}^{\mathrm{H}})=(\mathrm{d}\mathbf{Z})^{\mathrm{H}}$。
- 共轭: $\mathrm{d}\mathbf{Z}^*=\mathrm{d}(\mathbf{Z}^*)=(\mathrm{d}\mathbf{Z})^*$。
- 线性 (加法法则): $\mathrm{d}(\mathbf{Y}+\mathbf{Z})=\mathrm{d}\mathbf{Y}+\mathrm{d}\mathbf{Z}$。

• 链式法则: 若 $\mathbf{F}$ 是 $\mathbf{Y}$ 的函数, 而 $\mathbf{Y}$ 又是 $\mathbf{Z}$ 的函数, 则

$$\mathrm{d}\,\mathrm{vec}\mathbf{F}=\frac{\partial \mathrm{vec}\mathbf{F}}{\partial(\mathrm{vec}\mathbf{Y})^{\mathrm{T}}}\mathrm{d}\,\mathrm{vec}\mathbf{Y}=\frac{\partial \mathrm{vec}\mathbf{F}}{\partial(\mathrm{vec}\mathbf{Y})^{\mathrm{T}}}\frac{\partial \mathrm{vec}\mathbf{Y}}{\partial(\mathrm{vec}\mathbf{Z})^{\mathrm{T}}}\mathrm{d}\,\mathrm{vec}\mathbf{Z}$$

式中, $\frac{\partial \mathrm{vec}\mathbf{F}}{\partial(\mathrm{vec}\mathbf{Y})^{\mathrm{T}}}$ 和 $\frac{\partial \mathrm{vec}\mathbf{Y}}{\partial(\mathrm{vec}\mathbf{Z})^{\mathrm{T}}}$ 分别称为法向复偏导和广义复偏导。

• 乘法法则:

$$\mathrm{d}(\mathbf{UV})=(\mathrm{d}\mathbf{U})\mathbf{V}+\mathbf{U}(\mathrm{d}\mathbf{V})$$

$$\mathrm{dvec}(\mathbf{UV})=(\mathbf{V}^{\mathrm{T}}\otimes\mathbf{I})\mathrm{d}\,\mathrm{vec}\mathbf{U}+(\mathbf{I}\otimes\mathbf{U})\mathrm{d}\,\mathrm{vec}\mathbf{V}$$

• Kronecker 积: $\mathrm{d}(\mathbf{Y}\otimes\mathbf{Z})=\mathrm{d}\mathbf{Y}\otimes\mathbf{Z}+\mathbf{Y}\otimes\mathrm{d}\mathbf{Z}$。

• Hadamard 积: $\mathrm{d}(\mathbf{Y}\odot\mathbf{Z})=\mathrm{d}\mathbf{Y}\odot\mathbf{Z}+\mathbf{Y}\odot\mathrm{d}\mathbf{Z}$。

下面, 我们推导复矩阵微分与复偏导之间的关系。

标量变元的复微分法则

$$\mathrm{d}f(z,z^*)=\frac{\partial f(z,z^*)}{\partial z}\mathrm{d}z+\frac{\partial f(z,z^*)}{\partial z^*}\mathrm{d}z^* \tag{2.3.14}$$

容易推广为多变量实标量函数 $f(\cdot)=f((z_1,z_1^*),\cdots,(z_m,z_m^*))$ 的复微分法则

$$\begin{aligned}\mathrm{d}f(\cdot)&=\frac{\partial f(\cdot)}{\partial z_1}\mathrm{d}z_1+\cdots+\frac{\partial f(\cdot)}{\partial z_m}\mathrm{d}z_m+\frac{\partial f(\cdot)}{\partial z_1^*}\mathrm{d}z_1^*+\cdots+\frac{\partial f(\cdot)}{\partial z_m^*}\mathrm{d}z_m^*\\&=\frac{\partial f(\cdot)}{\partial \mathbf{z}^{\mathrm{T}}}\mathrm{d}\mathbf{z}+\frac{\partial f(\cdot)}{\partial \mathbf{z}^{\mathrm{H}}}\mathrm{d}\mathbf{z}^*\end{aligned} \tag{2.3.15}$$

其中, $\mathrm{d}\mathbf{z}=[\mathrm{d}z_1,\cdots,\mathrm{d}z_m]^{\mathrm{T}}$, $\mathrm{d}\mathbf{z}^*=[\mathrm{d}z_1^*,\cdots,\mathrm{d}z_m^*]^{\mathrm{T}}$, 复微分法则是复矩阵微分的基础。

特别地, 若 $f(\cdot)=f(\mathbf{z},\mathbf{z}^*)$, 则

$$\mathrm{d}f(\mathbf{z},\mathbf{z}^*)=\frac{\partial f(\mathbf{z},\mathbf{z}^*)}{\partial \mathbf{z}^{\mathrm{T}}}\mathrm{d}\mathbf{z}+\frac{\partial f(\mathbf{z},\mathbf{z}^*)}{\partial \mathbf{z}^{\mathrm{H}}}\mathrm{d}\mathbf{z}^*$$

或简记为 [77]

$$\mathrm{d}f(\mathbf{z},\mathbf{z}^*)=\mathrm{D}_{\mathbf{z}}f(\mathbf{z},\mathbf{z}^*)\mathrm{d}\mathbf{z}+\mathrm{D}_{\mathbf{z}^*}f(\mathbf{z},\mathbf{z}^*)\mathrm{d}\mathbf{z}^* \tag{2.3.16}$$

其中,

$$\mathrm{D}_{\mathbf{z}}f(\mathbf{z},\mathbf{z}^*)=\left.\frac{\partial f(\mathbf{z},\mathbf{z}^*)}{\partial \mathbf{z}^{\mathrm{T}}}\right|_{\mathbf{z}^*=\mathrm{const}}=\left[\frac{f(\mathbf{z},\mathbf{z}^*)}{\partial z_1},\cdots,\frac{f(\mathbf{z},\mathbf{z}^*)}{\partial z_m}\right] \tag{2.3.17}$$

$$\mathrm{D}_{\mathbf{z}^*}f(\mathbf{z},\mathbf{z}^*)=\left.\frac{\partial f(\mathbf{z},\mathbf{z}^*)}{\partial \mathbf{z}^{\mathrm{H}}}\right|_{\mathbf{z}=\mathrm{const}}=\left[\frac{f(\mathbf{z},\mathbf{z}^*)}{\partial z_1^*},\cdots,\frac{f(\mathbf{z},\mathbf{z}^*)}{\partial z_m^*}\right] \tag{2.3.18}$$

分别是实标量函数 $f(\mathbf{z},\mathbf{z}^*)$ 的协梯度向量和共轭协梯度向量, 而

$$\mathrm{D}_{\mathbf{z}}=\frac{\partial}{\partial \mathbf{z}^{\mathrm{T}}}\stackrel{\mathrm{def}}{=}\left[\frac{\partial}{\partial z_1},\cdots,\frac{\partial}{\partial z_m}\right],\quad \mathrm{D}_{\mathbf{z}^*}=\frac{\partial}{\partial \mathbf{z}^{\mathrm{H}}}\stackrel{\mathrm{def}}{=}\left[\frac{\partial}{\partial z_1^*},\cdots,\frac{\partial}{\partial z_m^*}\right] \tag{2.3.19}$$

分别是复向量变元 $\mathbf{z}\in\mathbb{C}^m$ 的协梯度算子和共轭协梯度算子。

令 $\mathbf{z}=\mathbf{x}+\mathrm{j}\mathbf{y}=[z_1,\cdots,z_m]^{\mathrm{T}}\in\mathbb{C}^m$, 其中 $\mathbf{x}=[x_1,\cdots,x_m]^{\mathrm{T}}\in\mathbb{R}^m,\mathbf{y}=$

$[y_1, \cdots, y_m]^{\mathrm{T}} \in \mathbb{R}^m$, 即 $z_i = x_i + \mathrm{j}y_i (i = 1, \cdots, m)$, 并且实部 x_i 和虚部 y_i 是两个独立的变量

$$\mathrm{D}_{z_i} = \frac{\partial}{\partial z_i} = \frac{1}{2}\left(\frac{\partial}{\partial x_i} - \mathrm{j}\frac{\partial}{\partial y_i}\right), \quad \mathrm{D}_{z_i^*} = \frac{\partial}{\partial z_i^*} = \frac{1}{2}\left(\frac{\partial}{\partial x_i} + \mathrm{j}\frac{\partial}{\partial y_i}\right) \tag{2.3.20}$$

对行向量 $\mathbf{z}^{\mathrm{T}} = [z_1, \cdots, z_m]$ 的每一个元素运用复偏导算子

$$\mathrm{D}_{\mathbf{z}} = \frac{\partial}{\partial \mathbf{z}^{\mathrm{T}}} = \frac{1}{2}\left(\frac{\partial}{\partial \mathbf{x}^{\mathrm{T}}} - \mathrm{j}\frac{\partial}{\partial \mathbf{y}^{\mathrm{T}}}\right) \tag{2.3.21}$$

和复共轭协梯度算子

$$\mathrm{D}_{\mathbf{z}^*} = \frac{\partial}{\partial \mathbf{z}^{\mathrm{H}}} = \frac{1}{2}\left(\frac{\partial}{\partial \mathbf{x}^{\mathrm{T}}} + \mathrm{j}\frac{\partial}{\partial \mathbf{y}^{\mathrm{T}}}\right) \tag{2.3.22}$$

类似地, 复梯度算子和复共轭梯度算子分别定义为

$$\nabla_{\mathbf{z}} = \frac{\partial}{\partial \mathbf{z}} \stackrel{\mathrm{def}}{=} \left[\frac{\partial}{\partial z_1}, \cdots, \frac{\partial}{\partial z_m}\right]^{\mathrm{T}}, \quad \nabla_{\mathbf{z}^*} = \frac{\partial}{\partial \mathbf{z}^*} \stackrel{\mathrm{def}}{=} \left[\frac{\partial}{\partial z_1^*}, \cdots, \frac{\partial}{\partial z_m^*}\right]^{\mathrm{T}} \tag{2.3.23}$$

[78]

因此, 实标量函数 $f(\mathbf{z}, \mathbf{z}^*)$ 的复梯度向量和复共轭梯度向量分别定义为

$$\nabla_{\mathbf{z}} f(\mathbf{z}, \mathbf{z}^*) = \left.\frac{\partial f(\mathbf{z}, \mathbf{z}^*)}{\partial \mathbf{z}}\right|_{\mathbf{z}^* = \text{常数向量}} = (\mathrm{D}_{\mathbf{z}} f(\mathbf{z}, \mathbf{z}^*))^{\mathrm{T}} \tag{2.3.24}$$

$$\nabla_{\mathbf{z}^*} f(\mathbf{z}, \mathbf{z}^*) = \left.\frac{\partial f(\mathbf{z}, \mathbf{z}^*)}{\partial \mathbf{z}^*}\right|_{\mathbf{z} = \text{常数向量}} = (\mathrm{D}_{\mathbf{z}^*} f(\mathbf{z}, \mathbf{z}^*))^{\mathrm{T}} \tag{2.3.25}$$

对复向量 $\mathbf{z} = [z_1, \cdots, z_m]^{\mathrm{T}}$ 的每一个元素运用复偏导算子, 则可得到复梯度算子和复共轭梯度算子

$$\nabla_{\mathbf{z}} = \frac{\partial}{\partial \mathbf{z}} = \frac{1}{2}\left(\frac{\partial}{\partial \mathbf{x}} - \mathrm{j}\frac{\partial}{\partial \mathbf{y}}\right), \quad \nabla_{\mathbf{z}^*} = \frac{\partial}{\partial \mathbf{z}^*} = \frac{1}{2}\left(\frac{\partial}{\partial \mathbf{x}} + \mathrm{j}\frac{\partial}{\partial \mathbf{y}}\right) \tag{2.3.26}$$

由复梯度算子和复共轭梯度算子的定义, 不难求得

$$\frac{\partial \mathbf{z}^{\mathrm{T}}}{\partial \mathbf{z}} = \frac{\partial \mathbf{x}^{\mathrm{T}}}{\partial \mathbf{z}} + \mathrm{j}\frac{\partial \mathbf{y}^{\mathrm{T}}}{\partial \mathbf{z}} = \frac{1}{2}\left(\frac{\partial \mathbf{x}^{\mathrm{T}}}{\partial \mathbf{x}} - \mathrm{j}\frac{\partial \mathbf{x}^{\mathrm{T}}}{\partial \mathbf{y}}\right) + \mathrm{j}\frac{1}{2}\left(\frac{\partial \mathbf{y}^{\mathrm{T}}}{\partial \mathbf{x}} - \mathrm{j}\frac{\partial \mathbf{y}^{\mathrm{T}}}{\partial \mathbf{y}}\right) = \mathbf{I}_{m \times m}$$

$$\frac{\partial \mathbf{z}^{\mathrm{T}}}{\partial \mathbf{z}^*} = \frac{\partial \mathbf{x}^{\mathrm{T}}}{\partial \mathbf{z}^*} + \mathrm{j}\frac{\partial \mathbf{y}^{\mathrm{T}}}{\partial \mathbf{z}^*} = \frac{1}{2}\left(\frac{\partial \mathbf{x}^{\mathrm{T}}}{\partial \mathbf{x}} + \mathrm{j}\frac{\partial \mathbf{x}^{\mathrm{T}}}{\partial \mathbf{y}}\right) + \mathrm{j}\frac{1}{2}\left(\frac{\partial \mathbf{y}^{\mathrm{T}}}{\partial \mathbf{x}} + \mathrm{j}\frac{\partial \mathbf{y}^{\mathrm{T}}}{\partial \mathbf{y}}\right) = \mathbf{O}_{m \times m}$$

总结上述结果及其共轭、转置和复共轭转置, 即有以下重要结果

$$\frac{\partial \mathbf{z}^{\mathrm{T}}}{\partial \mathbf{z}} = \mathbf{I}, \quad \frac{\partial \mathbf{z}^{\mathrm{H}}}{\partial \mathbf{z}^*} = \mathbf{I}, \quad \frac{\partial \mathbf{z}}{\partial \mathbf{z}^{\mathrm{T}}} = \mathbf{I}, \quad \frac{\partial \mathbf{z}^*}{\partial \mathbf{z}^{\mathrm{H}}} = \mathbf{I} \tag{2.3.27}$$

$$\frac{\partial \mathbf{z}^{\mathrm{T}}}{\partial \mathbf{z}^*} = \mathbf{O}, \quad \frac{\partial \mathbf{z}^{\mathrm{H}}}{\partial \mathbf{z}} = \mathbf{O}, \quad \frac{\partial \mathbf{z}}{\partial \mathbf{z}^{\mathrm{H}}} = \mathbf{O}, \quad \frac{\partial \mathbf{z}^*}{\partial \mathbf{z}^{\mathrm{T}}} = \mathbf{O} \tag{2.3.28}$$

上述结果揭示了复矩阵微分的一个重要事实: 在复向量变元的实部和虚部独立的基本假设下, 复向量变元 $\mathbf{z}$ 和它的复共轭向量变元 $\mathbf{z}^*$ 可以视为两个独立的变量。这个重要的事实并不奇怪, 因为 $\mathbf{z}$ 与 $\mathbf{z}^*$ 之间的夹角为 $\pi/2$, 即这两个

向量彼此正交。因此，我们可以总结出使用协梯度算子和梯度算子的下列法则。

- 无论使用复协梯度算子 $\frac{\partial}{\partial \mathbf{z}^{\mathrm{T}}}$ 还是梯度算子 $\frac{\partial}{\partial \mathbf{z}}$，复共轭向量变元 $\mathbf{z}^*$ 均可以当作常数向量处理。
- 无论使用复共轭协梯度算子 $\frac{\partial}{\partial \mathbf{z}^{\mathrm{H}}}$ 还是复共轭梯度算子 $\frac{\partial}{\partial \mathbf{z}^*}$，复向量变元 $\mathbf{z}$ 都可以视为常数向量。

现在，让我们考虑实标量函数 $f(\mathbf{Z},\mathbf{Z}^*)$，其变元 $\mathbf{Z},\mathbf{Z}^*\in\mathbb{C}^{m\times n}$。分别对 $\mathbf{Z}$ 和 $\mathbf{Z}^*$ 进行向量化，则由式 (2.3.16) 得实标量函数 $f(\mathbf{Z},\mathbf{Z}^*)$ 的一阶复微分法则 [79]

$$\begin{aligned}\mathrm{d}f(\mathbf{Z},\mathbf{Z}^*) &= \frac{\partial f(\mathbf{Z},\mathbf{Z}^*)}{\partial(\mathrm{vec}\mathbf{Z})^{\mathrm{T}}}\mathrm{dvec}\mathbf{Z}+\frac{\partial f(\mathbf{Z},\mathbf{Z}^*)}{\partial(\mathrm{vec}\mathbf{Z}^*)^{\mathrm{T}}}\mathrm{dvec}\mathbf{Z}^*\\ &= \frac{\partial f(\mathbf{Z},\mathbf{Z}^*)}{\partial(\mathrm{vec}\mathbf{Z})^{\mathrm{T}}}\mathrm{dvec}\mathbf{Z}+\frac{\partial f(\mathbf{Z},\mathbf{Z}^*)}{\partial(\mathrm{vec}\mathbf{Z}^*)^{\mathrm{T}}}\mathrm{dvec}\mathbf{Z}^*\end{aligned} \tag{2.3.29}$$

式中

$$\frac{\partial f(\mathbf{Z},\mathbf{Z}^*)}{\partial(\mathrm{vec}\mathbf{Z})^{\mathrm{T}}}=\left[\frac{\partial f(\mathbf{Z},\mathbf{Z}^*)}{\partial Z_{11}},\cdots,\frac{\partial f(\mathbf{Z},\mathbf{Z}^*)}{\partial Z_{m1}},\cdots,\frac{\partial f(\mathbf{Z},\mathbf{Z}^*)}{\partial Z_{1n}},\cdots,\frac{\partial f(\mathbf{Z},\mathbf{Z}^*)}{\partial Z_{mn}}\right]$$

$$\frac{\partial f(\mathbf{Z},\mathbf{Z}^*)}{\partial(\mathrm{vec}\mathbf{Z}^*)^{\mathrm{T}}}=\left[\frac{\partial f(\mathbf{Z},\mathbf{Z}^*)}{\partial Z_{11}^*},\cdots,\frac{\partial f(\mathbf{Z},\mathbf{Z}^*)}{\partial Z_{m1}^*},\cdots,\frac{\partial f(\mathbf{Z},\mathbf{Z}^*)}{\partial Z_{1n}^*},\cdots,\frac{\partial f(\mathbf{Z},\mathbf{Z}^*)}{\partial Z_{mn}^*}\right]$$

定义复协梯度向量和复共轭协梯度向量为

$$\nabla_{\mathrm{vec}\mathbf{Z}}f(\mathbf{Z},\mathbf{Z}^*)=\frac{\partial f(\mathbf{Z},\mathbf{Z}^*)}{\partial(\mathrm{vec}\mathbf{Z})^{\mathrm{T}}},\quad \mathrm{D}_{\mathrm{vec}\mathbf{Z}^*}f(\mathbf{Z},\mathbf{Z}^*)=\frac{\partial f(\mathbf{Z},\mathbf{Z}^*)}{\partial(\mathrm{vec}\mathbf{Z}^*)^{\mathrm{T}}} \tag{2.3.30}$$

函数 $f(\mathbf{Z},\mathbf{Z}^*)$ 的复梯度向量和复共轭梯度向量分别定义为

$$\nabla_{\mathrm{vec}\mathbf{Z}}f(\mathbf{Z},\mathbf{Z}^*)=\frac{\partial f(\mathbf{Z},\mathbf{Z}^*)}{\partial\mathrm{vec}\mathbf{Z}},\quad \nabla_{\mathrm{vec}\mathbf{Z}^*}f(\mathbf{Z},\mathbf{Z}^*)=\frac{\partial f(\mathbf{Z},\mathbf{Z}^*)}{\partial\mathrm{vec}\mathbf{Z}^*} \tag{2.3.31}$$

共轭梯度向量 $\nabla_{\mathrm{vec}\mathbf{Z}^*}f(\mathbf{Z},\mathbf{Z}^*)$ 具有下列性质[1]:

① 函数 $f(\mathbf{Z},\mathbf{Z}^*)$ 在极值点的共轭梯度向量为零向量，即 $\nabla_{\mathrm{vec}\mathbf{Z}^*}f(\mathbf{Z},\mathbf{Z}^*)=\mathbf{0}$。

② 共轭梯度向量 $\nabla_{\mathrm{vec}\mathbf{Z}^*}f(\mathbf{Z},\mathbf{Z}^*)$ 和负共轭梯度向量 $-\nabla_{\mathrm{vec}\mathbf{Z}^*}f(\mathbf{Z},\mathbf{Z}^*)$ 分别指向函数 $f(\mathbf{Z},\mathbf{Z}^*)$ 的最速上升和最速下降方向。

③ 最速上升的步长为 $\|\nabla_{\mathrm{vec}\mathbf{Z}^*}f(\mathbf{Z},\mathbf{Z}^*)\|_2$。

④ 共轭梯度向量 $\nabla_{\mathrm{vec}\mathbf{Z}^*}f(\mathbf{Z},\mathbf{Z}^*)$ 和负共轭梯度向量 $-\nabla_{\mathrm{vec}\mathbf{Z}^*}f(\mathbf{Z},\mathbf{Z}^*)$ 可以分别用于共轭上升算法和共轭下降算法。

另外，实标量函数 $f(\mathbf{Z},\mathbf{Z}^*)$ 的复 Jacobi 矩阵和复共轭 Jacobi 矩阵分别为 [80]

$$\mathbf{J}_{\mathbf{Z}}f(\mathbf{Z},\mathbf{Z}^*)\stackrel{\mathrm{def}}{=}\left.\frac{\partial f(\mathbf{Z},\mathbf{Z}^*)}{\partial\mathbf{Z}^{\mathrm{T}}}\right|_{\mathbf{Z}^*=\text{常数矩阵}}=\begin{bmatrix}\frac{\partial f(\mathbf{Z},\mathbf{Z}^*)}{\partial Z_{11}} & \cdots & \frac{\partial f(\mathbf{Z},\mathbf{Z}^*)}{\partial Z_{m1}}\\ \vdots & & \vdots\\ \frac{\partial f(\mathbf{Z},\mathbf{Z}^*)}{\partial Z_{1n}} & \cdots & \frac{\partial f(\mathbf{Z},\mathbf{Z}^*)}{\partial Z_{mn}}\end{bmatrix} \tag{2.3.32}$$

$$
\mathbf{J}_{\mathbf{Z}^*}f(\mathbf{Z},\mathbf{Z}^*) \stackrel{\text{def}}{=} \left.\frac{\partial f(\mathbf{Z},\mathbf{Z}^*)}{\partial \mathbf{Z}^{\mathrm{H}}}\right|_{\mathbf{Z}=\text{常数矩阵}} = \begin{bmatrix} \frac{\partial f(\mathbf{Z},\mathbf{Z}^*)}{\partial Z_{11}^*} & \cdots & \frac{\partial f(\mathbf{Z},\mathbf{Z}^*)}{\partial Z_{m1}^*} \\ \vdots & & \vdots \\ \frac{\partial f(\mathbf{Z},\mathbf{Z}^*)}{\partial Z_{1n}^*} & \cdots & \frac{\partial f(\mathbf{Z},\mathbf{Z}^*)}{\partial Z_{mn}^*} \end{bmatrix} \tag{2.3.33}
$$

类似地, 实标量函数 $f(\mathbf{Z},\mathbf{Z}^*)$ 的复梯度矩阵与复共轭梯度矩阵分别为

$$
\nabla_{\mathbf{Z}}f(\mathbf{Z},\mathbf{Z}^*) \stackrel{\text{def}}{=} \left.\frac{\partial f(\mathbf{Z},\mathbf{Z}^*)}{\partial \mathbf{Z}}\right|_{\mathbf{Z}^*=\text{常数矩阵}} = \begin{bmatrix} \frac{\partial f(\mathbf{Z},\mathbf{Z}^*)}{\partial Z_{11}} & \cdots & \frac{\partial f(\mathbf{Z},\mathbf{Z}^*)}{\partial Z_{1n}} \\ \vdots & & \vdots \\ \frac{\partial f(\mathbf{Z},\mathbf{Z}^*)}{\partial Z_{m1}} & \cdots & \frac{\partial f(\mathbf{Z},\mathbf{Z}^*)}{\partial Z_{mn}} \end{bmatrix} \tag{2.3.34}
$$

$$
\nabla_{\mathbf{Z}^*}f(\mathbf{Z},\mathbf{Z}^*) \stackrel{\text{def}}{=} \left.\frac{\partial f(\mathbf{Z},\mathbf{Z}^*)}{\partial \mathbf{Z}^*}\right|_{\mathbf{Z}=\text{常数矩阵}} = \begin{bmatrix} \frac{\partial f(\mathbf{Z},\mathbf{Z}^*)}{\partial Z_{11}^*} & \cdots & \frac{\partial f(\mathbf{Z},\mathbf{Z}^*)}{\partial Z_{1n}^*} \\ \vdots & & \vdots \\ \frac{\partial f(\mathbf{Z},\mathbf{Z}^*)}{\partial Z_{m1}^*} & \cdots & \frac{\partial f(\mathbf{Z},\mathbf{Z}^*)}{\partial Z_{mn}^*} \end{bmatrix} \tag{2.3.35}
$$

综合以上定义, 实标量函数 $f(\mathbf{Z},\mathbf{Z}^*)$ 的几种复偏导之间存在下列关系:

- 共轭梯度 (或协梯度) 向量等于梯度 (或协梯度) 向量的复共轭; 并且共轭 Jacobi (或梯度) 矩阵等于 Jacobi (或梯度) 矩阵的复共轭。
- 梯度 (或共轭梯度) 向量等于协梯度 (或共轭协梯度) 向量的转置, 即

$$
\nabla_{\mathrm{vec}\mathbf{Z}}f(\mathbf{Z},\mathbf{Z}^*) = \nabla_{\mathrm{vec}\mathbf{Z}}^{\mathrm{T}}f(\mathbf{Z},\mathbf{Z}^*), \quad \nabla_{\mathrm{vec}\mathbf{Z}^*}f(\mathbf{Z},\mathbf{Z}^*) = \nabla_{\mathrm{vec}\mathbf{Z}^*}^{\mathrm{T}}f(\mathbf{Z},\mathbf{Z}^*) \tag{2.3.36}
$$

[81]

- 协梯度 (或共轭协梯度) 向量等于 Jacobi (或共轭 Jacobi) 矩阵的向量化

$$
\nabla_{\mathrm{vec}\mathbf{Z}}f(\mathbf{Z},\mathbf{Z}^*) = \mathrm{vec}^{\mathrm{T}}\left(\mathrm{D}_{\mathbf{Z}}f(\mathbf{Z},\mathbf{Z}^*)\right), \nabla_{\mathrm{vec}\mathbf{Z}^*}f(\mathbf{Z},\mathbf{Z}^*) = \mathrm{vec}^{\mathrm{T}}\left(\mathrm{D}_{\mathbf{Z}^*}f(\mathbf{Z},\mathbf{Z}^*)\right) \tag{2.3.37}
$$

- 梯度 (或共轭梯度) 矩阵等于 Jacobi (或共轭 Jacobi) 矩阵的转置

$$
\nabla_{\mathbf{Z}}f(\mathbf{Z},\mathbf{Z}^*) = \nabla_{\mathbf{Z}}^{\mathrm{T}}f(\mathbf{Z},\mathbf{Z}^*), \quad \nabla_{\mathbf{Z}^*}f(\mathbf{Z},\mathbf{Z}^*) = \nabla_{\mathbf{Z}^*}^{\mathrm{T}}f(\mathbf{Z},\mathbf{Z}^*) \tag{2.3.38}
$$

下面是复梯度的运算法则。

① 若 $f(\mathbf{Z},\mathbf{Z}^*) = c$ (常数), 则其梯度矩阵和共轭梯度矩阵等于零矩阵, 即 $\frac{\partial c}{\partial \mathbf{Z}} = \mathbf{O}$ 和 $\frac{\partial c}{\partial \mathbf{Z}^*} = \mathbf{O}$。

② 线性法则: 若 $f(\mathbf{Z},\mathbf{Z}^*)$ 和 $g(\mathbf{Z},\mathbf{Z}^*)$ 为标量函数, 并且 c_1 和 c_2 为复常数,

则

$$\frac{\partial[c_1 f(\mathbf{Z},\mathbf{Z}^*)+c_2 g(\mathbf{Z},\mathbf{Z}^*)]}{\partial \mathbf{Z}^*}=c_1\frac{\partial f(\mathbf{Z},\mathbf{Z}^*)}{\partial \mathbf{Z}^*}+c_2\frac{\partial g(\mathbf{Z},\mathbf{Z}^*)}{\partial \mathbf{Z}^*}$$

③ 乘法法则

$$\frac{\partial f(\mathbf{Z},\mathbf{Z}^*)g(\mathbf{Z},\mathbf{Z}^*)}{\partial \mathbf{Z}^*}=g(\mathbf{Z},\mathbf{Z}^*)\frac{\partial f(\mathbf{Z},\mathbf{Z}^*)}{\partial \mathbf{Z}^*}+f(\mathbf{Z},\mathbf{Z}^*)\frac{\partial g(\mathbf{Z},\mathbf{Z}^*)}{\partial \mathbf{Z}^*}$$

④ 商法则: 若 $g(\mathbf{Z},\mathbf{Z}^*)\neq 0$, 则

$$\frac{\partial f/g}{\partial \mathbf{Z}^*}=\frac{1}{g^2(\mathbf{Z},\mathbf{Z}^*)}\left[g(\mathbf{Z},\mathbf{Z}^*)\frac{\partial f(\mathbf{Z},\mathbf{Z}^*)}{\partial \mathbf{Z}^*}-f(\mathbf{Z},\mathbf{Z}^*)\frac{\partial g(\mathbf{Z},\mathbf{Z}^*)}{\partial \mathbf{Z}^*}\right]$$

若 $h(\mathbf{Z},\mathbf{Z}^*)=g(\mathbf{F}(\mathbf{Z},\mathbf{Z}^*),\mathbf{F}^*(\mathbf{Z},\mathbf{Z}^*))$, 则商法则变为

$$\begin{aligned}\frac{\partial h(\mathbf{Z},\mathbf{Z}^*)}{\partial \mathrm{vec}\mathbf{Z}}=&\frac{\partial g(\mathbf{F}(\mathbf{Z},\mathbf{Z}^*),\mathbf{F}^*(\mathbf{Z},\mathbf{Z}^*))}{\partial\left(\mathrm{vec}\mathbf{F}(\mathbf{Z},\mathbf{Z}^*)\right)^{\mathrm{T}}}\cdot\frac{\partial\left(\mathrm{vec}\mathbf{F}(\mathbf{Z},\mathbf{Z}^*)\right)^{\mathrm{T}}}{\partial \mathrm{vec}\mathbf{Z}}\\&+\frac{\partial g(\mathbf{F}(\mathbf{Z},\mathbf{Z}^*),\mathbf{F}^*(\mathbf{Z},\mathbf{Z}^*))}{\partial\left(\mathrm{vec}\mathbf{F}^*(\mathbf{Z},\mathbf{Z}^*)\right)^{\mathrm{T}}}\cdot\frac{\partial\left(\mathrm{vec}\mathbf{F}^*(\mathbf{Z},\mathbf{Z}^*)\right)^{\mathrm{T}}}{\partial \mathrm{vec}\mathbf{Z}}\end{aligned}\tag{2.3.39}$$

$$\begin{aligned}\frac{\partial h(\mathbf{Z},\mathbf{Z}^*)}{\partial \mathrm{vec}\mathbf{Z}^*}=&\frac{\partial g(\mathbf{F}(\mathbf{Z},\mathbf{Z}^*),\mathbf{F}^*(\mathbf{Z},\mathbf{Z}^*))}{\partial\left(\mathrm{vec}\mathbf{F}(\mathbf{Z},\mathbf{Z}^*)\right)^{\mathrm{T}}}\cdot\frac{\partial\left(\mathrm{vec}\mathbf{F}(\mathbf{Z},\mathbf{Z}^*)\right)^{\mathrm{T}}}{\partial \mathrm{vec}\mathbf{Z}^*}\\&+\frac{\partial g(\mathbf{F}(\mathbf{Z},\mathbf{Z}^*),\mathbf{F}^*(\mathbf{Z},\mathbf{Z}^*))}{\partial\left(\mathrm{vec}\mathbf{F}^*(\mathbf{Z},\mathbf{Z}^*)\right)^{\mathrm{T}}}\cdot\frac{\partial\left(\mathrm{vec}\mathbf{F}^*(\mathbf{Z},\mathbf{Z}^*)\right)^{\mathrm{T}}}{\partial \mathrm{vec}\mathbf{Z}^*}\end{aligned}\tag{2.3.40}$$

2.3.3 复梯度矩阵判定

[82]

若令 $\mathbf{A}=\mathrm{D}_{\mathbf{Z}}f(\mathbf{Z},\mathbf{Z}^*)$, $\mathbf{B}=\mathrm{D}_{\mathbf{Z}^*}f(\mathbf{Z},\mathbf{Z}^*)$, 则

$$\frac{\partial f(\mathbf{Z},\mathbf{Z}^*)}{\partial \mathrm{vec}^{\mathrm{T}}(\mathbf{Z})}=\mathrm{rvec}(\mathrm{D}_{\mathbf{Z}}f(\mathbf{Z},\mathbf{Z}^*))=\mathrm{rvec}(\mathbf{A})=\mathrm{vec}^{\mathrm{T}}(\mathbf{A}^{\mathrm{T}})\tag{2.3.41}$$

$$\frac{\partial f(\mathbf{Z},\mathbf{Z}^*)}{\partial \mathrm{vec}^{\mathrm{H}}(\mathbf{Z})}=\mathrm{rvec}(\mathrm{D}_{\mathbf{Z}^*}f(\mathbf{Z},\mathbf{Z}^*))=\mathrm{rvec}(\mathbf{B})=\mathrm{vec}^{\mathrm{T}}(\mathbf{B}^{\mathrm{T}})\tag{2.3.42}$$

因此, 一阶复矩阵微分公式 (2.3.29) 可以改写为

$$\mathrm{d}f(\mathbf{Z},\mathbf{Z}^*)=(\mathrm{vec}(\mathbf{A}^{\mathrm{T}}))^{\mathrm{T}}\mathrm{dvec}\mathbf{Z}+(\mathrm{vec}(\mathbf{B}^{\mathrm{T}}))^{\mathrm{T}}\mathrm{dvec}\mathbf{Z}^*\tag{2.3.43}$$

利用 $\mathrm{tr}(\mathbf{C}^{\mathrm{T}}\mathbf{D})=(\mathrm{vec}\mathbf{C})^{\mathrm{T}}\mathrm{vec}\mathbf{D}$, 则式 (2.3.43) 可以写作

$$\mathrm{d}f(\mathbf{Z},\mathbf{Z}^*)=\mathrm{tr}(\mathbf{A}\mathrm{d}\mathbf{Z}+\mathbf{B}\mathrm{d}\mathbf{Z}^*)\tag{2.3.44}$$

命题 2.2 给定标量函数 $f(\mathbf{Z},\mathbf{Z}^*):\mathbb{C}^{m\times n}\times\mathbb{C}^{m\times n}\to\mathbb{C}$, 则其复 Jacobi 矩阵和梯度矩阵可以分别由下面两式判定

$$\mathrm{d}f(\mathbf{Z},\mathbf{Z}^*)=\mathrm{tr}(\mathbf{A}\mathrm{d}\mathbf{Z}+\mathbf{B}\mathrm{d}\mathbf{Z}^*)\Leftrightarrow\begin{cases}\mathbf{J}_{\mathbf{Z}}=\mathbf{A}\\\mathbf{J}_{\mathbf{Z}^*}=\mathbf{B}\end{cases}\tag{2.3.45}$$

$$\mathrm{d}f(\mathbf{Z},\mathbf{Z}^*)=\mathrm{tr}(\mathbf{A}\mathrm{d}\mathbf{Z}+\mathbf{B}\mathrm{d}\mathbf{Z}^*)\Leftrightarrow\begin{cases}\nabla_{\mathbf{Z}}f(\mathbf{Z},\mathbf{Z}^*)=\mathbf{A}^{\mathrm{T}}\\ \nabla_{\mathbf{Z}^*}f(\mathbf{Z},\mathbf{Z}^*)=\mathbf{B}^{\mathrm{T}}\end{cases}\tag{2.3.46}$$

即是说, 复梯度矩阵和复共轭梯度矩阵分别由矩阵 $\mathbf{A}$ 和 $\mathbf{B}$ 的转置给出。

表 2.8 列出了几种迹函数的复梯度矩阵。

表 2.8 迹函数的复梯度矩阵

$f(\mathbf{Z},\mathbf{Z}^*)$	$\mathrm{d}f$	$\dfrac{\partial f}{\partial \mathbf{Z}}$	$\dfrac{\partial f}{\partial \mathbf{Z}^*}$
$\mathrm{tr}(\mathbf{AZ})$	$\mathrm{tr}(\mathbf{A}\mathrm{d}\mathbf{Z})$	$\mathbf{A}^{\mathrm{T}}$	$\mathbf{O}$
$\mathrm{tr}(\mathbf{AZ}^{\mathrm{H}})$	$\mathrm{tr}(\mathbf{A}^{\mathrm{T}}\mathrm{d}\mathbf{Z}^*)$	$\mathbf{O}$	$\mathbf{A}$
$\mathrm{tr}(\mathbf{ZAZ}^{\mathrm{T}}\mathbf{B})$	$\mathrm{tr}((\mathbf{AZ}^{\mathrm{T}}\mathbf{B}+\mathbf{A}^{\mathrm{T}}\mathbf{Z}^{\mathrm{T}}\mathbf{B}^{\mathrm{T}})\mathrm{d}\mathbf{Z})$	$\mathbf{B}^{\mathrm{T}}\mathbf{ZA}^{\mathrm{T}}+\mathbf{BZA}$	$\mathbf{O}$
$\mathrm{tr}(\mathbf{ZAZB})$	$\mathrm{tr}((\mathbf{AZB}+\mathbf{BZA})\mathrm{d}\mathbf{Z})$	$(\mathbf{AZB}+\mathbf{BZA})^{\mathrm{T}}$	$\mathbf{O}$
$\mathrm{tr}(\mathbf{ZAZ}^*\mathbf{B})$	$\mathrm{tr}(\mathbf{AZ}^*\mathbf{B}\mathrm{d}\mathbf{Z}+\mathbf{BZA}\mathrm{d}\mathbf{Z}^*)$	$\mathbf{B}^{\mathrm{T}}\mathbf{Z}^{\mathrm{H}}\mathbf{A}^{\mathrm{T}}$	$\mathbf{A}^{\mathrm{T}}\mathbf{Z}^{\mathrm{T}}\mathbf{B}^{\mathrm{T}}$
$\mathrm{tr}(\mathbf{ZAZ}^{\mathrm{H}}\mathbf{B})$	$\mathrm{tr}(\mathbf{AZ}^{\mathrm{H}}\mathbf{B}\mathrm{d}\mathbf{Z}+\mathbf{A}^{\mathrm{T}}\mathbf{Z}^{\mathrm{T}}\mathbf{B}^{\mathrm{T}}\mathrm{d}\mathbf{Z}^*)$	$\mathbf{B}^{\mathrm{T}}\mathbf{Z}^*\mathbf{A}^{\mathrm{T}}$	$\mathbf{BZA}$
$\mathrm{tr}(\mathbf{AZ}^{-1})$	$-\mathrm{tr}(\mathbf{Z}^{-1}\mathbf{AZ}^{-1}\mathrm{d}\mathbf{Z})$	$-\mathbf{Z}^{-\mathrm{T}}\mathbf{A}^{\mathrm{T}}\mathbf{Z}^{-\mathrm{T}}$	$\mathbf{O}$
$\mathrm{tr}(\mathbf{Z}^k)$	$k\mathrm{tr}(\mathbf{Z}^{k-1}\mathrm{d}\mathbf{Z})$	$k(\mathbf{Z}^{\mathrm{T}})^{k-1}$	$\mathbf{O}$

表 2.9 示出了几种行列式函数的复梯度矩阵。

[83]

表 2.9 行列式函数的复梯度矩阵

$f(\mathbf{Z},\mathbf{Z}^*)$	$\mathrm{d}f$	$\dfrac{\partial f}{\partial \mathbf{Z}}$	$\dfrac{\partial f}{\partial \mathbf{Z}^*}$
$\|\mathbf{Z}\|$	$\|\mathbf{Z}\|\mathrm{tr}(\mathbf{Z}^{-1}\mathrm{d}\mathbf{Z})$	$\|\mathbf{Z}\|\mathbf{Z}^{-\mathrm{T}}$	$\mathbf{O}$
$\|\mathbf{ZZ}^{\mathrm{T}}\|$	$2\|\mathbf{ZZ}^{\mathrm{T}}\|\mathrm{tr}(\mathbf{Z}^{\mathrm{T}}(\mathbf{ZZ}^{\mathrm{T}})^{-1}\mathrm{d}\mathbf{Z})$	$2\|\mathbf{ZZ}^{\mathrm{T}}\|(\mathbf{ZZ}^{\mathrm{T}})^{-1}\mathbf{Z}$	$\mathbf{O}$
$\|\mathbf{Z}^{\mathrm{T}}\mathbf{Z}\|$	$2\|\mathbf{Z}^{\mathrm{T}}\mathbf{Z}\|\mathrm{tr}((\mathbf{Z}^{\mathrm{T}}\mathbf{Z})^{-1}\mathbf{Z}^{\mathrm{T}}\mathrm{d}\mathbf{Z})$	$2\|\mathbf{Z}^{\mathrm{T}}\mathbf{Z}\|\mathbf{Z}(\mathbf{Z}^{\mathrm{T}}\mathbf{Z})^{-1}$	$\mathbf{O}$
$\|\mathbf{ZZ}^*\|$	$\mathbf{ZZ}^*\|\mathrm{tr}(\mathbf{Z}^*(\mathbf{ZZ}^*)^{-1}\mathrm{d}\mathbf{Z}$ $+(\mathbf{ZZ}^*)^{-1}\mathbf{Z}\mathrm{d}\mathbf{Z}^*)$	$\|\mathbf{ZZ}^*\|(\mathbf{Z}^{\mathrm{H}}\mathbf{Z}^{\mathrm{T}})^{-1}\mathbf{Z}^{\mathrm{H}}$	$\|\mathbf{ZZ}^*\|\mathbf{Z}^{\mathrm{T}}(\mathbf{Z}^{\mathrm{H}}\mathbf{Z}^{\mathrm{T}})^{-1}$
$\|\mathbf{Z}^*\mathbf{Z}\|$	$\|\mathbf{Z}^*\mathbf{Z}\|\mathrm{tr}((\mathbf{Z}^*\mathbf{Z})^{-1}\mathbf{Z}^*\mathrm{d}\mathbf{Z}$ $+\mathbf{Z}(\mathbf{Z}^*\mathbf{Z})^{-1}\mathrm{d}\mathbf{Z}^*)$	$\|\mathbf{Z}^*\mathbf{Z}\|\mathbf{Z}^{\mathrm{H}}(\mathbf{Z}^{\mathrm{T}}\mathbf{Z}^{\mathrm{H}})^{-1}$	$\|\mathbf{Z}^*\mathbf{Z}\|(\mathbf{Z}^{\mathrm{T}}\mathbf{Z}^{\mathrm{H}})^{-1}\mathbf{Z}^{\mathrm{T}}$
$\|\mathbf{ZZ}^{\mathrm{H}}\|$	$\|\mathbf{ZZ}^{\mathrm{H}}\|\mathrm{tr}(\mathbf{Z}^{\mathrm{H}}(\mathbf{ZZ}^{\mathrm{H}})^{-1}\mathrm{d}\mathbf{Z}$ $+\mathbf{Z}^{\mathrm{T}}(\mathbf{Z}^*\mathbf{Z}^{\mathrm{T}})^{-1}\mathrm{d}\mathbf{Z}^*)$	$\|\mathbf{ZZ}^{\mathrm{H}}\|(\mathbf{Z}^*\mathbf{Z}^{\mathrm{T}})^{-1}\mathbf{Z}^*$	$\|\mathbf{ZZ}^{\mathrm{H}}\|(\mathbf{ZZ}^{\mathrm{H}})^{-1}\mathbf{Z}$
$\|\mathbf{Z}^{\mathrm{H}}\mathbf{Z}\|$	$\|\mathbf{Z}^{\mathrm{H}}\mathbf{Z}\|\mathrm{tr}((\mathbf{Z}^{\mathrm{H}}\mathbf{Z})^{-1}\mathbf{Z}^{\mathrm{H}}\mathrm{d}\mathbf{Z}$ $+(\mathbf{Z}^{\mathrm{T}}\mathbf{Z}^*)^{-1}\mathbf{Z}^{\mathrm{T}}\mathrm{d}\mathbf{Z}^*)$	$\|\mathbf{Z}^{\mathrm{H}}\mathbf{Z}\|\mathbf{Z}^*(\mathbf{Z}^{\mathrm{T}}\mathbf{Z}^*)^{-1}$	$\|\mathbf{Z}^{\mathrm{H}}\mathbf{Z}\|\mathbf{Z}(\mathbf{Z}^{\mathrm{H}}\mathbf{Z})^{-1}$
$\|\mathbf{Z}^k\|$	$k\|\mathbf{Z}\|^k\mathrm{tr}(\mathbf{Z}^{-1}\mathrm{d}\mathbf{Z})$	$k\|\mathbf{Z}\|^k\mathbf{Z}^{-\mathrm{T}}$	$\mathbf{O}$

若 $n\times 1$ 复向量函数 $\mathbf{f}(\mathbf{z},\mathbf{z}^*)=[f_1(\mathbf{z},\mathbf{z}^*),\cdots,f_n(\mathbf{z},\mathbf{z}^*)]^{\mathrm{T}}$ 的变元为 $m\times 1$ 复

向量, 则

$$\begin{bmatrix} \mathrm{d}f_1(\mathbf{z},\mathbf{z}^*) \\ \vdots \\ \mathrm{d}f_n(\mathbf{z},\mathbf{z}^*) \end{bmatrix} = \begin{bmatrix} \nabla_{\mathbf{z}} f_1(\mathbf{z},\mathbf{z}^*) \\ \vdots \\ \nabla_{\mathbf{z}} f_n(\mathbf{z},\mathbf{z}^*) \end{bmatrix} \mathrm{d}\mathbf{z} + \begin{bmatrix} \nabla_{\mathbf{z}^*} f_1(\mathbf{z},\mathbf{z}^*) \\ \vdots \\ \nabla_{\mathbf{z}^*} f_n(\mathbf{z},\mathbf{z}^*) \end{bmatrix} \mathrm{d}\mathbf{z}^*$$

或者简写为

$$\mathrm{d}\mathbf{f}(\mathbf{z},\mathbf{z}^*) = \mathbf{J}_{\mathbf{z}}\mathrm{d}\mathbf{z} + \mathbf{J}_{\mathbf{z}^*}\mathrm{d}\mathbf{z}^* \tag{2.3.47}$$

式中, $\mathrm{d}\mathbf{f}(\mathbf{z},\mathbf{z}^*) = [\mathrm{d}f_1(\mathbf{z},\mathbf{z}^*),\cdots,\mathrm{d}f_n(\mathbf{z},\mathbf{z}^*)]^{\mathrm{T}}$, 而

$$\mathbf{J}_{\mathbf{z}} = \frac{\partial \mathbf{f}(\mathbf{z},\mathbf{z}^*)}{\partial \mathbf{z}^{\mathrm{T}}} = \begin{bmatrix} \dfrac{\partial f_1(\mathbf{z},\mathbf{z}^*)}{\partial z_1} & \cdots & \dfrac{\partial f_1(\mathbf{z},\mathbf{z}^*)}{\partial z_m} \\ \vdots & & \vdots \\ \dfrac{\partial f_n(\mathbf{z},\mathbf{z}^*)}{\partial z_1} & \cdots & \dfrac{\partial f_n(\mathbf{z},\mathbf{z}^*)}{\partial z_m} \end{bmatrix} \tag{2.3.48}$$

与

$$\mathbf{J}_{\mathbf{z}^*} = \frac{\partial \mathbf{f}(\mathbf{z},\mathbf{z}^*)}{\partial \mathbf{z}^{\mathrm{H}}} = \begin{bmatrix} \dfrac{\partial f_1(\mathbf{z},\mathbf{z}^*)}{\partial z_1^*} & \cdots & \dfrac{\partial f_1(\mathbf{z},\mathbf{z}^*)}{\partial z_m^*} \\ \vdots & & \vdots \\ \dfrac{\partial f_n(\mathbf{z},\mathbf{z}^*)}{\partial z_1^*} & \cdots & \dfrac{\partial f_n(\mathbf{z},\mathbf{z}^*)}{\partial z_m^*} \end{bmatrix} \tag{2.3.49}$$

分别是向量函数 $\mathbf{f}(\mathbf{z},\mathbf{z}^*)$ 的复 Jacobi 矩阵和复共轭 Jacobi 矩阵。 [84]

对于 $p\times q$ 矩阵函数 $\mathbf{F}(\mathbf{Z},\mathbf{Z}^*)$, 其变元 $\mathbf{Z}$ 为 $m\times n$ 复矩阵, 若 $\mathbf{F}(\mathbf{Z},\mathbf{Z}^*) = [\mathbf{f}_1(\mathbf{Z},\mathbf{Z}^*),\cdots,\mathbf{f}_q(\mathbf{Z},\mathbf{Z}^*)]$, 则 $\mathrm{d}\mathbf{F}(\mathbf{Z},\mathbf{Z}^*) = [\mathrm{d}\mathbf{f}_1(\mathbf{Z},\mathbf{Z}^*),\cdots,\mathrm{d}\mathbf{f}_q(\mathbf{Z},\mathbf{Z}^*)]$, 且式 (2.3.47) 对向量函数 $\mathbf{f}_i(\mathbf{Z},\mathbf{Z}^*)$, $i=1,\cdots,q$。这意味着

$$\begin{bmatrix} \mathrm{d}\mathbf{f}_1(\mathbf{Z},\mathbf{Z}^*) \\ \vdots \\ \mathrm{d}\mathbf{f}_q(\mathbf{Z},\mathbf{Z}^*) \end{bmatrix} = \begin{bmatrix} \nabla_{\mathrm{vec}\mathbf{Z}} \mathbf{f}_1(\mathbf{Z},\mathbf{Z}^*) \\ \vdots \\ \nabla_{\mathrm{vec}\mathbf{Z}} \mathbf{f}_q(\mathbf{Z},\mathbf{Z}^*) \end{bmatrix} \mathrm{dvec}\mathbf{Z} + \begin{bmatrix} \nabla_{\mathrm{vec}\mathbf{Z}^*} \mathbf{f}_1(\mathbf{Z},\mathbf{Z}^*) \\ \vdots \\ \nabla_{\mathrm{vec}\mathbf{Z}^*} \mathbf{f}_q(\mathbf{Z},\mathbf{Z}^*) \end{bmatrix} \mathrm{dvec}\mathbf{Z}^* \tag{2.3.50}$$

式中

$$\nabla_{\mathrm{vec}\mathbf{Z}} \mathbf{f}_i(\mathbf{Z},\mathbf{Z}^*) = \frac{\partial \mathbf{f}_i(\mathbf{Z},\mathbf{Z}^*)}{\partial (\mathrm{vec}\mathbf{Z})^{\mathrm{T}}} \in \mathbb{C}^{p\times mn}$$

$$\nabla_{\mathrm{vec}\mathbf{Z}^*} \mathbf{f}_i(\mathbf{Z},\mathbf{Z}^*) = \frac{\partial \mathbf{f}_i(\mathbf{Z},\mathbf{Z}^*)}{\partial (\mathrm{vec}\mathbf{Z}^*)^{\mathrm{T}}} \in \mathbb{C}^{p\times mn}$$

式 (2.3.50) 可以简写为

$$\mathrm{dvec}\mathbf{F}(\mathbf{Z},\mathbf{Z}^*) = \mathbf{A}\mathrm{dvec}\mathbf{Z} + \mathbf{B}\mathrm{dvec}\mathbf{Z}^* \in \mathbb{C}^{pq} \tag{2.3.51}$$

其中

$$\mathrm{dvec}\mathbf{F}(\mathbf{Z},\mathbf{Z}^*) = [\mathrm{d}f_{11}(\mathbf{Z},\mathbf{Z}^*),\cdots,\mathrm{d}f_{p1}(\mathbf{Z},\mathbf{Z}^*),\cdots,\mathrm{d}f_{1q}(\mathbf{Z},\mathbf{Z}^*),\cdots,\mathrm{d}f_{pq}(\mathbf{Z},\mathbf{Z}^*)]^{\mathrm{T}}$$

$$\mathrm{dvec}\mathbf{Z} = [\mathrm{d}Z_{11},\cdots,\mathrm{d}Z_{m1},\cdots,\mathrm{d}Z_{1n},\cdots,\mathrm{d}Z_{mn}]^{\mathrm{T}}$$

$$\mathrm{dvec}\mathbf{Z}^* = [\mathrm{d}Z_{11}^*,\cdots,\mathrm{d}Z_{m1}^*,\cdots,\mathrm{d}Z_{1n}^*,\cdots,\mathrm{d}Z_{mn}^*]^{\mathrm{T}}$$

$$\mathbf{A} = \begin{bmatrix} \dfrac{\partial f_{11}(\mathbf{Z},\mathbf{Z}^*)}{\partial Z_{11}} & \cdots & \dfrac{\partial f_{11}(\mathbf{Z},\mathbf{Z}^*)}{\partial Z_{m1}} & \cdots & \dfrac{\partial f_{11}(\mathbf{Z},\mathbf{Z}^*)}{\partial Z_{1n}} & \cdots & \dfrac{\partial f_{11}(\mathbf{Z},\mathbf{Z}^*)}{\partial Z_{mn}} \\ \vdots & & \vdots & & \vdots & & \vdots \\ \dfrac{\partial f_{p1}(\mathbf{Z},\mathbf{Z}^*)}{\partial Z_{11}} & \cdots & \dfrac{\partial f_{p1}(\mathbf{Z},\mathbf{Z}^*)}{\partial Z_{m1}} & \cdots & \dfrac{\partial f_{p1}(\mathbf{Z},\mathbf{Z}^*)}{\partial Z_{1n}} & \cdots & \dfrac{\partial f_{p1}(\mathbf{Z},\mathbf{Z}^*)}{\partial Z_{mn}} \\ \vdots & & \vdots & & \vdots & & \vdots \\ \dfrac{\partial f_{1q}(\mathbf{Z},\mathbf{Z}^*)}{\partial Z_{11}} & \cdots & \dfrac{\partial f_{1q}(\mathbf{Z},\mathbf{Z}^*)}{\partial Z_{m1}} & \cdots & \dfrac{\partial f_{1q}(\mathbf{Z},\mathbf{Z}^*)}{\partial Z_{1n}} & \cdots & \dfrac{\partial f_{1q}(\mathbf{Z},\mathbf{Z}^*)}{\partial Z_{mn}} \\ \vdots & & \vdots & & \vdots & & \vdots \\ \dfrac{\partial f_{pq}(\mathbf{Z},\mathbf{Z}^*)}{\partial Z_{11}} & \cdots & \dfrac{\partial f_{pq}(\mathbf{Z},\mathbf{Z}^*)}{\partial Z_{m1}} & \cdots & \dfrac{\partial f_{pq}(\mathbf{Z},\mathbf{Z}^*)}{\partial Z_{1n}} & \cdots & \dfrac{\partial f_{pq}(\mathbf{Z},\mathbf{Z}^*)}{\partial Z_{mn}} \end{bmatrix}$$

$$= \frac{\partial \mathrm{vec}\mathbf{F}(\mathbf{Z},\mathbf{Z}^*)}{\partial(\mathrm{vec}\,\mathbf{Z})^{\mathrm{T}}} = \mathbf{J}_{\mathrm{vec}\mathbf{Z}},$$

[85]

$$\mathbf{B} = \begin{bmatrix} \dfrac{\partial f_{11}(\mathbf{Z},\mathbf{Z}^*)}{\partial Z_{11}^*} & \cdots & \dfrac{\partial f_{11}(\mathbf{Z},\mathbf{Z}^*)}{\partial Z_{m1}^*} & \cdots & \dfrac{\partial f_{11}(\mathbf{Z},\mathbf{Z}^*)}{\partial Z_{1n}^*} & \cdots & \dfrac{\partial f_{11}(\mathbf{Z},\mathbf{Z}^*)}{\partial Z_{mn}^*} \\ \vdots & & \vdots & & \vdots & & \vdots \\ \dfrac{\partial f_{p1}(\mathbf{Z},\mathbf{Z}^*)}{\partial Z_{11}^*} & \cdots & \dfrac{\partial f_{p1}(\mathbf{Z},\mathbf{Z}^*)}{\partial Z_{m1}^*} & \cdots & \dfrac{\partial f_{p1}(\mathbf{Z},\mathbf{Z}^*)}{\partial Z_{1n}^*} & \cdots & \dfrac{\partial f_{p1}(\mathbf{Z},\mathbf{Z}^*)}{\partial Z_{mn}^*} \\ \vdots & & \vdots & & \vdots & & \vdots \\ \dfrac{\partial f_{1q}(\mathbf{Z},\mathbf{Z}^*)}{\partial Z_{11}^*} & \cdots & \dfrac{\partial f_{1q}(\mathbf{Z},\mathbf{Z}^*)}{\partial Z_{m1}^*} & \cdots & \dfrac{\partial f_{1q}(\mathbf{Z},\mathbf{Z}^*)}{\partial Z_{1n}^*} & \cdots & \dfrac{\partial f_{1q}(\mathbf{Z},\mathbf{Z}^*)}{\partial Z_{mn}^*} \\ \vdots & & \vdots & & \vdots & & \vdots \\ \dfrac{\partial f_{pq}(\mathbf{Z},\mathbf{Z}^*)}{\partial Z_{11}^*} & \cdots & \dfrac{\partial f_{pq}(\mathbf{Z},\mathbf{Z}^*)}{\partial Z_{m1}^*} & \cdots & \dfrac{\partial f_{pq}(\mathbf{Z},\mathbf{Z}^*)}{\partial Z_{1n}^*} & \cdots & \dfrac{\partial f_{pq}(\mathbf{Z},\mathbf{Z}^*)}{\partial Z_{mn}^*} \end{bmatrix}$$

$$= \frac{\partial \mathrm{vec}\mathbf{F}(\mathbf{Z},\mathbf{Z}^*)}{\partial(\mathrm{vec}\,\mathbf{Z}^*)^{\mathrm{T}}} = \mathbf{J}_{\mathrm{vec}\mathbf{Z}^*}$$

矩阵函数 $\mathbf{F}(\mathbf{Z},\mathbf{Z}^*)$ 的复梯度矩阵与复共轭梯度矩阵分别定义为

$$\nabla_{\mathrm{vec}\mathbf{Z}}\mathbf{F}(\mathbf{Z},\mathbf{Z}^*) = \frac{\partial(\mathrm{vec}\mathbf{F}(\mathbf{Z},\mathbf{Z}^*))^{\mathrm{T}}}{\partial \mathrm{vec}\mathbf{Z}} = (\mathbf{J}_{\mathrm{vec}\mathbf{Z}})^{\mathrm{T}} \tag{2.3.52}$$

$$\nabla_{\mathrm{vec}\mathbf{Z}^*}\mathbf{F}(\mathbf{Z},\mathbf{Z}^*) = \frac{\partial(\mathrm{vec}\mathbf{F}(\mathbf{Z},\mathbf{Z}^*))^{\mathrm{T}}}{\partial \mathrm{vec}\mathbf{Z}^*} = (\mathbf{J}_{\mathrm{vec}\mathbf{Z}^*})^{\mathrm{T}} \tag{2.3.53}$$

命题 2.3 对复矩阵函数 $\mathbf{F}(\mathbf{Z},\mathbf{Z}^*) \in \mathbb{C}^{p\times q}$, 其中 $\mathbf{Z},\mathbf{Z}^* \in \mathbb{C}^{m\times n}$, 其复

Jacobi 矩阵和复共轭 Jacobi 矩阵为

$$\mathrm{dvec}\mathbf{F}(\mathbf{Z},\mathbf{Z}^*)=\mathbf{A}\mathrm{dvec}\mathbf{Z}+\mathbf{B}\mathrm{dvec}\mathbf{Z}^*\Leftrightarrow\begin{cases}\mathbf{J}_{\mathrm{vec}\mathbf{Z}}=\mathbf{A}\\ \mathbf{J}_{\mathrm{vec}\mathbf{Z}^*}=\mathbf{B}\end{cases}\tag{2.3.54}$$

$$\mathrm{dvec}\mathbf{F}(\mathbf{Z},\mathbf{Z}^*)=\mathbf{A}\mathrm{dvec}\mathbf{Z}+\mathbf{B}\mathrm{dvec}\mathbf{Z}^*\Leftrightarrow\begin{cases}\nabla_{\mathrm{vec}\mathbf{Z}}\mathbf{F}(\mathbf{Z},\mathbf{Z}^*)=\mathbf{A}^{\mathrm{T}}\\ \nabla_{\mathrm{vec}\mathbf{Z}^*}\mathbf{F}(\mathbf{Z},\mathbf{Z}^*)=\mathbf{B}^{\mathrm{T}}\end{cases}\tag{2.3.55}$$

若 $\mathrm{d}\mathbf{F}(\mathbf{Z},\mathbf{Z}^*)=\mathbf{A}(\mathrm{d}\mathbf{Z})\mathbf{B}+\mathbf{C}(\mathrm{d}\mathbf{Z}^*)\mathbf{D}$, 则向量化结果为

$$\mathrm{d\,vec}\mathbf{F}(\mathbf{Z},\mathbf{Z}^*)=(\mathbf{B}^{\mathrm{T}}\otimes\mathbf{A})\mathrm{dvec}\mathbf{Z}+(\mathbf{D}^{\mathrm{T}}\otimes\mathbf{C})\mathrm{dvec}\mathbf{Z}^*$$

由命题 2.3 得下列判定结果

$$\mathrm{d}\mathbf{F}(\mathbf{Z},\mathbf{Z}^*)=\mathbf{A}(\mathrm{d}\mathbf{Z})\mathbf{B}+\mathbf{C}(\mathrm{d}\mathbf{Z}^*)\mathbf{D}\Leftrightarrow\begin{cases}\mathbf{J}_{\mathrm{vec}\mathbf{Z}}=\mathbf{B}^{\mathrm{T}}\otimes\mathbf{A}\\ \mathbf{J}_{\mathrm{vec}\mathbf{Z}^*}=\mathbf{D}^{\mathrm{T}}\otimes\mathbf{C}\end{cases}\tag{2.3.56}$$

类似地, 若 $\mathrm{d}\mathbf{F}(\mathbf{Z},\mathbf{Z}^*)=\mathbf{A}(\mathrm{d}\mathbf{Z})^{\mathrm{T}}\mathbf{B}+\mathbf{C}(\mathrm{d}\mathbf{Z}^*)^{\mathrm{T}}\mathbf{D}$, 则有向量化结果 [86]

$$\begin{aligned}\mathrm{d\,vec}\mathbf{F}(\mathbf{Z},\mathbf{Z}^*)&=(\mathbf{B}^{\mathrm{T}}\otimes\mathbf{A})\mathrm{dvec}\mathbf{Z}^{\mathrm{T}}+(\mathbf{D}^{\mathrm{T}}\otimes\mathbf{C})\mathrm{dvec}\mathbf{Z}^{\mathrm{H}}\\&=(\mathbf{B}^{\mathrm{T}}\otimes\mathbf{A})\mathbf{K}_{mn}\mathrm{dvec}\mathbf{Z}+(\mathbf{D}^{\mathrm{T}}\otimes\mathbf{C})\mathbf{K}_{mn}\mathrm{dvec}\mathbf{Z}^*\end{aligned}$$

其中, 使用了向量化性质 $\mathrm{vec}\mathbf{X}_{m\times n}^{\mathrm{T}}=\mathbf{K}_{mn}\mathrm{vec}\mathbf{X}$。由命题 2.3 可以直接得出判定结果

$$\mathrm{d}\mathbf{F}(\mathbf{Z},\mathbf{Z}^*)=\mathbf{A}(\mathrm{d}\mathbf{Z})^{\mathrm{T}}\mathbf{B}+\mathbf{C}(\mathrm{d}\mathbf{Z}^*)^{\mathrm{T}}\mathbf{D}\Leftrightarrow\begin{cases}\mathbf{J}_{\mathrm{vec}\mathbf{Z}}=(\mathbf{B}^{\mathrm{T}}\otimes\mathbf{A})\mathbf{K}_{mn}\\ \mathbf{J}_{\mathrm{vec}\mathbf{Z}^*}=(\mathbf{D}^{\mathrm{T}}\otimes\mathbf{C})\mathbf{K}_{mn}\end{cases}\tag{2.3.57}$$

上式表明, 判定矩阵函数 $\mathbf{F}(\mathbf{Z},\mathbf{Z}^*)$ 的梯度矩阵和共轭梯度矩阵的关键是将其矩阵微分写成范式 $\mathrm{d}(\mathbf{F}(\mathbf{Z},\mathbf{Z}^*))=\mathbf{A}(\mathrm{d}\mathbf{Z})^{\mathrm{T}}\mathbf{B}+\mathbf{C}(\mathrm{d}\mathbf{Z}^*)^{\mathrm{T}}\mathbf{D}$。

表 2.10 列出了一阶复矩阵微分与复 Jacobi 矩阵之间的对应关系, 其中 $\mathbf{z}\in\mathbb{C}^m,\mathbf{Z}\in\mathbb{C}^{m\times n},\mathbf{F}\in\mathbb{C}^{p\times q}$。

表 2.10 一阶复矩阵微分与复 Jacobi 矩阵对应关系

函数	矩阵微分	Jacobi 矩阵
$f(z,z^*)$	$\mathrm{d}f(z,z^*)=a\mathrm{d}z+b\mathrm{d}z^*$	$\dfrac{\partial f}{\partial z}=a,\ \dfrac{\partial f}{\partial z^*}=b$
$f(\mathbf{z},\mathbf{z}^*)$	$\mathrm{d}f(\mathbf{z},\mathbf{z}^*)=\mathbf{a}^{\mathrm{T}}\mathrm{d}\mathbf{z}+\mathbf{b}^{\mathrm{T}}\mathrm{d}\mathbf{z}^*$	$\dfrac{\partial f}{\partial \mathbf{z}^{\mathrm{T}}}=\mathbf{a}^{\mathrm{T}},\ \dfrac{\partial f}{\partial \mathbf{z}^{\mathrm{H}}}=\mathbf{b}^{\mathrm{T}}$
$f(\mathbf{Z},\mathbf{Z}^*)$	$\mathrm{d}f(\mathbf{Z},\mathbf{Z}^*)=\mathrm{tr}(\mathbf{A}\mathrm{d}\mathbf{Z}+\mathbf{B}\mathrm{d}\mathbf{Z}^*)$	$\dfrac{\partial f}{\partial \mathbf{Z}^{\mathrm{T}}}=\mathbf{A},\ \dfrac{\partial f}{\partial \mathbf{Z}^{\mathrm{H}}}=\mathbf{B}$

续表

函数	矩阵微分	Jacobi 矩阵
	$\mathrm{d}\,\mathrm{vec}\mathbf{F}=\mathbf{A}\mathrm{d}\,\mathrm{vec}\mathbf{Z}+\mathbf{B}\mathrm{d}\,\mathrm{vec}\mathbf{Z}^*$	$\dfrac{\partial \mathrm{vec}\mathbf{F}}{\partial(\mathrm{vec}\mathbf{Z})^{\mathrm{T}}}=\mathbf{A},\ \dfrac{\partial \mathrm{vec}\mathbf{F}}{\partial(\mathrm{vec}\mathbf{Z}^*)^{\mathrm{T}}}=\mathbf{B}$
$\mathbf{F}(\mathbf{Z},\mathbf{Z}^*)$	$\mathrm{d}\mathbf{F}=\mathbf{A}(\mathrm{d}\mathbf{Z})\mathbf{B}+\mathbf{C}(\mathrm{d}\mathbf{Z}^*)\mathbf{D}$	$\dfrac{\partial \mathrm{vec}\mathbf{F}}{\partial(\mathrm{vec}\mathbf{Z})^{\mathrm{T}}}=\mathbf{B}^{\mathrm{T}}\otimes\mathbf{A}$ $\dfrac{\partial \mathrm{vec}\mathbf{F}}{\partial(\mathrm{vec}\mathbf{Z}^*)^{\mathrm{T}}}=\mathbf{D}^{\mathrm{T}}\otimes\mathbf{C}$
	$\mathrm{d}\mathbf{F}=\mathbf{A}(\mathrm{d}\mathbf{Z})^{\mathrm{T}}\mathbf{B}+\mathbf{C}(\mathrm{d}\mathbf{Z}^*)^{\mathrm{T}}\mathbf{D}$	$\dfrac{\partial \mathrm{vec}\mathbf{F}}{\partial(\mathrm{vec}\mathbf{Z})^{\mathrm{T}}}=(\mathbf{B}^{\mathrm{T}}\otimes\mathbf{A})\mathbf{K}_{mn}$ $\dfrac{\partial \mathrm{vec}\mathbf{F}}{\partial\,(\mathrm{vec}\mathbf{Z}^*)^{\mathrm{T}}}=(\mathbf{D}^{\mathrm{T}}\otimes\mathbf{C})\mathbf{K}_{mn}$

本章小结

本章介绍实数和复矩阵函数的矩阵微分。矩阵微分是求梯度向量/矩阵的重要工具。梯度向量/矩阵是优化的关键, 这将在第 3 章具体介绍。

[87]

参考文献

[1] Brookes M.: *Matrix Reference Manual* (2011).

[2] Flanigan F.: *Complex Variables: Harmonic and Analytic Functions.* 2nd edn. New York: Dover Publications (1983)

[3] Frankel T. *The Geometry of Physics: An Introduction* (with corrections and additions). Cambridge: Cambridge University Press (2001)

[4] Kreyszig E.: *Advanced Engineering Mathematics*, 7th edn. New York: John Wiley & Sons, Inc. (1993)

[5] Lütkepohl H.: *Handbook of Matrices.* New York: John Wiley & Sons (1996)

[6] Magnus J. R., Neudecker H.: *Matrix Differential Calculus with Applications in Statistics and Econometrics.* revised edn. Chichester: Wiley (1999)

[7] Petersen K. B., Petersen M. S. *The Matrix Cookbook* (2008)

[8] Wirtinger W.: Zur formalen theorie der funktionen von mehr komplexen veränderlichen. Mathematische Annalen, **97**: 357-375 (1927)

第 3 章 梯度与优化

[89]

在神经网络、支持向量机和演化计算的许多机器学习方法中，均需要处理复杂的优化问题。优化理论主要研究: (1) 极值的存在条件 (梯度分析); (2) 优化算法的设计及其收敛性分析。本章主要介绍凸优化理论和方法, 特别是光滑和非光滑凸优化, 以及约束凸优化中的梯度/次梯度方法。

3.1 实梯度分析

考虑实值函数 $f(\mathbf{x}) : \mathbb{R}^n \to \mathbb{R}$ 的无约束极小化问题

$$\min_{\mathbf{x}\in S} f(\mathbf{x}) \tag{3.1.1}$$

其中, $S \in \mathbb{R}^n$ 是 n 维向量空间 $\mathbb{R}^n$ 的一个子集; 向量变元 $\mathbf{x} \in S$ 称为优化向量, 表示需要满足式 (3.1.1) 做出的一种选择; 函数 $f : \mathbb{R}^n \to \mathbb{R}$ 叫作目标函数, 表示选择优化向量 $\mathbf{x}$ 付出的代价或者成本, 因此也称为成本函数。相反, 负成本函数 $-f(\mathbf{x})$ 可以理解为 $\mathbf{x}$ 的价值函数或者效用函数。因此, 求解优化问题式 (3.1.1) 对应为使成本函数最小化, 或者使得价值函数最大化。即, 目标函数的极小化问题 $\min\limits_{\mathbf{x}\in S} f(\mathbf{x})$ 与复目标函数的极大化问题 $\max\limits_{\mathbf{x}\in S} -f(\mathbf{x})$ 相互等价。

上述优化问题没有任何约束条件, 故称为无约束优化问题。

求解无约束优化问题的大多数非线性规划方法都基于松弛和逼近的思想[25]。

[90]

- 松弛: 序列 $\{a_k\}_{k=0}^{\infty}$ 称为松弛序列, $a_{k+1} \leqslant a_k, \forall k \geqslant 0$。因此, 在迭代求解优化问题式 (3.1.1) 的过程中, 必须产生一个成本函数的松弛序列 $f(\mathbf{x}_{k+1}) \leqslant f(\mathbf{x}_k), k = 0, 1, \cdots$。
- 逼近: 逼近一个目标函数意味着使用一个更加简单的目标函数代替原目标函数。

因此, 借助松弛和逼近, 可以达到以下目的:

- 若目标函数 $f(\mathbf{x})$ 在定义域 $S \in \mathbb{R}^n$ 内是下有界的, 则序列 $\{f(\mathbf{x}_k)\}_{k=0}^{\infty}$ 必定收敛。
- 在任何一种情况下, 我们都可以改善目标函数 $f(\mathbf{x})$ 的初始值。
- 非线性目标函数 $f(\mathbf{x})$ 的极小化都可以用数值方法实现, 并取得足够高的逼近精度。

3.1.1 平稳点与极值点

定义 3.1 (平稳点) 在优化中, 单个变元的可微分目标函数的平稳点或临界点是函数定义域内的一个点, 函数在该点的导数为零。换言之, 一个平稳点是函数 “停止” 增大或者减小的点 (由此得名平稳点)。

平稳点也可能是一个鞍点, 然而通常期望它是目标函数 $f(\mathbf{x})$ 的一个全局极小点或极大点。

定义 3.2 (全局极小点) 向量空间 $S \in \mathbb{R}^n$ 内的点 $\mathbf{x}^*$ 称为函数 $f(\mathbf{x})$ 的全局极小点, 若

$$f(\mathbf{x}^*) \leqslant f(\mathbf{x}), \quad \forall\, \mathbf{x} \in S, \mathbf{x} \neq \mathbf{x}^* \tag{3.1.2}$$

一个全局极小点也称绝对极小点。函数 $f(\mathbf{x})$ 在该点的取值 $f(\mathbf{x}^*)$ 称为函数在向量子空间 S 内的全局极小值或绝对极小值。

令 $\mathcal{D}$ 表示函数 $f(\mathbf{x})$ 的定义域, 其中 $\mathcal{D}$ 可以是整个向量空间 $\mathbb{R}^n$ 或其某个子集合。若

$$f(\mathbf{x}^*) < f(\mathbf{x}), \quad \forall\, \mathbf{x} \in \mathcal{D} \tag{3.1.3}$$

则 $\mathbf{x}^*$ 称作函数 $f(\mathbf{x})$ 的严格全局极小点或者严格绝对极小点。

极小化的理想目标是求给定目标函数的全局极小值。然而, 这个期待的目标通常却难以达到, 主要是因为:

[91]

- 通常很难已知函数 $f(\mathbf{x})$ 在定义域 $\mathcal{D}$ 的全局或者整体信息。
- 设计一个确定全局极值点的算法通常是不实际的, 因为将函数值 $f(\mathbf{x}^*)$ 与函数 $f(\mathbf{x})$ 在定义域 $\mathcal{D}$ 的所有值进行比较几乎是不可能的。

相反, 了解目标函数 $f(\mathbf{x})$ 在某个点附近的局部信息要容易得多。同时, 设计将函数在某点 $\mathbf{c}$ 的取值与在 $\mathbf{c}$ 附近点的其他函数值进行比较的算法也要简单得多。因此, 大多数的极小化算法只能够求局部极小点: 目标函数在点 $\mathbf{c}$ 的值达到函数在点 $\mathbf{c}$ 邻域的所有可能取值的极小。

定义 3.3 (开邻域, 闭邻域) 给定一个点 $\mathbf{c} \in \mathcal{D}$ 和一个正数 r, 满足 $\|\mathbf{x} - \mathbf{c}\|_2 < r$ 的所有点 $\mathbf{x}$ 的集合称为点 $\mathbf{c}$ 的半径为 r 的开邻域, 记作

$$B_{\rm o}(\mathbf{c}; r) = \{\mathbf{x} |\, \mathbf{x} \in \mathcal{D},\ \|\mathbf{x} - \mathbf{c}\|_2 < r\} \tag{3.1.4}$$

若

$$B_{\rm c}(\mathbf{c}; r) = \{\mathbf{x} |\, \mathbf{x} \in \mathcal{D},\ \|\mathbf{x} - \mathbf{c}\|_2 \leqslant r\} \tag{3.1.5}$$

则称 $B_{\rm c}(\mathbf{c}; r)$ 是 $\mathbf{c}$ 的闭邻域。

令标量 $r > 0$, 并且 $\mathbf{x} = \mathbf{c} + \Delta\mathbf{x}$ 是定义域 $\mathcal{D}$ 的一个点。

- 若

$$f(\mathbf{c}) \leqslant f(\mathbf{c} + \Delta\mathbf{x}), \quad \forall 0 < \|\Delta\mathbf{x}\|_2 \leqslant r \tag{3.1.6}$$

  则点 $\mathbf{c}$ 和函数值 $f(\mathbf{c})$ 分别称为函数 $f(\mathbf{x})$ 的局部极小点和局部极小 (值)。

- 若
$$f(\mathbf{c}) < f(\mathbf{c}+\Delta\mathbf{x}), \quad \forall 0 < \|\Delta\mathbf{x}\|_2 \leqslant r \tag{3.1.7}$$
则点 $\mathbf{c}$ 和函数值 $f(\mathbf{c})$ 分别称为函数 $f(\mathbf{x})$ 的严格局部极小点和严格局部极小。
- 若
$$f(\mathbf{c}) \geqslant f(\mathbf{c}+\Delta\mathbf{x}), \quad \forall 0 < \|\Delta\mathbf{x}\|_2 \leqslant r \tag{3.1.8}$$
则点 $\mathbf{c}$ 和函数值 $f(\mathbf{c})$ 分别称为函数 $f(\mathbf{x})$ 的局部极大点和局部极大 (值)。
- 若
$$f(\mathbf{c}) > f(\mathbf{c}+\Delta\mathbf{x}), \quad \forall 0 < \|\Delta\mathbf{x}\|_2 \leqslant r \tag{3.1.9}$$
则点 $\mathbf{c}$ 和函数值 $f(\mathbf{c})$ 分别称作函数 $f(\mathbf{x})$ 的严格局部极大点和严格局部极大。 [92]
- 若
$$f(\mathbf{c}) \leqslant f(\mathbf{x}), \quad \forall \mathbf{x} \in \mathcal{D} \tag{3.1.10}$$
则点 $\mathbf{c}$ 和函数值 $f(\mathbf{c})$ 就分别说是函数 $f(\mathbf{x})$ 在定义域 $\mathcal{D}$ 的全局极小点和全局极小。
- 若
$$f(\mathbf{c}) < f(\mathbf{x}), \quad \forall \mathbf{x} \in \mathcal{D}, \mathbf{x} \neq \mathbf{c} \tag{3.1.11}$$
则点 $\mathbf{c}$ 及函数值 $f(\mathbf{c})$ 分别称为函数 $f(\mathbf{x})$ 在定义域 $\mathcal{D}$ 的严格全局极小点和严格全局极小。
- 若
$$f(\mathbf{c}) \geqslant f(\mathbf{x}), \quad \forall \mathbf{x} \in \mathcal{D} \tag{3.1.12}$$
则称点 $\mathbf{c}$ 和函数值 $f(\mathbf{c})$ 分别是函数 $f(\mathbf{x})$ 在定义域 $\mathcal{D}$ 的全局极大点和全局极大。
- 若
$$f(\mathbf{c}) > f(\mathbf{x}), \quad \forall \mathbf{x} \in \mathcal{D}, \mathbf{x} \neq \mathbf{c} \tag{3.1.13}$$
则点 $\mathbf{c}$ 和函数值 $f(\mathbf{c})$ 分别称为函数 $f(\mathbf{x})$ 在定义域 $\mathcal{D}$ 的严格全局极大点和严格全局极大。

极小点和极大点合称函数 $f(\mathbf{x})$ 的极值点, 并且极小值和极大值合称函数 $f(\mathbf{x})$ 的极值。局部极小 (或极大) 点和严格局部极小 (或极大) 点有时分别称为弱局部极小 (或极大) 点和强局部极小 (或极大) 点。

特别地, 若某个点 $\mathbf{x}_0$ 是函数 $f(\mathbf{x})$ 在邻域 $B(\mathbf{c};r)$ 的唯一局部极值点, 则称之为孤立局部极值点。

3.1.2 $f(\mathbf{x})$ 的实梯度分析 [93]

在实际应用中, 直接比较某点的目标函数 $f(\mathbf{x})$ 值与在其邻域的所有可能取值仍然非常麻烦。幸运的是, Taylor 级数展开提供了克服这一困难的一种简单方法。

函数 $f(\mathbf{x})$ 在点 $\mathbf{c}$ 的二阶 Taylor 级数逼近为

$$f(\mathbf{c}+\Delta\mathbf{x}) = f(\mathbf{c}) + (\nabla f(\mathbf{c}))^{\mathrm{T}}\Delta\mathbf{x} + \frac{1}{2}(\Delta\mathbf{x})^{\mathrm{T}}\mathbf{H}(f(\mathbf{c}))\Delta\mathbf{x} \tag{3.1.14}$$

其中

$$\nabla f(\mathbf{c}) = \frac{\partial f(\mathbf{c})}{\partial \mathbf{c}} = \left.\frac{\partial f(\mathbf{x})}{\partial \mathbf{x}}\right|_{\mathbf{x}=\mathbf{c}} \tag{3.1.15}$$

$$\mathbf{H}(f(\mathbf{c})) = \frac{\partial^2 f(\mathbf{c})}{\partial \mathbf{c}\partial \mathbf{c}^{\mathrm{T}}} = \left.\frac{\partial^2 f(\mathbf{x})}{\partial \mathbf{x}\partial \mathbf{x}^{\mathrm{T}}}\right|_{\mathbf{x}=\mathbf{c}} \tag{3.1.16}$$

分别是函数 $f(\mathbf{x})$ 在点 $\mathbf{c}$ 的梯度向量与 Hesse 矩阵。

定义 3.4 (邻域) 令 $B(\mathbf{X}_*;r)$ 是实函数 $f(\mathbf{X}):\mathbb{R}^{m\times n}\to\mathbb{R}$ 的一个邻域，其中心点为 $\mathrm{vec}(\mathbf{X}_*)$，半径为 r，则邻域定义为

$$B(\mathbf{X}_*;r) = \{\mathbf{X}|\mathbf{X}\in\mathbb{R}^{m\times n},\ \|\mathrm{vec}(\mathbf{X})-\mathrm{vec}(\mathbf{X}_*)\|_2 < r\} \tag{3.1.17}$$

函数 $f(\mathbf{X})$ 在点 $\mathbf{X}_*$ 的二阶 Taylor 级数逼近公式为

$$\begin{aligned}
f(\mathbf{X}_*+\Delta\mathbf{X}) &= f(\mathbf{X}_*) + \left(\frac{\partial f(\mathbf{X}_*)}{\partial \mathrm{vec}\,\mathbf{X}_*}\right)^{\mathrm{T}}\mathrm{vec}(\Delta\mathbf{X}) \\
&\quad + \frac{1}{2}(\mathrm{vec}(\Delta\mathbf{X}))^{\mathrm{T}}\frac{\partial^2 f(\mathbf{X}_*)}{\partial \mathrm{vec}\,\mathbf{X}_*\partial(\mathrm{vec}\,\mathbf{X}_*)^{\mathrm{T}}}\mathrm{vec}(\Delta\mathbf{X}) \\
&= f(\mathbf{X}_*) + \left(\nabla_{\mathrm{vec}\,\mathbf{X}_*} f(\mathbf{X}_*)\right)^{\mathrm{T}}\mathrm{vec}(\Delta\mathbf{X}) \\
&\quad + \frac{1}{2}(\mathrm{vec}(\Delta\mathbf{X}))^{\mathrm{T}}\mathbf{H}(f(\mathbf{X}_*))\mathrm{vec}(\Delta\mathbf{X})
\end{aligned} \tag{3.1.18}$$

其中

$$\nabla_{\mathrm{vec}\,\mathbf{X}_*} f(\mathbf{X}_*) = \left.\frac{\partial f(\mathbf{X})}{\partial \mathrm{vec}\,\mathbf{X}}\right|_{\mathbf{X}=\mathbf{X}_*} \in \mathbb{R}^{mn}$$

$$\mathbf{H}(f(\mathbf{X}_*)) = \left.\frac{\partial^2 f(\mathbf{X})}{\partial \mathrm{vec}\,\mathbf{X}\partial(\mathrm{vec}\,\mathbf{X})^{\mathrm{T}}}\right|_{\mathbf{X}=\mathbf{X}_*} \in \mathbb{R}^{mn\times mn}$$

分别是函数 $f(\mathbf{X})$ 在点 $\mathbf{X}_*$ 的梯度向量和 Hesse 矩阵。

[94]

定理 3.1 (一阶必要条件)[28] 若 $\mathbf{x}_*$ 是函数 $f(\mathbf{x})$ 的局部极小点，并且 $f(\mathbf{x})$ 是在点 $\mathbf{x}_*$ 的邻域 $B(\mathbf{x}_*;r)$ 可连续微分的，则

$$\nabla_{\mathbf{x}_*} f(\mathbf{x}_*) = \left.\frac{\partial f(\mathbf{x})}{\partial \mathbf{x}}\right|_{\mathbf{x}=\mathbf{x}_*} = \mathbf{0} \tag{3.1.19}$$

定理 3.2 (二阶必要条件)[21, 28] 若 $\mathbf{x}_*$ 是函数 $f(\mathbf{x})$ 的局部极小点，并且二阶梯度 $\nabla_{\mathbf{x}}^2 f(\mathbf{x})$ 在点 $\mathbf{x}_*$ 的开邻域 $B_{\mathrm{o}}(\mathbf{x}_*;r)$ 是连续的，则

$$\nabla_{\mathbf{x}_*} f(\mathbf{x}_*) = \left.\frac{\partial f(\mathbf{x})}{\partial \mathbf{x}}\right|_{\mathbf{x}=\mathbf{x}_*} = \mathbf{0}, \quad \nabla^2_{\mathbf{x}_*} f(\mathbf{x}_*) = \left.\frac{\partial^2 f(\mathbf{x})}{\partial \mathbf{x} \partial \mathbf{x}^{\mathrm{T}}}\right|_{\mathbf{x}=\mathbf{x}_*} \succeq 0 \tag{3.1.20}$$

即函数 $f(\mathbf{x})$ 在点 $\mathbf{x}_*$ 的梯度向量为零向量, 并且 Hesse 矩阵 $\nabla^2_{\mathbf{x}} f(\mathbf{x})$ 在点 $\mathbf{x}_*$ 为半正定矩阵。

定理 3.3 (二阶充分条件) [21, 28] 假定 $\nabla^2_{\mathbf{x}} f(\mathbf{x})$ 在点 $\mathbf{x}_*$ 的开邻域是连续的。如果满足条件

$$\nabla_{\mathbf{x}_*} f(\mathbf{x}_*) = \left.\frac{\partial f(\mathbf{x})}{\partial \mathbf{x}}\right|_{\mathbf{x}=\mathbf{x}_*} = \mathbf{0}, \quad \nabla^2_{\mathbf{x}_*} f(\mathbf{x}_*) = \left.\frac{\partial^2 f(\mathbf{x})}{\partial \mathbf{x} \partial \mathbf{x}^{\mathrm{T}}}\right|_{\mathbf{x}=\mathbf{x}_*} \succ 0 \tag{3.1.21}$$

则 $\mathbf{x}_*$ 是目标函数 $f(\mathbf{x})$ 的严格局部极小点。这里, $\nabla^2_{\mathbf{x}} f(\mathbf{x}_*) \succ 0$ 意味着在点 $\mathbf{x}_*$ 的 Hesse 矩阵 $\nabla^2_{\mathbf{x}_*} f(\mathbf{x}_*)$ 是一个正定矩阵。

比较式 (3.1.18) 与式 (3.1.14) 可得出类似定理 3.1–定理 3.3的条件。

- 极小点的一阶必要条件: 若 $\mathbf{X}_*$ 是函数 $f(\mathbf{X})$ 的局部极值点, 并且函数 $f(\mathbf{X})$ 在点 $\mathbf{X}_*$ 的邻域 $B(\mathbf{X}_*; r)$ 内是连续可微分的, 则

$$\nabla_{\mathrm{vec}\mathbf{X}_*} f(\mathbf{X}_*) = \left.\frac{\partial f(\mathbf{X})}{\partial \mathrm{vec}\mathbf{X}}\right|_{\mathbf{X}=\mathbf{X}_*} = \mathbf{0} \tag{3.1.22}$$

- 局部极小点的二阶必要条件: 若 $\mathbf{X}_*$ 是目标函数 $f(\mathbf{X})$ 的一个局部极小点, 并且 Hesse 矩阵 $\mathbf{H}(f(\mathbf{X}))$ 在开邻域 $B_{\mathrm{o}}(\mathbf{X}_*; r)$ 是连续的, 则

$$\nabla_{\mathrm{vec}\mathbf{X}_*} f(\mathbf{X}_*) = \mathbf{0}, \quad \left.\frac{\partial^2 f(\mathbf{X})}{\partial \mathrm{vec}\, \mathbf{X} \partial (\mathrm{vec}\, \mathbf{X})^{\mathrm{T}}}\right|_{\mathbf{X}=\mathbf{X}_*} \succeq 0 \tag{3.1.23}$$

- 严格局部极小点的二阶充分条件: 假定 $\mathbf{H}(f(\mathbf{x}))$ 在 $\mathbf{X}_*$ 的开邻域连续, 若满足条件

[95]

$$\nabla_{\mathrm{vec}\mathbf{X}_*} f(\mathbf{X}_*) = \mathbf{0}, \quad \left.\frac{\partial^2 f(\mathbf{X})}{\partial \mathrm{vec}\, \mathbf{X} \partial (\mathrm{vec}\, \mathbf{X})^{\mathrm{T}}}\right|_{\mathbf{X}=\mathbf{X}_*} \succ 0 \tag{3.1.24}$$

  则 $\mathbf{X}_*$ 是 $f(\mathbf{X})$ 的一个严格局部极小点。

- 局部极大点的二阶必要条件: 若 $\mathbf{X}_*$ 是函数 $f(\mathbf{X})$ 的一个局部极大点, 并且 Hesse 矩阵 $\mathbf{H}(f(\mathbf{X}))$ 在开邻域 $B_{\mathrm{o}}(\mathbf{X}_*; r)$ 内是连续的, 则

$$\nabla_{\mathrm{vec}\mathbf{X}_*} f(\mathbf{X}_*) = \mathbf{0}, \quad \left.\frac{\partial^2 f(\mathbf{X})}{\partial \mathrm{vec}\, \mathbf{X} \partial (\mathrm{vec}\, \mathbf{X})^{\mathrm{T}}}\right|_{\mathbf{X}=\mathbf{X}_*} \preceq 0 \tag{3.1.25}$$

- 严格局部极大点的二阶充分条件: 假定 $\mathbf{H}(f(\mathbf{X}))$ 在 $\mathbf{X}_*$ 的开邻域是连续的, 若满足条件

$$\nabla_{\mathrm{vec}\mathbf{X}_*} f(\mathbf{X}_*) = \mathbf{0}, \quad \left.\frac{\partial^2 f(\mathbf{X})}{\partial \mathrm{vec}\, \mathbf{X} \partial (\mathrm{vec}\, \mathbf{X})^{\mathrm{T}}}\right|_{\mathbf{X}=\mathbf{X}_*} \prec 0 \tag{3.1.26}$$

  则 $\mathbf{X}_*$ 是函数 $f(\mathbf{X})$ 的一个严格局部极大点。

若

$$\nabla_{\text{vec}\,\mathbf{X}_*} f(\mathbf{X}_*) = \mathbf{0}, \qquad \left.\frac{\partial^2 f(\mathbf{X})}{\partial \text{vec}\,\mathbf{X} \partial (\text{vec}\,\mathbf{X})^{\mathrm{T}}}\right|_{\mathbf{X}=\mathbf{X}_*}$$

不定, 则点 $\mathbf{X}_*$ 只是 $f(\mathbf{X})$ 的一个鞍点。

3.2 复变量函数的梯度分析

考虑具有复向量变量的实值函数的梯度分析。

3.2.1 复变函数的极值点

考虑实值函数 $f(\mathbf{z},\mathbf{z}^*): \mathbb{C}^n \times \mathbb{C}^n \to \mathbb{R}$ 的无约束优化。
由一阶微分

$$\begin{aligned} \mathrm{d}f(\mathbf{Z},\mathbf{Z}^*) &= \left(\frac{\partial f(\mathbf{Z},\mathbf{Z}^*)}{\partial \text{vec}\,\mathbf{Z}}\right)^{\mathrm{T}} \text{vec}(\mathrm{d}\mathbf{Z}) + \left(\frac{\partial f(\mathbf{Z},\mathbf{Z}^*)}{\partial \text{vec}\,\mathbf{Z}^*}\right)^{\mathrm{T}} \text{vec}(\mathrm{d}\mathbf{Z}^*) \\ &= \left[\frac{\partial f(\mathbf{Z},\mathbf{Z}^*)}{\partial (\text{vec}\,\mathbf{Z})^{\mathrm{T}}}, \frac{\partial f(\mathbf{Z},\mathbf{Z}^*)}{\partial (\text{vec}\,\mathbf{Z}^*)^{\mathrm{T}}}\right] \begin{bmatrix} \text{vec}(\mathrm{d}\mathbf{Z}) \\ \text{vec}(\mathrm{d}\mathbf{Z})^* \end{bmatrix} \end{aligned} \tag{3.2.1}$$

[96] 和二阶微分

$$\mathrm{d}^2 f(\mathbf{Z},\mathbf{Z}^*) = \begin{bmatrix} \text{vec}(\mathrm{d}\mathbf{Z}) \\ \text{vec}(\mathrm{d}\mathbf{Z}^*) \end{bmatrix}^{\mathrm{H}} \begin{bmatrix} \dfrac{\partial^2 f(\mathbf{Z},\mathbf{Z}^*)}{\partial (\text{vec}\,\mathbf{Z}^*) \partial (\text{vec}\,\mathbf{Z})^{\mathrm{T}}} & \dfrac{\partial^2 f(\mathbf{Z},\mathbf{Z}^*)}{\partial (\text{vec}\,\mathbf{Z}^*) \partial (\text{vec}\,\mathbf{Z}^*)^{\mathrm{T}}} \\ \dfrac{\partial^2 f(\mathbf{Z},\mathbf{Z}^*)}{\partial (\text{vec}\,\mathbf{Z}) \partial (\text{vec}\,\mathbf{Z})^{\mathrm{T}}} & \dfrac{\partial^2 f(\mathbf{Z},\mathbf{Z}^*)}{\partial (\text{vec}\,\mathbf{Z}) \partial (\text{vec}\,\mathbf{Z}^*)^{\mathrm{T}}} \end{bmatrix} \begin{bmatrix} \text{vec}(\mathrm{d}\mathbf{Z}) \\ \text{vec}(\mathrm{d}\mathbf{Z}^*) \end{bmatrix} \tag{3.2.2}$$

可知 $f(\mathbf{Z},\mathbf{Z}^*)$ 在点 $\mathbf{C}$ 的二阶级数逼近为

$$\begin{aligned} f(\mathbf{Z},\mathbf{Z}^*) &= f(\mathbf{C},\mathbf{C}^*) + (\nabla f(\mathbf{C},\mathbf{C}^*))^{\mathrm{T}} \text{vec}(\Delta\tilde{\mathbf{C}}) \\ &\quad + \frac{1}{2}(\text{vec}(\Delta\tilde{\mathbf{C}}))^{\mathrm{H}} \mathbf{H}[f(\mathbf{C},\mathbf{C}^*)] \text{vec}(\Delta\tilde{\mathbf{C}}) \end{aligned} \tag{3.2.3}$$

式中

$$\Delta\tilde{\mathbf{C}} = \begin{bmatrix} \Delta\mathbf{C} \\ \Delta\mathbf{C}^* \end{bmatrix} = \begin{bmatrix} \mathbf{Z} - \mathbf{C} \\ \mathbf{Z}^* - \mathbf{C}^* \end{bmatrix} \in \mathbb{C}^{2m\times n} \tag{3.2.4}$$

$$\nabla f(\mathbf{C},\mathbf{C}^*) = \begin{bmatrix} \dfrac{\partial f(\mathbf{Z},\mathbf{Z}^*)}{\partial (\text{vec}\,\mathbf{Z})} \\ \dfrac{\partial f(\mathbf{Z},\mathbf{Z}^*)}{\partial (\text{vec}\,\mathbf{Z}^*)} \end{bmatrix}_{\mathbf{Z}=\mathbf{C}} \in \mathbb{C}^{2mn\times 1} \tag{3.2.5}$$

$$\mathbf{H}[f(\mathbf{C},\mathbf{C}^*)] = \begin{bmatrix} \dfrac{\partial^2 f(\mathbf{Z},\mathbf{Z}^*)}{\partial(\mathrm{vec}\,\mathbf{Z}^*)\partial(\mathrm{vec}\,\mathbf{Z})^{\mathrm{T}}} & \dfrac{\partial^2 f(\mathbf{Z},\mathbf{Z}^*)}{\partial(\mathrm{vec}\,\mathbf{Z}^*)\partial(\mathrm{vec}\,\mathbf{Z}^*)^{\mathrm{T}}} \\ \dfrac{\partial^2 f(\mathbf{Z},\mathbf{Z}^*)}{\partial(\mathrm{vec}\,\mathbf{Z})\partial(\mathrm{vec}\,\mathbf{Z})^{\mathrm{T}}} & \dfrac{\partial^2 f(\mathbf{Z},\mathbf{Z}^*)}{\partial(\mathrm{vec}\,\mathbf{Z})\partial(\mathrm{vec}\,\mathbf{Z}^*)^{\mathrm{T}}} \end{bmatrix}_{\mathbf{Z}=\mathbf{C}}$$

$$= \begin{bmatrix} \mathbf{H}_{\mathbf{Z}^*\mathbf{Z}} & \mathbf{H}_{\mathbf{Z}^*\mathbf{Z}^*} \\ \mathbf{H}_{\mathbf{ZZ}} & \mathbf{H}_{\mathbf{ZZ}^*} \end{bmatrix}_{\mathbf{Z}=\mathbf{C}} \in \mathbb{C}^{2mn\times 2mn} \tag{3.2.6}$$

注意

$$\nabla f(\mathbf{C},\mathbf{C}^*) = \mathbf{0}_{2mn\times 1} \Leftrightarrow \left.\frac{\partial f(\mathbf{Z},\mathbf{Z}^*)}{\partial \mathrm{vec}\,\mathbf{Z}}\right|_{\mathbf{Z}=\mathbf{C}} = \mathbf{0}_{mn\times 1}$$

$$\left.\frac{\partial f(\mathbf{Z},\mathbf{Z}^*)}{\partial \mathrm{vec}\,\mathbf{Z}^*}\right|_{\mathbf{Z}^*=\mathbf{C}^*} = \mathbf{0}_{mn\times 1} \Leftrightarrow \left.\frac{\partial f(\mathbf{Z},\mathbf{Z}^*)}{\partial \mathbf{Z}^*}\right|_{\mathbf{Z}^*=\mathbf{C}^*} = \mathbf{O}_{m\times n}$$

根据式 (3.2.3) 得到函数 $f(\mathbf{Z},\mathbf{Z}^*)$ 的极值点条件如下。

- 局部极值点的一阶必要条件: 若 $\mathbf{C}$ 是函数 $f(\mathbf{Z},\mathbf{Z}^*)$ 的一个局部极值点, 并且 $f(\mathbf{Z},\mathbf{Z}^*)$ 在点 $\mathbf{C}$ 的邻域 $B(\mathbf{C};r)$ 内是连续可微分的, 则

$$\nabla f(\mathbf{C},\mathbf{C}^*) = \mathbf{0} \quad \text{或} \quad \left.\frac{\partial f(\mathbf{Z},\mathbf{Z}^*)}{\partial \mathbf{Z}^*}\right|_{\mathbf{Z}=\mathbf{C}} = \mathbf{O} \tag{3.2.7}$$

- 局部极小点的二阶必要条件: 若 $\mathbf{C}$ 是 $f(\mathbf{Z},\mathbf{Z}^*)$ 的一个局部极小点, 并且 Hesse 矩阵 $\mathbf{H}(f(\mathbf{Z},\mathbf{Z}^*))$ 在点 $\mathbf{C}$ 的开邻域 $B_{\mathrm{o}}(\mathbf{C};r)$ 连续, 则

[97]

$$\left.\frac{\partial f(\mathbf{Z},\mathbf{Z}^*)}{\partial \mathbf{Z}^*}\right|_{\mathbf{Z}=\mathbf{C}} = \mathbf{O}, \quad \mathbf{H}[f(\mathbf{C},\mathbf{C}^*)] \succeq 0 \tag{3.2.8}$$

- 严格局部极小点的二阶充分条件: 假定 $\mathbf{H}[f(\mathbf{Z},\mathbf{Z}^*)]$ 在点 $\mathbf{C}$ 的开邻域 $B_{\mathrm{o}}(\mathbf{C};r)$ 连续, 若满足条件

$$\left.\frac{\partial f(\mathbf{Z},\mathbf{Z}^*)}{\partial \mathbf{Z}^*}\right|_{\mathbf{Z}=\mathbf{C}} = \mathbf{O}, \quad \mathbf{H}[f(\mathbf{C},\mathbf{C}^*)] \succ 0 \tag{3.2.9}$$

  则 $\mathbf{C}$ 是 $f(\mathbf{Z},\mathbf{Z}^*)$ 的一个严格局部极小点。

- 局部极大点的二阶必要条件: 如果 $\mathbf{C}$ 是 $f(\mathbf{Z},\mathbf{Z}^*)$ 的一个局部极大点, 并且 Hesse 矩阵 $\mathbf{H}[f(\mathbf{Z},\mathbf{Z}^*)]$ 在点 $\mathbf{C}$ 的开邻域 $B_{\mathrm{o}}(\mathbf{C};r)$ 连续, 则

$$\left.\frac{\partial f(\mathbf{Z},\mathbf{Z}^*)}{\partial \mathbf{Z}^*}\right|_{\mathbf{Z}=\mathbf{C}} = \mathbf{O}, \quad \mathbf{H}[f(\mathbf{C},\mathbf{C}^*)] \preceq 0 \tag{3.2.10}$$

- 严格局部极大点的二阶充分条件: 假定 $\mathbf{H}[f(\mathbf{Z},\mathbf{Z}^*)]$ 在点 $\mathbf{C}$ 的开邻域 $B_{\mathrm{o}}(\mathbf{C};r)$ 连续。如果满足条件

$$\left.\frac{\partial f(\mathbf{Z},\mathbf{Z}^*)}{\partial \mathbf{Z}^*}\right|_{\mathbf{Z}=\mathbf{C}} = \mathbf{O}, \quad \mathbf{H}[f(\mathbf{C},\mathbf{C}^*)] \prec 0 \tag{3.2.11}$$

  则 $\mathbf{C}$ 是 $f(\mathbf{Z},\mathbf{Z}^*)$ 的一个严格局部极大点。

若 $\left.\frac{\partial f(\mathbf{Z},\mathbf{Z}^*)}{\partial \mathbf{Z}^*}\right|_{\mathbf{Z}=\mathbf{C}} = \mathbf{O}$, 但 Hesse 矩阵 $\mathbf{H}[f(\mathbf{C},\mathbf{C}^*)]$ 为不定矩阵, 则 $\mathbf{C}$ 只

是 $f(\mathbf{Z},\mathbf{Z}^*)$ 的一个鞍点。

表 3.1 汇总了复变函数的极值点条件。

[98]

表 3.1 复变函数的极值点条件

函数	$f(z,z^*):\mathbb{C}\to\mathbb{R}$	$f(\mathbf{z},\mathbf{z}^*):\mathbb{C}^n\to\mathbb{R}$	$f(\mathbf{Z},\mathbf{Z}^*):\mathbb{C}^{m\times n}\to\mathbb{R}$
平稳点	$\left.\dfrac{\partial f(z,z^*)}{\partial z^*}\right\|_{z=c}=0$	$\left.\dfrac{\partial f(\mathbf{z},\mathbf{z}^*)}{\partial \mathbf{z}^*}\right\|_{\mathbf{z}=\mathbf{c}}=\mathbf{0}$	$\left.\dfrac{\partial f(\mathbf{Z},\mathbf{Z}^*)}{\partial \mathbf{Z}^*}\right\|_{\mathbf{Z}=\mathbf{C}}=\mathbf{O}$
局部极小点	$\mathbf{H}[f(c,c^*)]\succeq 0$	$\mathbf{H}[f(\mathbf{c},\mathbf{c}^*)]\succeq 0$	$\mathbf{H}[f(\mathbf{C},\mathbf{C}^*)]\succeq 0$
严格局部极小点	$\mathbf{H}[f(c,c^*)]\succ 0$	$\mathbf{H}[f(\mathbf{c},\mathbf{c}^*)]\succ 0$	$\mathbf{H}[f(\mathbf{C},\mathbf{C}^*)]\succ 0$
局部极大点	$\mathbf{H}[f(c,c^*)]\preceq 0$	$\mathbf{H}[f(\mathbf{c},\mathbf{c}^*)]\preceq 0$	$\mathbf{H}[f(\mathbf{C},\mathbf{C}^*)]\preceq 0$
严格局部极大点	$\mathbf{H}[f(c,c^*)]\prec 0$	$\mathbf{H}[f(\mathbf{c},\mathbf{c}^*)]\prec 0$	$\mathbf{H}[f(\mathbf{C},\mathbf{C}^*)]\prec 0$
鞍点	$\mathbf{H}[f(c,c^*)]$ 不定	$\mathbf{H}[f(\mathbf{c},\mathbf{c}^*)]$ 不定	$\mathbf{H}[f(\mathbf{C},\mathbf{C}^*)]$ 不定

表 3.1 中的 Hesse 矩阵定义为

$$\mathbf{H}[f(c,c^*)]=\begin{bmatrix}\dfrac{\partial^2 f(z,z^*)}{\partial z^*\partial z} & \dfrac{\partial^2 f(z,z^*)}{\partial z^*\partial z^*}\\ \dfrac{\partial^2 f(z,z^*)}{\partial z\partial z} & \dfrac{\partial^2 f(z,z^*)}{\partial z\partial z^*}\end{bmatrix}_{z=c}\in\mathbb{C}^{2\times 2}$$

$$\mathbf{H}[f(\mathbf{c},\mathbf{c}^*)]=\begin{bmatrix}\dfrac{\partial^2 f(\mathbf{z},\mathbf{z}^*)}{\partial \mathbf{z}^*\partial \mathbf{z}^{\mathrm{T}}} & \dfrac{\partial^2 f(\mathbf{z},\mathbf{z}^*)}{\partial \mathbf{z}^*\partial \mathbf{z}^{\mathrm{H}}}\\ \dfrac{\partial^2 f(\mathbf{z},\mathbf{z}^*)}{\partial \mathbf{z}\partial \mathbf{z}^{\mathrm{T}}} & \dfrac{\partial^2 f(\mathbf{z},\mathbf{z}^*)}{\partial \mathbf{z}\partial \mathbf{z}^{\mathrm{H}}}\end{bmatrix}_{\mathbf{z}=\mathbf{c}}\in\mathbb{C}^{2n\times 2n}$$

$$\mathbf{H}[f(\mathbf{C},\mathbf{C}^*)]=\begin{bmatrix}\dfrac{\partial^2 f(\mathbf{Z},\mathbf{Z}^*)}{\partial(\mathrm{vec}\,\mathbf{Z}^*)\partial(\mathrm{vec}\,\mathbf{Z})^{\mathrm{T}}} & \dfrac{\partial^2 f(\mathbf{Z},\mathbf{Z}^*)}{\partial(\mathrm{vec}\,\mathbf{Z}^*)\partial(\mathrm{vec}\,\mathbf{Z}^*)^{\mathrm{T}}}\\ \dfrac{\partial^2 f(\mathbf{Z},\mathbf{Z}^*)}{\partial(\mathrm{vec}\,\mathbf{Z})\partial(\mathrm{vec}\,\mathbf{Z})^{\mathrm{T}}} & \dfrac{\partial^2 f(\mathbf{Z},\mathbf{Z}^*)}{\partial(\mathrm{vec}\,\mathbf{Z})\partial(\mathrm{vec}\,\mathbf{Z}^*)^{\mathrm{T}}}\end{bmatrix}_{\mathbf{Z}=\mathbf{C}}\in\mathbb{C}^{2mn\times 2mn}$$

3.2.2 复梯度分析

给定实值目标函数 $f(\mathbf{w},\mathbf{w}^*)$ 或者 $f(\mathbf{W},\mathbf{W}^*)$, 其无约束优化问题的梯度分析可以归纳如下:

- 共轭梯度矩阵决定极小化问题的闭式解。
- 局部极小点的充分条件由目标函数的共轭梯度向量和 Hesse 矩阵决定。
- 共轭梯度向量的负方向决定求解极小化问题的最速下降迭代算法。
- Hesse 矩阵给出求解极小化问题的 Newton 算法。

下面讨论上述梯度分析。

1. 无约束极小化问题的闭式解

令共轭梯度向量 (或矩阵) 等于零向量 (或零矩阵), 可以得到给定无约束极小化问题的闭式解。

例 3.1 对于超定的矩阵方程 $\mathbf{Az}=\mathbf{b}$, 定义对数似然函数

$$l(\hat{\mathbf{z}})=C-\frac{1}{\sigma^2}\mathbf{e}^{\mathrm{H}}\mathbf{e}=C-\frac{1}{\sigma^2}(\mathbf{b}-\mathbf{A}\hat{\mathbf{z}})^{\mathrm{H}}(\mathbf{b}-\mathbf{A}\hat{\mathbf{z}}) \tag{3.2.12}$$

其中 C 为实常数。于是, 对数似然函数的共轭梯度为 [99]

$$\nabla_{\hat{\mathbf{z}}^*}l(\hat{\mathbf{z}})=\frac{\partial l(\hat{\mathbf{z}})}{\partial \mathbf{z}^*}=\frac{1}{\sigma^2}\mathbf{A}^{\mathrm{H}}\mathbf{b}-\frac{1}{\sigma^2}\mathbf{A}^{\mathrm{H}}\mathbf{A}\hat{\mathbf{z}}$$

令 $\nabla_{\hat{\mathbf{z}}^*}l(\hat{\mathbf{z}})=\mathbf{0}$, 则 $\mathbf{A}^{\mathrm{H}}\mathbf{A}\mathbf{z}_{\mathrm{opt}}=\mathbf{A}^{\mathrm{H}}\mathbf{b}$, 其中 $\mathbf{z}_{\mathrm{opt}}$ 是使对数似然函数 $l(\hat{\mathbf{z}})$ 最大化的解。因此, 若 $\mathbf{A}^{\mathrm{H}}\mathbf{A}$ 非奇异, 则

$$\mathbf{z}_{\mathrm{opt}}=(\mathbf{A}^{\mathrm{H}}\mathbf{A})^{-1}\mathbf{A}^{\mathrm{H}}\mathbf{b} \tag{3.2.13}$$

这就是超定矩阵方程 $\mathbf{Az}=\mathbf{b}$ 的最大似然解。显然, 超定矩阵方程 $\mathbf{Az}=\mathbf{b}$ 的最大似然解和最小二乘解相同。

2. 实目标函数的最速下降方向

在确定以复矩阵为变元的目标函数 $f(\mathbf{Z},\mathbf{Z}^*)$ 的一个平稳点 $\mathbf{C}$ 时, 存在两种可能的选择

$$\left.\frac{\partial f(\mathbf{Z},\mathbf{Z}^*)}{\partial \mathbf{Z}}\right|_{\mathbf{Z}=\mathbf{C}}=\mathbf{O}_{m\times n} \quad \text{或} \quad \left.\frac{\partial f(\mathbf{Z},\mathbf{Z}^*)}{\partial \mathbf{Z}^*}\right|_{\mathbf{Z}=\mathbf{C}}=\mathbf{O}_{m\times n} \tag{3.2.14}$$

在设计优化问题的学习算法时, 应该选择哪一个梯度? 为了回答这个问题, 有必要引入曲率方向的定义。

定义 3.5 (曲率方向)[14] 当 $\mathbf{H}$ 是非线性函数 $f(\mathbf{x})$ 的 Hesse 矩阵时, 向量 $\mathbf{p}$ 可以被认为是:

① 函数 f 的正曲率方向, 若 $\mathbf{p}^{\mathrm{H}}\mathbf{H}\mathbf{p}>0$;

② 函数 f 的零曲率方向, 若 $\mathbf{p}^{\mathrm{H}}\mathbf{H}\mathbf{p}=0$;

③ 函数 f 的负曲率方向, 若 $\mathbf{p}^{\mathrm{H}}\mathbf{H}\mathbf{p}<0$;

则标量 $\mathbf{p}^{\mathrm{H}}\mathbf{H}\mathbf{p}$ 称为函数 f 沿方向 $\mathbf{p}$ 的曲率。

曲率方向是目标函数的最大变化率的方向。

定理 3.4[6] 令 $f(\mathbf{z})$ 是复向量变元 $\mathbf{z}$ 的实值函数。将 $\mathbf{z}$ 和 $\mathbf{z}^*$ 视为两个独立的变量, 实目标函数 $f(\mathbf{z},\mathbf{z}^*)$ 的曲率方向由共轭梯度向量 $\nabla_{\mathbf{z}^*}f(\mathbf{z},\mathbf{z}^*)$ 提供。

定理 3.4 表明, 共轭梯度向量 $\nabla_{\mathbf{z}^*}f(\mathbf{z},\mathbf{z}^*)$ 或者 $\nabla_{\mathrm{vec}\,\mathbf{Z}^*}f(\mathbf{Z},\mathbf{Z}^*)$ 的每一个分量给出目标函数 $f(\mathbf{z},\mathbf{z}^*)$ 或 $f(\mathbf{Z},\mathbf{Z}^*)$ 在该方向上的变化率:

- 共轭梯度向量 $\nabla_{\mathbf{z}^*}f(\mathbf{z},\mathbf{z}^*)$ 或 $\nabla_{\mathrm{vec}\,\mathbf{Z}^*}f(\mathbf{Z},\mathbf{Z}^*)$ 给出目标函数的最速增大方向;

- 负共轭梯度向量 $-\nabla_{\mathbf{z}^*} f(\mathbf{z}, \mathbf{z}^*)$ 或 $-\nabla_{\mathrm{vec}\,\mathbf{Z}^*} f(\mathbf{Z}, \mathbf{Z}^*)$ 提供目标函数的最速下降方向。

[100] 因此, 在极小化问题中, 共轭梯度的负方向用作为更新方向

$$\mathbf{z}_k = \mathbf{z}_{k-1} - \mu \nabla_{\mathbf{z}^*} f(\mathbf{z}), \quad \mu > 0 \tag{3.2.15}$$

即, 迭代过程中的交替解的校正量 $-\mu \nabla_{\mathbf{z}^*} f(\mathbf{z})$ 与目标函数的负共轭梯度成正比。

由于负共轭梯度向量的方向总是指向目标函数的下降方向, 所以这类学习算法称作梯度下降算法或最速下降算法。

最速下降算法中的常数 μ 被称为学习速率 (步长), 它决定交替解收敛到最优解的收敛速率。

3.3 凸集与凸函数

上面讨论了无约束优化问题, 本节介绍约束优化理论。求解约束优化问题的基本思想是将约束优化问题转变成一个无约束优化问题。

3.3.1 标准约束优化问题

考虑约束优化问题的标准形式

$$\min_{\mathbf{x}} \ f_0(\mathbf{x}) \quad \text{s.t.} \quad f_i(\mathbf{x}) \leqslant 0, \ i = 1, \cdots, m; \mathbf{A}\mathbf{x} = \mathbf{b} \tag{3.3.1}$$

或

$$\min_{\mathbf{x}} \ f_0(\mathbf{x}) \quad \text{s.t.} \quad f_i(\mathbf{x}) \leqslant 0, i = 1, \cdots, m; h_j(\mathbf{x}) = 0, j = 1, \cdots, q \tag{3.3.2}$$

约束优化问题中的变量 $\mathbf{x}$ 称为优化变量或者决策变量, 函数 $f_0(\mathbf{x})$ 称为目标函数或成本函数, 而

$$f_i(\mathbf{x}) \leqslant 0, \ \mathbf{x} \in \mathcal{I}, \quad h_j(\mathbf{x}) = 0, \ \mathbf{x} \in \mathcal{E} \tag{3.3.3}$$

分别称作不等式约束和等式约束, 其中 $\mathcal{I}$ 和 $\mathcal{E}$ 分别是不等式约束函数和等式约束函数的定义域, 即有 [101]

$$\mathcal{I} = \bigcap_{i=1}^{m} \mathrm{dom}\, f_i, \quad \mathcal{E} = \bigcap_{j=1}^{q} \mathrm{dom}\, h_j \tag{3.3.4}$$

不等式约束和等式约束合称显式约束。无显式约束 (即 $m = q = 0$) 的优化问题退化成无约束优化问题。

不等式约束 $f_i(\mathbf{x}) \leqslant 0, i = 1, \cdots, m$ 和等式约束 $h_j(\mathbf{x}) = 0, j = 1, \cdots, q$ 表示 $m + q$ 个对 $\mathbf{x}$ 的可能选择所施加的严格要求或规定。目标函数 $f_0(\mathbf{x})$ 表示选择 $\mathbf{x}$ 所付出的成本。相反, 负目标函数 $-f_0(\mathbf{x})$ 可以理解为选择 $\mathbf{x}$ 得到的价值

或益处。因此, 求解约束优化问题式 (3.3.2) 就是在 $m+q$ 个严格要求中选择优化变量 $\mathbf{x}$, 以使成本最小或者价值最大。

约束优化问题式 (3.3.2) 的最优解表示为 p^*, 定义为目标函数 $f_0(\mathbf{x})$ 的下确界

$$p^* = \inf\{f_0(\mathbf{x})|f_i(\mathbf{x}) \leqslant 0,\ i=1,\cdots,m;\ h_j(\mathbf{x})=0,\ j=1,\cdots,q\} \tag{3.3.5}$$

若 $p^*=\infty$, 则称约束优化问题式 (3.3.2) 是不可行的, 即任何一点 $\mathbf{x}$ 都不可能满足 $m+q$ 个约束条件。若 $p^*=-\infty$, 则称约束优化问题式 (3.3.2) 是下无界的。以下是求解约束优化问题式 (3.3.2) 的关键步骤:

① 搜索给定优化问题的可行点。

② 搜索使约束优化问题达到最优值的点。

③ 避免原约束优化问题陷入下无界。

满足所有不等式约束和等式约束的点 $\mathbf{x}$ 称为可行点。所有可行点的集合称为可行域或者可行集, 记作 $\mathcal{F}$, 并定义为

$$\mathcal{F} \stackrel{\text{def}}{=} \mathcal{I} \cap \mathcal{E} = \{\mathbf{x}|f_i(\mathbf{x}) \leqslant 0,\ i=1,\cdots,m; h_j(\mathbf{x})=0,\ j=1,\cdots,q\} \tag{3.3.6}$$

可行集以外的点称为不可行点。

目标函数的定义域 $\mathrm{dom} f_0$ 与可行域 $\mathcal{F}$ 的交集

$$\mathcal{D} = \mathrm{dom} f_0 \cap \bigcap_{i=1}^{m} \mathrm{dom} f_i \cap \bigcap_{j=1}^{q} \mathrm{dom} h_j = \mathrm{dom} f_0 \cap \mathcal{F} \tag{3.3.7}$$

称为约束优化问题的定义域。

一个可行点 $\mathbf{x}$ 是最优点, 若 $f_0(\mathbf{x})=p^*$。求解一个约束优化问题通常是困难的。当决策变量的数目很大时, 求解一个约束优化问题尤为困难, 这主要源于以下原因[19]。 [102]

- 一个约束优化问题在其定义域可能充满了局部最优解。
- 求一个可行点可能是非常困难的。
- 一般无约束算法的停止准则在约束优化问题中往往失效。
- 约束优化问题的收敛速率往往很差。
- 数值问题的规模会使约束极小化算法要么完全停止, 要么不能正常收敛。

求解约束优化问题的上述困难可以通过使用凸优化技术加以克服。本质上, 凸优化是凸 (或凹) 函数在凸集的约束下的极小化 (或极大化)。凸优化是最优化、凸分析和数值计算的一种融合。

3.3.2 凸集与凸函数定义

定义 3.6 (凸集) 集合 $S \in \mathbb{R}^n$ 称为凸集, 若连接任意两点 $\mathbf{x},\mathbf{y} \in S$ 的线段也位于集合 S, 即

$$\mathbf{x},\mathbf{y} \in S, \quad \theta \in [0,1] \quad \Rightarrow \quad \theta\mathbf{x}+(1-\theta)\mathbf{y} \in S \tag{3.3.8}$$

许多熟悉的集合都是凸集, 例如单位球 $S=\{\mathbf{x}|\,\|\mathbf{x}\|_2 \leqslant 1\}$。然而, 单位球

面 $S = \{\mathbf{x} | \|\mathbf{x}\|_2 = 1\}$ 不是一个凸集, 因为连接球面上两点的线段显然不在球面上。

凸集具有下列重要性质[25]: 令 $S_1 \subseteq \mathbb{R}^n$ 和 $S_2 \subseteq \mathbb{R}^m$ 是两个凸集, 并且 $\mathcal{A}(\mathbf{x}) : \mathbb{R}^n \to \mathbb{R}^m$ 是满足 $\mathcal{A}(\mathbf{x}) = \mathbf{A}\mathbf{x} + \mathbf{b}$ 的线性算子, 则

- 两个集合的交 $S_1 \cap S_2 = \{\mathbf{x} \in \mathbb{R}^n | \mathbf{x} \in S_1, \mathbf{x} \in S_2\}$ $(m = n)$ 是一个凸集。
- 两个集合的和 $S_1 + S_2 = \{\mathbf{z} = \mathbf{x} + \mathbf{y} | \mathbf{x} \in S_1, \mathbf{y} \in S_2\}$ $(m = n)$ 是一个凸集。
- 直和 $S_1 \oplus S_2 = \{(\mathbf{x}, \mathbf{y}) \in \mathbb{R}^{n+m} | \mathbf{x} \in S_1, \mathbf{y} \in S_2\}$ 是一个凸集。
- 圆锥包 $\mathcal{K}(S_1) = \{\mathbf{z} \in \mathbb{R}^n | \mathbf{z} = \beta\mathbf{x}, \mathbf{x} \in S_1, \beta \geqslant 0\}$ 是一个凸集。
- 仿射图像 $\mathcal{A}(S_1) = \{\mathbf{y} \in \mathbb{R}^m | \mathbf{y} = \mathcal{A}(\mathbf{x}), \mathbf{x} \in S_1\}$ 是一个凸集。
- 逆仿射图像 $\mathcal{A}^{-1}(S_2) = \{\mathbf{x} \in \mathbb{R}^n | \mathbf{x} = \mathcal{A}^{-1}(\mathbf{y}), \mathbf{y} \in S_2\}$ 是一个凸集。
- 下列凸包是一个凸集

$$\operatorname{conv}(S_1, S_2) = \{\mathbf{z} \in \mathbb{R}^n | \mathbf{z} = \alpha\mathbf{x} + (1 - \alpha)\mathbf{y}, \mathbf{x} \in S_1, \mathbf{y} \in S_2; \alpha \in [0, 1]\}$$

[103]

给定向量 $\mathbf{x} \in \mathbb{R}^n$ 和常数 $\rho > 0$, 则

$$B_{\text{o}}(\mathbf{x}, \rho) = \{\mathbf{y} \in \mathbb{R}^n | \|\mathbf{y} - \mathbf{x}\|_2 < \rho\} \tag{3.3.9}$$

$$B_{\text{c}}(\mathbf{x}, \rho) = \{\mathbf{y} \in \mathbb{R}^n | \|\mathbf{y} - \mathbf{x}\|_2 \leqslant \rho\} \tag{3.3.10}$$

分别称为开球和闭球, 它们的中心为 $\mathbf{x}$, 半径为 ρ。

凸集 $S \subseteq \mathbb{R}^n$ 称为凸锥, 若始于原点的所有射线和连接这些射线的任意两点仍然在凸集内, 即

$$\mathbf{x}, \mathbf{y} \in S,\ \lambda, \mu \geqslant 0 \ \Rightarrow\ \lambda\mathbf{x} + \mu\mathbf{y} \in S \tag{3.3.11}$$

非负象限 $\mathbb{R}_+^n = \{\mathbf{x} \in \mathbb{R}^n | \mathbf{x} \succeq 0\}$ 是凸锥。半正定矩阵 $\mathbf{X} \succeq 0$ 的集合 $S_+^n = \{\mathbf{X} \in \mathbb{R}^{n \times n} | \mathbf{X} \succeq 0\}$ 也是凸锥, 因为任意多个半正定矩阵的正组合仍然是半正定的。因此, S_+^n 称为半正定锥。

定义 3.7 (仿射函数) 向量函数 $\mathbf{f}(\mathbf{x}) : \mathbb{R}^n \to \mathbb{R}^m$ 称为仿射函数, 如果它具有形式

$$\mathbf{f}(\mathbf{x}) = \mathbf{A}\mathbf{x} + \mathbf{b} \tag{3.3.12}$$

类似地, 矩阵函数 $\mathbf{F}(\mathbf{x}) : \mathbb{R}^n \to \mathbb{R}^{p \times q}$ 称为仿射函数, 若它具有形式

$$\mathbf{F}(\mathbf{x}) = \mathbf{A}_0 + x_1\mathbf{A}_1 + \cdots + x_n\mathbf{A}_n \tag{3.3.13}$$

其中 $\mathbf{A}_i \in \mathbb{R}^{p \times q}$。仿射函数有时也称为线性函数。

定义 3.8 (严格凸函数)[25] 给定一个凸集 $S \in \mathbb{R}^n$ 和函数 $f : S \to \mathbb{R}$, 则

- 函数 $f : \mathbb{R}^n \to \mathbb{R}$ 是凸函数, 当且仅当 $S = \operatorname{dom}(f)$ 是凸集, 并且对所有向量 $\mathbf{x}, \mathbf{y} \in S$ 及每一个标量 $\alpha \in (0, 1)$, 函数满足 Jensen 不等式

$$f(\alpha\mathbf{x} + (1 - \alpha)\mathbf{y}) \leqslant \alpha f(\mathbf{x}) + (1 - \alpha)f(\mathbf{y}) \tag{3.3.14}$$

- 函数 $f(\mathbf{x})$ 称为严格凸函数, 当且仅当 $S = \operatorname{dom}(f)$ 是凸集, 并且对于所

有向量 $\mathbf{x},\mathbf{y}\in S$ 及每一个标量 $\alpha\in(0,1)$, 函数 $f(\mathbf{x})$ 满足不等式

$$f(\alpha\mathbf{x}+(1-\alpha)\mathbf{y})<\alpha f(\mathbf{x})+(1-\alpha)f(\mathbf{y}) \tag{3.3.15}$$

强凸函数有以下 3 个等价定义。 [104]

- 函数 $f(\mathbf{x})$ 称为强凸函数, 若[25]

$$f(\alpha\mathbf{x}+(1-\alpha)\mathbf{y})\leqslant\alpha f(\mathbf{x})+(1-\alpha)f(\mathbf{y})-\frac{\mu}{2}\alpha(1-\alpha)\|\mathbf{x}-\mathbf{y}\|_2^2 \tag{3.3.16}$$

  对所有向量 $\mathbf{x},\mathbf{y}\in S$, 标量 $\alpha\in[0,1]$ 成立。

- 函数 $f(\mathbf{x})$ 称为强凸函数, 若[2]

$$(\nabla f(\mathbf{x})-\nabla f(\mathbf{y}))^{\mathrm{T}}(\mathbf{x}-\mathbf{y})\geqslant\mu\|\mathbf{x}-\mathbf{y}\|_2^2 \tag{3.3.17}$$

  对所有向量 $\mathbf{x},\mathbf{y}\in S$ 和某个标量 $\mu>0$ 成立。

- 函数 $f(\mathbf{x})$ 称为强凸函数, 若[25]

$$f(\mathbf{y})\geqslant f(\mathbf{x})+[\nabla f(\mathbf{x})]^{\mathrm{T}}(\mathbf{y}-\mathbf{x})+\frac{\mu}{2}\|\mathbf{y}-\mathbf{x}\|_2^2 \tag{3.3.18}$$

  对标量 $\mu>0$ 成立。

在上述 3 种定义中, 常数 $\mu\,(>0)$ 称为强凸函数 $f(\mathbf{x})$ 的凸性参数。

下面是凸函数、严格凸函数和强凸函数之间的关系

$$\text{强凸函数}\Rightarrow\text{严格凸函数}\Rightarrow\text{凸函数} \tag{3.3.19}$$

定义 3.9 (伪凸函数)[33] 函数 $f(\mathbf{x})$ 称为伪凸函数, 若对所有向量 $\mathbf{x},\mathbf{y}\in S$ 和标量 $\alpha\in[0,1]$, 不等式

$$f(\alpha\mathbf{x}+(1-\alpha)\mathbf{y})\leqslant\max\{f(\mathbf{x}),f(\mathbf{y})\} \tag{3.3.20}$$

成立。函数 $f(\mathbf{x})$ 叫作强伪凸函数, 若对所有向量 $\mathbf{x},\mathbf{y}\in S$, $\mathbf{x}\neq\mathbf{y}$ 和标量 $\alpha\in(0,1)$, 严格不等式

$$f(\alpha\mathbf{x}+(1-\alpha)\mathbf{y})<\max\{f(\mathbf{x}),f(\mathbf{y})\} \tag{3.3.21}$$

成立。函数 $f(\mathbf{x})$ 称为严格伪凸函数, 若严格不等式 (3.3.21) 对所有向量 $\mathbf{x},\mathbf{y}\in S$, $f(\mathbf{x})\neq f(\mathbf{y})$ 和标量 $\alpha\in(0,1)$ 成立。

3.3.3 凸函数识别

给定一个定义在凸集 S 的目标函数 $f(\mathbf{x}):S\to\mathbb{R}$。一个自然的问题是: 如何确定该函数是否是一个凸函数? 凸函数辨识方法分为一阶梯度法和二阶梯度法。 [105]

以下是判别凸函数的一阶充要条件。

1. 一阶充要条件

定理 3.5[32] 令 $f:S\to\mathbb{R}$ 是定义在 n 维向量空间 $\mathbb{R}^n$ 中的凸集 S 的函数且可微, 则对所有向量 $\mathbf{x},\mathbf{y}\in S$, 有

$$f(\mathbf{x})\ \text{凸}\ \Leftrightarrow\ \langle\nabla_{\mathbf{x}}f(\mathbf{x})-\nabla_{\mathbf{x}}f(\mathbf{y}),\mathbf{x}-\mathbf{y}\rangle\geqslant 0$$

$$f(\mathbf{x})\ \text{严格凸}\ \Leftrightarrow\ \langle \nabla_{\mathbf{x}} f(\mathbf{x}) - \nabla_{\mathbf{x}} f(\mathbf{y}), \mathbf{x}-\mathbf{y}\rangle > 0,\ \mathbf{x}\neq\mathbf{y}$$

$$f(\mathbf{x})\ \text{强凸}\ \Leftrightarrow\ \langle \nabla_{\mathbf{x}} f(\mathbf{x}) - \nabla_{\mathbf{x}} f(\mathbf{y}), \mathbf{x}-\mathbf{y}\rangle \geqslant \mu\|\mathbf{x}-\mathbf{y}\|_2^2$$

定理 3.6[3]　若 $f: S \to \mathbb{R}$ 在凸定义域内可微分, 则 f 是凸函数, 当且仅当

$$f(\mathbf{y}) \geqslant f(\mathbf{x}) + \langle \nabla_{\mathbf{x}} f(\mathbf{x}), \mathbf{y}-\mathbf{x}\rangle \tag{3.3.22}$$

2. 二阶充要条件

定理 3.7[21]　令 $f: S \to \mathbb{R}$ 是定义在凸集 $S \in \mathbb{R}^n$ 内的函数, 并且二阶可微分, 则 $f(\mathbf{x})$ 是凸函数, 当且仅当 Hesse 矩阵半正定, 即

$$\mathbf{H}_{\mathbf{x}}[f(\mathbf{x})] = \frac{\partial^2 f(\mathbf{x})}{\partial \mathbf{x} \partial \mathbf{x}^{\mathrm{T}}} \succeq 0, \quad \forall \mathbf{x} \in S \tag{3.3.23}$$

注释　令 $f: S \to \mathbb{R}$ 是定义在凸集 $S \in \mathbb{R}^n$ 的函数, 并且二阶可微分, 则 $f(\mathbf{x})$ 是严格凸函数, 当且仅当 Hesse 矩阵正定, 即

$$\mathbf{H}_{\mathbf{x}}[f(\mathbf{x})] = \frac{\partial^2 f(\mathbf{x})}{\partial \mathbf{x} \partial \mathbf{x}^{\mathrm{T}}} \succ 0, \quad \forall \mathbf{x} \in S \tag{3.3.24}$$

与严格极小点要求 Hesse 矩阵在一个点 $\mathbf{c}$ 正定的充分条件不同, 式 (3.3.24) 要求 Hesse 矩阵在整个凸集 S 内的所有点都正定。

值得指出的是, ℓ_0 范数除外, 所有其他 $\ell_p(p \geqslant 1)$ 向量范数

$$\|\mathbf{x}\|_p = \left(\sum_{i=1}^n |x_i|^p\right)^{1/p},\ p \geqslant 1; \quad \|\mathbf{x}\|_\infty = \max_i |x_i| \tag{3.3.25}$$

都是凸函数。

[106]

3.4 平滑凸优化的梯度方法

凸优化分为一阶优化算法和二阶优化算法。聚焦平滑函数, 本节重点介绍平滑凸优化的一阶算法: 梯度法、投影梯度法和收敛速率。

3.4.1 梯度法

使用优化方法生成松弛序列

$$\mathbf{x}_{k+1} = \mathbf{x}_k + \mu_k \Delta \mathbf{x}_k, \quad k = 1, 2, \cdots \tag{3.4.1}$$

搜索最优点 $\mathbf{x}_{\mathrm{opt}}$。在式 (3.4.1) 中, $k = 1, 2, \cdots$ 表示迭代次数, $\mu_k \geqslant 0$ 称为第 k 次迭代的步长;Δ 和 $\mathbf{x}$ 的合体符号 $\Delta\mathbf{x}$ 表示在 $\mathbb{R}^n$ 内的向量, 称为步进方向或者搜索方向。

由目标函数在迭代点 $\mathbf{x}_k$ 的一阶逼近表达式

$$f(\mathbf{x}_{k+1}) \approx f(\mathbf{x}_k) + (\nabla f(\mathbf{x}_k))^{\mathrm{T}} \Delta \mathbf{x}_k \tag{3.4.2}$$

可以得出结论: 若

$$(\nabla f(\mathbf{x}_k))^{\mathrm{T}} \Delta \mathbf{x}_k < 0 \tag{3.4.3}$$

则 $f(\mathbf{x}_{k+1}) < f(\mathbf{x}_k)$。因此, 满足 $(\nabla f(\mathbf{x}_k))^{\mathrm{T}} \Delta \mathbf{x}_k < 0$ 的搜索方向 $\Delta \mathbf{x}_k$ 称为目标函数 $f(\mathbf{x})$ 在第 k 次迭代的下降方向。

显然, 为了使得 $(\nabla f(\mathbf{x}_k))^{\mathrm{T}} \Delta \mathbf{x}_k < 0$, 应该选取

$$\Delta \mathbf{x}_k = -\nabla f(\mathbf{x}_k) \cos\theta \tag{3.4.4}$$

其中, $0 \leqslant \theta < \pi/2$ 是搜索方向与负梯度方向 $-\nabla f(\mathbf{x}_k)$ 之间的锐角。

$\theta = 0$ 意味着 $\Delta \mathbf{x}_k = -\nabla f(\mathbf{x}_k)$, 即目标函数 f 在点 $\mathbf{x}$ 的负梯度方向可以直接当作搜索方向。此时, 下降步长 $\|\Delta \mathbf{x}_k\|_2 = \|\nabla f(\mathbf{x}_k)\|_2 \geqslant \|\nabla f(\mathbf{x}_k)\|_2 \cos\theta$ 取最大值。因此, 下降方向 $\Delta \mathbf{x}_k$ 具有最大的下降步长或下降速率, 对应的下降算法

[107]

$$\mathbf{x}_{k+1} = \mathbf{x}_k - \mu_k \nabla f(\mathbf{x}_k), \quad k = 1, 2, \cdots \tag{3.4.5}$$

称为最速下降法。

最速下降方向 $\Delta \mathbf{x} = -\nabla f(\mathbf{x})$ 只使用目标函数 $f(\mathbf{x})$ 的一阶梯度信息。如果再使用目标函数的二阶信息或 Hesse 矩阵 $\nabla^2 f(\mathbf{x}_k)$, 则可以得到更好的搜索方向。在这种情况下, 最优下降方向 $\Delta \mathbf{x}$ 应该是使目标函数 $f(\mathbf{x})$ 的二阶 Taylor 逼近函数极小化的解

$$\min_{\Delta \mathbf{x}} f(\mathbf{x} + \Delta \mathbf{x}) = f(\mathbf{x}) + (\nabla f(\mathbf{x}))^{\mathrm{T}} \Delta \mathbf{x} + \frac{1}{2} (\Delta \mathbf{x})^{\mathrm{T}} \nabla^2 f(\mathbf{x}) \Delta \mathbf{x} \tag{3.4.6}$$

在最优点, 目标函数在参数向量 $\Delta \mathbf{x}$ 上的梯度向量必须等于零, 即

$$\begin{aligned} \frac{\partial f(\mathbf{x} + \Delta \mathbf{x})}{\partial \Delta \mathbf{x}} &= \nabla f(\mathbf{x}) + \nabla^2 f(\mathbf{x}) \Delta \mathbf{x} = \mathbf{0} \\ \Leftrightarrow \Delta \mathbf{x}_{\mathrm{nt}} &= -\left(\nabla^2 f(\mathbf{x})\right)^{-1} \nabla f(\mathbf{x}) \end{aligned} \tag{3.4.7}$$

式中, $\Delta \mathbf{x}_{\mathrm{nt}}$ 称为 Newton 步或者 Newton 下降方向, 相应的优化算法称为 Newton 法或者 Newton-Raphson 法。

算法 3.1 总结了梯度下降算法及其变形。

算法 3.1 梯度下降算法及其变形

---

1. **input:** An initial point $\mathbf{x}_1 \in \mathrm{dom}\, f$ and the allowed error $\epsilon > 0$. Put $k = 1$
2. **repeat**
3. Compute the gradient $\nabla f(\mathbf{x}_k)$ (and the Hessian matrix $\nabla^2 f(\mathbf{x}_k)$)
4. Choose the descent direction

$$\Delta \mathbf{x}_k = \begin{cases} -\nabla f(\mathbf{x}_k) & \text{(steepest descent method)} \\ -(\nabla^2 f(\mathbf{x}_k))^{-1} \nabla f(\mathbf{x}_k) & \text{(Newton method)} \end{cases}$$

5. Choose a step $\mu_k > 0$, and update $\mathbf{x}_{k+1} = \mathbf{x}_k + \mu_k \Delta \mathbf{x}_k$
6. **exit if** $|f(\mathbf{x}_{k+1}) - f(\mathbf{x}_k)| \leqslant \epsilon$
7. **return** $k \leftarrow k + 1$
8. **output:** $\mathbf{x} \leftarrow \mathbf{x}_k$

---

[108]

3.4.2 投影梯度法

变元向量 $\mathbf{x}$ 在梯度算法中是无约束的, 即 $\mathbf{x} \in \mathbb{R}^n$。如果选择约束的变元向量 $\mathbf{x} \in C$, 其中 $C \subset \mathbb{R}^n$, 则梯度算法的更新公式应该代之以投影的梯度

$$\mathbf{x}_{k+1} = \mathcal{P}_C(\mathbf{x}_k - \mu_k \nabla f(\mathbf{x}_k)) \tag{3.4.8}$$

这个算法称为投影梯度法或者梯度投影法。在式 (3.4.8) 中, $\mathcal{P}_C(\mathbf{y})$ 称为投影算子, 定义为

$$\mathcal{P}_C(\mathbf{y}) = \arg\min_{\mathbf{x}\in C} \frac{1}{2}\|\mathbf{x} - \mathbf{y}\|_2^2 \tag{3.4.9}$$

投影算子可以等效表示成

$$\mathcal{P}_C(\mathbf{y}) = \mathbf{P}_C \mathbf{y} \tag{3.4.10}$$

其中 $\mathbf{P}_C$ 是到子空间 C 的投影矩阵。如果 C 是矩阵 $\mathbf{A}$ 的列空间, 则

$$\mathbf{P}_A = \mathbf{A}(\mathbf{A}^{\mathrm{T}}\mathbf{A})^{-1}\mathbf{A}^{\mathrm{T}} \tag{3.4.11}$$

定理 3.8[25] 如果 C 是一个凸集, 则存在唯一的投影 $\mathbf{P}_C(\mathbf{y})$。

特别地, 若 $C = \mathbb{R}^n$, 即变元向量 $\mathbf{x}$ 无约束, 则投影算子等同于单位矩阵, 即 $\mathcal{P}_C = \mathbf{I}$, 故有

$$\mathcal{P}_{\mathbb{R}^n}(\mathbf{y}) = \mathbf{P}\mathbf{y} = \mathbf{y}, \quad \forall \mathbf{y} \in \mathbb{R}^n$$

在这种情况下, 投影梯度算法简化为梯度算法。

以下是向量 $\mathbf{x}$ 在几种典型集合上的投影[35]。

- 仿射集 $C = \{\mathbf{x}|\mathbf{A}\mathbf{x} = \mathbf{b}\}$, 其中 $\mathbf{A} \in \mathbb{R}^{p\times n}$, 且 $\mathrm{rank}(\mathbf{A}) = p$ 的投影

$$\mathcal{P}_C(\mathbf{x}) = \mathbf{x} + \mathbf{A}^{\mathrm{T}}(\mathbf{A}\mathbf{A}^{\mathrm{T}})^{-1}(\mathbf{b} - \mathbf{A}\mathbf{x}) \tag{3.4.12}$$

  若 $p \ll n$ 或者 $\mathbf{A}\mathbf{A}^{\mathrm{T}} = \mathbf{I}$, 则投影 $\mathcal{P}_C(\mathbf{x})$ 是低成本的。

[109]

- 超平面 $C = \{\mathbf{x}|\mathbf{a}^{\mathrm{T}}\mathbf{x} = b\}$ (其中 $\mathbf{a} \neq \mathbf{0}$) 的投影

$$\mathcal{P}_C(\mathbf{x}) = \mathbf{x} + \frac{b - \mathbf{a}^{\mathrm{T}}\mathbf{x}}{\|\mathbf{a}\|_2^2}\mathbf{a} \tag{3.4.13}$$

- 非负象限 $C = \mathbb{R}_+^n$ 的投影

$$\mathcal{P}_C(\mathbf{x}) = (\mathbf{x})^+ \quad \Leftrightarrow \quad [(\mathbf{x})^+]_i = \max\{x_i, 0\} \tag{3.4.14}$$

- 半空间 $C = \{\mathbf{x}|\mathbf{a}^{\mathrm{T}}\mathbf{x} \leqslant b\}$ (其中 $\mathbf{a} \neq \mathbf{0}$) 的投影

$$\mathcal{P}_C(\mathbf{x}) = \begin{cases} \mathbf{x} + \dfrac{b - \mathbf{a}^{\mathrm{T}}\mathbf{x}}{\|\mathbf{a}\|_2^2}\mathbf{a}, & 若\ \mathbf{a}^{\mathrm{T}}\mathbf{x} > b \\ \mathbf{x}, & 若\ \mathbf{a}^{\mathrm{T}}\mathbf{x} \leqslant b \end{cases} \tag{3.4.15}$$

- 矩形集 $[\mathbf{a}, \mathbf{b}]$ (其中 $a_i \leqslant x_i \leqslant b_i$) 的投影

$$\mathcal{P}_C(\mathbf{x}) = \begin{cases} a_i, & \text{若 } x_i \leqslant a_i \\ x_i, & \text{若 } a_i \leqslant x_i \leqslant b_i \\ b_i, & \text{若 } x_i \geqslant b_i \end{cases} \tag{3.4.16}$$

- 二阶锥 $C = \{(\mathbf{x}, t) | \, \|\mathbf{x}\|_2 \leqslant t, \mathbf{x} \in \mathbb{R}^n\}$ 的投影

$$\mathcal{P}_C(\mathbf{x}) = \begin{cases} (\mathbf{x}, t), & \text{若 } \|\mathbf{x}\|_2 \leqslant t \\ \dfrac{t + \|\mathbf{x}\|_2}{2\|\mathbf{x}\|_2} \begin{bmatrix} \mathbf{x} \\ t \end{bmatrix}, & \text{若 } -t < \|\mathbf{x}\|_2 < t \\ (0, 0), & \text{若 } \|\mathbf{x}\|_2 \leqslant -t, \, \mathbf{x} \neq \mathbf{0} \end{cases} \tag{3.4.17}$$

- Euclid 球 $C = \{\mathbf{x} | \, \|\mathbf{x}\|_2 \leqslant 1\}$ 的投影

$$\mathcal{P}_C(\mathbf{x}) = \begin{cases} \dfrac{1}{\|\mathbf{x}\|_2} \mathbf{x}, & \text{若 } \|\mathbf{x}\|_2 > 1 \\ \mathbf{x}, & \text{若 } \|\mathbf{x}\|_2 \leqslant 1 \end{cases} \tag{3.4.18}$$

- ℓ_1 范数球 $C = \{\mathbf{x} | \, \|\mathbf{x}\|_1 \leqslant 1\}$ 的投影

$$\mathcal{P}_C(\mathbf{x})_i = \begin{cases} x_i - \lambda, & \text{若 } x_i > \lambda \\ 0, & \text{若 } -\lambda \leqslant x_i \leqslant \lambda \\ x_i + \lambda, & \text{若 } x_i < -\lambda \end{cases} \tag{3.4.19}$$

  其中, $\lambda = 0$ 当 $\|\mathbf{x}\|_1 \leqslant 1$; 否则 λ 是下列方程的解 [110]

$$\sum_{i=1}^{n} \max\{|\, x_i| - \lambda, 0\} = 1$$

- 半正定锥 $C = \mathbb{S}_+^n$ 的投影

$$\mathcal{P}_C(\mathbf{X}) = \sum_{i=1}^{n} \max\{0, \lambda_i\} \mathbf{q}_i \mathbf{q}_i^{\mathrm{T}} \tag{3.4.20}$$

  其中, $\mathbf{X} = \sum_{i=1}^{n} \lambda_i \mathbf{q}_i \mathbf{q}_i^{\mathrm{T}}$ 是 $\mathbf{X}$ 的特征值分解。

3.4.3 收敛速率

所谓收敛速率, 就是一种优化算法需要多少次迭代, 才能使得目标函数的估计误差达到所要求的精度, 或者给定一个迭代数 K, 优化算法能够达到的精度。收敛速率的逆函数称为优化算法的复杂度。

令 $\mathbf{x}^*$ 表示一个局部或者全局极小点。优化算法的估计误差定义为目标函数在迭代点 $\mathbf{x}_k$ 的值与目标函数在全局极小点的极小值之差, 即

$$\delta_k = f(\mathbf{x}_k) - f(\mathbf{x}^*)$$

我们很自然地对优化算法的收敛问题感兴趣:

- 给定一个迭代步数 K, 设计的精度 $\lim\limits_{1\leqslant k\leqslant K}\delta_k$ 如何?
- 给定一个允许的精度 ϵ, 优化算法需要多少次迭代才能达到设计的精度 $\min\limits_k \delta_k \leqslant \epsilon$?

分析优化算法的收敛问题时, 通常关心目标函数的更新序列 $\{\mathbf{x}_k\}$ 收敛到其理想的极小点 $\mathbf{x}^*$ 速率。在数值分析中, 一个序列达到其极限的速率称为收敛速率。

1. Q 收敛速率

假定一个序列 $\{\mathbf{x}_k\}$ 收敛到 $\mathbf{x}^*$。如果存在一个实数 $\alpha \geqslant 1$ 和一个与迭代次数 k 无关的正常数 μ, 使得

$$\mu = \lim_{k\to\infty}\frac{\|\mathbf{x}_{k+1}-\mathbf{x}^*\|_2}{\|\mathbf{x}_k-\mathbf{x}^*\|_2^\alpha} \tag{3.4.21}$$

[111]

则称序列 $\{\mathbf{x}_k\}$ 具有 α 阶 Q 收敛速率。Q 收敛速率即商 (Quotient) 收敛速率。Q 收敛速率有以下典型速率[29]:

- 当 $\alpha = 1$ 时, Q 收敛速率称为 $\{\mathbf{x}_k\}$ 的极限收敛速率

$$\mu = \lim_{k\to\infty}\frac{\|\mathbf{x}_{k+1}-\mathbf{x}^*\|_2}{\|\mathbf{x}_k-\mathbf{x}^*\|_2} \tag{3.4.22}$$

  根据 μ 值的不同, 序列 $\{\mathbf{x}_k\}$ 的极限收敛速率可以分为 3 种类型:

  ① 次线性收敛速率: $\alpha = 1$, $\mu = 1$。

  ② 线性收敛速率: $\alpha = 1$, $\mu \in (0,1)$。

  ③ 超线性收敛速率: $\alpha = 1$, $\mu = 0$ 或 $1 < \alpha < 2$, $\mu = 0$。

- 当 $\alpha = 2$ 时, 称序列 $\{\mathbf{x}_k\}$ 具有二次收敛速率。
- 当 $\alpha = 3$ 时, 则称序列 $\{\mathbf{x}_k\}$ 有三次收敛速率。

如果 $\{x_k\}$ 是次线性收敛的, 并且

$$\lim_{k\to\infty}\frac{\|\mathbf{x}_{k+2}-\mathbf{x}_{k+1}\|_2}{\|\mathbf{x}_{k+1}-\mathbf{x}_k\|_2} = 1$$

则称序列 $\{\mathbf{x}_k\}$ 具有对数收敛速率。

次线性收敛速率是一类慢收敛速率, 线性收敛是一类快速收敛, 超线性收敛是一类非常快的收敛, 而二次收敛则是一类极快的收敛。当设计一个优化算法时, 通常要求它至少是线性收敛的, 最好是二次收敛的。超快的三次收敛速率一般难以实现。

2. 局部收敛速率

Q 收敛速率为极限收敛速率。当我们评价一个优化算法时, 一个实际的问题是: 为了达到一个理想的精度, 算法需要多少次迭代? 这取决于一个给定的优化算法的输出目标函数序列的局部收敛速率。

序列 $\{\mathbf{x}_k\}$ 的局部收敛速率记作 r_k, 定义为

$$r_k = \left\| \frac{\mathbf{x}_{k+1} - \mathbf{x}^*}{\mathbf{x}_k - \mathbf{x}^*} \right\|_2 \tag{3.4.23}$$

一个优化算法的复杂度定义为更新变量的局部收敛速率的倒数。
下面是局部收敛速率的分类[25]:

- 次线性收敛速率: 使用迭代次数 k 的幂函数描述, 常记为 [112]

$$f(\mathbf{x}_k) - f(\mathbf{x}^*) \leqslant \epsilon = O\left(\frac{1}{\sqrt{k}}\right) \tag{3.4.24}$$

- 线性收敛速率: 由迭代次数 k 的指数函数表示, 常定义为

$$f(\mathbf{x}_k) - f(\mathbf{x}^*) \leqslant \epsilon = O\left(\frac{1}{k}\right) \tag{3.4.25}$$

- 二次收敛速率: 具有迭代次数 k 的双指数函数形式, 通常用下式度量

$$f(\mathbf{x}_k) - f(\mathbf{x}^*) \leqslant \epsilon = O\left(\frac{1}{k^2}\right) \tag{3.4.26}$$

例如, 为了达到逼近精度 $f(\mathbf{x}_k) - f(\mathbf{x}^*) \leqslant \epsilon = 0.0001$, 则具有次线性收敛速率、线性收敛速率和二次收敛速率的优化算法分别需要运行大约 10^8、10^4 和 100 次迭代。

定理 3.9[25] 令 $\epsilon = f(\mathbf{x}_k) - f(\mathbf{x}^*)$ 是由梯度法 $\mathbf{x}_{k+1} = \mathbf{x}_k - \alpha\nabla f(\mathbf{x}_k)$ 的更新序列给出的目标函数的估计误差。对于凸函数 $f(\mathbf{x})$, 估计误差 $\epsilon = f(\mathbf{x}_k) - f(\mathbf{x}^*)$ 的上界为

$$f(\mathbf{x}_k) - f(\mathbf{x}^*) \leqslant \frac{2L\|\mathbf{x}_0 - \mathbf{x}^*\|_2^2}{k+4} \tag{3.4.27}$$

这个定理表明, 梯度算法 $\mathbf{x}_{k+1} = \mathbf{x}_k - \alpha\nabla f(\mathbf{x}_k)$ 的局部收敛速率为线性速率 $O\left(\frac{1}{k}\right)$。虽然这是一种快速的收敛速率, 但是正如我们在下节将看到的那样, 它远不是一种最优收敛速率。

3.5 Nesterov 最优梯度法

令 $Q \subset \mathbb{R}^n$ 是向量空间 $\mathbb{R}^n$ 内的一个凸集, 考虑无约束优化问题 $\min\limits_{\mathbf{x}\in Q} f(\mathbf{x})$。

3.5.1 Lipschitz 连续函数 [113]

定义 3.10 (Lipschitz 连续)[25] 称目标函数 $f(\mathbf{x})$ 在定义域 Q 是 Lipschitz 连续的, 若

$$|f(\mathbf{x}) - f(\mathbf{y})| \leqslant L\|\mathbf{x} - \mathbf{y}\|_2, \quad \forall \mathbf{x}, \mathbf{y} \in Q \tag{3.5.1}$$

对某个 Lipschitz 常数 $L > 0$ 成立。类似地, 称可微分函数 $f(\mathbf{x})$ 的梯度向量 $\nabla f(\mathbf{x})$ 在定义域 Q 是 Lipschitz 连续的, 若

$$\|\nabla f(\mathbf{x}) - \nabla f(\mathbf{y})\|_2 \leqslant L\|\mathbf{x} - \mathbf{y}\|_2, \quad \forall \mathbf{x}, \mathbf{y} \in Q \tag{3.5.2}$$

对某个 Lipschitz 常数 $L > 0$ 成立。

具有 Lipschitz 常数 L 的 Lipschitz 连续函数将记作 L-Lipschitz 连续函数。

称函数 $f(\mathbf{x})$ 在点 $\mathbf{x}_0$ 连续, 若 $\lim\limits_{\mathbf{x}\to\mathbf{x}_0} f(\mathbf{x}) = f(\mathbf{x}_0)$。当我们说 $f(\mathbf{x})$ 是一个连续函数时, 是指 $f(\mathbf{x})$ 在每一个点 $\mathbf{x} \in Q$ 都是连续的。

一个 Lipschitz 连续函数 $f(\mathbf{x})$ 必定是一个连续函数, 但一个连续函数不一定是一个 Lipschitz 连续函数。

一个处处可微分的函数称为平滑函数。一个平滑函数必定是一个连续函数, 但是一个连续函数不一定是平滑函数。一个典型的例子是: 连续函数在每一个边缘点不可微。因此, 一个 Lipschitz 连续函数不一定是可微分的, 但是具有 Lipschitz 连续梯度的函数 $f(\mathbf{x})$ 必然是在定义域 Q 内的平滑函数, 因为 Lipschitz 连续梯度的定义确保了 $f(\mathbf{x})$ 在定义域 Q 可微分。

在凸优化中, 符号 $\mathcal{C}_L^{k,p}(Q)$ (其中 $Q \subseteq \mathbb{R}^n$) 表示具有下列性质的 Lipschitz 连续函数类[25]:

- 函数 $f \in \mathcal{C}_L^{k,p}(Q)$ 在定义域 Q 是 k 次可连续微分的。
- 函数 $f \in \mathcal{C}_L^{k,p}(Q)$ 的 p 阶导数是 L-Lipschitz 连续的

$$\|f^{(p)}(\mathbf{x}) - f^{(p)}(\mathbf{y})\| \leqslant L\|\mathbf{x} - \mathbf{y}\|_2, \quad \forall \mathbf{x}, \mathbf{y} \in Q$$

如果 $k \neq 0$, 则 $f \in \mathcal{C}_L^{k,p}(Q)$ 称为可微分函数。显然, 总是有 $p \leqslant k$。若 $q > k$, 则 $\mathcal{C}_L^{q,p}(Q) \subseteq \mathcal{C}_L^{k,p}(Q)$。例如, $\mathcal{C}_L^{2,1}(Q) \subseteq \mathcal{C}_L^{1,1}(Q)$。

[114] 下面是 3 个常用的函数类 $\mathcal{C}_L^{k,p}(Q)$:

- $f(\mathbf{x}) \in \mathcal{C}_L^{0,0}(Q)$ 在定义域 Q 是 L-Lipschitz 连续的, 但不可微分。
- $f(\mathbf{x}) \in \mathcal{C}_L^{1,0}(Q)$ 在定义域 Q 是 L-Lipschitz 连续可微分的, 但其梯度不是。
- $f(\mathbf{x}) \in \mathcal{C}_L^{1,1}(Q)$ 在定义域 Q 是 L-Lipschitz 连续可微分的, 并且其梯度 $\nabla f(\mathbf{x})$ 在定义域 Q 是 L-Lipschitz 连续的。

$\mathcal{C}_L^{k,p}(Q)$ 函数类的基本性质是: 若 $f_1 \in \mathcal{C}_{L_1}^{k,p}(Q)$, $f_2 \in \mathcal{C}_{L_2}^{k,p}(Q)$, 并且 $\alpha, \beta \in \mathbb{R}$, 则

$$\alpha f_1 + \beta f_2 \in \mathcal{C}_{L_3}^{k,p}(Q)$$

其中 $L_3 = |\alpha|\, L_1 + |\beta|\, L_2$。

在所有 Lipschitz 连续函数中, 具有 Lipschitz 连续梯度的 $\mathcal{C}_L^{1,1}(Q)$ 是最重要的函数类, 广泛应用于凸优化。

关于 $\mathcal{C}_L^{1,1}(Q)$ 函数类, 有以下两个引理[25]。

引理 3.1 函数 $f(\mathbf{x})$ 属于 $\mathcal{C}_L^{2,1}(\mathbb{R}^n)$, 当且仅当

$$\|f''(\mathbf{x})\|_F \leqslant L, \quad \forall \mathbf{x} \in \mathbb{R}^n \tag{3.5.3}$$

引理 3.2 若 $f(\mathbf{x}) \in \mathcal{C}_L^{1,1}(Q)$, 则

$$|f(\mathbf{y}) - f(\mathbf{x}) - \langle \nabla f(\mathbf{x}), \mathbf{y} - \mathbf{x} \rangle| \leqslant \frac{L}{2}\|\mathbf{y} - \mathbf{x}\|_2^2, \quad \forall \mathbf{x}, \mathbf{y} \in Q \tag{3.5.4}$$

引理 3.2 是分析梯度算法中 $\mathcal{C}_L^{1,1}$ 函数类的收敛速率的关键不等式。根据引理 3.2, 可知[37]:

$$\begin{aligned} f(\mathbf{x}_{k+1}) &\leqslant f(\mathbf{x}_k) + \langle \nabla f(\mathbf{x}_k), \mathbf{x}_{k+1} - \mathbf{x}_k \rangle + \frac{L}{2}\|\mathbf{x}_{k+1} - \mathbf{x}_k\|_2^2 \\ &\leqslant f(\mathbf{x}_k) + \langle \nabla f(\mathbf{x}_k), \mathbf{x} - \mathbf{x}_k \rangle + \frac{L}{2}\|\mathbf{x} - \mathbf{x}_k\|_2^2 - \frac{L}{2}\|\mathbf{x} - \mathbf{x}_{k+1}\|_2^2 \\ &\leqslant f(\mathbf{x}) + \frac{L}{2}\|\mathbf{x} - \mathbf{x}_k\|_2^2 - \frac{L}{2}\|\mathbf{x} - \mathbf{x}_{k+1}\|_2^2 \end{aligned}$$

令 $\mathbf{x} = \mathbf{x}^*$ 和 $\delta_k = f(\mathbf{x}_k) - f(\mathbf{x}^*)$, 则有

$$\begin{aligned} 0 \leqslant \frac{L}{2}\|\mathbf{x}^* - \mathbf{x}_{k+1}\|_2^2 &\leqslant -\delta_{k+1} + \frac{L}{2}\|\mathbf{x}^* - \mathbf{x}_k\|_2^2 \\ &\leqslant \cdots \leqslant -\sum_{i=1}^{k+1}\delta_i + \frac{L}{2}\|\mathbf{x}^* - \mathbf{x}_0\|_2^2 \end{aligned}$$

由投影梯度算法的估计误差 $\delta_1 \geqslant \delta_2 \geqslant \cdots \geqslant \delta_{k+1}$ 可以直接得 $-(\delta_1 + \cdots + \delta_{k+1}) \leqslant -(k+1)\delta_{k+1}$, 故上述不等式可以简化为

[115]

$$0 \leqslant \frac{L}{2}\|\mathbf{x}^* - \mathbf{x}_{k+1}\|_2^2 \leqslant -(k+1)\delta_k + \frac{L}{2}\|\mathbf{x}^* - \mathbf{x}_0\|_2^2$$

由此可知, 投影梯度算法的收敛速率的上界为[37]

$$\delta_k = f(\mathbf{x}_k) - f(\mathbf{x}^*) \leqslant \frac{L\|\mathbf{x}^* - \mathbf{x}_0\|_2^2}{2(k+1)} \tag{3.5.5}$$

这表明, 与 (基本) 梯度法一样, 投影梯度法的局部收敛速率也是 $O\left(\frac{1}{k}\right)$。

3.5.2 Nesterov 最优梯度算法

定理 3.10[24] 令 $f(\mathbf{x})$ 是具有 L-Lipschitz 梯度的凸函数。若更新序列 $\{\mathbf{x}_k\}$ 满足条件

$$\mathbf{x}_k \in \mathbf{x}_0 + \text{span}\{\mathbf{x}_0, \cdots, \mathbf{x}_{k-1}\}$$

则由任何一种一阶优化算法能够达到的估计误差 $\epsilon = f(\mathbf{x}_k) - f(\mathbf{x}^*)$ 的下界为

$$f(\mathbf{x}_k) - f(\mathbf{x}^*) \geqslant \frac{3L\|\mathbf{x}_0 - \mathbf{x}^*\|_2^2}{32(k+1)^2} \tag{3.5.6}$$

其中, $\text{span}\{\mathbf{u}_0,\cdots,\mathbf{u}_{k-1}\}$ 表示由 $\mathbf{u}_0,\cdots,\mathbf{u}_{k-1}$ 张成的线性子空间, $\mathbf{x}_0$ 是梯度算法的初始值, 并且 $f(\mathbf{x}^*)$ 表示函数 f 的极小值。

定理 3.10 表明, 任何一种一阶优化算法的最优收敛速率为二次速率 $O(\frac{1}{k^2})$。

由于梯度算法的收敛速率为线性速率 $O\left(\frac{1}{k}\right)$, 并且最优一阶优化算法的收敛速率是二次速率 $O\left(\frac{1}{k^2}\right)$, 故梯度算法远不是最优的。

重球法 (heavy ball method, HBM) 可以有效地改善梯度算法的收敛速率。

HBM 是一种两步法: 令 $\mathbf{y}_0$ 和 $\mathbf{x}_0$ 是两个初始向量, α_k 和 β_k 是两个正值序列, 则求解无约束极小化问题 $\min\limits_{\mathbf{x}\in\mathbb{R}^n} f(\mathbf{x})$ 的一阶方法可以使用两步更新[31]

[116]

$$\left.\begin{aligned}\mathbf{y}_k &= \beta_k\mathbf{y}_{k-1} - \nabla f(\mathbf{x}_k)\\ \mathbf{x}_{k+1} &= \mathbf{x}_k + \alpha_k\mathbf{y}_k\end{aligned}\right\} \tag{3.5.7}$$

特别地, 若令 $\mathbf{y}_0 = \mathbf{0}$, 则上述两步更新可以改写为一步更新

$$\mathbf{x}_{k+1} = \mathbf{x}_k - \alpha_k\nabla f(\mathbf{x}_k) + \beta_k(\mathbf{x}_k - \mathbf{x}_{k-1}) \tag{3.5.8}$$

其中, $\mathbf{x}_k - \mathbf{x}_{k-1}$ 称为动量。

如式 (3.5.7) 所示, HBM 将迭代当作一个具有动量 $\mathbf{x}_k - \mathbf{x}_{k-1}$ 的质点, 因此能够连续在方向 $\mathbf{x}_k - \mathbf{x}_{k-1}$ 上移动。令 $\mathbf{y}_k = \mathbf{x}_k + \beta_k(\mathbf{x}_k - \mathbf{x}_{k-1})$, 并且使用 $\nabla f(\mathbf{y}_k)$ 代替 $\nabla f(\mathbf{x}_k)$。于是, 更新公式 (3.5.7) 变为

$$\left.\begin{aligned}\mathbf{y}_k &= \mathbf{x}_k + \beta_k(\mathbf{x}_k - \mathbf{x}_{k-1})\\ \mathbf{x}_{k+1} &= \mathbf{y}_k - \alpha_k\nabla f(\mathbf{y}_k)\end{aligned}\right\} \tag{3.5.9}$$

这就是 Nesterov 于 1983 年提出[24] 的最优梯度法的基本形式, 习惯称为 Nesterov (I) 最优梯度算法, 参见算法 3.2。

算法 3.2 Nesterov (I) 最优梯度算法[24]

1. **input:** Lipschitz constant L and convexity parameter guess μ
2. **initialization:** Choose $\mathbf{x}_{-1} = \mathbf{0}, \mathbf{x}_0 \in \mathbb{R}^n$ and $\alpha_0 \in (0,1)$. Set $k=0, q=\mu/L$
3. **repeat**
4. Compute $\alpha_{k+1} \in (0,1)$ from the equation $\alpha_{k+1}^2 = (1-\alpha_{k+1})\,\alpha_k^2 + q\alpha_{k+1}$
5. Set $\beta_k = \frac{\alpha_k(1-\alpha_k)}{\alpha_k^2+\alpha_{k+1}}$
6. Compute $\mathbf{y}_k = \mathbf{x}_k + \beta_k\,(\mathbf{x}_k - \mathbf{x}_{k-1})$
7. Compute $\mathbf{x}_{k+1} = \mathbf{y}_k - \alpha_{k+1}\nabla f\,(\mathbf{y}_k)$
8. **exit if** $\mathbf{x}_k$ converges
9. **return** $k \leftarrow k+1$
10. **output:** $\mathbf{x} \leftarrow \mathbf{x}_k$

容易看出, Nesterov 最优梯度算法与重球法公式式 (3.5.7) 直觉上相似, 但实质上并不一样, 即 Nesterov 算法使用 $\nabla f(\mathbf{y})$ 取代了重球法的 $\nabla f(\mathbf{x})$。

在 Nesterov 最优梯度算法中, 估计序列 $\{\mathbf{x}_k\}$ 是逼近解序列, 并且 $\{\mathbf{y}_k\}$ 是

搜索点序列。

定理 3.11[24] 令 f 是具有 L-Lipschitz 梯度的凸函数。Nesterov 最优梯度算法 [117]

$$f(\mathbf{x}_k) - f(\mathbf{x}^*) \leqslant \frac{CL\|\mathbf{x}_k - \mathbf{x}^*\|_2^2}{(k+1)^2} \tag{3.5.10}$$

显然, Nesterov 最优梯度算法的收敛速率是一阶梯度算法的最优收敛速率, 至多相差一个常数倍。因此, Nesterov 梯度算法确实是一种最优一阶极小化算法。

业已证明[18], 强凸常数 μ^* 的使用对减少 Nesterov 算法的迭代次数是有效的。通过利用递减序列 $\mu_k \to \mu^*$, 文献 [18] 提出了一种具有自适应凸性参数的 Nesterov 算法, 见算法 3.3。

算法 3.3 具有自适应凸性参数的 Nesterov 算法

1. **input:** Lipschitz constant L, and the convexity parameter guess $\mu^* \leqslant L$
2. **initialization:** $\mathbf{x}_0, \mathbf{v}_0 = \mathbf{x}_0, \gamma_0 > 0, \beta > 1, \mu_0 \in [\mu^*, \gamma_0)$. Set $k=0, \theta \in [0,1], \mu_+ = \mu_0$
3. **repeat**
4. $\quad \mathbf{d}_k = \mathbf{v}_k - \mathbf{x}_k$
5. $\quad \mathbf{y}_k = \mathbf{x}_k + \theta_k \mathbf{d}_k$
6. $\quad$ **exit if** $\nabla f(\mathbf{y}_k) = \mathbf{0}$
7. $\quad$ Steepest descent step: $\mathbf{x}_{k+1} = \mathbf{y}_k - \nu \nabla f(\mathbf{y}_k)$. If L is known, then $\nu \geqslant 1/L$
8. $\quad$ If $(\gamma_k - \mu^*) < \beta(\mu_+ - \mu^*)$, then choose $\mu_+ \in [\mu^*, \gamma/\beta]$
9. $\quad$ Compute $\tilde{\mu} = \frac{\|\nabla f(\mathbf{y}_k)\|^2}{2[f(\mathbf{y}_k) - f(\mathbf{x}_{k+1})]}$
10. $\quad$ If $\mu_+ \geqslant \tilde{\mu}$, then $\mu_+ = \max\{\mu^*, \tilde{\mu}/10\}$
11. $\quad$ Compute α_k as the largest root of $A\alpha^2 + B\alpha + C = 0$
12. $\quad \gamma_{k+1} = (1-\alpha_k)\gamma_k + \alpha_k \mu_+$
13. $\quad \mathbf{v}_{k+1} = \frac{1}{\gamma_{k+1}}((1-\alpha_k)\gamma_k \mathbf{v}_k + \alpha_k(\mu_+ \mathbf{y}_k - \nabla f(\mathbf{y}_k)))$
14. $\quad$ **return** $k \leftarrow k+1$
15. **output:** $\mathbf{y}_k$ as an optimal solution

算法 3.3 步骤 11 中的系数 A、B、C 分别为

$$G = \gamma_k \left(\frac{\mu}{2}\|\mathbf{v}_k - \mathbf{y}_k\|^2 + [\nabla f(\mathbf{y}_k)]^{\mathrm{T}}(\mathbf{v}_k - \mathbf{y}_k) \right)$$

$$A = G + \frac{1}{2}\|\nabla f(\mathbf{y}_k)\|^2 + (\mu - \gamma_k)(f(\mathbf{x}_k) - f(\mathbf{y}_k))$$

$$B = (\mu - \gamma_k)\left(f(\mathbf{x}_{k+1}) - f(\mathbf{x}_k)\right) - \gamma_k(f(\mathbf{y}_k) - f(\mathbf{x}_k)) - G$$

$$C = \gamma_k\left(f(\mathbf{x}_{k+1}) - f(\mathbf{x}_k)\right), \quad \mu = \mu_+$$

建议的初始值 $\gamma_0 = L$ (若 L 已知), $\mu_0 = \max\{\mu^*, \gamma_0/100\}$ 和 $\beta = 1.02$。 [118]

Nesterov (I) 最优梯度算法存在两个局限:

- $\mathbf{y}_k$ 有可能脱离定义域 Q, 故要求目标函数 $f(\mathbf{x})$ 在定义域 Q 的每一个点都应该有明确的定义。

- 只适用于 Euclid 范数 $\|\mathbf{x}\|_2$ 的极小化。

为了克服这些局限, Nesterov 提出了另外两种最优梯度算法, 习惯称为 Nesterov Ⅱ 和 Nesterov Ⅲ 最优梯度算法[26, 27]。

定义 $n\times 1$ 映射向量 $V_Q(\mathbf{u},\mathbf{g})$ 的第 i 个元素[26]

$$V_Q^{(i)}(\mathbf{u},\mathbf{g})=u_i e^{-g_i}\left(\sum_{j=1}^{n}u_j e^{-g_i}\right)^{-1},\quad i=1,\cdots,n \tag{3.5.11}$$

算法 3.4 为 Nesterov Ⅲ 最优梯度算法。

算法 3.4 Nesterov Ⅲ 最优梯度算法[26]

1. **input:** Choose $\mathbf{x}_0\in\mathbb{R}^n$ and $\alpha\in(0,1)$
2. **initialization:** $\mathbf{y}_0=\text{argmin}_{\mathbf{x}}\left\{\frac{L}{\alpha}d(\mathbf{x})+\frac{1}{2}\left(f(\mathbf{x}_0)+\langle f'(\mathbf{x}_0),\mathbf{x}-\mathbf{x}_0\rangle\right):\mathbf{x}\in Q\right\}$. Set $k=0$
3. **repeat**
4. Find $\mathbf{z}_k=\text{argmin}_{\mathbf{x}}\left\{\frac{L}{\alpha}d(\mathbf{x})+\sum_{i=0}^{k}\frac{i+1}{2}\left(f(\mathbf{x}_i)+\langle\nabla f(\mathbf{x}_i),\mathbf{x}-\mathbf{x}_i\rangle\right):\mathbf{x}\in Q\right\}$
5. Set $\tau_k=\frac{2}{k+3}$ and $\mathbf{x}_{k+1}=\tau_k\mathbf{z}_k+(1-\tau_k)\mathbf{y}_k$
6. Use (3.5.11) to compute $\hat{\mathbf{x}}_{k+1}(i)=V_Q^{(i)}\left(\mathbf{z}_k,\frac{\alpha}{L}\tau_k\nabla f(\mathbf{x}_{k+1})\right),i=1,\cdots,n$
7. Set $\mathbf{y}_{k+1}=\tau_k\hat{\mathbf{x}}_{k+1}+(1-\tau_k)\mathbf{y}_k$
8. **exit if** $\mathbf{x}_k$ converges
9. **return** $k\leftarrow k+1$
10. **output:** $\mathbf{x}\leftarrow\mathbf{x}_k$

在算法 3.4 中 $d(\mathbf{x})$ 是 Q 域上的近似函数。这个函数有两种不同的选择[26]

$$d(\mathbf{x})=\ln n+\sum_{i=1}^{n}x_i\ln|x_i|,\quad 当\ \|\mathbf{x}\|_1=\sum_{i=1}^{n}|x_i| \tag{3.5.12}$$

$$d(\mathbf{x})=\frac{1}{2}\sum_{i=1}^{n}\left(x_i-\frac{1}{n}\right)^2,\quad 当\ \|\mathbf{x}\|_2=\left(\sum_{i=1}^{n}x_i^2\right)^{\frac{1}{2}} \tag{3.5.13}$$

3.6 非平滑凸优化

梯度法要求目标函数 $f(\mathbf{x})$ 在点 $\mathbf{x}$ 存在梯度 $\nabla f(\mathbf{x})$, 并且 Nesterov 最优梯度法进一步要求目标函数具有 L-Lipschitz 连续梯度。因此, 梯度法和 Nesterov 最优梯度法仅适用于平滑凸优化。作为梯度法的一种重要扩展, 本节集中讨论邻近梯度法, 这种方法适用于非平滑凸优化。

[119]

3.6.1 次梯度与次微分

下面是非平滑凸优化的两个典型例子。

① 基追踪去噪寻求欠定矩阵方程[8]

$$\min_{\mathbf{x}\in\mathbb{R}^n}\left\{\|\mathbf{x}\|_1+\frac{\lambda}{2}\|\mathbf{A}\mathbf{x}-\mathbf{b}\|_2^2\right\} \tag{3.6.1}$$

的一个稀疏近似解。这个问题本质上等价于 Lasso (稀疏最小二乘) 问题[34]

$$\min_{\mathbf{x}\in\mathbb{R}^n}\frac{\lambda}{2}\|\mathbf{A}\mathbf{x}-\mathbf{b}\|_2^2 \quad \text{s.t.} \quad \|\mathbf{x}\|_1\leqslant K \tag{3.6.2}$$

② 鲁棒主成分分析将输入数据矩阵 $\mathbf{D}$ 近似为一个低秩矩阵 $\mathbf{L}$ 和一个稀疏矩阵 $\mathbf{S}$ 之和

$$\min\|\mathbf{L}\|_*+\lambda\|\mathbf{S}\|_1+\frac{\gamma}{2}\|\mathbf{L}+\mathbf{S}-\mathbf{D}\|_F^2 \tag{3.6.3}$$

上述两个极小化问题的关键挑战是由不可微分的 ℓ_1 范数 $\|\cdot\|_1$ 和核范数 $\|\cdot\|_*$ 引起的非平滑性。

考虑下列组合优化问题

$$\min_{\mathbf{x}\in E}\ F(\mathbf{x})=f(\mathbf{x})+h(\mathbf{x}) \tag{3.6.4}$$

其中,

- $E\subset\mathbb{R}^n$ 是一个有限维实向量空间;
- $h:E\to\mathbb{R}$ 为凸函数, 但是在 E 不可微分或者非平滑;
- $f:\mathbb{R}^n\to\mathbb{R}$ 为连续平滑凸函数, 且其梯度是 L-Lipschitz 连续的

$$\|\nabla f(\mathbf{x})-\nabla f(\mathbf{y})\|_2\leqslant L\,\|\mathbf{x}-\mathbf{y}\|_2 \quad \forall\mathbf{x},\mathbf{y}\in\mathbb{R}^n$$

为了应对非平滑性的挑战, 有两个问题必须解决:

- 如何应对非平滑? [120]
- 如何设计与 Nesterov 最优梯度法类似的非平滑优化方法?

由于非平滑函数 $h(\mathbf{x})$ 的梯度向量不存在, 无论是梯度法, 还是 Nesterov 最优梯度法都不适用于非平滑函数的极小化。一个自然的问题是: 一个非平滑函数是否有某种类似于梯度向量的 “广义梯度”?

对于一个二次可连续微分的函数 $f(\mathbf{x})$, 其二阶逼近为

$$f(\mathbf{x}+\Delta\mathbf{x})\approx f(\mathbf{x})+(\nabla f(\mathbf{x}))^{\mathrm{T}}\Delta\mathbf{x}+(\Delta\mathbf{x})^{\mathrm{T}}\mathbf{H}\Delta\mathbf{x}$$

如果 Hesse 矩阵 $\mathbf{H}$ 半正定或者正定, 则有不等式

$$f(\mathbf{x}+\Delta\mathbf{x})\geqslant f(\mathbf{x})+(\nabla f(\mathbf{x}))^{\mathrm{T}}\Delta\mathbf{x}$$

或者

$$f(\mathbf{y})\geqslant f(\mathbf{x})+(\nabla f(\mathbf{x}))^{\mathrm{T}}(\mathbf{y}-\mathbf{x}),\quad \forall\,\mathbf{x},\mathbf{y}\in\operatorname{dom}f(\mathbf{x}) \tag{3.6.5}$$

虽然非平滑函数 $h(\mathbf{x})$ 的梯度向量 $\nabla h(\mathbf{x})$ 不存在, 但是有可能找到另一个向量 $\mathbf{g}$ 代替梯度向量 $\nabla f(\mathbf{x})$, 使得不等式 (3.6.5) 仍然成立。

定义 3.11 (次梯度、次微分) 一个向量 $\mathbf{g}\in\mathbb{R}^n$ 称为函数 $h:\mathbb{R}^n\to\mathbb{R}$ 在

点 $\mathbf{x} \in \mathbb{R}^n$ 的次梯度向量, 若

$$h(\mathbf{y}) \geqslant h(\mathbf{x}) + \mathbf{g}^{\mathrm{T}}(\mathbf{y}-\mathbf{x}), \quad \forall \mathbf{x}, \mathbf{y} \in \operatorname{dom} h \tag{3.6.6}$$

函数 h 在点 $\mathbf{x}$ 的所有次梯度向量的集合称为函数 h 在点 $\mathbf{x}$ 的次微分, 记作 $\partial h(\mathbf{x})$, 定义为

$$\partial h(\mathbf{x}) \stackrel{\text{def}}{=} \left\{\mathbf{g} | h(\mathbf{y}) \geqslant h(\mathbf{x}) + \mathbf{g}^{\mathrm{T}}(\mathbf{y}-\mathbf{x}),\ \forall \mathbf{y} \in \operatorname{dom} h\right\} \tag{3.6.7}$$

定理 3.12[25] $h(\mathbf{x}^*) = \min_{\mathbf{x} \in \operatorname{dom} h} h(\mathbf{x})$ 给出非光滑函数 $h(\mathbf{x})$ 的最优解, 当且仅当 $\partial h(\mathbf{x}^*)$ 是 $h(\mathbf{x})$ 的次微分, 即 $\mathbf{0} \in \partial h(\mathbf{x}^*)$。

当 $h(\mathbf{x})$ 可微分时, 有 $\partial h(\mathbf{x}) = \{\nabla h(\mathbf{x})\}$, 因为一个平滑函数的梯度向量是唯一的。于是, 我们可以将一个可微分的凸函数的梯度算子 ∇h 视为一种点对点映射, 即 ∇h 将每一个点 $\mathbf{x} \in \operatorname{dom} h$ 映射为点 $\nabla h(\mathbf{x})$。与之不同, 一个凸函数 h 由式 (3.6.7) 定义的次微分算子 ∂h 可以看作是一种点对集合映射, 即 ∂h 将每一个点 $\mathbf{x} \in \operatorname{dom} h$ 映射为集合 $\partial h(\mathbf{x})$。任何一点 $\mathbf{g} \in \partial h(\mathbf{x})$ 称为 h 在点 $\mathbf{x}$ 的次梯度。一般说来, 一个函数 $h(\mathbf{x})$ 在某些点可能有多个次梯度向量。

[121]

称函数 $h(\mathbf{x})$ 在点 $\mathbf{x}$ 是可次微分的, 若它至少存在一个次梯度向量。更一般地, 函数 $h(\mathbf{x})$ 称为在定义域 $\operatorname{dom} h$ 是可次微分的, 若它在所有点 $\mathbf{x} \in \operatorname{dom} h$ 是可次微分的。

下面是几个次微分的例子[25]。

- 令 $f(x) = |x|, x \in \mathbb{R}$, 则 $\partial f(0) = [-1, 1]$, $f(x) = \max_{-1 \leqslant g \leqslant 1} g \cdot x$。
- $f(\mathbf{x}) = \sum_{i=1}^n |\mathbf{a}_i^{\mathrm{T}}\mathbf{x} - b_i|$, 如果

$$I_-(\mathbf{x}) = \{i | \langle \mathbf{a}_i, \mathbf{x} \rangle - b_i < 0\}$$
$$I_+(\mathbf{x}) = \{i | \langle \mathbf{a}_i, \mathbf{x} \rangle - b_i > 0\}$$
$$I_0(\mathbf{x}) = \{i | \langle \mathbf{a}_i, \mathbf{x} \rangle - b_i = 0\}$$

  则有

$$\partial h(\mathbf{x}) = \sum_{i \in I_+(\mathbf{x})} \mathbf{a}_i - \sum_{i \in I_-(\mathbf{x})} \mathbf{a}_i + \sum_{i \in I_0(\mathbf{x})} [-\mathbf{a}_i, \mathbf{a}_i] \tag{3.6.8}$$

- 对于函数 $f(x) = \max_{1 \leqslant i \leqslant n} x_i$, $I(x) = \{i : x_i = f(x)\}$, 有

$$\partial f(x) = \begin{cases} \operatorname{conv}\{e_i | i \in I(x)\}, & x \neq 0 \\ \operatorname{conv}\{e_1, \cdots, e_n\}, & x = 0 \end{cases} \tag{3.6.9}$$

  其中 $e_i = 1, \forall i \in I(x)$, $e_i = 0$, $i \notin I(x)$, 且

$$\operatorname{conv}\{e_1, \cdots, e_n\} = \left\{ x = \sum_{i=1}^n \alpha_i e_i \,\middle|\, \alpha_i \geqslant 0, \sum_{i=1}^n \alpha_i = 1 \right\} \tag{3.6.10}$$

  是一个凸集。
- $f(\mathbf{x}) = \|\mathbf{x}\|_2$ 的欧氏范数的次微分由下式给出

$$\partial\|\mathbf{x}\|_2=\begin{cases}\{\mathbf{x}/\|\mathbf{x}\|_2\}, & \mathbf{x}\neq\mathbf{0}\\ \{\mathbf{y}\in\mathbb{R}^n|\ \|\mathbf{y}\|_2\leqslant 1\}, & \mathbf{x}=\mathbf{0},\mathbf{y}\neq\mathbf{0}\end{cases}\tag{3.6.11}$$

- ℓ_1 范数 $f(\mathbf{x})=\|\mathbf{x}\|_1=\sum_{i=1}^n|x_i|$ 的次微分为 [122]

$$\partial\|\mathbf{x}\|_1=\begin{cases}\{\mathbf{x}\in\mathbb{R}^n|\max_{1\leqslant i\leqslant n}|x_i|<1\}, & \mathbf{x}=\mathbf{0},\\ \sum_{i\in I_+(\mathbf{x})}e_i-\sum_{i\in I_-(\mathbf{x})}e_i+\sum_{i\in I_0(\mathbf{x})}[-e_i,e_i], & \mathbf{x}\neq\mathbf{0}\end{cases}\tag{3.6.12}$$

其中, $I_+(\mathbf{x})=\{i|x_i>0\},I_-(\mathbf{x})=\{i|x_i<0\}$, $I_0(\mathbf{x})=\{i|x_i=0\}$。

次微分的基本性质如下[4, 25]。

- 次微分的凸性: $\partial h(\mathbf{x})$ 总是闭凸集, 即使 $h(\mathbf{x})$ 不是凸函数。
- 非空与有界性: 若 $\mathbf{x}\in\mathrm{int}(\mathrm{dom}\,h)$, 则次微分 $\partial h(\mathbf{x})$ 是非空且有界的。
- 非负因子: 若 $\alpha>0$, 则 $\partial(\alpha h(\mathbf{x}))=\alpha\partial h(\mathbf{x})$。
- 凸函数的次微分: 若 h 是凸函数, 在点 $\mathbf{x}$ 可微分, 则次微分是单元集 $\partial h(\mathbf{x})=\{\nabla h(\mathbf{x})\}$, 即梯度是次微分唯一的次梯度。相反, 如果 h 是一个凸函数, 并且 $\partial h(\mathbf{x})=\{\mathbf{g}\}$, 则 h 在点 $\mathbf{x}$ 是可微分的, 并且 $\mathbf{g}=\nabla h(\mathbf{x})$。
- 不可微分函数的极小点: $\mathbf{x}^*$ 是凸函数 h 的极小点, 当且仅当 h 在 $\mathbf{x}^*$ 是可次微分的, 并且

$$\mathbf{0}\in\partial h(\mathbf{x}^*)\tag{3.6.13}$$

  这个条件称为非平衡函数的一阶最优性条件。如果 h 是可微分的, 则一阶最优性条件 $\mathbf{0}\in\partial h(\mathbf{x})$ 简化为 $\nabla h(\mathbf{x})=\mathbf{0}$。
- 函数之和的次微分: 若 $h_1,\cdots,h_m$ 均是凸函数, 则 $h(\mathbf{x})=h_1(\mathbf{x})+\cdots+h_m(\mathbf{x})$ 的次微分

$$\partial h(\mathbf{x})=\partial h_1(\mathbf{x})+\cdots+\partial h_m(\mathbf{x})$$

- 仿射函数的次微分: 若 $\phi(\mathbf{x})=h(\mathbf{A}\mathbf{x}+\mathbf{b})$, 则次微分 $\partial\phi(\mathbf{x})=\mathbf{A}^{\mathrm{T}}\partial h(\mathbf{A}\mathbf{x}+\mathbf{b})$。
- 逐点最大函数的次微分: 令 h 是凸函数 $h_1,\cdots,h_m$ 的逐点最大函数 (pointwise maximal function), 即 $h(\mathbf{x})=\max\limits_{i=1,\cdots,m}h_i(\mathbf{x})$, 则

$$\partial h(\mathbf{x})=\mathrm{conv}\left(\cup\{\partial h_i(\mathbf{x})|h_i(\mathbf{x})=h(\mathbf{x})\}\right)$$

  即一个逐点最大函数 h 的次微分是 "有效函数" $h_i(\mathbf{x})$ 在点 $\mathbf{x}$ 的次微分并集的凸包。
  函数 $h(\mathbf{x})$ 的次梯度向量 $\mathbf{g}$ 记作 $\mathbf{g}=\bar{\nabla}h(\mathbf{x})$。

3.6.2 邻近算子 [123]

令 $C_i=\mathrm{dom}\,f_i(\mathbf{x}),i=1,\cdots P$ 是 m 维欧几里得空间 $\mathbb{R}^m$ 的闭凸集, 并且 $C=\bigcap_{i=1}^P C_i$ 是这些闭凸集的交集。考虑组合优化问题

$$\min_{\mathbf{x}\in C} \sum_{i=1}^{P} f_i(\mathbf{x}) \tag{3.6.14}$$

式中, 闭凸集 $C_i, i = 1, \cdots, P$ 表示施加给组合优化解 $\mathbf{x}$ 的约束。

交集 C 可以分成以下 3 种情况[7]:

- 交集 C 非空, 并且 "小" (C 的所有分集非常相似)。
- 交集 C 非空, 并且 "大" (C 的分集之间相差很大)。
- 交集 C 为空集, 这意味着各个约束相互矛盾。

直接求解组合优化问题 (3.6.14) 是困难的。然而, 若

$$f_1(\mathbf{x}) = \|\mathbf{x} - \mathbf{x}_0\|, \quad f_i(\mathbf{x}) = I_{C_i}(\mathbf{x}) = \begin{cases} 0, & \mathbf{x} \in C_i \\ +\infty, & \mathbf{x} \notin C_i \end{cases}$$

则原组合优化问题可以分解为

$$\min_{\mathbf{x}\in\bigcap_{i=2}^{P} C_i} \|\mathbf{x} - \mathbf{x}_0\| \tag{3.6.15}$$

与组合优化问题式 (3.6.14) 不同, 分离的优化问题式 (3.6.15) 可以利用投影方法求解。特别地, 当 C_i 均为凸集时, 凸目标函数到这些凸集的交集上的投影与目标函数的邻近算子密切相关。

定义 3.12 (邻近算子) 凸函数 $h(\mathbf{x})$ 的邻近算子定义为[23]

$$\mathbf{prox}_h(\mathbf{u}) = \arg\min_{\mathbf{x}} \left\{ h(\mathbf{x}) + \frac{1}{2}\|\mathbf{x} - \mathbf{u}\|_2^2 \right\} \tag{3.6.16}$$

或

$$\mathbf{prox}_{\mu h}(\mathbf{u}) = \arg\min_{\mathbf{x}} \left\{ h(\mathbf{x}) + \frac{1}{2\mu}\|\mathbf{x} - \mathbf{u}\|_2^2 \right\} \tag{3.6.17}$$

[124] 其中, 标量参数 $\mu > 0$。

特别地, 对于凸函数 $h(\mathbf{X})$, 其邻近算子定义为

$$\mathbf{prox}_{\mu h}(\mathbf{U}) = \arg\min_{\mathbf{X}} \left\{ h(\mathbf{X}) + \frac{1}{2\mu}\|\mathbf{X} - \mathbf{U}\|_F^2 \right\} \tag{3.6.18}$$

邻近算子具有以下重要性质[35]。

- 存在性与唯一性: 邻近算子 $\mathbf{prox}_h(\mathbf{u})$ 总是存在, 并且对所有 $\mathbf{x}$ 是唯一的。
- 次梯度特性: 邻近映射 $\mathbf{prox}_h(\mathbf{u})$ 与次梯度 $\partial h(\mathbf{x})$ 之间存在以下对应关系

$$\mathbf{x} = \mathbf{prox}_h(\mathbf{u}) \ \Leftrightarrow \ \mathbf{x} - \mathbf{u} \in \partial h(\mathbf{x}) \tag{3.6.19}$$

- 非扩展映射: 邻近算子 $\mathbf{prox}_h(\mathbf{u})$ 是具有常数 1 的非扩展映射, 若 $\mathbf{x} =$

$\mathbf{prox}_h(\mathbf{u})$, $\hat{\mathbf{x}} = \mathbf{prox}_h(\hat{\mathbf{u}})$, 则

$$(\mathbf{x} - \hat{\mathbf{x}})^{\mathrm{T}}(\mathbf{u} - \hat{\mathbf{u}}) \geqslant \|\mathbf{x} - \hat{\mathbf{x}}\|_2^2$$

- 分离和函数的邻近算子: 若 $h : \mathbb{R}^{n_1} \times \mathbb{R}^{n_2} \to \mathbb{R}$ 是分离和函数, 即 $h(\mathbf{x}_1, \mathbf{x}_2) = h_1(\mathbf{x}_1) + h_2(\mathbf{x}_2)$, 则

$$\mathbf{prox}_h(\mathbf{x}_1, \mathbf{x}_2) = (\mathbf{prox}_{h_1}(\mathbf{x}_1), \mathbf{prox}_{h_2}(\mathbf{x}_2))$$

- 自变量的尺度化与平移: 若 $h(\mathbf{x}) = f(\alpha\mathbf{x} + \mathbf{b})$, 其中 $\alpha \neq 0$, 则

$$\mathbf{prox}_h(\mathbf{x}) = \frac{1}{\alpha}\left(\mathbf{prox}_{\alpha^2 f}(\alpha\mathbf{x} + \mathbf{b}) - \mathbf{b}\right)$$

- 共轭函数的邻近算子: 若 $h^*(\mathbf{x})$ 是函数 $h(\mathbf{x})$ 的共轭函数, 则对于所有 $\mu > 0$, 共轭函数的邻近算子为

$$\mathbf{prox}_{\mu h^*}(\mathbf{x}) = \mathbf{x} - \mu\mathbf{prox}_{h/\mu}(\mathbf{x}/\mu)$$

  若 $\mu = 1$, 则上式简化为

$$\mathbf{x} = \mathbf{prox}_h(\mathbf{x}) + \mathbf{prox}_{h^*}(\mathbf{x}) \tag{3.6.20}$$

  这个分解称为 Moreau 分解。

与邻近算子密切相关的算子是实变量的软阈值算子 (soft thresholding operator)。

定义 3.13 (软阈值算子) 实变量 $x \in \mathbb{R}$ 的软阈值算子记作 $\mathcal{S}_\tau[x]$ 或 $\mathrm{soft}(x, \tau)$, 并定义为 [125]

$$\mathrm{soft}(x, \tau) = \mathcal{S}_\tau[x] = \begin{cases} x - \tau, & x > \tau \\ 0, & |x| \leqslant \tau \\ x + \tau, & x < -\tau \end{cases} \tag{3.6.21}$$

这里, $\tau > 0$ 称为实变量 x 的软阈值。软阈值算子可以等价写为

$$\begin{aligned} \mathrm{soft}(x, \tau) &= (x - \tau)_+ - (-x - \tau)_+ \\ &= \max\{x - \tau, 0\} - \max\{-x - \tau, 0\} \\ &= (x - \tau)_+ + (x + \tau)_- \\ &= \max\{x - \tau, 0\} + \min\{x + \tau, 0\} \end{aligned} \tag{3.6.22}$$

软阈值算子也称收缩算子, 因为它可以将变量 x、向量 $\mathbf{x}$ 或者矩阵 $\mathbf{X}$ 的元素移向零, 从而收缩元素的取值范围。鉴于此, 软阈值算子有时写为[1, 3]

$$\mathrm{soft}(x, \tau) = (|x| - \tau)_+ \mathrm{sign}(x) = (1 - \tau/|x|)_+ x \tag{3.6.23}$$

实向量 $\mathbf{x} \in \mathbb{R}^n$ 的软阈值算子记作 $\mathrm{soft}(\mathbf{x}, \tau)$, 定义为具有下列元素的向量

$$\mathrm{soft}(\mathbf{x}, \tau)_i = \max\{x_i - \tau, 0\} + \min\{x_i + \tau, 0\}$$

$$= \begin{cases} x_i - \tau, & x_i > \tau \\ 0, & |x_i| \leqslant \tau \\ x_i + \tau, & x_i < -\tau \end{cases} \tag{3.6.24}$$

实矩阵 $\mathbf{X} \in \mathbb{R}^{m \times n}$ 的软阈值算子记作 $\text{soft}(\mathbf{X})$, 定义为一个 $m \times n$ 实矩阵

$$\begin{aligned} \text{soft}(\mathbf{X}, \tau)_{ij} &= \max\{X_{ij} - \tau, 0\} + \min\{X_{ij} + \tau, 0\} \\ &= \begin{cases} X_{ij} - \tau, & X_{ij} > \tau \\ 0, & |X_{ij}| \leqslant \tau \\ X_{ij} + \tau, & X_{ij} < -\tau \end{cases} \end{aligned} \tag{3.6.25}$$

给定函数 $h(\mathbf{x})$, 求 $\mathbf{prox}_{\mu h}(\mathbf{u}) = \arg\min\limits_{\mathbf{x}} \left\{ h(\mathbf{x}) + \frac{1}{2\mu} \|\mathbf{x} - \mathbf{u}\|_2^2 \right\}$ 的显式表达。

[126]

定理 3.13[25] 令 $\mathbf{x}^*$ 表示极小化问题 $\min\limits_{\mathbf{x} \in \text{dom}} \phi(\mathbf{x})$ 的最优解。如果函数 $\phi(\mathbf{x})$ 是可次微分的, 则 $\mathbf{x}^* = \arg\min\limits_{\mathbf{x} \in \text{dom}\phi} \phi(\mathbf{x})$ 或者 $\phi(\mathbf{x}^*) = \min\limits_{\mathbf{x} \in \text{dom}\phi} \phi(\mathbf{x})$, 当且仅当 $\mathbf{0} \in \partial\phi(\mathbf{x}^*)$。

根据定理 3.13, 函数

$$\phi(\mathbf{x}) = h(\mathbf{x}) + \frac{1}{2\mu} \|\mathbf{x} - \mathbf{u}\|_2^2 \tag{3.6.26}$$

的一阶最优条件由

$$\mathbf{0} \in \partial h(\mathbf{x}^*) + \frac{1}{\mu}(\mathbf{x}^* - \mathbf{u}) \tag{3.6.27}$$

确定, 因为 $\partial \frac{1}{2\mu} \|\mathbf{x} - \mathbf{u}\|_2^2 = \{\frac{1}{\mu}(\mathbf{x} - \mathbf{u})\}$。因此, 当且仅当 $\mathbf{0} \in \partial h(\mathbf{x}^*) + \frac{1}{\mu}(\mathbf{x}^* - \mathbf{u})$, 有

$$\mathbf{x}^* = \mathbf{prox}_{\mu h}(\mathbf{u}) = \arg\min_{\mathbf{x}} \left\{ h(\mathbf{x}) + \frac{1}{2\mu} \|\mathbf{x} - \mathbf{u}\|_2^2 \right\} \tag{3.6.28}$$

由式 (3.6.27) 有

$$\mathbf{0} \in \mu\partial h(\mathbf{x}^*) + (\mathbf{x}^* - \mathbf{u}) \Leftrightarrow \mathbf{u} \in (I + \mu\partial h)\mathbf{x}^* \Leftrightarrow (I + \mu\partial h)^{-1}\mathbf{u} \in \mathbf{x}^*$$

其中, I 是恒等算子, 使得 $I\mathbf{x} = \mathbf{x}$。

由于 $\mathbf{x}^*$ 只是一个点, 故 $(I + \mu\partial h)^{-1}\mathbf{u} \in \mathbf{x}^*$ 可以认为是 $(I + \mu\partial h)^{-1}\mathbf{u} = \mathbf{x}^*$, 从而有

$$\begin{aligned} \mathbf{0} \in \mu\partial h(\mathbf{x}^*) + (\mathbf{x}^* - \mathbf{u}) &\Leftrightarrow \mathbf{x}^* = (I + \mu\partial h)^{-1}\mathbf{u} \\ &\Leftrightarrow \mathbf{prox}_{\mu h}(\mathbf{u}) = (I + \mu\partial h)^{-1}\mathbf{u} \end{aligned}$$

这表明, 邻近算子 $\mathbf{prox}_{\mu h}$ 和次微分算子 ∂h 有以下关系

$$\mathbf{prox}_{\mu h} = (I + \mu\partial h)^{-1} \tag{3.6.29}$$

点对点映射 $(I+\mu\partial h)^{-1}$ 称为具有参数 $\mu>0$ 的次微分算子 ∂h 的预解算子, 所以邻近算子 $\mathbf{prox}_{\mu h}$ 是次微分算子 ∂h 的预解算子。

注意, 次微分 $\partial\phi(\mathbf{x})$ 是一种点对集合映射, 没有任何一个方向是唯一的; 而邻近算子 $\mathbf{prox}_{\mu h}(\mathbf{u})$ 则是点对点映射, 即 $\mathbf{prox}_{\mu h}(\mathbf{u})$ 将任何一个点 $\mathbf{u}$ 映射为一个唯一点 $\mathbf{x}$。

例 3.2 考虑二次函数 $h(\mathbf{x})=\frac{1}{2}\mathbf{x}^{\mathrm{T}}\mathbf{A}\mathbf{x}-\mathbf{b}^{\mathrm{T}}\mathbf{x}+\mathbf{c}$, 其中 $\mathbf{A}\in\mathbb{R}^{n\times n}$ 正定。 [127] $\mathbf{prox}_{\mu h}(\mathbf{u})$ 的一阶最优条件为

$$\frac{\partial}{\partial\mathbf{x}}\left(\frac{1}{2}\mathbf{x}^{\mathrm{T}}\mathbf{A}\mathbf{x}-\mathbf{b}^{\mathrm{T}}\mathbf{x}+\mathbf{c}+\frac{1}{2\mu}\|\mathbf{x}-\mathbf{u}\|_2^2\right)=\mathbf{A}\mathbf{x}-\mathbf{b}+\frac{1}{\mu}(\mathbf{x}-\mathbf{u})=\mathbf{0}$$

其中 $\mathbf{x}=\mathbf{x}^*=\mathbf{prox}_{\mu h}(\mathbf{u})$。于是由

$$\begin{aligned}\mathbf{A}\mathbf{x}^*-b+\mu^{-1}(\mathbf{x}^*-\mathbf{u})=\mathbf{0}&\Leftrightarrow(\mathbf{A}+\mu^{-1}I)\mathbf{x}^*=\mu^{-1}\mathbf{u}+\mathbf{b}\\&\Leftrightarrow\mathbf{x}^*=(\mathbf{A}+\mu^{-1}I)^{-1}[(\mathbf{A}+\mu^{-1}I)\mathbf{u}+\mathbf{b}-\mathbf{A}\mathbf{u}]\end{aligned}$$

可得

$$\mathbf{x}^*=\mathbf{prox}_{\mu h}(\mathbf{u})=\mathbf{u}+(\mathbf{A}+\mu^{-1}\mathbf{I})^{-1}(\mathbf{b}-\mathbf{A}\mathbf{u})$$

表 3.2 介绍了几种典型函数的邻近算子。

表 3.2 几种典型函数的邻近算子

函数	邻近算子
$h(\mathbf{x})=\|\mathbf{x}\|_1$	$(\mathbf{prox}_{\mu h}(\mathbf{u}))_i=\begin{cases}u_i-\mu, & u_i>\mu\\0, & \|u_i\|\leqslant\mu\\u_i+\mu, & u_i<-\mu\end{cases}$
$h(\mathbf{x})=\|\mathbf{x}\|_2$	$\mathbf{prox}_{\mu h}(\mathbf{u})=\begin{cases}(1-\mu/\|\mathbf{u}\|_2)\mathbf{u}, & \|\mathbf{u}\|_2\geqslant\mu\\0, & \|\mathbf{u}\|_2<\mu\end{cases}$
$h(\mathbf{x})=\mathrm{a}^{\mathrm{T}}\mathbf{x}+\mathbf{b}$	$\mathbf{prox}_{\mu h}(\mathbf{u})=\mathbf{u}-\mu\,\mathbf{a}$
$h(\mathbf{x})=\frac{1}{2}\mathbf{x}^{\mathrm{T}}\mathbf{A}\mathbf{x}+\mathbf{b}^{\mathrm{T}}\mathbf{x}$	$\mathbf{prox}_{\mu h}(\mathbf{x})=\mathbf{u}+(\mathbf{A}+\mu^{-1}\mathbf{I})^{-1}(\mathbf{b}-\mathbf{A}\mathbf{u})$
$h(\mathbf{x})=-\sum_{i=1}^n\log x_i$	$(\mathbf{prox}_{\mu h}(\mathbf{u}))_i=\frac{1}{2}\left(u_i+\sqrt{u_i^2+4\mu}\right)$
$h(\mathbf{x})=I_C(\mathbf{x})$	$\mathbf{prox}_{\mu h}(\mathbf{u})=\mathcal{P}_C(\mathbf{u})=\arg\min_{\mathbf{x}\in C}\|\mathbf{x}-\mathbf{u}\|_2$
$h(\mathbf{x})=\sup_{\mathbf{y}\in C}\mathbf{y}^{\mathrm{T}}\mathbf{x}$	$\mathbf{prox}_{\mu h}(\mathbf{u})=\mathbf{u}-\mu\mathcal{P}_C(\mathbf{u}/\mu)$
$h(\mathbf{x})=\phi(\mathbf{x}-\mathbf{z})$	$\mathbf{prox}_{\mu h}(\mathbf{u})=\mathbf{z}+\mathbf{prox}_{\mu\phi}(\mathbf{u}-\mathbf{z})$
$h(\mathbf{x})=\phi(\mathbf{x}/\rho)$	$\mathbf{prox}_h(\mathbf{u})=\rho\mathbf{prox}_{\phi/\rho^2}(\mathbf{u}/\rho)$
$h(\mathbf{x})=\phi(-\mathbf{x})$	$\mathbf{prox}_{\mu h}(\mathbf{u})=-\mathbf{prox}_{\mu\phi}(-\mathbf{u})$
$h(\mathbf{x})=\phi^*(\mathbf{x})$	$\mathbf{prox}_{\mu h}(\mathbf{u})=\mathbf{u}-\mathbf{prox}_{\mu\phi}(\mathbf{u})$

[128]

3.6.3 邻近梯度法

考虑一个典型形式的非平滑凸优化问题

$$\min_{\mathbf{x}} J(\mathbf{x}) = f(\mathbf{x}) + h(\mathbf{x}) \tag{3.6.30}$$

其中, $f(\mathbf{x})$ 为凸的、平滑 (即可微分) 的 L-Lipschitz 函数, 并且 $h(\mathbf{x})$ 是凸函数, 但非平滑的函数 (例如 $\|\mathbf{x}\|_1, \|\mathbf{X}\|_*$ 等)。

1. 二次逼近

考虑 L-Lipschitz 平滑函数 $f(\mathbf{x})$ 在点 $\mathbf{x}_k$ 附近的二次逼近

$$\begin{aligned} f(\mathbf{x}) &= f(\mathbf{x}_k) + (\mathbf{x}-\mathbf{x}_k)^{\mathrm{T}}\nabla f(\mathbf{x}_k) + \frac{1}{2}(\mathbf{x}-\mathbf{x}_k)^{\mathrm{T}}\nabla^2 f(\mathbf{x}_k)(\mathbf{x}-\mathbf{x}_k) \\ &\approx f(\mathbf{x}_k) + (\mathbf{x}-\mathbf{x}_k)^{\mathrm{T}}\nabla f(\mathbf{x}_k) + \frac{L}{2}\|\mathbf{x}-\mathbf{x}_k\|_2^2 \end{aligned}$$

其中, $\nabla^2 f(\mathbf{x}_k)$ 用对角矩阵 $L\mathbf{I}$ 逼近。

借助迭代极小化 $J(\mathbf{x}) = f(\mathbf{x}) + h(\mathbf{x})$, 得

$$\begin{aligned} \mathbf{x}_{k+1} &= \arg\min_{\mathbf{x}}\{f(\mathbf{x}) + h(\mathbf{x})\} \\ &\approx \arg\min_{\mathbf{x}}\left\{f(\mathbf{x}_k) + (\mathbf{x}-\mathbf{x}_k)^{\mathrm{T}}\nabla f(\mathbf{x}_k) + \frac{L}{2}\|\mathbf{x}-\mathbf{x}_k\|_2^2 + h(\mathbf{x})\right\} \\ &= \arg\min_{\mathbf{x}}\left\{h(\mathbf{x}) + \frac{L}{2}\left\|\mathbf{x} - \left(\mathbf{x}_k - \frac{1}{L}\nabla f(\mathbf{x}_k)\right)\right\|_2^2\right\} \\ &= \mathbf{prox}_{L^{-1}h}\left(\mathbf{x}_k - \frac{1}{L}\nabla f(\mathbf{x}_k)\right) \end{aligned}$$

在实际应用中, 函数 $f(\mathbf{x})$ 的 Lipschitz 常数 L 往往未知。因此, 如何选择 L, 以便加快 $\mathbf{x}_k$ 的收敛? 为此, 令 $\mu = 1/L$, 并考虑固定点迭代

$$\mathbf{x}_{k+1} = \mathbf{prox}_{\mu h}(\mathbf{x}_k - \mu\nabla f(\mathbf{x}_k)) \tag{3.6.31}$$

这个迭代称为求解非平滑凸优化问题的邻近梯度法, 其中 μ 为步长, 取某个常数或者由线性搜索确定。

2. 前后向分裂

为了推导非平滑凸优化的邻近梯度算法, 令 $A = \partial h$ 和 $B = \nabla f$ 分别表示次微分算子和梯度算子。于是, 目标函数 $h(\mathbf{x}) + f(\mathbf{x})$ 的一阶最优条件 $\mathbf{0} \in (\partial h + \nabla f)\mathbf{x}^*$ 可以写作算子形式 $\mathbf{0} \in (A+B)\mathbf{x}^*$, 从而有

[129]

$$\begin{aligned} \mathbf{0} \in (A+B)\mathbf{x}^* &\Leftrightarrow (I-\mu B)\mathbf{x}^* \in (I+\mu A)\mathbf{x}^* \\ &\Leftrightarrow (I+\mu A)^{-1}(I-\mu B)\mathbf{x}^* = \mathbf{x}^* \end{aligned} \tag{3.6.32}$$

这里, $(I-\mu B)$ 为前向算子, $(I+\mu A)^{-1}$ 为后向算子。

后向算子 $(I+\mu\partial h)^{-1}$ 有时也称作具有参数 μ 的次微分 ∂h 的预解算子。

利用 $\mathbf{prox}_{\mu h}=(I+\mu A)^{-1}$ 和 $(I-\mu B)\mathbf{x}_k=\mathbf{x}_k-\mu\nabla f(\mathbf{x}_k)$, 式 (3.6.32) 可以写为固定点迭代

$$\mathbf{x}_{k+1}=(I+\mu A)^{-1}(I-\mu B)\mathbf{x}_k=\mathbf{prox}_{\mu h}\left(\mathbf{x}_k-\mu\nabla f(\mathbf{x}_k)\right) \tag{3.6.33}$$

若令

$$\mathbf{y}_k=(I-\mu B)\mathbf{x}_k=\mathbf{x}_k-\mu\nabla f(\mathbf{x}_k) \tag{3.6.34}$$

则式 (3.6.33) 退化为

$$\mathbf{x}_{k+1}=(I+\mu A)^{-1}\mathbf{y}_k=\mathbf{prox}_{\mu h}(\mathbf{y}_k) \tag{3.6.35}$$

换言之, 邻近梯度算法可以分为两种迭代:

- 前向迭代: $\mathbf{y}_k=(I-\mu B)\mathbf{x}_k=\mathbf{x}_k-\mu\nabla f(\mathbf{x}_k)$;
- 后向迭代: $\mathbf{x}_{k+1}=(I+\mu A)^{-1}\mathbf{y}_k=\mathbf{prox}_{\mu h}(\mathbf{y}_k)$。

前向迭代为显式迭代, 容易计算, 而后向迭代是一种隐式迭代。

例 3.3 对于 ℓ_1 范数函数 $h(\mathbf{x})=\|\mathbf{x}\|_1$, 后向迭代

$$\begin{aligned}\mathbf{x}_{k+1}&=\mathbf{prox}_{\mu\|\mathbf{x}\|_1}(\mathbf{y}_k)=\mathrm{soft}_{\|\cdot\|_1}(\mathbf{y}_k,\mu)\\&=[\mathrm{soft}_{\|\cdot\|_1}(y_k(1),\mu),\cdots,\mathrm{soft}_{\|\cdot\|_1}(y_k(n),\mu)]^{\mathrm{T}}\end{aligned} \tag{3.6.36}$$

通过软阈值算子可以得到[15]

$$x_{k+1}(i)=(\mathrm{soft}_{\|\cdot\|_1}(\mathbf{y}_k,\mu))_i=\mathrm{sign}(y_k(i))\max\{|y_k(i)|-\mu,0\} \tag{3.6.37}$$

其中 $i=1,\cdots,n$。这里, $x_{k+1}(i)$ 和 $y_k(i)$ 分别是向量 $\mathbf{x}_{k+1}$ 和 $\mathbf{y}_k$ 的第 i 个元素。

[130]

例 3.4 对于 ℓ_2 范数函数 $h(\mathbf{x})=\|\mathbf{x}\|_2$, 后向迭代

$$\begin{aligned}\mathbf{x}_{k+1}&=\mathbf{prox}_{\mu\|\mathbf{x}\|_2}(\mathbf{y}_k)=\mathrm{soft}_{\|\cdot\|_2}(\mathbf{y}_k,\mu)\\&=[\mathrm{soft}_{\|\cdot\|_2}(y_k(1),\mu),\cdots,\mathrm{soft}_{\|\cdot\|_2}(y_k(n),\mu)]^{\mathrm{T}}\end{aligned} \tag{3.6.38}$$

式中

$$\mathrm{soft}_{\|\cdot\|_2}(y_k(i),\mu)=\max\{|y_k(i)|-\mu,0\}\frac{y_k(i)}{\|\mathbf{y}_k\|_2},\quad i=1,\cdots,n \tag{3.6.39}$$

例 3.5 与矩阵的核范数 $\|\mathbf{X}\|_*=\sum_{i=1}^{\min\{m,n\}}\sigma_i(\mathbf{X})$ 相对应的邻近梯度法为

$$\mathbf{X}_k=\mathbf{prox}_{\mu\|\cdot\|_*}\left(\mathbf{X}_{k-1}-\mu\nabla f(\mathbf{X}_{k-1})\right) \tag{3.6.40}$$

若 $\mathbf{W}=\mathbf{U\Sigma V}^{\mathrm{T}}$ 是矩阵 $\mathbf{W}=\mathbf{X}_{k-1}-\mu\nabla f(\mathbf{X}_{k-1})$ 的奇异值分解, 则

$$\mathbf{prox}_{\mu\|\cdot\|_*}(\mathbf{W})=\mathbf{U}\mathcal{D}_\mu(\mathbf{\Sigma})\mathbf{V}^{\mathrm{T}} \tag{3.6.41}$$

式中, $\mathcal{D}_\mu(\mathbf{\Sigma})$ 称为奇异值阈值算子, 定义为

$$[\mathcal{D}_\mu(\mathbf{\Sigma})]_i = \begin{cases} \sigma_i(\mathbf{X}) - \mu, & \sigma_i(\mathbf{X}) > \mu \\ 0, & \text{其他} \end{cases} \tag{3.6.42}$$

例 3.6 如果非平滑函数 $h(\mathbf{x}) = I_C(\mathbf{x})$ 是一个指示函数, 则邻近梯度迭代 $\mathbf{x}_{k+1} = \mathbf{prox}_{\mu h}(\mathbf{x}_k - \mu\nabla f(\mathbf{x}_k))$ 退化为梯度投影迭代

$$\mathbf{x}_{k+1} = \mathcal{P}_C\left(\mathbf{x}_k - \mu\nabla f(\mathbf{x}_k)\right) \tag{3.6.43}$$

梯度法与邻近梯度法之间的比较可以归纳为 [38]:

- 更新公式

$$\begin{aligned} &\text{梯度法} \quad \mathbf{x}_{k+1} = \mathbf{x}_k - \mu\nabla f(\mathbf{x}_k) \\ &\text{牛顿法} \quad \mathbf{x}_{k+1} = \mathbf{x}_k - \mu\mathbf{H}^{-1}(\mathbf{x}_k)\nabla f(\mathbf{x}_k) \\ &\text{邻近梯度法} \quad \mathbf{x}_{k+1} = \mathbf{prox}_{\mu h}\left(\mathbf{x}_k - \mu\nabla f(\mathbf{x}_k)\right) \end{aligned}$$

  梯度法和牛顿法使用低级别 (显式) 更新, 而邻近梯度法使用高级别 (隐式) 运算 $\mathbf{prox}_{\mu h}$。

[131]

- 梯度法和牛顿法仅适用于平滑和无约束优化问题, 而邻近梯度法适用于平滑/非平衡与/或约束/无约束优化问题。
- 牛顿法适用于中型优化问题, 梯度法适用于大型优化问题和部分分布式实现, 而邻近梯度法适用于大型问题和分布式实现。

特别地, 邻近梯度法包括梯度法、投影梯度法, 以及作为特例的迭代软阈值法。

- 梯度法: 若 $h(\mathbf{x}) = 0$, 由于 $\mathbf{prox}_h(\mathbf{x}) = \mathbf{x}$, 故邻近梯度算法式 (3.6.31) 退化为普通梯度算法 $\mathbf{x}_k = \mathbf{x}_{k-1} - \mu_k\nabla f(\mathbf{x}_{k-1})$。这就是说, 梯度算法是无平滑凸函数 (即 $h(\mathbf{x}) = 0$) 的邻近梯度算法的一个特例。
- 投影梯度法: 对于指示函数 $h(\mathbf{x}) = I_C(\mathbf{x})$, 极小化问题式 (3.6.4) 变成无约束极小化 $\min\limits_{\mathbf{x}\in C} f(\mathbf{x})$。由于 $\mathbf{prox}_h(\mathbf{x}) = \mathcal{P}_C(\mathbf{x})$, 故邻近梯度算法退化为

$$\mathbf{x}_k = \mathcal{P}_C\left(\mathbf{x}_{k-1} - \mu_k\nabla f(\mathbf{x}_{k-1})\right) \tag{3.6.44}$$

$$= \underset{\mathbf{u}\in C}{\arg\min} \left\|\mathbf{u} - \mathbf{x}_{k-1} + \mu_k\nabla f(\mathbf{x}_{k-1})\right\|_2^2 \tag{3.6.45}$$

  这恰好是投影梯度法。

- 迭代软阈值法: 当 $h(\mathbf{x}) = \|\mathbf{x}\|_1$ 时, 极小化问题式 (3.6.4) 变成无约束极小化问题 $\min f(\mathbf{x}) + \|\mathbf{x}\|_1$。在这种情况下, 邻近梯度算法变为

$$\mathbf{x}_k = \mathbf{prox}_{\mu_k h}\left(\mathbf{x}_{k-1} - \mu_k\nabla f(\mathbf{x}_{k-1})\right) \tag{3.6.46}$$

此算法被称为迭代软阈值法, 其中

$$\mathbf{prox}_{\mu h}(\mathbf{u})_i = \begin{cases} u_i - \mu, & u_i > \mu \\ 0, & -\mu \leqslant u_i \leqslant \mu \\ u_i + \mu, & u_i < -\mu \end{cases}$$

从收敛的角度看, 邻近梯度法是次最优的。

一种 Nesterov 型邻近梯度算法由 Beck 和 Teboulle[1] 提出, 被称为快速迭代软阈值算法 (fast iterative soft-thresholding algorithm, FISTA), 参见算法 3.5。

算法 3.5 具有固定步长的 FISTA 算法[1] [132]

1. **input:** The Lipschitz constant L of $\nabla f(\mathbf{x})$
2. **initialization:** $\mathbf{y}_1 = \mathbf{x}_0 \in \mathbb{R}^n, t_1 = 1$
3. **repeat**
4. Compute $\mathbf{x}_k = \mathbf{prox}_{L^{-1}h}\left(\mathbf{y}_k - \frac{1}{L}\nabla f(\mathbf{y}_k)\right)$
5. Compute $t_{k+1} = \frac{1}{2}\left(1 + \sqrt{1 + 4t_k^2}\right)$
6. Compute $\mathbf{y}_{k+1} = \mathbf{x}_k + \left(\frac{t_k - 1}{t_{k+1}}\right)(\mathbf{x}_k - \mathbf{x}_{k-1})$
7. **exit if** $\mathbf{x}_k$ is converged
8. **return** $k \leftarrow k + 1$
9. **output:** $\mathbf{x} \leftarrow \mathbf{x}_k$

定理 3.14[1] 令 $\{\mathbf{x}_k\}$ 和 $\{\mathbf{y}_k\}$ 是由 FISTA 算法产生的两个序列, 则对于每一次迭代 $k \geqslant 1$, 有

$$F(\mathbf{x}_k) - F(\mathbf{x}^*) \leqslant \frac{2L\|\mathbf{x}_k - \mathbf{x}^*\|_2^2}{(k+1)^2}, \quad \forall \mathbf{x}^* \in X_*$$

其中 $\mathbf{x}^*$ 和 X_* 分别表示极小化问题 $\min F(\mathbf{x}) = f(\mathbf{x}) + h(\mathbf{x})$ 的最优解和最优解集。

定理 3.14 表明, 为了得到 ϵ 最优解 $F(\bar{\mathbf{x}}) - F(\mathbf{x}^*) \leqslant \epsilon$, FISTA 算法至多需要 $\lceil C/\sqrt{\epsilon} - 1\rceil$ 次迭代, 其中 $C = \sqrt{2L\|\mathbf{x}_0 - \mathbf{x}^*\|_2^2}$。由于具有与一阶最优算法相同的快速收敛, 故 FISTA 是一种 Nesterov 型最优算法。

3.7 约束凸优化

考虑约束优化问题

$$\min_{\mathbf{x}} \ f_0(\mathbf{x}) \quad \text{s.t. } f_i(\mathbf{x}) \leqslant 0, 1 \leqslant i \leqslant m; h_i(\mathbf{x}) = 0, 1 \leqslant i \leqslant q \tag{3.7.1}$$

若目标函数 $f_0(\mathbf{x})$ 和不等式约束函数 $f_i(\mathbf{x}), i=1,\cdots,m$ 为凸函数, 并且等式约束函数 $h_i(\mathbf{x})$ 具有仿射函数的形式 $\mathbf{h}(\mathbf{x})=\mathbf{A}\mathbf{x}-\mathbf{b}$, 则式 (3.7.1) 称为约束凸优化问题。

求解约束优化问题的基本思想是将约束优化转换为无约束优化问题。常用的转换方法有 3 种:

- 等式或不等式约束的 Lagrange 乘子法;
- 等式约束的罚函数法;
- 等式和不等式约束的增广 Lagrange 乘子法。

[133] 由于拉格朗日 (Lagrange) 乘子法只是增广拉格朗日乘子法的一个较简单的例子, 所以本节主要研究罚函数法和增广拉格朗日乘子法。

3.7.1 罚函数法

罚函数法是一类广泛应用的约束优化方法, 其基本思想是: 通过利用罚函数与/或障碍函数, 约束优化问题变成合成目标函数的无约束优化, 该合成目标函数由原目标函数和约束条件组合而成。

罚函数法将原约束优化问题转换为无约束优化问题

$$\min_{\mathbf{x}\in\mathcal{S}} L_\rho(\mathbf{x})=f_0(\mathbf{x})+\rho p(\mathbf{x}) \tag{3.7.2}$$

其中, 系数 ρ 为罚参数, 通过对罚函数 $p(\mathbf{x})$ 的加权体现 "惩罚" 的力度。ρ 越大, 惩罚款的值越大。

罚函数的主要性质是: 若 $p_1(\mathbf{x})$ 是对闭集 $\mathcal{F}_1$ 的惩罚, 并且 $p_2(\mathbf{x})$ 是对闭集 $\mathcal{F}_2$ 的惩罚, 则 $p_1(\mathbf{x})+p_2(\mathbf{x})$ 是对交集 $\mathcal{F}_1\cap\mathcal{F}_2$ 的惩罚。

下面是两种常用的罚函数:

- 外罚函数

$$p(\mathbf{x})=\rho_1\sum_{i=1}^m(\max\{0,f_i(\mathbf{x})\})^r+\rho_2\sum_{j=1}^q|h_j(\mathbf{x})|^2 \tag{3.7.3}$$

  其中, r 通常取 1 或 2。

- 内罚函数

$$p(\mathbf{x})=\rho_1\sum_{i=1}^m\frac{1}{-f_i(\mathbf{x})}\log(-f_i(\mathbf{x}))+\rho_2\sum_{j=1}^q|h_j(\mathbf{x})|^2 \tag{3.7.4}$$

在外罚函数中, 若 $f_i(\mathbf{x})\leqslant 0,\forall i=1,\cdots,m,\ h_j(\mathbf{x})=0,\forall j=1,\cdots,q$, 则 $p(\mathbf{x})=0$, 即罚函数对可行集 $\text{int}(\mathcal{F})$ 的内点无任何影响。相反, 若对某些迭代点 $\mathbf{x}_k$, 不等式约束 $f_i(\mathbf{x}_k)>0, i\in\{1,\cdots,m\}$ 与/或 $h_j(\mathbf{x}_k)\neq 0, j\in\{1,\cdots,q\}$, 则惩罚项 $p(\mathbf{x}_k)\neq 0$, 即可行集 $\mathcal{F}$ 以外的任何点都会受到惩罚。因此, 式 (3.7.3) 定义的罚函数称为外罚函数。

式 (3.7.4) 的作用等价于在可行集边界建立一堵围墙, 以阻止可行内集 $\text{int}(\mathcal{F})$ [134] 的任何点跨越可行集边界 $\text{bnd}(\mathcal{F})$。由于相对可行内集 $\text{relint}(\mathcal{F})$ 的点受到轻微惩罚, 式 (3.7.4) 的罚函数称为内罚函数, 也称障碍函数。

下面是对闭集 $\mathcal{F}$ 的 3 种障碍函数[25]:

- 幂函数障碍函数: $\phi(\mathbf{x}) = \sum_{i=1}^{m} \frac{1}{-(f_i(\mathbf{x}))^p}, p \geqslant 1$。
- 对数障碍函数: $\phi(\mathbf{x}) = \frac{1}{-f_i(\mathbf{x})} \sum_{i=1}^{m} \log(-f_i(\mathbf{x}))$。
- 指数障碍函数: $\phi(\mathbf{x}) = \sum_{i=1}^{m} \exp\left(\frac{1}{-f_i(\mathbf{x})}\right)$。

换言之, 式 (3.7.4) 中的对数障碍函数可以用幂函数障碍函数或者指数障碍函数代替。

当 $p = 1$ 时, 幂函数障碍函数 $\phi(\mathbf{x}) = \sum_{i=1}^{m} \frac{1}{-f_i(\mathbf{x})}$ 称为逆障碍函数, 由 Carroll 于 1961 年提出[9]; 而

$$\phi(\mathbf{x}) = \mu \sum_{i=1}^{m} \frac{1}{\log(-f_i(\mathbf{x}))} \tag{3.7.5}$$

称为经典 Fiacco-McCormick 对数障碍函数[12], 其中 μ 是障碍参数。

外罚函数和内罚函数的特征比较如下。

- 基于外罚函数的方法通常称为罚函数法, 基于内罚函数的方法习惯称作障碍法。
- 外罚函数惩罚可行集外面的所有点, 其解满足所有不等式约束 $f_i(\mathbf{x}) \leqslant 0, i = 1, \cdots, m$ 和所有等式约束 $h_j(\mathbf{x}) = 0, j = 1, \cdots, q$, 因而是约束优化问题的精确解。换句话说, 外罚函数法是一种最优设计方案。相反, 内罚函数法或障碍法阻挡了可行集的边界上的所有点, 得到的解只满足严格不等式约束 $f_i(\mathbf{x}) < 0, i = 1, \cdots, m$ 和等式约束 $h_j(\mathbf{x}) = 0, j = 1, \cdots, q$, 因此是一种近似解。即是说, 内罚法是一种次最优设计方案。
- 外罚函数法可以由不可行点启动, 其收敛慢; 而内罚函数法要求初始点是可行内点, 所以初始点的选择难, 但是这种方法有着很好的收敛和逼近性能。

在演化计算中, 通常采用外罚函数法; 而内罚函数法由于可行初始点搜索, 成了 NP 难题。

工程设计者尤其是过程控制者喜欢使用内罚函数法, 因为这种方法使得设计者在优化过程中, 可以观测到目标函数对于可行集内设计点的变化情况。然而, 这种变化情况是不可能由外罚函数法提供的。 [135]

在严格意义的罚函数分类中, 上述所有的罚函数都属于死亡惩罚: 不可行解点 $\mathbf{x} \in S \setminus F$ (搜索空间 S 与可行集 F 之差) 被罚函数 $p(\mathbf{x}) = +\infty$ 完全摒弃。如果可行搜索空间是凸的或是整个搜索空间的合适部分, 则这种死亡惩罚会工作得很好[22]。然而, 对于遗传算法和演化计算, 可行集和不可行集的分界线是未知的, 因此难以确定可行集的精确位置。在这些情况下, 应该采用其他罚函数[36]: 静态惩罚、动态惩罚、退火惩罚、自适应惩罚和协同演化惩罚等。

3.7.2 增广拉格朗日乘子法

增广拉格朗日乘子法将约束优化问题式 (3.7.1) 转化为具有拉格朗日函数的无约束优化问题

$$\begin{aligned}\mathcal{L}(\mathbf{x},\boldsymbol{\lambda},\boldsymbol{\nu}) &= f_0(\mathbf{x}) + \sum_{i=1}^{m}\lambda_i f_i(\mathbf{x}) + \sum_{i=1}^{q}\nu_j h_j(\mathbf{x}) \\ &= f_0(\mathbf{x}) + \boldsymbol{\lambda}^{\mathrm{T}}\mathbf{f}(\mathbf{x}) + \boldsymbol{\nu}^{\mathrm{T}}\mathbf{h}(\mathbf{x})\end{aligned} \tag{3.7.6}$$

其中, $\boldsymbol{\lambda} = [\lambda_1,\cdots,\lambda_m]^{\mathrm{T}}$ 和 $\boldsymbol{\nu} = [\nu_1,\cdots,\nu_q]^{\mathrm{T}}$ 分别是 Lagrange 乘子向量和罚参数向量; 而 $\mathbf{f}(\mathbf{x}) = [f_1(\mathbf{x}),\cdots,f_m(\mathbf{x})]^{\mathrm{T}}$ 和 $\mathbf{h}(\mathbf{x}) = [h_1(\mathbf{x}),\cdots,h_q(\mathbf{x})]^{\mathrm{T}}$ 分别是不等式约束向量和等式约束向量。

无约束优化问题

$$\min_{\mathbf{x}}\left\{\mathcal{L}(\mathbf{x},\boldsymbol{\lambda},\boldsymbol{\nu}) = f_0(\mathbf{x}) + \sum_{i=1}^{m}\lambda_i f_i(\mathbf{x}) + \sum_{j=1}^{q}\nu_j h_j(\mathbf{x})\right\} \tag{3.7.7}$$

称为原约束优化问题的对偶问题式 (3.7.1)。原始问题很难解决, 是因为通用解向量 $\mathbf{x}$ 可能违反不等式约束 $\mathbf{f}(\mathbf{x}) < \mathbf{0}$ 和/或等式约束 $\mathbf{h}(\mathbf{x}) = \mathbf{A}\mathbf{x} = \mathbf{0}$。

[136] 增广拉格朗日函数包括拉格朗日函数和惩罚函数两个特例。

- 若 $\boldsymbol{\nu} = \mathbf{0}$, 则增广 Lagrange 函数简化为 Lagrange 函数

$$\mathcal{L}(\mathbf{x},\boldsymbol{\lambda},\mathbf{0}) = \mathcal{L}(\mathbf{x},\boldsymbol{\lambda}) = f_0(\mathbf{x}) + \sum_{i=1}^{m}\lambda_i f_i(\mathbf{x})$$

- 如果 $\boldsymbol{\lambda} = \mathbf{0}$ 和 $\boldsymbol{\nu} = \rho\mathbf{h}(\mathbf{x})$ (其中 $\rho > 0$), 则增广 Lagrange 乘子函数退化为罚函数

$$\mathcal{L}(\mathbf{x},\mathbf{0},\boldsymbol{\nu}) = \mathcal{L}(\mathbf{x},\boldsymbol{\nu}) = f_0(\mathbf{x}) + \rho\sum_{j=1}^{q}|h_j(\mathbf{x})|^2$$

上述两个事实表明, 增广 Lagrange 乘子法组合了 Lagrange 乘子法和罚函数法。

对于标准的约束优化问题式 (3.7.1), 可行集定义为满足所有不等式和等式约束的点的集合, 即有

$$\mathcal{F} = \{\mathbf{x}|f_i(\mathbf{x}) \leqslant 0, i = 1,\cdots,m; h_j(\mathbf{x}) = 0, j = 1,\cdots,q\} \tag{3.7.8}$$

因此, 增广 Lagrange 乘子法可以解决对偶 (优化) 问题

$$\min_{\mathbf{x}\in\mathcal{F}}\left\{L_D(\boldsymbol{\lambda},\boldsymbol{\nu}) = f_0(\mathbf{x}) + \sum_{i=1}^{m}\lambda_i f_i(\mathbf{x}) + \sum_{j=1}^{q}\nu_j h_j(\mathbf{x})\right\} \tag{3.7.9}$$

其中 $L_D(\boldsymbol{\lambda},\boldsymbol{\nu})$ 称为对偶函数。

命题 3.1 令 $p^* = f_0(\mathbf{x}^*) = \min_{\mathbf{x}} L(\mathbf{x}, \boldsymbol{\lambda}, \boldsymbol{\nu})$ 是原始问题的最优解, 并且 $d^* = L_D(\boldsymbol{\lambda}^*, \boldsymbol{\nu}^*) = \min_{\boldsymbol{\lambda}\leqslant \mathbf{0}, \boldsymbol{\nu}} L(\mathbf{x}, \boldsymbol{\lambda}, \boldsymbol{\nu})$ 是对偶问题的最优解。那么, 有 $d^* = L_D(\boldsymbol{\lambda}^*, \boldsymbol{\nu}^*) \leqslant p^* = f_0(\mathbf{x}^*) = \min_{\mathbf{x}} L(\mathbf{x}, \boldsymbol{\lambda}, \boldsymbol{\nu})$。

证明 在 Lagrange 函数 $L(\mathbf{x}, \boldsymbol{\lambda}, \boldsymbol{\nu})$ 中, 对于任意可行点 $\mathbf{x} \in \mathcal{F}$, 由于 $\boldsymbol{\lambda} \geqslant \mathbf{0}$, $f_i(\mathbf{x}) < 0$ 和 $h_j(\mathbf{x}) = 0, \forall i, j$, 有

$$\sum_{i=1}^{m} \lambda_i f_i(\mathbf{x}) + \sum_{j=1}^{q} \nu_j h_j(\mathbf{x}) \leqslant 0$$

从这个不等式可以得出 [137]

$$L(\mathbf{x}, \boldsymbol{\lambda}, \boldsymbol{\nu}) = f_0(\mathbf{x}) + \sum_{i=1}^{m} \lambda_i f_i(\mathbf{x}) + \sum_{j=1}^{q} \nu_j h_j(\mathbf{x}) \leqslant f_0(\mathbf{x}^*) = \min_{\mathbf{x}} L(\mathbf{x}, \boldsymbol{\lambda}, \boldsymbol{\nu})$$

因此对于任意可行点 $\mathbf{x} \in \mathcal{F}$, 有以下结果

$$L_D(\boldsymbol{\lambda}^*, \boldsymbol{\nu}^*) = \min_{\boldsymbol{\lambda}\leqslant \mathbf{0}, \boldsymbol{\nu}} L(\mathbf{x}, \boldsymbol{\lambda}, \boldsymbol{\nu}) \leqslant \min_{\mathbf{x}} L(\mathbf{x}, \boldsymbol{\lambda}, \boldsymbol{\nu}) = f_0(\mathbf{x}^*)$$

也就是说, $d^* = L_D(\boldsymbol{\lambda}^*, \boldsymbol{\nu}^*) \leqslant p^* = f_0(\mathbf{x}^*)$。 □

3.7.3 拉格朗日对偶法

考虑如何求解无约束极小化问题

$$\min \mathcal{L}_D(\boldsymbol{\lambda}, \boldsymbol{\nu}) = \min_{\boldsymbol{\lambda}\geqslant \mathbf{0}, \boldsymbol{\nu}} \left(f_0(\mathbf{x}) + \sum_{i=1}^{m} \lambda_i f_i(\mathbf{x}) + \sum_{j=1}^{q} \nu_j h_j(\mathbf{x}) \right) \tag{3.7.10}$$

由于 Lagrange 乘子向量 $\boldsymbol{\lambda}$ 的非负性, 所以当某个 λ_i 取一个非常大的正数时, 增广 Lagrange 函数 $\mathcal{L}(\mathbf{x}, \boldsymbol{\lambda}, \boldsymbol{\nu})$ 有可能趋于负无穷。因此, 需要使原始增广 Lagrange 函数最大化, 得到

$$J_1(\mathbf{x}) = \max_{\boldsymbol{\lambda}\geqslant \mathbf{0}, \boldsymbol{\nu}} \left(f_0(\mathbf{x}) + \sum_{i=1}^{m} \lambda_i f_i(\mathbf{x}) + \sum_{j=1}^{q} \nu_j h_j(\mathbf{x}) \right) \tag{3.7.11}$$

无约束最大化问题 (3.7.11) 不能避免违法约束 $f_i(\mathbf{x}) > 0$。这会导致 $J_1(\mathbf{x})$ 正无穷, 即

$$J_1(\mathbf{x}) = \begin{cases} f_0(\mathbf{x}), & \mathbf{x}\ \text{满足所有原始约束} \\ (f_0(\mathbf{x}), +\infty), & \text{其他} \end{cases} \tag{3.7.12}$$

由上式可知, 为了在所有不等式和等式约束下极小化 $f_0(\mathbf{x})$, 应该极小化

$J_1(\mathbf{x})$ 得到原始成本函数

$$J_{\mathrm{P}}(\mathbf{x}) = \min_{\mathbf{x}} J_1(\mathbf{x}) = \min_{\mathbf{x}} \max_{\lambda \geqslant \mathbf{0}, \boldsymbol{\nu}} \mathcal{L}(\mathbf{x}, \boldsymbol{\lambda}, \boldsymbol{\nu}) \tag{3.7.13}$$

[138] 这是极小极大化问题, 其解为 Lagrange 函数 $\mathcal{L}(\mathbf{x}, \boldsymbol{\lambda}, \boldsymbol{\nu})$ 上确界, 即

$$J_{\mathrm{P}}(\mathbf{x}) = \sup \left(f_0(\mathbf{x}) + \sum_{i=1}^{m} \lambda_i f_i(\mathbf{x}) + \sum_{j=1}^{q} \nu_j h_j(\mathbf{x}) \right) \tag{3.7.14}$$

这个成本函数称为原始成本函数。

由式 (3.7.12) 和式 (3.7.14) 可知, 原约束极小化问题的最优值为

$$p^* = J_{\mathrm{P}}(\mathbf{x}^*) = \min_{\mathbf{x}} f_0(\mathbf{x}) = f_0(\mathbf{x}^*) \tag{3.7.15}$$

简称为最优原始值。

但是, 一个非凸目标函数的极小化不能转变成另一个凸函数的极小化。因此, 若 $f_0(\mathbf{x})$ 是一个凸函数, 即使我们设计了一种优化算法, 它能够得到原成本函数的局部极值 $\tilde{\mathbf{x}}$, 也不能保证它就是一个全局极值点。

幸运的是, 凸函数 $f(\mathbf{x})$ 的极小化和凹函数 $-f(\mathbf{x})$ 的极大化二者是等价的。基于这个对偶关系, 容易得到求解非凸目标函数优化问题的一种对偶方法: 将非凸目标函数转变成凹函数的极大化。

为此, 由 Lagrange 函数 $\mathcal{L}(\mathbf{x}, \boldsymbol{\lambda}, \boldsymbol{\nu})$ 构造另一个目标函数, 得到

$$\begin{aligned} J_2(\boldsymbol{\lambda}, \boldsymbol{\nu}) &= \min_{\mathbf{x}} \mathcal{L}(\mathbf{x}, \boldsymbol{\lambda}, \boldsymbol{\nu}) \\ &= \min_{\mathbf{x}} \left(f_0(\mathbf{x}) + \sum_{i=1}^{m} \lambda_i f_i(\mathbf{x}) + \sum_{j=1}^{q} \nu_j h_j(\mathbf{x}) \right) \end{aligned} \tag{3.7.16}$$

由式 (3.7.16) 可知

$$\min_{\mathbf{x}} \mathcal{L}(\mathbf{x}, \boldsymbol{\lambda}, \boldsymbol{\nu}) = \begin{cases} \min\limits_{\mathbf{x}} f_0(\mathbf{x}), & \mathbf{x} \text{ 满足所有原始约束} \\ (-\infty, \min\limits_{\mathbf{x}} f_0(\mathbf{x})), & \text{其他} \end{cases}$$

其极大化函数

$$J_{\mathrm{D}}(\boldsymbol{\lambda}, \boldsymbol{\nu}) = \max_{\boldsymbol{\lambda} \geqslant \mathbf{0}, \boldsymbol{\nu}} J_2(\boldsymbol{\lambda}, \boldsymbol{\nu}) = \max_{\boldsymbol{\lambda} \geqslant \mathbf{0}, \boldsymbol{\nu}} \min_{\mathbf{x}} \mathcal{L}(\mathbf{x}, \boldsymbol{\lambda}, \boldsymbol{\nu}) \tag{3.7.17}$$

称为原极小化问题的对偶目标函数。这是一个 Lagrange 函数 $\mathcal{L}(\mathbf{x}, \boldsymbol{\lambda}, \boldsymbol{\nu})$ 的极大极小化问题 (maximin problem)。

[139] 由于 Lagrange 函数 $\mathcal{L}(\mathbf{x}, \boldsymbol{\lambda}, \boldsymbol{\nu})$ 的极大极小化值就是其下确界, 故有

$$J_{\mathrm{D}}(\boldsymbol{\lambda},\boldsymbol{\nu})=\inf\left(f_0(\mathbf{x})+\sum_{i=1}^{m}\lambda_i f_i(\mathbf{x})+\sum_{j=1}^{q}\nu_j h_j(\mathbf{x})\right)\tag{3.7.18}$$

式 (3.7.18) 定义的对偶函数具有下列特性。

- 对偶目标函数 $J_{\mathrm{D}}(\boldsymbol{\lambda},\boldsymbol{\nu})$ 是增广 Lagrange 函数 $\mathcal{L}(\mathbf{x},\boldsymbol{\lambda},\boldsymbol{\nu})$ 的下确界。
- 对偶目标函数 $J_{\mathrm{D}}(\boldsymbol{\lambda},\boldsymbol{\nu})$ 是极大化目标函数, 故它是一个价值或收益函数, 而不是成本函数。
- 对偶目标函数 $J_{\mathrm{D}}(\boldsymbol{\lambda},\boldsymbol{\nu})$ 是下无界的: 其下界为 $-\infty$。因此, $J_{\mathrm{D}}(\boldsymbol{\lambda},\boldsymbol{\nu})$ 是变量 $\mathbf{x}$ 的凹函数, 即使 $f_0(\mathbf{x})$ 不是凸函数。

定理 3.15[28] 无约束凸优化函数 $f(\mathbf{x})$ 的任何一个极小点 $\mathbf{x}^*$ 都是一个全局极小点。如果凸函数 $f(\mathbf{x})$ 是可微分的, 则满足条件 $\frac{\partial f(\mathbf{x})}{\partial \mathbf{x}}=\mathbf{0}$ 的平稳点 $\mathbf{x}^*$ 是函数 $f(\mathbf{x})$ 的一个全局极小点。

定理 3.15 表明, 凹函数的任何一个极值点都是一个全局极值点。因此, 标准约束极小化问题式 (3.7.1) 的算法设计变成了对偶目标函数 $J_{\mathrm{D}}(\boldsymbol{\lambda},\boldsymbol{\nu})$ 的极大化算法的设计, 这种方法称为 Lagrange 对偶法。

3.7.4 Karush-Kuhn-Tucker 条件

命题 3.1 表明

$$d^*\leqslant\min_{\mathbf{x}} f_0(\mathbf{x})=p^*\tag{3.7.19}$$

最优原始值 p^* 与最优对偶值 d^* 之差记作 p^*-d^*, 称为原始极小化问题与对偶极大化问题之间的对偶间隙。

式 (3.7.19) 是增广 Lagrange 函数 $\mathcal{L}(\mathbf{x},\boldsymbol{\lambda},\boldsymbol{\nu})$ 的极大化极小值与极小化极大值之间的关系。事实上, 对于任何非负实值函数 $f(\mathbf{x},\mathbf{y})$, 则极大化极小值与极小化极大值之间都存在下列不等式关系

$$\max_{\mathbf{x}}\min_{\mathbf{y}} f(\mathbf{x},\mathbf{y})\leqslant\min_{\mathbf{y}}\max_{\mathbf{x}} f(\mathbf{x},\mathbf{y})\tag{3.7.20}$$

若$d^*\leqslant p^*$, 则称 Lagrange 对偶法具有弱对偶性; 而当 $d^*=p^*$ 时, 则称 Lagrange 对偶法满足强对偶性。 [140]

令 $\mathbf{x}^*$ 和 $(\boldsymbol{\lambda}^*,\boldsymbol{\nu}^*)$ 分别表示任意一个原始最优点和对偶最优点, 它们之间的对偶间隙 $\epsilon=0$。由于 $\mathbf{x}^*$ 使增广 Lagrange 目标函数 $\mathcal{L}(\mathbf{x},\boldsymbol{\lambda}^*,\boldsymbol{\nu}^*)$ 在所有原始可行点 $\mathbf{x}$ 之中极小化, 所以 $\mathcal{L}(\mathbf{x},\boldsymbol{\lambda}^*,\boldsymbol{\nu}^*)$ 在点 $\mathbf{x}^*$ 的梯度向量必须等于零向量, 即有

$$\nabla f_0(\mathbf{x}^*)+\sum_{i=1}^{m}\lambda_i^*\nabla f_i(\mathbf{x}^*)+\sum_{j=1}^{q}\nu_j^*\nabla h_j(\mathbf{x}^*)=\mathbf{0}$$

因此, Lagrange 对偶无约束优化问题的 Karush-Kuhn-Tucker (KKT) 条件 (即一阶必要条件) 由 Nocedal 和 Wright 给出[28]

$$
\left.\begin{aligned}
f_i(\mathbf{x}^*) \leqslant 0, \quad i=1,\cdots,m \quad &(\text{原始不等式约束}) \\
h_j(\mathbf{x}^*) = 0, \quad j=1,\cdots,q \quad &(\text{原始等式约束}) \\
\lambda_i^* \geqslant 0, \quad i=1,\cdots,m \quad &(\text{非负性}) \\
\lambda_i^* f_i(\mathbf{x}^*) = 0, \quad i=1,\cdots,m \quad &(\text{互补松弛性}) \\
\nabla f_0(\mathbf{x}^*) + \sum_{i=1}^{m} \lambda_i^* \nabla f_i(\mathbf{x}^*) + \sum_{j=1}^{q} \nu_j^* \nabla h_j(\mathbf{x}^*) = \mathbf{0} \quad &(\text{平稳点})
\end{aligned}\right\} \tag{3.7.21}
$$

满足 KKT 条件的点 $\mathbf{x}$ 称为一个 KKT 点。

注释 1　第 1 个 KKT 条件和第 2 个 KKT 条件分别是原始不等式约束条件和原始等式约束条件。

注释 2　第 3 个 KKT 条件是 Lagrange 乘子 λ_i 的非负性条件, 它是 Lagrange 对偶法的一个关键约束。

注释 3　第 4 个 KKT 条件 (互补松弛性) 也称对偶互补性, 它是 Lagrange 对偶法的另一个关键约束。这个条件意味着, 对于任何一个违法约束 $f_i(\mathbf{x}) > 0$, 对应的 Lagrange 乘子 λ_i 必然等于零, 因此我们可以完全避免任何一个违法约束。这个作用宛如在不等式约束的边界 $f_i(\mathbf{x}) = 0, i = 1,\cdots,m$ 上立起一道障碍, 以阻止违法约束 $f_i(\mathbf{x}) > 0$ 的偶然发生。

注释 4　第 5 个 KKT 条件是 $\min_{\mathbf{x}} \mathcal{L}(\mathbf{x}, \boldsymbol{\lambda}, \boldsymbol{\nu})$ 的平稳点条件。

[141]　注释 5　若约束优化 (3.7.1) 中的不等式约束 $f_i(\mathbf{x}) \leqslant 0, i = 1,\cdots,m$ 变为 $c_i(\mathbf{x}) \geqslant 0, i = 1,\cdots,m$, 则 Lagrange 函数应该修正为

$$
\mathcal{L}(\mathbf{x}, \boldsymbol{\lambda}, \boldsymbol{\nu}) = f_0(\mathbf{x}) - \sum_{i=1}^{m} \lambda_i c_i(\mathbf{x}) + \sum_{j=1}^{q} \nu_j h_j(\mathbf{x})
$$

并且 KKT 条件公式 (3.7.21) 中的所有不等式约束函数 $f_i(\mathbf{x})$ 应该用 $-c_i(\mathbf{x})$ 代替。

下面, 我们讨论在某些假设下 KKT 条件的必要修正。

定义 3.14 (违法约束)　对于不等式约束 $f_i(\mathbf{x}) \leqslant 0, i = 1,\cdots,m$, 若在点 $\bar{\mathbf{x}}$ 有 $f_i(\bar{\mathbf{x}}) = 0$, 则称第 i 个约束为在点 $\bar{\mathbf{x}}$ 上的积极约束; 若 $f_i(\bar{\mathbf{x}}) < 0$, 则称第 i 个约束为在点 $\bar{\mathbf{x}}$ 的无效约束 (inactive constraint)。若 $f_i(\bar{\mathbf{x}}) > 0$, 则称第 i 个约束是在点 $\bar{\mathbf{x}}$ 的违法约束。所有在点 $\bar{\mathbf{x}}$ 的积极约束的指标集记作 $\mathcal{A}(\bar{\mathbf{x}}) = \{i | f_i(\bar{\mathbf{x}}) = 0\}$, 称为点 $\bar{\mathbf{x}}$ 的作用集。

令 m 不等式约束 $f_i(\mathbf{x}), i = 1,\cdots,m$ 在某个 KKT 点 $\mathbf{x}^*$ 有 k 个积极约束 $f_{\mathcal{A}_1}(\mathbf{x}^*),\cdots,f_{\mathcal{A}_k}(\mathbf{x}^*)$ 和 $m-k$ 个无效约束。

为了满足 KKT 条件 $\lambda_i f_i(\mathbf{x}^*) = 0$ 中的互补性, 与无效约束 $f_i(\mathbf{x}^*) < 0$ 对应的 Lagrange 乘子 λ_i^* 必须等于零。这意味着式 (3.7.21) 中最后一个 KKT 条件

变为

$$\nabla f_0(\mathbf{x}^*) + \sum_{i\in\mathcal{A}} \lambda_i^* \nabla f_i(\mathbf{x}^*) + \sum_{j=1}^{q} \nu_j^* \nabla h_j(\mathbf{x}^*) = \mathbf{0}$$

或者

$$\begin{bmatrix} \dfrac{\partial f_0(\mathbf{x}^*)}{\partial x_1^*} \\ \vdots \\ \dfrac{\partial f_0(\mathbf{x}^*)}{\partial x_n^*} \end{bmatrix} + \begin{bmatrix} \dfrac{\partial h_1(\mathbf{x}^*)}{\partial x_1^*} & \cdots & \dfrac{\partial h_q(\mathbf{x}^*)}{\partial x_1^*} \\ \vdots & & \vdots \\ \dfrac{\partial h_1(\mathbf{x}^*)}{\partial x_n^*} & \cdots & \dfrac{\partial h_q(\mathbf{x}^*)}{\partial x_n^*} \end{bmatrix} \begin{bmatrix} \nu_1^* \\ \vdots \\ \nu_q^* \end{bmatrix}$$

$$= -\begin{bmatrix} \dfrac{\partial f_{\mathcal{A}1}(\mathbf{x}^*)}{\partial x_1^*} & \cdots & \dfrac{\partial f_{\mathcal{A}k}(\mathbf{x}^*)}{\partial x_1^*} \\ \vdots & & \vdots \\ \dfrac{\partial f_{\mathcal{A}1}(\mathbf{x}^*)}{\partial x_n^*} & \cdots & \dfrac{\partial f_{\mathcal{A}k}(\mathbf{x}^*)}{\partial x_n^*} \end{bmatrix} \begin{bmatrix} \lambda_{\mathcal{A}1}^* \\ \vdots \\ \lambda_{\mathcal{A}k}^* \end{bmatrix}$$

即有

$$\nabla f_0(\mathbf{x}^*) + (\mathbf{J}_h(\mathbf{x}^*))^{\mathrm{T}} \boldsymbol{\nu}^* = -(\mathbf{J}_{\mathcal{A}}(\mathbf{x}^*))^{\mathrm{T}} \boldsymbol{\lambda}_{\mathcal{A}}^* \tag{3.7.22}$$

其中, $\mathbf{J}_h(\mathbf{x}^*)$ 是等式约束函数 $h_j(\mathbf{x}) = 0, j = 1, \cdots, q$ 在点 $\mathbf{x}^*$ 的 Jacobi 矩阵, 并且

$$\boldsymbol{\lambda}_{\mathcal{A}}^* = [\lambda_{\mathcal{A}1}^*, \cdots, \lambda_{\mathcal{A}k}^*] \in \mathbb{R}^k \tag{3.7.23}$$

[142]

$$\mathbf{J}_{\mathcal{A}}(\mathbf{x}^*) = \begin{bmatrix} \dfrac{\partial f_{\mathcal{A}1}(\mathbf{x}^*)}{\partial x_1^*} & \cdots & \dfrac{\partial f_{\mathcal{A}1}(\mathbf{x}^*)}{\partial x_n^*} \\ \vdots & & \vdots \\ \dfrac{\partial f_{\mathcal{A}k}(\mathbf{x}^*)}{\partial x_1^*} & \cdots & \dfrac{\partial f_{\mathcal{A}k}(\mathbf{x}^*)}{\partial x_n^*} \end{bmatrix} \in \mathbb{R}^{k\times n} \tag{3.7.24}$$

分别是积极约束函数的 Jacobi 矩阵和 Lagrange 乘子向量。

式 (3.7.22) 表明, 若积极约束函数在可行点 $\bar{\mathbf{x}}$ 的 Jacobi 矩阵 $\mathbf{J}_{\mathcal{A}}(\bar{\mathbf{x}})$ 满行秩, 则积极约束的 Lagrange 乘子向量可以由

$$\boldsymbol{\lambda}_{\mathcal{A}}^* = -(\mathbf{J}_{\mathcal{A}}(\bar{\mathbf{x}})\mathbf{J}_{\mathcal{A}}(\bar{\mathbf{x}})^{\mathrm{T}})^{-1}\mathbf{J}_{\mathcal{A}}(\bar{\mathbf{x}})[\nabla f_0(\bar{\mathbf{x}}) + (\mathbf{J}_h(\bar{\mathbf{x}}))^{\mathrm{T}}\boldsymbol{\nu}^*] \tag{3.7.25}$$

唯一确定。

在优化算法设计中, 总是希望能够实现强对偶性。确定强对偶性是否成立的一个简单方法是 Slater 定理。

仅满足严格不等式约束 $f_i(\mathbf{x}) < 0$ 和等式约束 $h_j(\mathbf{x}) = 0$ 的点集

$$\mathrm{relint}(\mathcal{F}) = \{\mathbf{x} | f_i(\mathbf{x}) < 0, i = 1, \cdots, m; h_j(\mathbf{x}) = 0, j = 1, \cdots, q\} \tag{3.7.26}$$

称为相对可行内集或相对严格可行集, 相对内域中的点称为相对内点。

在优化过程中, 迭代点在可行域的内域的约束量化称为 Slater 条件。Slater

定理说的是: 若 Slater 条件满足, 并且原始不等式优化问题 (3.7.1) 是一个凸优化问题, 则对偶约束优化问题 (3.7.17) 的最优值 d^* 等于原始优化问题的最优值 p^*, 即强对偶性成立。

下面总结了原始约束优化问题与 Lagrange 对偶约束凸优化问题之间的关系。

- 仅当不等式约束函数 $f_i(\mathbf{x}), i=1,\cdots,m$ 为凸函数, 并且等式约束函数 $h_j(\mathbf{x}), j=1,\cdots,q$ 是映射函数时, 原始约束优化问题才能够借助 Lagrange 对偶法, 转变成一个对偶无约束极大化问题。
- 一个凹函数的极大化与相应凸函数的极小化等价。
- 若原始约束优化是一个凸优化问题, 则 Lagrange 目标函数 $\tilde{\mathbf{x}}$ 和 $(\tilde{\boldsymbol{\lambda}},\tilde{\boldsymbol{\nu}})$ 满足 KKT 条件的点分别是原始最优点和对偶最优点。换言之, Lagrange 对偶无约束优化的最优解 $\mathbf{d}^*$ 就是原始约束凸优化问题的最优解 $\mathbf{p}^*$。
- 一般地, Lagrange 对偶优化问题的最优解不是原始约束优化问题的最优解, 只是一个 ϵ 次最优解, 其中 $\epsilon=f_0(\mathbf{x}^*)-J_{\mathrm{D}}(\boldsymbol{\lambda}^*,\boldsymbol{\nu}^*)$。

[143]

考虑具有等式和不等式约束条件的约束优化问题

$$\min_{\mathbf{x}}\ f(\mathbf{x})\quad \text{s.t. } \mathbf{A}\mathbf{x}\leqslant\mathbf{h},\mathbf{B}\mathbf{x}=\mathbf{b} \tag{3.7.27}$$

令非负向量 $\mathbf{s}\geqslant\mathbf{0}$ 是一个松弛变量向量, 其满足 $\mathbf{A}\mathbf{x}+\mathbf{s}=\mathbf{h}$。于是, 不等式约束 $\mathbf{A}\mathbf{x}\leqslant\mathbf{h}$ 变成等式约束 $\mathbf{A}\mathbf{x}+\mathbf{s}-\mathbf{h}=\mathbf{0}$。如果取罚函数 $\phi(\mathbf{g}(\mathbf{x}))=\frac{1}{2}\|\mathbf{g}(\mathbf{x})\|_2^2$, 则增广 Lagrange 目标函数

$$\begin{aligned}\mathcal{L}_\rho(\mathbf{x},\mathbf{s},\boldsymbol{\lambda},\boldsymbol{\nu})=&f(\mathbf{x})+\boldsymbol{\lambda}^{\mathrm{T}}(\mathbf{A}\mathbf{x}+\mathbf{s}-\mathbf{h})+\boldsymbol{\nu}^{\mathrm{T}}(\mathbf{B}\mathbf{x}-\mathbf{b})\\&+\frac{\rho}{2}\left(\|\mathbf{B}\mathbf{x}-\mathbf{b}\|_2^2+\|\mathbf{A}\mathbf{x}+\mathbf{s}-\mathbf{h}\|_2^2\right)\end{aligned} \tag{3.7.28}$$

其中, 两个 Lagrange 乘子向量 $\boldsymbol{\lambda}\geqslant\mathbf{0}$ 和 $\boldsymbol{\nu}\geqslant\mathbf{0}$ 为非负向量, 并且罚参数 $\rho>0$。

求解原始优化问题式 (3.7.27) 的对偶梯度上升法为

$$\mathbf{x}_{k+1}=\arg\min_{\mathbf{x}}\mathcal{L}_\rho(\mathbf{x},\mathbf{s}_k,\boldsymbol{\lambda}_k,\boldsymbol{\nu}_k) \tag{3.7.29}$$

$$\mathbf{s}_{k+1}=\arg\min_{\mathbf{s}\geqslant\mathbf{0}}\mathcal{L}_\rho(\mathbf{x}_{k+1},\mathbf{s},\boldsymbol{\lambda}_k,\boldsymbol{\nu}_k) \tag{3.7.30}$$

$$\boldsymbol{\lambda}_{k+1}=\boldsymbol{\lambda}_k+\rho_k(\mathbf{A}\mathbf{x}_{k+1}+\mathbf{s}_{k+1}-\mathbf{h}) \tag{3.7.31}$$

$$\boldsymbol{\nu}_{k+1}=\boldsymbol{\nu}_k+\rho_k(\mathbf{B}\mathbf{x}_{k+1}-\mathbf{b}) \tag{3.7.32}$$

其中, 梯度向量

$$\frac{\partial\mathcal{L}_\rho(\mathbf{x}_{k+1},\mathbf{s}_{k+1},\boldsymbol{\lambda}_k,\boldsymbol{\nu}_k)}{\partial\boldsymbol{\lambda}_k}=\mathbf{A}\mathbf{x}_{k+1}+\mathbf{s}_{k+1}-\mathbf{h}$$

$$\frac{\partial\mathcal{L}_\rho(\mathbf{x}_{k+1},\mathbf{s}_{k+1},\boldsymbol{\lambda}_k,\boldsymbol{\nu}_k)}{\partial\boldsymbol{\nu}_k}=\mathbf{B}\mathbf{x}_{k+1}-\mathbf{b}$$

式 (3.7.29) 和式 (3.7.30) 分别是原始变量向量 $\mathbf{x}$ 和中间变量向量 $\mathbf{s}$ 的更新公式, 而式 (3.7.31) 和式 (3.7.32) 分别是不等式约束 $\mathbf{A}\mathbf{x}\geqslant\mathbf{h}$ 下的 Lagrange 乘

子向量 $\boldsymbol{\lambda}$ 和等式约束 $\mathbf{Bx}=\mathbf{b}$ 下的 Lagrange 乘子向量 $\boldsymbol{\nu}$ 的对偶梯度上升迭代公式。

3.7.5 交替方向乘子法

[144]

在应用数理统计和机器学习中，我们经常会遇到大型等式约束优化问题，其变元 $\mathbf{x}\in\mathbb{R}^n$ 的维数非常大。如果向量 $\mathbf{x}$ 可以分解为几个子向量，即 $\mathbf{x}=(\mathbf{x}_1,\cdots,\mathbf{x}_r)$，并且目标函数也可以分解为

$$f(\mathbf{x})=\sum_{i=1}^{r}f_i(\mathbf{x}_i)$$

其中 $\mathbf{x}_i\in\mathbb{R}^{n_i}$ 和 $\sum_{i=1}^{r}n_i=n$，则大型优化问题就可以变换成几个分布式优化问题。

交替方向乘子法 (alternating direction method of multiplier, ADMM) 是求解分布式优化问题的一种简单而有效的方法。

ADMM 法将一个优化问题分解为几个较小的子问题，然后再将它们的局部解恢复或者重构成原优化问题的大型优化解。

ADMM 法由 Gabay 和 Mercier[16]，以及 Glowinski 与 Marrocco[17] 在 20 世纪 70 年代中期提出。

与目标函数 $f(\mathbf{x})$ 的分解相对应，等式约束矩阵分块为

$$\mathbf{A}=[\mathbf{A}_1,\cdots,\mathbf{A}_r],\qquad \mathbf{Ax}=\sum_{i=1}^{r}\mathbf{A}_i\mathbf{x}_i$$

因此，增广 Lagrange 目标函数可以写为[5]

$$\begin{aligned}\mathcal{L}_\rho(\mathbf{x},\boldsymbol{\lambda})&=\sum_{i=1}^{r}\mathcal{L}_i(\mathbf{x}_i,\boldsymbol{\lambda})\\&=\sum_{i=1}^{r}\left(f_i(\mathbf{x}_i)+\boldsymbol{\lambda}^{\mathrm{T}}\mathbf{A}_i\mathbf{x}_i\right)-\boldsymbol{\lambda}^{\mathrm{T}}\mathbf{b}+\frac{\rho}{2}\left\|\sum_{i=1}^{r}(\mathbf{A}_i\mathbf{x}_i)-\mathbf{b}\right\|_2^2\end{aligned}$$

对 Lagrange 目标函数应用对偶上升法，即得到并行计算的分散算法[5]

$$\mathbf{x}_i^{k+1}=\underset{\mathbf{x}_i\in\mathbb{R}^{n_i}}{\arg\min}\,\mathcal{L}_i(\mathbf{x}_i,\boldsymbol{\lambda}_k),\quad i=1,\cdots,r \tag{3.7.33}$$

$$\boldsymbol{\lambda}_{k+1}=\boldsymbol{\lambda}_k+\rho_k\left(\sum_{i=1}^{r}\mathbf{A}_i\mathbf{x}_i^{k+1}-\mathbf{b}\right) \tag{3.7.34}$$

其中，r 个更新 $\mathbf{x}_i$ $(i=1,\cdots,r)$ 可以独立地并行运行。由于 $\mathbf{x}_i,i=1,\cdots,r$ 交替或者序贯地更新，所以这种增广乘子法称为“交替方向”乘子法。

[145]

实际应用中，最简单的分解是 $r=2$ 的目标函数分解

$$\min f(\mathbf{x})+h(\mathbf{z})\quad \text{s.t. }\mathbf{Ax}+\mathbf{Bz}=\mathbf{b} \tag{3.7.35}$$

式中, $\mathbf{x} \in \mathbb{R}^n, \mathbf{z} \in \mathbb{R}^m, \mathbf{A} \in \mathbb{R}^{p\times n}, \mathbf{B} \in \mathbb{R}^{p\times m}, \mathbf{b} \in \mathbb{R}^p$。

优化问题式 (3.7.35) 的增广 Lagrange 成本函数

$$\begin{aligned}\mathcal{L}_\rho(\mathbf{x},\mathbf{z},\boldsymbol{\lambda}) &= f(\mathbf{x}) + h(\mathbf{z}) + \boldsymbol{\lambda}^{\mathrm{T}}(\mathbf{A}\mathbf{x} + \mathbf{B}\mathbf{z} - \mathbf{b}) \\ &\quad + \frac{\rho}{2}\|\mathbf{A}\mathbf{x} + \mathbf{B}\mathbf{z} - \mathbf{b}\|_2^2 \end{aligned} \tag{3.7.36}$$

易知, 最优性条件分解为原始可行性条件

$$\mathbf{A}\mathbf{x} + \mathbf{B}\mathbf{z} - \mathbf{b} = \mathbf{0} \tag{3.7.37}$$

和两个对偶可行性条件

$$\mathbf{0} \in \partial f(\mathbf{x}) + \mathbf{A}^{\mathrm{T}}\boldsymbol{\lambda} + \rho\mathbf{A}^{\mathrm{T}}(\mathbf{A}\mathbf{x} + \mathbf{B}\mathbf{z} - \mathbf{b}) = \partial f(\mathbf{x}) + \mathbf{A}^{\mathrm{T}}\boldsymbol{\lambda} \tag{3.7.38}$$

$$\mathbf{0} \in \partial h(\mathbf{z}) + \mathbf{B}^{\mathrm{T}}\boldsymbol{\lambda} + \rho\mathbf{B}^{\mathrm{T}}(\mathbf{A}\mathbf{x} + \mathbf{B}\mathbf{z} - \mathbf{b}) = \partial h(\mathbf{z}) + \mathbf{B}^{\mathrm{T}}\boldsymbol{\lambda} \tag{3.7.39}$$

其中 $\partial f(\mathbf{x})$ 和 $\partial h(\mathbf{z})$ 分别是子目标函数 $f(\mathbf{x})$ 和 $h(\mathbf{z})$ 的次微分。

优化问题 $\min \mathcal{L}_\rho(\mathbf{x},\mathbf{z},\boldsymbol{\lambda})$ 的 ADMM 法的更新公式如下

$$\mathbf{x}_{k+1} = \arg\min_{\mathbf{x}\in\mathbb{R}^n} \mathcal{L}_\rho(\mathbf{x},\mathbf{z}_k,\boldsymbol{\lambda}_k) \tag{3.7.40}$$

$$\mathbf{z}_{k+1} = \arg\min_{\mathbf{z}\in\mathbb{R}^m} \mathcal{L}_\rho(\mathbf{x}_{k+1},\mathbf{z},\boldsymbol{\lambda}_k) \tag{3.7.41}$$

$$\boldsymbol{\lambda}_{k+1} = \boldsymbol{\lambda}_k + \rho_k(\mathbf{A}\mathbf{x}_{k+1} + \mathbf{B}\mathbf{z}_{k+1} - \mathbf{b}) \tag{3.7.42}$$

原始可行性不可能严格满足, 其误差

$$\mathbf{r}_k = \mathbf{A}\mathbf{x}_k + \mathbf{B}\mathbf{z}_k - \mathbf{b} \tag{3.7.43}$$

[146] 称为第 k 次迭代的原始残差 (向量)。因此, Lagrange 乘子向量的更新可写为

$$\boldsymbol{\lambda}_{k+1} = \boldsymbol{\lambda}_k + \rho_k\mathbf{r}_{k+1} \tag{3.7.44}$$

同样, 对偶可行性也不可能严格满足。由于 $\mathbf{x}_{k+1}$ 是 $\mathcal{L}_\rho(\mathbf{x},\mathbf{z}_k,\boldsymbol{\lambda}_k)$ 的极小化变量, 故有

$$\begin{aligned}\mathbf{0} &\in \partial f(\mathbf{x}_{k+1}) + \mathbf{A}^{\mathrm{T}}\boldsymbol{\lambda}_k + \rho\mathbf{A}^{\mathrm{T}}(\mathbf{A}\mathbf{x}_{k+1} + \mathbf{B}\mathbf{z}_k - \mathbf{b}) \\ &= \partial f(\mathbf{x}_{k+1}) + \mathbf{A}^{\mathrm{T}}[\boldsymbol{\lambda}_k + \rho\mathbf{r}_{k+1} + \rho\mathbf{B}(\mathbf{z}_k - \mathbf{z}_{k+1})] \\ &= \partial f(\mathbf{x}_{k+1}) + \mathbf{A}^{\mathrm{T}}\boldsymbol{\lambda}_{k+1} + \rho\mathbf{A}^{\mathrm{T}}\mathbf{B}(\mathbf{z}_k - \mathbf{z}_{k+1})\end{aligned}$$

将此结果与可行性公式 (3.7.38) 比较, 易知

$$\mathbf{s}_{k+1} = \rho\mathbf{A}^{\mathrm{T}}\mathbf{B}(\mathbf{z}_k - \mathbf{z}_{k+1}) \tag{3.7.45}$$

是对偶可行性的误差, 故称为第 $k+1$ 次迭代中的对偶残差 (向量)。

ADMM 法的停止准则是: 第 $k+1$ 次迭代中的原始残差和对偶残差应该都

非常小, 即[5]

$$\|\mathbf{r}_{k+1}\|_2 \leqslant \epsilon_{\text{pri}}, \quad \|\mathbf{s}_{k+1}\|_2 \leqslant \epsilon_{\text{dual}} \tag{3.7.46}$$

其中, ϵ_{pri} 和 ϵ_{dual} 分别是原始可行性和对偶可行性的允许扰动。

若令 $\boldsymbol{\nu} = (1/\rho)\boldsymbol{\lambda}$ 是被比例 $1/\rho$ 缩放的 Lagrange 乘子向量, 称为缩放对偶向量, 则式 (3.7.40)—式 (3.7.42) 变为[5]

$$\mathbf{x}_{k+1} = \arg\min_{\mathbf{x}\in\mathbb{R}^n} \left(f(\mathbf{x}) + (\rho/2)\|\mathbf{Ax} + \mathbf{Bz}_k - \mathbf{b} + \boldsymbol{\nu}_k\|_2^2\right) \tag{3.7.47}$$

$$\mathbf{z}_{k+1} = \arg\min_{\mathbf{z}\in\mathbb{R}^m} \left(h(\mathbf{z}) + (\rho/2)\|\mathbf{Ax}_{k+1} + \mathbf{Bz} - \mathbf{b} + \boldsymbol{\nu}_k\|_2^2\right) \tag{3.7.48}$$

$$\boldsymbol{\nu}_{k+1} = \boldsymbol{\nu}_k + \mathbf{Ax}_{k+1} + \mathbf{Bz}_{k+1} - \mathbf{b} = \boldsymbol{\nu}_k + \mathbf{r}_{k+1} \tag{3.7.49}$$

缩放对偶向量也可以解释为[5]: 由第 k 次迭代的残差 $\mathbf{r}_k = \mathbf{Ax}_k + \mathbf{Bz}_k - \mathbf{b}$, 易知

$$\boldsymbol{\nu}_k = \boldsymbol{\nu}_0 + \sum_{i=1}^{k} \mathbf{r}^i \tag{3.7.50}$$

即缩放对偶向量是所有 k 次迭代的原始残差之和。

式 (3.7.47)—式 (3.7.49) 称为缩放 ADMM, 而式 (3.7.40)—式 (3.7.42) 是无缩放的 ADMM。 [147]

3.8 牛顿法

一阶优化算法只使用目标函数的零阶信息 $f(\mathbf{x})$ 和一阶信息 $\nabla f(\mathbf{x})$。众所周知[20], 如果目标函数是二次可微分的, 则基于 Hesse 矩阵的牛顿 (Newton) 法是二次或者更快收敛的。

3.8.1 无约束优化的牛顿法

对于无约束优化 $\min\limits_{\mathbf{x}\in\mathbb{R}^n} f(\mathbf{x})$, 若 Hesse 矩阵 $\mathbf{H} = \nabla^2 f(\mathbf{x})$ 正定, 则由 Newton 方程

$$\nabla^2 f(\mathbf{x})\Delta\mathbf{x} = -\nabla f(\mathbf{x}) \tag{3.8.1}$$

我们可以得到 Newton 步长 (更新) $\Delta\mathbf{x} = -(\nabla^2 f(\mathbf{x}))^{-1}\nabla f(\mathbf{x})$, 从而给出梯度上升算法

$$\mathbf{x}_{k+1} = \mathbf{x}_k - \mu_k(\nabla^2 f(\mathbf{x}_k))^{-1}\nabla f(\mathbf{x}_k) = \mathbf{x}_k - \mu_k\mathbf{H}^{-1}\nabla f(\mathbf{x}_k) \tag{3.8.2}$$

这就是著名的牛顿法。

牛顿法在应用中可能遇到以下两个棘手问题:

- Hesse 矩阵 $\mathbf{H} = \nabla^2 f(\mathbf{x})$ 难于求出。
- 即使 $\mathbf{H} = \nabla^2 f(\mathbf{x})$ 可以求出, 但其逆矩阵 $\mathbf{H}^{-1} = (\nabla^2 f(\mathbf{x}))^{-1}$ 可能是数值不稳定的。

以下 3 种方法可以解决上述两个问题。

1. 截断牛顿法

不直接使用 Hesse 矩阵的逆矩阵, 而是用迭代方法求解 Newton 矩阵方程 $\nabla^2 f(\mathbf{x})\Delta\mathbf{x}_{\text{nt}} = -\nabla f(\mathbf{x})$, 得到牛顿步 $\Delta\mathbf{x}_{\text{nt}}$。

近似求解公式 (3.8.1) 的迭代方法称为截断牛顿法[11], 其中, 共轭梯度算法和预处理共轭梯度算法是近似求解牛顿矩阵方程的两种常用算法。截断牛顿法特别适用于大规模无约束、有约束优化问题和内点法。

[148]

2. 修正牛顿法

当 Hesse 矩阵非正定时, 牛顿矩阵方程可以修正为[14]

$$(\nabla^2 f(\mathbf{x}) + \mathbf{E})\Delta\mathbf{x}_{\text{nt}} = -\nabla f(\mathbf{x}) \tag{3.8.3}$$

其中, $\mathbf{E}$ 是一个半正定矩阵, 通常取对角矩阵, 使得 $\nabla^2 f(\mathbf{x}) + \mathbf{E}$ 是对称正定矩阵。这个方法称为修正牛顿法。典型的修正牛顿法取 $\mathbf{E} = \delta\mathbf{I}$, 其中 $\delta > 0$ 很小。

3. 拟牛顿法

如果在牛顿法中使用一个对称正定矩阵 $\mathbf{B}_k$ 近似 Hesse 矩阵或其逆矩阵 $\mathbf{H}_k^{-1}$, 则牛顿法称为拟牛顿法。考虑目标函数 $f(\mathbf{x})$ 在点 $\mathbf{x}_{k+1}$ 上的二阶泰勒级数展开

$$f(\mathbf{x}) \approx f(\mathbf{x}_{k+1}) + \nabla f(\mathbf{x}_{k+1}) \cdot (\mathbf{x} - \mathbf{x}_{k+1}) + \frac{1}{2}(\mathbf{x} - \mathbf{x}_{k+1})^{\text{T}} \nabla^2 f(\mathbf{x}_{k+1})(\mathbf{x} - \mathbf{x}_{k+1})$$

因此, $\nabla f(\mathbf{x}) \approx \nabla f(\mathbf{x}_{k+1}) + \mathbf{H}_{k+1} \cdot (\mathbf{x} - \mathbf{x}_{k+1})$。若令 $\mathbf{x} = \mathbf{x}_k$, 则拟牛顿条件为

$$\mathbf{g}_{k+1} - \mathbf{g}_k \approx \mathbf{H}_{k+1} \cdot (\mathbf{x}_{k+1} - \mathbf{x}_k) \tag{3.8.4}$$

令 $\mathbf{s}_k = \mathbf{x}_{k+1} - \mathbf{x}_k$ 表示牛顿步, $\mathbf{y}_k = \mathbf{g}_{k+1} - \mathbf{g}_k = \nabla f(\mathbf{x}_{k+1}) - \nabla f(\mathbf{x}_k)$, 则拟牛顿条件可以写为

$$\mathbf{y}_k \approx \mathbf{H}_{k+1} \cdot \mathbf{s}_k \quad 或 \quad \mathbf{s}_k = \mathbf{H}_{k+1}^{-1} \cdot \mathbf{y}_k \tag{3.8.5}$$

- DFP (Davidon-Fletcher-Powell) 法: 使用 $n \times n$ 矩阵 $\mathbf{D}_k = \mathbf{D}(\mathbf{x}_k)$ 来近似 Hesse 矩阵的逆矩阵, 即 $\mathbf{D}_k \approx \mathbf{H}^{-1}$。在此设置中, 由 Nesterov[25] 给出 $\mathbf{D}_k$ 的更新

$$\mathbf{D}_{k+1} = \mathbf{D}_k + \frac{\mathbf{s}_k\mathbf{s}_k^{\text{T}}}{\mathbf{y}_k^{\text{T}}\mathbf{s}_k} - \frac{\mathbf{D}_k\mathbf{y}_k\mathbf{y}_k^{\text{T}}\mathbf{D}_k}{\mathbf{y}_k^{\text{T}}\mathbf{D}_k\mathbf{y}_k} \tag{3.8.6}$$

DFP (Davidon-Fletcher-Powell) 拟牛顿法见算法 3.6。

算法 3.6 Davidon-Fletcher-Powell (DFP) 拟牛顿法

1. **input:** Objective function $f(\mathbf{x})$, gradient vector $\mathbf{g}(\mathbf{x})=\nabla f(\mathbf{x})$, accuracy threshold ϵ
2. **initialization:** Take the initial value $\mathbf{x}_0$ and $\mathbf{D}_0=\mathbf{I}$. Take $k=0$
3. Determine the search direction $\mathbf{p}_k=-\mathbf{D}_k\mathbf{g}_k$
4. Determine the step length $\mu_k=\arg\min_{\mu\geqslant 0} f(\mathbf{x}_k+\mu\mathbf{p}_k)$
5. Update the solution vector $\mathbf{x}_{k+1}=\mathbf{x}_k+\mu_k\mathbf{p}_k$
6. Calculate the Newton step $\mathbf{s}_k=\mathbf{x}_{k+1}-\mathbf{x}_k$
7. Calculate $\mathbf{g}_{k+1}=\mathbf{g}(\mathbf{x}_{k+1})$. If $\|\mathbf{g}_{k+1}\|_2<\epsilon$ then stop iterations and output $\mathbf{x}^*=\mathbf{x}_k$. Otherwise, continue the next step
8. Let $\mathbf{y}_k=\mathbf{g}_{k+1}-\mathbf{g}_k$
9. Calculate $\mathbf{D}_{k+1}=\mathbf{D}_k+\frac{\mathbf{s}_k\mathbf{s}_k^{\mathrm{T}}}{\mathbf{y}_k^{\mathrm{T}}\mathbf{s}_k}-\frac{\mathbf{D}_k\mathbf{y}_k\mathbf{y}_k^{\mathrm{T}}\mathbf{D}_k}{\mathbf{y}_k^{\mathrm{T}}\mathbf{D}_k\mathbf{y}_k}$
10. Update $k\leftarrow k+1$ and return to Step 3
11. **output:** Minimum point $\mathbf{x}^*=\mathbf{x}_k$ of $f(\mathbf{x})$

- BFGS (Broyden-Fletcher-Goldfarb-Shanno) 法: 使用对称正定矩阵来近似 Hesse 矩阵, 即 $\mathbf{B}=\mathbf{H}$。则, Nesterov[25] 给出了 $\mathbf{B}_k$ 的更新

$$\mathbf{B}_{k+1}=\mathbf{B}_k+\frac{\mathbf{y}_k\mathbf{y}_k^{\mathrm{T}}}{\mathbf{y}_k^{\mathrm{T}}\mathbf{s}_k}-\frac{\mathbf{B}_k\mathbf{s}_k\mathbf{s}_k^{\mathrm{T}}\mathbf{B}_k}{\mathbf{s}_k^{\mathrm{T}}\mathbf{B}_k\mathbf{s}_k} \tag{3.8.7}$$

BFGS (Broyden-Fletcher-Goldfarb-Shanno) 拟牛顿法见算法 3.7。

算法 3.7 Broyden-Fletcher-Goldfarb-Shanno (BFGS) 拟牛顿法

1. **input:** Objective function $f(\mathbf{x})$, gradient vector $\mathbf{g}(\mathbf{x})=\nabla f(\mathbf{x})$, accuracy threshold ϵ
2. **initialization:** Take the initial value $\mathbf{x}_0$ and $\mathbf{B}_0=\mathbf{I}$. Take $k=0$
3. Solve $\mathbf{B}_k\mathbf{p}_k=-\mathbf{g}_k$ for determining the search direction $\mathbf{p}_k$
4. Determine the step length $\mu_k=\arg\min_{\mu\geqslant 0} f(\mathbf{x}_k+\mu\mathbf{p}_k)$
5. Update the solution vector $\mathbf{x}_{k+1}=\mathbf{x}_k+\mu_k\mathbf{p}_k$
6. Calculate the Newton step $\mathbf{s}_k=\mathbf{x}_{k+1}-\mathbf{x}_k$
7. Calculate $\mathbf{g}_{k+1}=\mathbf{g}(\mathbf{x}_{k+1})$. If $\|\mathbf{g}_{k+1}\|_2<\epsilon$ then stop iterations and output $\mathbf{x}^*=\mathbf{x}_k$. Otherwise, continue the next step
8. Let $\mathbf{y}_k=\mathbf{g}_{k+1}-\mathbf{g}_k$
9. Calculate $\mathbf{B}_{k+1}=\mathbf{B}_k+\frac{\mathbf{y}_k\mathbf{y}_k^{\mathrm{T}}}{\mathbf{y}_k^{\mathrm{T}}\mathbf{s}_k}-\frac{\mathbf{B}_k\mathbf{s}_k\mathbf{s}_k^{\mathrm{T}}\mathbf{B}_k}{\mathbf{s}_k^{\mathrm{T}}\mathbf{B}_k\mathbf{s}_k}$
10. Update $k\leftarrow k+1$ and return to Step 3
11. **output:** Minimum point $\mathbf{x}^*=\mathbf{x}_k$ of $f(\mathbf{x})$

DFP 法和 BFGS 法的一个重要性质是它们保持了矩阵的正定性。

在不同 Newton 法的迭代过程中, 通常需要沿直线方向 $\{\mathbf{x}+\mu\Delta\mathbf{x}\,|\,\mu\geqslant 0\}$ 搜索最优解, 这个步骤称为线性搜索。但是, 这种选择只能近似使目标函数极小化或者使目标函数 "充分" 减小。近似极小化的这种搜索称为不精确线性搜索。在这种搜索中, 搜索直线上的步长 $\mu_k\{\mathbf{x}+\mu\Delta\mathbf{x}\,|\,\mu\geqslant 0\}$ 必须使目标函数 $f(\mathbf{x}_k)$ 充分减小, 以保证

$$f(\mathbf{x}_k + \mu\Delta\mathbf{x}_k) < f(\mathbf{x}_k) + \alpha\mu(\nabla f(\mathbf{x}_k))^{\mathrm{T}}\Delta\mathbf{x}_k, \quad \alpha \in (0,1) \tag{3.8.8}$$

不等式条件 (3.8.8) 有时被称为 Armijo 条件[13, 20, 28]。一般地, 对于大的步长 μ, Armijo 条件通常不满足。因此, Newton 算法可以从 $\mu = 1$ 开始搜索; 若 Armijo 条件不满足, 则需要减小步长 $\mu = \beta\mu$, 其中, 校正因子 $\beta \in (0,1)$。若 Armijo 条件对 $\mu = \beta\mu$ 仍然不满足, 则需要再次减小步长 $\mu = \beta\mu$, 直至 Armijo 条件对某个合适的步长 μ 满足为止。这个搜索方法称为回溯线性搜索。

算法 3.8 示出了借助回溯线性搜索的牛顿算法。

[150]

算法 3.8 借助回溯线性搜索的牛顿算法

1. **input:**
2. **initialization:** $\mathbf{x}_1 \in \mathrm{dom}\, f(\mathbf{x})$, and parameters $\alpha \in (0, 0.5), \beta \in (0,1)$. Put $k = 1$
3. **repeat**
4. Compute $\mathbf{b}_k = \nabla f(\mathbf{x}_k)$ and $\mathbf{H}_k = \nabla^2 f(\mathbf{x}_k)$
5. Solve the Newton equation $\mathbf{H}_k\Delta\mathbf{x}_k = -\mathbf{b}_k$
6. Update $\mathbf{x}_{k+1} = \mathbf{x}_k + \mu\Delta\mathbf{x}_k$
7. **exit if** $|f(\mathbf{x}_{k+1}) - f(\mathbf{x}_k)| < \epsilon$
8. **return** $k \leftarrow k+1$
9. **output:** $\mathbf{x} \leftarrow \mathbf{x}_k$

回溯线性搜索可以保证目标函数 $f(\mathbf{x}_{k+1}) < f(\mathbf{x}_k)$, 并且步长 μ 不会太小。

如果步骤 2 中的牛顿方程用其他方法求解, 则算法 3.8 分别变为截断牛顿法、修正牛顿法和拟牛顿法。

3.8.2 约束优化的牛顿法

考虑具有实变量的等式约束的优化问题

$$\min_{\mathbf{x}} \; f(\mathbf{x}) \quad \text{s.t. } \mathbf{A}\mathbf{x} = \mathbf{b} \tag{3.8.9}$$

式中, $f : \mathbb{R}^n \to \mathbb{R}$ 为凸函数, 且二次可微分; 而 $\mathbf{A} \in \mathbb{R}^{p\times n}$, 并且 $\mathrm{rank}(\mathbf{A}) = p$ (其中 $p < n$)。

令 $\Delta\mathbf{x}_{\mathrm{nt}}$ 表示牛顿搜索方向。于是, 目标函数 $f(\mathbf{x})$ 的二阶 Taylor 逼近为

$$f(\mathbf{x} + \Delta\mathbf{x}_{\mathrm{nt}}) = f(\mathbf{x}) + (\nabla f(\mathbf{x}))^{\mathrm{T}}\Delta\mathbf{x}_{\mathrm{nt}} + \frac{1}{2}(\Delta\mathbf{x}_{\mathrm{nt}})^{\mathrm{T}}\nabla^2 f(\mathbf{x})\Delta\mathbf{x}_{\mathrm{nt}}$$

约束条件是 $\mathbf{A}(\mathbf{x} + \Delta\mathbf{x}_{\mathrm{nt}}) = \mathbf{b}$ 和 $\mathbf{A}\Delta\mathbf{x}_{\mathrm{nt}} = \mathbf{0}$。换言之, 牛顿搜索方向可以由等式约束优化问题确定

$$\min_{\Delta\mathbf{x}_{\mathrm{nt}}} \; f(\mathbf{x}) + (\nabla f(\mathbf{x}))^{\mathrm{T}}\Delta\mathbf{x}_{\mathrm{nt}} + \frac{1}{2}(\Delta\mathbf{x}_{\mathrm{nt}})^{\mathrm{T}}\nabla^2 f(\mathbf{x})\Delta\mathbf{x}_{\mathrm{nt}} \quad \text{s.t. } \mathbf{A}\Delta\mathbf{x}_{\mathrm{nt}} = \mathbf{0}$$

[151]

令 $\boldsymbol{\lambda}$ 是针对等式约束 $\mathbf{A}\Delta\mathbf{x}_{\mathrm{nt}} = \mathbf{0}$ 的 Lagrange 乘子向量, 则 Lagrange 目标函数为

$$\mathcal{L}(\Delta\mathbf{x}_{\mathrm{nt}},\boldsymbol{\lambda})=f(\mathbf{x})+(\nabla f(\mathbf{x}))^{\mathrm{T}}\Delta\mathbf{x}_{\mathrm{nt}}+\frac{1}{2}(\Delta\mathbf{x}_{\mathrm{nt}})^{\mathrm{T}}\nabla^2 f(\mathbf{x})\Delta\mathbf{x}_{\mathrm{nt}}+\boldsymbol{\lambda}^{\mathrm{T}}\mathbf{A}\Delta\mathbf{x}_{\mathrm{nt}} \tag{3.8.10}$$

由一阶最优性条件 $\frac{\partial\mathcal{L}(\Delta\mathbf{x}_{\mathrm{nt}},\boldsymbol{\lambda})}{\partial\Delta\mathbf{x}_{\mathrm{nt}}}=\mathbf{0}$ 和约束条件 $\mathbf{A}\Delta\mathbf{x}_{\mathrm{nt}}=\mathbf{0}$, 易得

$$\nabla f(\mathbf{x})+\nabla^2 f(\mathbf{x})\Delta\mathbf{x}_{\mathrm{nt}}+\mathbf{A}^{\mathrm{T}}\boldsymbol{\lambda}=\mathbf{0}\quad 和\quad \mathbf{A}\Delta\mathbf{x}_{\mathrm{nt}}=\mathbf{0}$$

或者合并成

$$\begin{bmatrix}\nabla^2 f(\mathbf{x}) & \mathbf{A}^{\mathrm{T}}\\ \mathbf{A} & \mathbf{O}\end{bmatrix}\begin{bmatrix}\Delta\mathbf{x}_{\mathrm{nt}}\\ \boldsymbol{\lambda}\end{bmatrix}=\begin{bmatrix}-\nabla f(\mathbf{x})\\ \mathbf{O}\end{bmatrix} \tag{3.8.11}$$

作为牛顿算法的停止标准, 可以使用[3]

$$\lambda^2(\mathbf{x})=(\Delta\mathbf{x}_{\mathrm{nt}})^{\mathrm{T}}\nabla^2 f(\mathbf{x})\Delta\mathbf{x}_{\mathrm{nt}} \tag{3.8.12}$$

算法 3.9 给出了取可行点作为初始点的可行启动牛顿算法。

算法 3.9 可行启动牛顿算法[3]

1. **input:** $\mathbf{A}\in\mathbb{R}^{p\times n},\mathbf{b}\in\mathbb{R}^p$, tolerance $\epsilon>0$, parameters $\alpha\in(0,0.5),\beta\in(0,1)$
2. **initialization:** A feasible initial point $\mathbf{x}_1\in\mathrm{dom}\,f$ with $\mathbf{A}\mathbf{x}_1=\mathbf{b}$. Put $k=1$
3. **repeat**
4. Compute the gradient vector $\nabla f(\mathbf{x}_k)$ and the Hessian matrix $\nabla^2 f(\mathbf{x}_k)$
5. Use the preconditioned conjugate gradient algorithm to solve
$$\begin{bmatrix}\nabla^2 f(\mathbf{x}_k) & \mathbf{A}^{\mathrm{T}}\\ \mathbf{A} & \mathbf{O}\end{bmatrix}\begin{bmatrix}\Delta\mathbf{x}_{\mathrm{nt},k}\\ \boldsymbol{\lambda}_{\mathrm{nt}}\end{bmatrix}=\begin{bmatrix}-\nabla f(\mathbf{x}_k)\\ \mathbf{O}\end{bmatrix}$$
6. Compute $\lambda^2(\mathbf{x}_k)=(\Delta\mathbf{x}_{\mathrm{nt},k})^{\mathrm{T}}\nabla^2 f(\mathbf{x}_k)\Delta\mathbf{x}_{\mathrm{nt},k}$
7. **exit if** $\lambda^2(\mathbf{x}_k)<\epsilon$
8. Let $\mu=1$
9. **while** not converged **do**
10. Update $\mu\leftarrow\beta\mu$
11. **break if** $f(\mathbf{x}_k+\mu\Delta\mathbf{x}_{nt,k})<f(\mathbf{x}_k)+\alpha\mu(\nabla f(\mathbf{x}_k))^{\mathrm{T}}\Delta\mathbf{x}_{nt,k}$
12. **end while**
13. Update $\mathbf{x}_{k+1}\leftarrow\mathbf{x}_k+\mu\Delta\mathbf{x}_{\mathrm{nt},k}$
14. **return** $k\leftarrow k+1$
15. **output:** $\mathbf{x}\leftarrow\mathbf{x}_k$

然而, 在许多情况下, 寻找一个可行点作初始点并不容易。在这些情况下, 必须考虑用不可行点启动的牛顿算法。当 $\mathbf{x}_k$ 是一个不可行点时, 考虑等式约束优化问题 [152]

$$\min_{\Delta\mathbf{x}_k}\ f(\mathbf{x}_k+\Delta\mathbf{x}_k)=f(\mathbf{x}_k)+(\nabla f(\mathbf{x}_k))^{\mathrm{T}}\Delta\mathbf{x}_k+\frac{1}{2}(\Delta\mathbf{x}_k)^{\mathrm{T}}\nabla^2 f(\mathbf{x}_k)\Delta\mathbf{x}_k$$

约束条件为 $\mathbf{A}(\mathbf{x}_k+\Delta\mathbf{x}_k)=\mathbf{b}$。

令 $\boldsymbol{\lambda}_{k+1}(=\boldsymbol{\lambda}_k+\Delta\boldsymbol{\lambda}_k)$ 是对应等式约束 $\mathbf{A}(\mathbf{x}_k+\Delta\mathbf{x}_k)=\mathbf{b}$ 的 Lagrange 乘子向量, 则 Lagrange 目标函数

$$\mathcal{L}(\Delta\mathbf{x}_k,\boldsymbol{\lambda}_{k+1})=f(\mathbf{x}_k)+(\nabla f(\mathbf{x}_k))^{\mathrm{T}}\Delta\mathbf{x}_k+\frac{1}{2}(\Delta\mathbf{x}_k)^{\mathrm{T}}\nabla^2 f(\mathbf{x}_k)\Delta\mathbf{x}_k$$

$$+\boldsymbol{\lambda}_{k+1}^{\mathrm{T}}(\mathbf{A}(\mathbf{x}_k+\Delta\mathbf{x}_k)-\mathbf{b})$$

由最优性条件

$$\frac{\partial\mathcal{L}(\Delta\mathbf{x}_k,\boldsymbol{\lambda}_{k+1})}{\partial\Delta\mathbf{x}_k}=\mathbf{0},\quad \frac{\partial\mathcal{L}(\Delta\mathbf{x}_k,\boldsymbol{\lambda}_{k+1})}{\partial\boldsymbol{\lambda}_{k+1}}=\mathbf{0}$$

易知

$$\nabla f(\mathbf{x}_k)+\nabla^2 f(\mathbf{x}_k)\Delta\mathbf{x}_k+\mathbf{A}^{\mathrm{T}}\boldsymbol{\lambda}_{k+1}=\mathbf{0}$$

$$\mathbf{A}\Delta\mathbf{x}_k=-(\mathbf{A}\mathbf{x}_k-\mathbf{b})$$

或者合并为

$$\begin{bmatrix}\nabla^2 f(\mathbf{x}_k) & \mathbf{A}^{\mathrm{T}}\\ \mathbf{A} & \mathbf{O}\end{bmatrix}\begin{bmatrix}\Delta\mathbf{x}_k\\ \boldsymbol{\lambda}_{k+1}\end{bmatrix}=-\begin{bmatrix}\nabla f(\mathbf{x}_k)\\ \mathbf{A}\mathbf{x}_k-\mathbf{b}\end{bmatrix}\tag{3.8.13}$$

将 $\boldsymbol{\lambda}_{k+1}=\boldsymbol{\lambda}_k+\Delta\boldsymbol{\lambda}_k$ 代入上式, 即有

$$\begin{bmatrix}\nabla^2 f(\mathbf{x}_k) & \mathbf{A}^{\mathrm{T}}\\ \mathbf{A} & \mathbf{O}\end{bmatrix}\begin{bmatrix}\Delta\mathbf{x}_k\\ \Delta\boldsymbol{\lambda}_k\end{bmatrix}=-\begin{bmatrix}\nabla f(\mathbf{x}_k)+\mathbf{A}^{\mathrm{T}}\boldsymbol{\lambda}_k\\ \mathbf{A}\mathbf{x}_k-\mathbf{b}\end{bmatrix}\tag{3.8.14}$$

算法 3.10 是基于式 (3.8.14) 的不可行启动牛顿算法。

[153]

算法 3.10 不可行启动牛顿算法[3]

1. **input:** Any allowed tolerance $\epsilon>0,\alpha\in(0,0.5)$, and $\beta\in(0,1)$
2. **initialization:** An initial point $\mathbf{x}_1\in\mathbb{R}^n$, any initial Lagrange multiplier $\lambda_1\in\mathbb{R}^p$. Put $k=1$
3. **repeat**
4. Compute the gradient vector $\nabla f(\mathbf{x}_k)$ and the Hessian matrix $\nabla^2 f(\mathbf{x}_k)$
5. Compute $\mathbf{r}(\mathbf{x}_k,\lambda_k)=\begin{bmatrix}\nabla f(\mathbf{x}_k)+\mathbf{A}^{\mathrm{T}}\lambda_k\\ \mathbf{A}\mathbf{x}_k-\mathbf{b}\end{bmatrix}$
6. **exit if** $\mathbf{A}\mathbf{x}_k=\mathbf{b}$ and $\|\mathbf{r}(\mathbf{x}_k,\lambda_k)\|_2<\epsilon$
7. Adopt the preconditioned conjugate gradient algorithm to solve the KKT equation (3.8.14), yielding the Newton step $(\Delta\mathbf{x}_k,\Delta\lambda_k)$
8. Let $\mu=1$
9. **while** not converged **do**
10. Update $\mu\leftarrow\beta\mu$
11. **break if** $f(\mathbf{x}_k+\mu\Delta\mathbf{x}_{\mathrm{nt},k})<f(\mathbf{x}_k)+\alpha\mu\left(\nabla f(\mathbf{x}_k)\right)^{\mathrm{T}}\Delta\mathbf{x}_{\mathrm{nt},k}$
12. **end while**
13. Newton update

$$\begin{bmatrix}\mathbf{x}_{k+1}\\ \lambda_{k+1}\end{bmatrix}=\begin{bmatrix}\mathbf{x}_k\\ \lambda_k\end{bmatrix}+\mu\begin{bmatrix}\Delta\mathbf{x}_k\\ \Delta\lambda_k\end{bmatrix}$$

14. **return** $k\leftarrow k+1$
15. **output:** $\mathbf{x}\leftarrow\mathbf{x}_k,\lambda\leftarrow\lambda_k$

本章小结

- 本章主要介绍单目标最小/最大化的凸优化理论和方法。
- 次梯度优化算法在人工智能中有着重要的应用。
- 包括 Pareto 优化理论的多目标优化将是第 9 章 (演化计算) 的主题。

参考文献

[1] Beck A., Teboulle M.: A fast iterative shrinkage-thresholding algorithm for linear inverse problems. SIAM J. Imaging Sciences, **2**(1): 183-202 (2009)

[2] Bertsekas D. P., Nedich A., Ozdaglar A.: *Convex Analysis and Optimization.* Nashua: Athena Scientific (2003)

[3] Boyd S., Vandenberghe L.: *Convex Optimization.* Cambridge: Cambridge Univ. Press (2004)

[4] Boyd S., Vandenberghe L.: Subgradients. Notes for EE364b, Stanford University, Winter 2006-2007 (2008)

[5] Boyd S., Parikh N., Chu E., Peleato B., Eckstein J.: Distributed optimization and statistical learning via the alternating direction method of multipliers. Foundations and Trends in Machine Learning, **3**(1): 1-122 (2010)

[6] Brandwood D. H.: A complex gradient operator and its application in adaptive array theory. IEE Proc. F Commun. Radar Signal Process. **130**: 11-16 (1983)

[154]

[7] Byrne C., Censor Y.: Proximity function minimization using multiple Bregman projections, with applications to split feasibility and Kullback-Leibler distance minimization. Annals of Operations Research, **105**: 77-98 (2001)

[8] Chen S. S., Donoho D. L., Saunders M. A.: Atomic decomposition by basis pursuit. SIAM J. Science Computations, **20**(1): 33-61 (1998)

[9] Carroll C. W.: The created response surface technique for optimizing nonlinear restrained systems. Oper. Res., **9**: 169-184 (1961)

[10] Combettes P. L., Pesquet J. C.: Proximal splitting methods in signal processing. In: *Fixed-Point Algorithms for Inverse Problems in Science and Engineering.* pp. 185-212. New York: Springer, 185-212 (2011)

[11] Dembo R. S., Steihaug T.: Truncated-Newton algorithms for large-scale unconstrainted optimization. Math Programming, **26**: 190-212 (1983)

[12] Fiacco A. V., McCormick G. P.: *Nonlinear Programming: Sequential Unconstrained minimization Techniques.* New York: Wiley, 1968; or Classics Appl. Math. 4, SIAM, PA: Philadelphia, Reprint of the 1968 original (1990)

[13] Fletcher R.: *Practical Methods of Optimization.* 2nd ed.. New York: John Wiley & Sons (1987)

[14] Forsgren A., Gill P. E., Wright M. H.: Interior methods for nonlinear optimization. SIAM Review, **44**: 525-597 (2002)

[15] Friedman J., Hastie T., Höeling H., Tibshirani R.: Pathwise coordinate optimization. The Annals of Applied Statistics **1** (2): 302-332 (2007)

[16] Gabay D., Mercier B.: A dual algorithm for the solution of nonlinear variational problems via finite element approximations. Computers and Mathematics with Applications, **2**: 17-40 (1976)

[17] Glowinski R., Marrocco A.: Sur l'approximation, par elements finis d'ordre un, et la resolution, par penalisation-dualité, d'une classe de problems de Dirichlet non lineares. Revue Française d'Automatique, Informatique, et Recherche Opérationelle, **9**: 41-76 (1975)

[18] Gonzaga C. C., Karas E. W.: Fine tuning Nesterov's steepest descent algorithm for differentiable convex programming. Math. Program., Ser. A, **138**: 141-166 (2013)

[19] Hindi H.: A tutorial on convex optimization. In: Proc. the 2004 American Control Conference, Boston, pp. 3252-3265 (2004)

[20] Luenberger D.: *An Introduction to Linear and Nonlinear Programming.* 2nd edn. Boston: Addison-Wesley (1989)

[21] Magnus J. R., Neudecker H.: *Matrix Differential Calculus with Applications in Statistics and Econometrics.* revised edn. Chichester: Wiley (1999)

[22] Michalewicz Z., Dasgupta D., Le Riche R., Schoenauer M.: Evolutionary algorithms for constrained engineering problems. Computers & Industrial Engineering Journal, **30**: 851-870 (1996)

[23] Moreau J. J.: Fonctions convexes duales et points proximaux dans un espace Hilbertien. Reports of the Paris Academy of Sciences, Series A, vol.255: 2897-2899 (1962)

[24] Nesterov Y.: A method for solving a convex programming problem with rate of convergence $O(\frac{1}{k^2})$. Soviet Math. Doklady, **269**(3): 543-547 (1983)

[25] Nesterov Y.: *Introductory Lectures on Convex Optimization: A Basic Course.* Boston: Kluwer Academic (2004)

[26] Nesterov Y.: Smooth minimization of nonsmooth functions (CORE Discussion Paper 2003/12, CORE 2003). Math. Program. **103**(1): 127-152 (2005)

[27] Nesterov Y., Nemirovsky A.: A general approach to polynomial-time algorithms design for convex programming. Report, Central Economical and Mathematical Institute, USSR Academy of Sciences, Moscow (1988)

[28] Nocedal J., Wright S. J.: *Numerical Optimization.* New York: Springer-Verlag (1999)

[29] Ortega J. M., Rheinboldt W. C.: *Iterative Solutions of Nonlinear Equations in Several Variables.* New York: Academic, 253-255 (1970)

[30] Parikh N., Bord S.: Proximal algorithms. Foundations and Trends in Optimization. **1**(3): 123-231 (2013)

[31] Polyak B. T.: *Introduction to Optimization.* New York: Optimization Software Inc. (1987)

[32] Scutari G., Palomar D. P., Facchinei F., Pang J. S.: Convex optimization, game theory, and variational inequality theory. IEEE Signal Processing Magazine, **27**(3): 35-49 (2010)

[33] Syau Y. R.: A note on convex functions. Internat. J. Math. & Math. Sci. **22**(3): 525-534 (1999)

[34] Tibshirani R.: Regression shrinkage and selection via the lasso. J. R. Statist. Soc. B, **58**: 267-288 (1996)

[155]

[35] Vandenberghe L.: Lecture Notes for EE236C (Spring 2019), Section 6 The Proximal Mapping. UCLA (2011)

[36] Yeniay O., Ankara B.: Penalty function methods for constrained optimization with genetic algorithms. Mathematical and Computational Applications, **10**(1): 45-56 (2005)

[37] Yu K., Zhang T., Gong Y.: Nonlinear learning using local coordinate coding. In: Advances in Neural Information Processing Systems 22, 2223-2231 (2009)

[38] Zhang X. D.: *Matrix Analysis and Applications.* Cambridge: Cambridge University Press (2017)

第 4 章 求解线性系统

[157]

在给定数据矩阵 $\mathbf{A}$ 和数据向量 $\mathbf{b}$ 时, 求解矩阵方程 $\mathbf{Ax} = \mathbf{b}$ 是科学与工程中最常见的问题之一。

矩阵方程可分为 3 种类型。

- 适定矩阵方程: 当 $m = n$ 且 $\text{rank}(\mathbf{A}) = n$, 即矩阵 $\mathbf{A}$ 是非奇异的, 则矩阵方程 $\mathbf{Ax} = \mathbf{b}$ 是适定的。
- 欠定矩阵方程: 当线性独立方程的数量小于独立未知数的数量, 则矩阵方程 $\mathbf{Ax} = \mathbf{b}$ 是欠定的。
- 超定矩阵方程: 当线性独立方程的数量大于独立未知数的数量, 则矩阵方程 $\mathbf{Ax} = \mathbf{b}$ 是超定的。

本章主要介绍奇异值分解 (SVD)、高斯消元法和共轭梯度法求解适定矩阵方程, 然后介绍用 Tikhonov 正则化和总体最小二乘法求解超定矩阵方程, 以及求解欠定矩阵方程组的 Lasso 和 LARS 方法。

4.1 高斯消元法

先考虑适定方程的求解。在适定方程中, 独立方程的个数和独立未知数的个数是相同的, 所以这个方程组的解是唯一确定的。由 $\mathbf{x} = \mathbf{A}^{-1}\mathbf{b}$ 给出适定矩阵方程 $\mathbf{Ax} = \mathbf{b}$ 的一个精确解。

在本节中, 我们将讨论求解超定矩阵方程 $\mathbf{Ax} = \mathbf{b}$ 的高斯消元法和共轭梯度法, 并求奇异矩阵的逆。此方法仅对增广矩阵 $\mathbf{B} = [\mathbf{A}, \mathbf{b}]$ 使用初等行变换。 [158]

4.1.1 初等行变换

求解一个 $m \times n$ 线性方程组时, 对该方程组进行化简是非常有用的。化简准则是使方程组的解保持不变。

定义 4.1 (等价系统) 若两个具有 n 个未知数的线性方程具有相同的解集, 则称它们为等价系统。

为了将一个给定的 $m \times n$ 矩阵方程 $\mathbf{A}_{m\times n}\mathbf{x}_n = \mathbf{b}_m$ 变换成另一个等价矩阵

方程，一种简单而有效的方法是对给定的矩阵方程进行连续的初等运算。

定义 4.2 (初等行变换) 对一个线性方程组的行进行的下列 3 种运算称为初等行运算。

- Ⅰ 类初等行变换: 互换任意两个方程, 例如互换第 p 个和第 q 个方程, 记作 $R_p \leftrightarrow R_q$。
- Ⅱ 类初等行变换: 第 p 个方程乘以一个非零的常数 α, 记作 $\alpha R_p \to R_p$。
- Ⅲ 类初等行变换: 将 β 倍乘的第 p 个方程加到第 q 个方程, 记作 $\beta R_p + R_q \to R_q$。

显然, 任何一种初等行变换都不会改变线性方程组的解, 所以经过初等行变换之后, 简化的线性方程组与原方程组是等价的。

定义 4.3 (先导元素) 一个非零行最左边的非零元素称为该行的先导元素。若先导元素为 1, 则称之为先导–1（首一）元素。

事实上, 对一个 $m \times n$ 方程组 $\mathbf{Ax} = \mathbf{b}$ 的任何一种初等变换等价于对增广矩阵 $\mathbf{B} = [\mathbf{A}, \mathbf{b}]$ 进行相同的变换。因此, 对线性方程组 $\mathbf{Ax} = \mathbf{b}$ 进行的初等行运算实际上代之以对增广矩阵 $\mathbf{B} = [\mathbf{A}, \mathbf{b}]$ 实行相同的初等行变换。

上述讨论表明, 在经过一系列初等行变换之后, 若增广矩阵 $\mathbf{B}_{m\times(n+1)}$ 变成另一个简单的矩阵 $\mathbf{C}_{m\times(n+1)}$, 则两个矩阵是行等价的。

[159] 为了方便求解线性方程组, 最终的等价矩阵应该是阶梯形的。

定义 4.4 (阶梯形矩阵) 当一个矩阵具有以下形式时, 被称为阶梯形矩阵:

- 所有元素为零的行均位于矩阵的底部。
- 每一个非零行的首项总是位于上一非零行的先导元素的右边。
- 同一列先导元素下边的所有元素均等于零。

定义 4.5 (简约行阶梯形矩阵) [22] 一个阶梯矩阵 $\mathbf{B}$ 称为简约行阶梯形 (RREF) 矩阵, 若每一个非零行的列先导元素都是首一元素, 并且每一个首一元素都是它所在列的唯一一个非零元素。

定理 4.1 任何一个 $m \times n$ 矩阵 $\mathbf{A}$ 与一个并且唯一一个简约行阶梯形矩阵是行等价的。

证明 参见文献 [27]。 □

定义 4.6 (主元列) [27] 一个 $m \times n$ 矩阵 $\mathbf{A}$ 的主元位置是其阶梯形的某个列先导元素的位置。含有主元位置的列称为矩阵 $\mathbf{A}$ 的主元列。

4.1.2 求解矩阵方程的高斯消元法

初等行变换可以用于求解矩阵方程和矩阵求逆。

考虑如何求解一个 $n\times n$ 矩阵方程 $\mathbf{Ax} = \mathbf{b}$, 其中, 矩阵 $\mathbf{A}$ 存在逆矩阵 $\mathbf{A}^{-1}$。现在希望通过初等行变换求得解向量 $\mathbf{x} = \mathbf{A}^{-1}\mathbf{b}$。

利用矩阵 $\mathbf{A}$ 和向量 $\mathbf{b}$ 构造 $n \times (n+1)$ 增广矩阵 $\mathbf{B} = [\mathbf{A}, \mathbf{b}]$。由于矩阵方程的解 $\mathbf{x} = \mathbf{A}^{-1}\mathbf{b}$ 可以写成一个新的矩阵方程 $\mathbf{Ix} = \mathbf{A}^{-1}\mathbf{b}$, 所以可以得到一个与解方程 $\mathbf{x} = \mathbf{A}^{-1}\mathbf{b}$ 对应的新的增广矩阵 $\mathbf{C} = [\mathbf{I}, \mathbf{A}^{-1}\mathbf{b}]$。于是, 我们可以分别写出两个矩阵方程 $\mathbf{Ax} = \mathbf{b}$ 和 $\mathbf{x} = \mathbf{A}^{-1}\mathbf{b}$ 的求解过程

$$\text{矩阵方程} \quad \mathbf{Ax} = \mathbf{b} \quad \xrightarrow{\text{初等行变换}} \quad \mathbf{x} = \mathbf{A}^{-1}\mathbf{b}$$

$$\text{增广矩阵} \quad [\mathbf{A}, \mathbf{b}] \quad \xrightarrow{\text{初等行变换}} \quad [\mathbf{I}, \mathbf{A}^{-1}\mathbf{b}]$$

这意味着, 在对增广矩阵 $[\mathbf{A}, \mathbf{b}]$ 进行适当的初等行变换之后, 如果新的增广矩阵的左边是一个 $n \times n$ 单位矩阵 $\mathbf{I}$, 则新的增广矩阵的第 $n+1$ 列直接给出原矩阵方程 $\mathbf{Ax} = \mathbf{b}$ 的解 $\mathbf{x} = \mathbf{A}^{-1}\mathbf{b}$。这个方法称为高斯消元法或 Gauss-Jordan 消元法。 [160]

一个 $m \times n$ 复矩阵方程 $\mathbf{Ax} = \mathbf{b}$ 可以写为

$$(\mathbf{A}_\mathrm{r} + \mathrm{j}\,\mathbf{A}_\mathrm{i})(\mathbf{x}_\mathrm{r} + \mathrm{j}\,\mathbf{x}_\mathrm{i}) = \mathbf{b}_\mathrm{r} + \mathrm{j}\,\mathbf{b}_\mathrm{i} \tag{4.1.1}$$

其中 $\mathbf{A}_\mathrm{r}, \mathbf{x}_\mathrm{r}, \mathbf{b}_\mathrm{r}$ 和 $\mathbf{A}_\mathrm{i}, \mathbf{x}_\mathrm{i}, \mathbf{b}_\mathrm{i}$ 分别是 $\mathbf{A}, \mathbf{x}, \mathbf{b}$ 的实部和虚部。展开上述方程, 可得

$$\mathbf{A}_\mathrm{r}\mathbf{x}_\mathrm{r} - \mathbf{A}_\mathrm{i}\mathbf{x}_\mathrm{i} = \mathbf{b}_\mathrm{r} \tag{4.1.2}$$

$$\mathbf{A}_\mathrm{i}\mathbf{x}_\mathrm{r} + \mathbf{A}_\mathrm{r}\mathbf{x}_\mathrm{i} = \mathbf{b}_\mathrm{i} \tag{4.1.3}$$

以上方程可以综合成

$$\begin{bmatrix} \mathbf{A}_\mathrm{r} & -\mathbf{A}_\mathrm{i} \\ \mathbf{A}_\mathrm{i} & \mathbf{A}_\mathrm{r} \end{bmatrix} \begin{bmatrix} \mathbf{x}_\mathrm{r} \\ \mathbf{x}_\mathrm{i} \end{bmatrix} = \begin{bmatrix} \mathbf{b}_\mathrm{r} \\ \mathbf{b}_\mathrm{i} \end{bmatrix} \tag{4.1.4}$$

于是, 具有 n 个复未知数的 m 个复值方程变成了具有 $2n$ 个实未知数的 $2m$ 个实值方程。

特别地, 若 $m = n$, 则有

$$\text{复矩阵方程} \quad \mathbf{Ax} = \mathbf{b} \quad \xrightarrow{\text{初等行变换}} \quad \mathbf{x} = \mathbf{A}^{-1}\mathbf{b}$$

$$\text{增广矩阵} \begin{bmatrix} \mathbf{A}_\mathrm{r} & -\mathbf{A}_\mathrm{i} & \mathbf{b}_\mathrm{r} \\ \mathbf{A}_\mathrm{i} & \mathbf{A}_\mathrm{r} & \mathbf{b}_\mathrm{i} \end{bmatrix} \xrightarrow{\text{初等行变换}} \begin{bmatrix} \mathbf{I}_n & \mathbf{O}_n & \mathbf{x}_\mathrm{r} \\ \mathbf{O}_n & \mathbf{I}_n & \mathbf{x}_\mathrm{i} \end{bmatrix}$$

这表明, 若将 $n \times (n+1)$ 复增广矩阵 $[\mathbf{A}, \mathbf{b}]$ 写作 $2n \times (2n+1)$ 实增广矩阵, 并且进行初等行变换, 使得实增广矩阵的左边变成一个 $2n \times 2n$ 单位矩阵, 则第 $(2n+1)$ 列的上一半和下一半分别给出原复矩阵方程 $\mathbf{Ax} = \mathbf{b}$ 的复解向量 $\mathbf{x}$ 的实部和虚部。

4.1.3 矩阵求逆的高斯消元法

考虑一个 $n \times n$ 非奇异矩阵 $\mathbf{A}$ 的求逆。这个问题可以用一个 $n \times n$ 矩阵方程 $\mathbf{AX} = \mathbf{I}$ 建模, 矩阵方程的解 $\mathbf{X}$ 就是矩阵 $\mathbf{A}$ 的逆矩阵。容易看出, 矩阵方程 $\mathbf{AX} = \mathbf{I}$ 的增广矩阵是 $[\mathbf{A}, \mathbf{I}]$, 而解方程 $\mathbf{IX} = \mathbf{A}^{-1}$ 的增广矩阵为 $[\mathbf{I}, \mathbf{A}^{-1}]$。

[161] 于是, 我们有下列关系式

$$\text{矩阵方程} \quad \mathbf{AX}=\mathbf{I} \xrightarrow{\text{初等行变换}} \mathbf{X}=\mathbf{A}^{-1}$$

$$\text{增广矩阵} \quad [\mathbf{A},\mathbf{I}] \xrightarrow{\text{初等行变换}} [\mathbf{I},\mathbf{A}^{-1}]$$

这个结果告诉我们, 如果对 $n\times 2n$ 增广矩阵 $[\mathbf{A},\mathbf{I}]$ 使用初等行变换, 使得其左半部分变成一个 $n\times n$ 单位矩阵, 则右半部分直接给出已知 $n\times n$ 矩阵 $\mathbf{A}$ 的逆矩阵 $\mathbf{A}^{-1}$。这个方法称为矩阵求逆的高斯消元法。

例 4.1 用高斯消元法求矩阵的逆

$$\mathbf{A}=\begin{bmatrix}1 & 1 & 2\\ 3 & 4 & -1\\ -1 & 1 & 1\end{bmatrix}$$

对增广矩阵 $[\mathbf{A},\mathbf{I}]$ 进行初等行变换, 得到以下结果

$$\begin{bmatrix}1 & 1 & 2 & 1 & 0 & 0\\ 3 & 4 & -1 & 0 & 1 & 0\\ -1 & 1 & 1 & 0 & 0 & 1\end{bmatrix}\xrightarrow{(-3)R_1+R_2\to R_2}\begin{bmatrix}1 & 1 & 2 & 1 & 0 & 0\\ 0 & 1 & -7 & -3 & 1 & 0\\ -1 & 1 & 1 & 0 & 0 & 1\end{bmatrix}\xrightarrow{R_1+R_3\to R_3}$$

$$\begin{bmatrix}1 & 1 & 2 & 1 & 0 & 0\\ 0 & 1 & -7 & -3 & 1 & 0\\ 0 & 2 & 3 & 1 & 0 & 1\end{bmatrix}\xrightarrow{(-1)R_2+R_1\to R_1}\begin{bmatrix}1 & 0 & 9 & 4 & -1 & 0\\ 0 & 1 & -7 & -3 & 1 & 0\\ 0 & 2 & 3 & 1 & 0 & 1\end{bmatrix}\xrightarrow{(-2)R_2+R_3\to R_3}$$

$$\begin{bmatrix}1 & 0 & 9 & 4 & -1 & 0\\ 0 & 1 & -7 & -3 & 1 & 0\\ 0 & 0 & 17 & 7 & -2 & 1\end{bmatrix}\xrightarrow{\frac{1}{17}R_3\to R_3}\begin{bmatrix}1 & 0 & 9 & 4 & -1 & 0\\ 0 & 1 & -7 & -3 & 1 & 0\\ 0 & 0 & 1 & \frac{7}{17} & \frac{-2}{17} & \frac{1}{17}\end{bmatrix}\xrightarrow{(-9)R_3+R_1\to R_1}$$

$$\begin{bmatrix}1 & 0 & 0 & \frac{5}{17} & \frac{1}{17} & \frac{-9}{17}\\ 0 & 1 & -7 & -3 & 1 & 0\\ 0 & 0 & 1 & \frac{7}{17} & \frac{-2}{17} & \frac{1}{17}\end{bmatrix}\xrightarrow{7R_3+R_2\to R_2}\begin{bmatrix}1 & 0 & 0 & \frac{5}{17} & \frac{1}{17} & \frac{-9}{17}\\ 0 & 1 & 0 & \frac{-2}{17} & \frac{3}{17} & \frac{7}{17}\\ 0 & 0 & 1 & \frac{7}{17} & \frac{-2}{17} & \frac{1}{17}\end{bmatrix}$$

即

$$\begin{bmatrix}1 & 1 & 2\\ 3 & 4 & -1\\ -1 & 1 & 1\end{bmatrix}^{-1}=\frac{1}{17}\begin{bmatrix}5 & 1 & -9\\ -2 & 3 & 7\\ 7 & -2 & 1\end{bmatrix}$$

[162] 对于矩阵方程

$$x_1+x_2+2x_3=6$$

$$3x_1+4x_2-x_3=5$$

$$-x_1+x_2+x_3=2$$

它的解

$$\mathbf{x}=\mathbf{A}^{-1}\mathbf{b}=\begin{bmatrix}1 & 1 & 2\\ 3 & 4 & -1\\ -1 & 1 & 1\end{bmatrix}^{-1}\begin{bmatrix}6\\5\\2\end{bmatrix}=\frac{1}{17}\begin{bmatrix}5 & 1 & -9\\ -2 & 3 & 7\\ 7 & -2 & 1\end{bmatrix}\begin{bmatrix}6\\5\\2\end{bmatrix}=\begin{bmatrix}1\\1\\2\end{bmatrix}$$

假设一个 $n\times n$ 复矩阵 $\mathbf{A}$ 非奇异。于是, 其求逆问题可以建模成复矩阵方程 $(\mathbf{A}_\mathrm{r}+\mathrm{j}\mathbf{A}_\mathrm{i})(\mathbf{X}_\mathrm{r}+\mathrm{j}\mathbf{X}_\mathrm{i})=\mathbf{I}$。复矩阵方程可以改写为

$$\begin{bmatrix}\mathbf{A}_\mathrm{r} & -\mathbf{A}_\mathrm{i}\\ \mathbf{A}_\mathrm{i} & \mathbf{A}_\mathrm{r}\end{bmatrix}\begin{bmatrix}\mathbf{X}_\mathrm{r}\\ \mathbf{X}_\mathrm{i}\end{bmatrix}=\begin{bmatrix}\mathbf{I}_n\\ \mathbf{O}_n\end{bmatrix} \tag{4.1.5}$$

由此得到初等行变换的下列关系

$$\text{复矩阵方程}\quad \mathbf{AX}=\mathbf{I}\qquad \xrightarrow{\text{初等行变换}}\qquad \mathbf{X}=\mathbf{A}^{-1}$$

$$\text{增广矩阵}\ \begin{bmatrix}\mathbf{A}_\mathrm{r} & -\mathbf{A}_\mathrm{i} & \mathbf{I}_n\\ \mathbf{A}_\mathrm{i} & \mathbf{A}_\mathrm{r} & \mathbf{O}_n\end{bmatrix}\ \xrightarrow{\text{初等行变换}}\ \begin{bmatrix}\mathbf{I}_n & \mathbf{O}_n & \mathbf{X}_\mathrm{r}\\ \mathbf{O}_n & \mathbf{I}_n & \mathbf{X}_\mathrm{i}\end{bmatrix}$$

这就是说, 如果对 $2n\times 3n$ 增广矩阵进行初等行变换, 将其左边变成一个 $2n\times 2n$ 单位矩阵, 则右边的 $2n\times n$ 矩阵的上半部分和下半部分分别给出复矩阵 $\mathbf{A}$ 的逆矩阵 $\mathbf{A}^{-1}$ 的实部和虚部。

4.2 共轭梯度法

考虑矩阵方程 $\mathbf{Ax}=\mathbf{b}$ 的迭代求解, 其中 $\mathbf{A}\in\mathbb{R}^{n\times n}$ 是非奇异矩阵。矩阵方程可等价写为

$$\mathbf{x}=(\mathbf{I}-\mathbf{A})\mathbf{x}+\mathbf{b} \tag{4.2.1}$$

由此可得迭代算法

$$\mathbf{x}_{k+1}=(\mathbf{I}-\mathbf{A})\mathbf{x}_k+\mathbf{b} \tag{4.2.2}$$

这种迭代称为 Richardson 迭代, 它可以改写为更一般的形式 [163]

$$\mathbf{x}_{k+1}=\mathbf{M}\mathbf{x}_k+\mathbf{c} \tag{4.2.3}$$

其中 $\mathbf{M}$ 是一个 $n\times n$ 矩阵, 称为迭代矩阵。

式 (4.2.3) 的迭代形式称为定常迭代法 (stationary iterative method), 它不如不定常迭代法 (nonstationary iterative method) 有效。

不定常迭代法是这样的一类迭代方法, 其中 $\mathbf{x}_{k+1}$ 与前面的迭代 $\mathbf{x}_k,\mathbf{x}_{k-1},\cdots,\mathbf{x}_0$ 有关。最典型的不定常迭代法是 Krylov 子空间方法

$$\mathbf{x}_{k+1} = \mathbf{x}_0 + \mathcal{K}_k \tag{4.2.4}$$

式中

$$\mathcal{K}_k = \mathrm{span}\{\mathbf{r}_0, \mathbf{A}\mathbf{r}_0, \cdots, \mathbf{A}^{k-1}\mathbf{r}_0\} \tag{4.2.5}$$

称为第 k 次迭代 Krylov 子空间, 其中 $\mathbf{x}_0$ 为迭代的初始值, $\mathbf{r}_0$ 为初始残差向量。

Krylov 子空间方法有多种变形, 其中最常用的 3 种 Krylov 子空间方法是共轭梯度法、双共轭梯度法和预条件共轭梯度法。

4.2.1 共轭梯度算法

共轭梯度算法使用 $\mathbf{r}_0 = \mathbf{A}\mathbf{x}_0 - \mathbf{b}$ 作为初始残差向量。

共轭梯度算法的适用目标限于对称正定方程 $\mathbf{A}\mathbf{x} = \mathbf{b}$, 其中 $\mathbf{A}$ 是 $n \times n$ 对称正定矩阵。

非零向量组合 $\{\mathbf{p}_0, \mathbf{p}_1, \cdots, \mathbf{p}_k\}$ 称为 $\mathbf{A}$ 正交或 $\mathbf{A}$ 共轭, 若

$$\mathbf{p}_i^{\mathrm{T}}\mathbf{A}\mathbf{p}_j = 0, \quad \forall\, i \neq j \tag{4.2.6}$$

这种性质叫作 $\mathbf{A}$ 正交性或 $\mathbf{A}$ 共轭性。显然, 若 $\mathbf{A} = \mathbf{I}$, 则 $\mathbf{A}$ 共轭性退化为普通的正交性。

所有采用共轭向量作为更新方向的算法称为共轭方向算法。如果共轭向量 $\mathbf{p}_0, \mathbf{p}_1, \cdots, \mathbf{p}_{n-1}$ 不是预先确定的, 而是在迭代过程中使用梯度下降法更新的, 我们就说目标函数 $f(\mathbf{x})$ 的极小化算法是共轭梯度法。

算法 4.1 给出了一种共轭梯度法。

[164]

算法 4.1 共轭梯度法[16]

1. **input:** $\mathbf{A} = \mathbf{A}^{\mathrm{T}} \in \mathbb{R}^{n\times n}, \mathbf{b} \in \mathbb{R}^n$, the largest iteration step number $k_{\max}$, the allowed error ϵ
2. **initialization:** Choose $\mathbf{x}_0 \in \mathbb{R}^n$, and let $\mathbf{r} = \mathbf{A}\mathbf{x}_0 - \mathbf{b}$ and $\rho_0 = \|\mathbf{r}\|_2^2$
3. **repeat**
4. If $k = 1$ then $\mathbf{p} = \mathbf{r}$. Otherwise, let $\beta = \rho_{k-1}/\rho_{k-2}$ and $\mathbf{p} = \mathbf{r} + \beta\mathbf{p}$
5. $\mathbf{w} = \mathbf{A}\mathbf{p}$
6. $\alpha = \rho_{k-1}/(\mathbf{p}^{\mathrm{T}}\mathbf{w})$
7. $\mathbf{x} = \mathbf{x} + \alpha\mathbf{p}$
8. $\mathbf{r} = \mathbf{r} - \alpha\mathbf{w}$
9. $\rho_k = \|\mathbf{r}\|_2^2$
10. **exit if** $\sqrt{\rho_k} < \epsilon\|\mathbf{b}\|_2$ or $k = k_{\max}$
11. **return** $k \leftarrow k + 1$
12. **output:** $\mathbf{x} \leftarrow \mathbf{x}_k$

由算法 4.1 可以看出, 在共轭梯度法的迭代过程中, 矩阵方程 $\mathbf{A}\mathbf{x} = \mathbf{b}$ 的解由下式给出

$$\mathbf{x}_k = \sum_{i=1}^{k} \alpha_i \mathbf{p}_i = \sum_{i=1}^{k} \frac{\langle \mathbf{r}_{i-1}, \mathbf{r}_{i-1}\rangle}{\langle \mathbf{p}_i, \mathbf{A}\mathbf{p}_i\rangle}\mathbf{p}_i \tag{4.2.7}$$

即 $\mathbf{x}_k$ 属于第 k 次 Krylov 子空间

$$\mathbf{x}_k \in \operatorname{span}\{\mathbf{p}_1, \mathbf{p}_2, \cdots, \mathbf{p}_k\} = \operatorname{span}\{\mathbf{r}_0, \mathbf{A}\mathbf{r}_0, \cdots, \mathbf{A}^{k-1}\mathbf{r}_0\}$$

固定迭代方法需要更新迭代矩阵 $\mathbf{M}$, 但在算法 4.1 中, 没有任何矩阵需要更新。因此, Krylov 子空间法也称无矩阵方法[24]。

4.2.2 双共轭梯度法

当矩阵 $\mathbf{A}$ 不是实对称矩阵时, 我们可以使用 Fletcher 提出的双共轭梯度法[13] 求解矩阵方程 $\mathbf{Ax} = \mathbf{b}$。顾名思义, 这种方法中有两个搜索方向 $\mathbf{p}_i$ 和 $\bar{\mathbf{p}}_j$, 它们均是 $\mathbf{A}$ 共轭的

$$\left.\begin{aligned} \bar{\mathbf{p}}_i^{\mathrm{T}}\mathbf{A}\mathbf{p}_j = \mathbf{p}_i^{\mathrm{T}}\mathbf{A}\bar{\mathbf{p}}_j = 0, \quad i \neq j \\ \bar{\mathbf{r}}_i^{\mathrm{T}}\mathbf{r}_j = \mathbf{r}_i^{\mathrm{T}}\bar{\mathbf{r}}_j^{\mathrm{T}} = 0, \quad i \neq j \\ \bar{\mathbf{r}}_i^{\mathrm{T}}\mathbf{p}_j = \mathbf{r}_i^{\mathrm{T}}\bar{\mathbf{p}}_j^{\mathrm{T}} = 0, \quad j < i \end{aligned}\right\} \tag{4.2.8}$$

其中, $\mathbf{r}_i$ 和 $\bar{\mathbf{r}}_j$ 分别是与搜索方向 $\mathbf{p}_i$ 和 $\bar{\mathbf{p}}_j$ 相关联的残差向量。算法 4.2 给出了一种双共轭梯度法。

算法 4.2 双共轭梯度法[13]

[165]

1. **input:** The matrix $\mathbf{A}$
2. **initialization:** $\mathbf{p}_1 = \mathbf{r}_1, \bar{\mathbf{p}}_1 = \bar{\mathbf{r}}_1$
3. **repeat**
4. $\alpha_k = \bar{\mathbf{r}}_k^{\mathrm{T}}\mathbf{r}_k/(\bar{\mathbf{p}}_k^{\mathrm{T}}\mathbf{A}\mathbf{p}_k)$
5. $\mathbf{r}_{k+1} = \mathbf{r}_k - \alpha_k\mathbf{A}\mathbf{p}_k$
6. $\bar{\mathbf{r}}_{k+1} = \bar{\mathbf{r}}_k - \alpha_k\mathbf{A}^{\mathrm{T}}\bar{\mathbf{p}}_k$
7. $\beta_k = \bar{\mathbf{r}}_{k+1}^{\mathrm{T}}\mathbf{r}_{k+1}/(\bar{\mathbf{r}}_k^{\mathrm{T}}\mathbf{r}_k)$
8. $\mathbf{p}_{k+1} = \mathbf{r}_{k+1} + \beta_k\mathbf{p}_k$
9. $\bar{\mathbf{p}}_{k+1} = \bar{\mathbf{r}}_{k+1} + \beta_k\bar{\mathbf{p}}_k$
10. **exit if** $k = k_{\max}$
11. **return** $k \leftarrow k + 1$
12. **output:** $\mathbf{x} \leftarrow \mathbf{x}_k + \alpha_k\mathbf{p}_k, \bar{\mathbf{x}}_{k+1} \leftarrow \bar{\mathbf{x}}_k + \alpha_k\bar{\mathbf{p}}_k$

4.2.3 预条件共轭梯度法

关于对称不定鞍点问题

$$\begin{bmatrix} \mathbf{A} & \mathbf{B}^{\mathrm{T}} \\ \mathbf{B} & \mathbf{O} \end{bmatrix} \begin{bmatrix} \mathbf{x} \\ \mathbf{q} \end{bmatrix} = \begin{bmatrix} \mathbf{f} \\ \mathbf{g} \end{bmatrix}$$

其中, $\mathbf{A}$ 为 $n \times n$ 对称正定矩阵, $\mathbf{B}$ 是满行秩为 m 的 $m \times n$ 实矩阵 $(m \leqslant n)$, $\mathbf{O}$ 是 $m \times m$ 的零矩阵。为了求解这个问题, Bramble 与 Pasciak[4] 提出了一种

预条件共轭梯度迭代方法。

预条件共轭梯度迭代的基本思想是: 通过标量积形式的灵活选择, 预先条件鞍点矩阵变成了对称正定矩阵。

为简化讨论, 假定条件数很大的矩阵方程 $\mathbf{Ax} = \mathbf{b}$ 需要变换成一个新的对称正定矩阵方程。为此, 令 $\mathbf{M}$ 是一个对称正定矩阵, 用它逼近矩阵 $\mathbf{A}$, 并且 $\mathbf{M}$ 的逆矩阵比 $\mathbf{A}$ 的逆矩阵更容易求取。因此, 原矩阵方程 $\mathbf{Ax} = \mathbf{b}$ 可以转变成 $\mathbf{M}^{-1}\mathbf{Ax} = \mathbf{M}^{-1}\mathbf{b}$, 使得两个矩阵方程具有相同的解。然而, 新的矩阵方程 $\mathbf{M}^{-1}\mathbf{Ax} = \mathbf{M}^{-1}\mathbf{b}$ 有存在鞍点的危险: $\mathbf{M}^{-1}\mathbf{A}$ 一般既不是对称的, 也不是正定的, 即使 $\mathbf{M}$ 和 $\mathbf{A}$ 二者都是对称正定矩阵。因此, 直接使用矩阵 $\mathbf{M}^{-1}$ 作为矩阵方程 $\mathbf{Ax} = \mathbf{b}$ 的预处理器是不可靠的。

令 $\mathbf{S}$ 是对称矩阵 $\mathbf{M}$ 的平方根, 即 $\mathbf{M} = \mathbf{SS}^{\mathrm{T}}$, 其中 $\mathbf{S}$ 是对称正定矩阵。现在使用 $\mathbf{S}^{-1}$ 代替 $\mathbf{M}^{-1}$ 作为预处理器, 用它将原矩阵方程 $\mathbf{Ax} = \mathbf{b}$ 转变成 $\mathbf{S}^{-1}\mathbf{Ax} = \mathbf{S}^{-1}\mathbf{b}$。如果 $\mathbf{x} = \mathbf{S}^{-\mathrm{T}}\hat{\mathbf{x}}$, 则预条件矩阵方程为

$$\mathbf{S}^{-1}\mathbf{AS}^{-\mathrm{T}}\hat{\mathbf{x}} = \mathbf{S}^{-1}\mathbf{b} \tag{4.2.9}$$

[166]

与非对称正定矩阵 $\mathbf{M}^{-1}\mathbf{A}$ 相比较, $\mathbf{S}^{-1}\mathbf{AS}^{-\mathrm{T}}$ 必定是对称正定的, 若 $\mathbf{A}$ 是对称正定的。$\mathbf{S}^{-1}\mathbf{AS}^{-\mathrm{T}}$ 的对称性很容易看出, 其正定性也可以验证如下: 检验二次型函数易知, $\mathbf{y}^{\mathrm{T}}(\mathbf{S}^{-1}\mathbf{AS}^{-\mathrm{T}})\mathbf{y} = \mathbf{z}^{\mathrm{T}}\mathbf{Az}$, 其中 $\mathbf{z} = \mathbf{S}^{-\mathrm{T}}\mathbf{y}$。由于 $\mathbf{A}$ 是对称正定的, 故有 $\mathbf{z}^{\mathrm{T}}\mathbf{Az} > 0, \forall \mathbf{z} \neq \mathbf{0}$, 从而有 $\mathbf{y}^{\mathrm{T}}(\mathbf{S}^{-1}\mathbf{AS}^{-\mathrm{T}})\mathbf{y} > 0, \forall \mathbf{y} \neq \mathbf{0}$。这就是说, $\mathbf{S}^{-1}\mathbf{AS}^{-\mathrm{T}}$ 必定是正定的。

现在, 共轭梯度法可以用于求解矩阵方程式 (4.2.9) 以得到 $\hat{\mathbf{x}}$, 然后利用 $\mathbf{x} = \mathbf{S}^{-\mathrm{T}}\hat{\mathbf{x}}$ 即可恢复原矩阵方程的解 $\mathbf{x}$。

算法 4.3 是一种预条件共轭梯度 (PCG) 算法, 它使用文献 [37] 中的预处理器。

算法 4.3 借助预处理器的 PCG 算法 [37]

1. **input:** $\mathbf{A}, \mathbf{b}$, preprocessor $\mathbf{S}^{-1}$, maximal number of iterations $k_{\max}$, and allowed error $\epsilon < 1$
2. **initialization:** $k = 0$, $\mathbf{r}_0 = \mathbf{Ax} - \mathbf{b}$, $\mathbf{d}_0 = \mathbf{S}^{-1}\mathbf{r}_0$, $\delta_{\text{new}} = \mathbf{r}_0^{\mathrm{T}}\mathbf{d}_0$, $\delta_0 = \delta_{\text{new}}$
3. $\mathbf{q}_{k+1} = \mathbf{Ad}_k$
4. $\alpha = \delta_{\text{new}}/(\mathbf{d}_k^{\mathrm{T}}\mathbf{q}_{k+1})$
5. $\mathbf{x}_{k+1} = \mathbf{x}_k + \alpha\mathbf{d}_k$
6. If k can be divided exactly by 50, then $\mathbf{r}_{k+1} = \mathbf{b} - \mathbf{Ax}_k$. Otherwise, update $\mathbf{r}_{k+1} = \mathbf{r}_k - \alpha\mathbf{q}_{k+1}$
7. $\mathbf{s}_{k+1} = \mathbf{S}^{-1}\mathbf{r}_{k+1}$
8. $\delta_{\text{old}} = \delta_{\text{new}}$
9. $\delta_{\text{new}} = \mathbf{r}_{k+1}^{\mathrm{T}}\mathbf{s}_{k+1}$
10. **exit if** $k = k_{\max}$ or $\delta_{\text{new}} < \epsilon^2\delta_0$
11. $\beta = \delta_{\text{new}}/\delta_{\text{old}}$
12. $\mathbf{d}_{k+1} = \mathbf{s}_{k+1} + \beta\mathbf{d}_k$
13. **return** $k \leftarrow k+1$
14. **output:** $\mathbf{x} \leftarrow \mathbf{x}_k$

可以不使用预处理器, 因为在矩阵方程 $\mathbf{Ax}=\mathbf{b}$ 和 $\mathbf{S}^{-1}\mathbf{AS}^{-\mathrm{T}}\hat{\mathbf{x}}=\mathbf{S}^{-1}\mathbf{b}$ 之间存在下列关系[24]

$$\mathbf{x}_k=\mathbf{S}^{-1}\hat{\mathbf{x}}_k,\quad \mathbf{r}_k=\mathbf{S}\hat{\mathbf{r}}_k,\quad \mathbf{p}_k=\mathbf{S}^{-1}\hat{\mathbf{p}}_k,\quad \mathbf{z}_k=\mathbf{S}^{-1}\hat{\mathbf{r}}_k$$

基于这些对应关系, 容易得到无预处理器的 PCG 算法 4.4。[24]

算法 4.4 无预处理器的 PCG 算法 [24] [167]

1. **input:** $\mathbf{A}=\mathbf{A}^{\mathrm{T}}\in\mathbb{R}^{n\times n},\mathbf{b}\in\mathbb{R}^n$, maximal iteration number $k_{\max}$, and allowed error ϵ
2. **initialization:** $\mathbf{x}_0\in\mathbb{R}^n,\mathbf{r}_0=\mathbf{Ax}_0-\mathbf{b},\rho_0=\|\mathbf{r}\|_2^2$ and $\mathbf{M}=\mathbf{SS}^{\mathrm{T}}$. Put $k=1$
3. **repeat**
4. $\mathbf{z}_k=\mathbf{Mr}_{k-1}$
5. $\tau_{k-1}=\mathbf{z}_k^{\mathrm{T}}\mathbf{r}_{k-1}$
6. If $k=1$, then $\beta=0,\mathbf{p}_1=\mathbf{z}_1$. Otherwise, $\beta=\tau_{k-1}/\tau_{k-2},\mathbf{p}_k\leftarrow\mathbf{z}_k+\beta\mathbf{p}_k$
7. $\mathbf{w}_k=\mathbf{Ap}_k$
8. $\alpha=\tau_{k-1}/(\mathbf{p}_k^{\mathrm{T}}\mathbf{w}_k)$
9. $\mathbf{x}_{k+1}=\mathbf{x}_k+\alpha\mathbf{p}_k$
10. $\mathbf{r}_k=\mathbf{r}_{k-1}-\alpha\mathbf{w}_k$
11. $\rho_k=\mathbf{r}_k^{\mathrm{T}}\mathbf{r}_k$
12. **exit if** $\sqrt{\rho_k}<\epsilon\|\mathbf{b}\|_2$ or $k=k_{\max}$
13. **return** $k\leftarrow k+1$
14. **output:** $\mathbf{x}\leftarrow\mathbf{x}_k$

文献 [37] 给出了共轭梯度法的详细介绍。

对于复矩阵方程 $\mathbf{Ax}=\mathbf{b}$, 其中 $\mathbf{A}\in\mathbb{C}^{n\times n},\mathbf{x}\in\mathbb{C}^n,\mathbf{b}\in\mathbb{C}^n$, 我们可以将它写成下面的实矩阵方程

$$\begin{bmatrix}\mathbf{A}_{\mathrm{R}} & -\mathbf{A}_{\mathrm{I}}\\ \mathbf{A}_{\mathrm{I}} & \mathbf{A}_{\mathrm{R}}\end{bmatrix}\begin{bmatrix}\mathbf{x}_{\mathrm{R}}\\ \mathbf{x}_{\mathrm{I}}\end{bmatrix}=\begin{bmatrix}\mathbf{b}_{\mathrm{R}}\\ \mathbf{b}_{\mathrm{I}}\end{bmatrix}\tag{4.2.10}$$

若 $\mathbf{A}=\mathbf{A}_{\mathrm{R}}+\mathrm{j}\mathbf{A}_{\mathrm{I}}$ 是 Hermitian 正定矩阵, 则式 (4.2.10) 是实对称正定矩阵方程。因此, $(\mathbf{x}_{\mathrm{R}},\mathbf{x}_{\mathrm{I}})$ 可以通过共轭梯度法或者预条件共轭梯度法求解。

梯度方法的主要优点是每一步迭代的计算非常简单, 但它们的收敛慢。

4.3 矩阵条件数

在科学和工程的许多应用中, 经常需要考虑一个重要的问题: 实际观测数据中存在一些不确定性或误差, 而且数据的数值计算总是伴随着误差。这些误差的影响是什么? 数据处理的特定算法在数值上是否稳定?

为了回答这些问题, 以下两个概念非常重要:

- 各种算法的数值稳定性。

- 问题的条件数或扰动分析。

令 f 是某个应用问题, $d^* \in D$ (其中 D 表示一数据组) 是无噪声或者无干扰的数据, 并且 $f(d^*) \in F$ (F 是一个解集) 表示 f 的一个解。给定一组观测数据 $d \in D$, 我们希望计算 $f(d)$。由于背景噪声与/或观测误差的存在, $f(d)$ 通常与 $f(d^*)$ 不同。如果 $f(d)$ “接近” $f(d^*)$, 那么, 问题 f 就是 “良性的”。相反, 若 $f(d)$ 与 $f(d^*)$ 甚至当 d 非常接近 d^* 时也明显不同, 则问题 f 是 “病态的”。如果没有关于问题 f 更详细的信息, 术语 “逼近” 就不能准确描述问题 f。

[168] 在扰动理论中, 若求解问题 f 的一种方法或者算法对扰动的敏感度不会大于原问题固有的敏感度, 则称这种方法或算法是数值稳定的。一个稳定的算法可以保证稍有扰动 Δd 时的解 $f(d)$ 非常逼近没有扰动时的解。更准确地讲, 若对接近无扰动的数据 d^* 的所有观测数据 $d \in D$, 逼近解 $f(d)$ 均接近无扰动时的解 $f(d^*)$, 则 f 是稳定的。

为了讨论数值稳定性的数学描述, 考虑适定线性方程 $\mathbf{Ax} = \mathbf{b}$, 其中: $n \times n$ 矩阵 $\mathbf{A}$ 是系数矩阵, 其元素已知; $n \times 1$ 数据向量 $\mathbf{b}$ 也已知; 而 $n \times 1$ 向量 $\mathbf{x}$ 是待求未知参数向量。自然地, 我们对这个解的稳定性感兴趣: 若系数矩阵 $\mathbf{A}$ 与/或数据向量 $\mathbf{b}$ 被干扰, 解向量 $\mathbf{x}$ 将会发生怎样的变化? 它是否能够保持一定的稳定性? 通过研究系数矩阵 $\mathbf{A}$ 与/或数据向量 $\mathbf{b}$ 的扰动的影响, 我们将会得到描述系数矩阵 $\mathbf{A}$ 的重要特征的一个数值, 称之为条件数。

为了方便分析, 假定只存在数据向量 $\mathbf{b}$ 的扰动 $\delta\mathbf{b}$, 而数据矩阵 $\mathbf{A}$ 是稳定的。在这种情况下, 精确的解向量 $\mathbf{x}$ 将扰动为 $\mathbf{x} + \delta\mathbf{x}$, 即有

$$\mathbf{A}(\mathbf{x} + \delta\,\mathbf{x}) = \mathbf{b} + \delta\,\mathbf{b} \tag{4.3.1}$$

这意味着

$$\delta\,\mathbf{x} = \mathbf{A}^{-1}\delta\,\mathbf{b} \tag{4.3.2}$$

因为 $\mathbf{Ax} = \mathbf{b}$。

由矩阵范数的性质, 式 (4.3.2) 可得

$$\|\delta\,\mathbf{x}\| \leqslant \|\mathbf{A}^{-1}\| \cdot \|\delta\,\mathbf{b}\| \tag{4.3.3}$$

类似地, 由线性方程 $\mathbf{Ax} = \mathbf{b}$ 可得

$$\|\mathbf{b}\| \leqslant \|\mathbf{A}\| \cdot \|\mathbf{x}\| \tag{4.3.4}$$

由式 (4.3.3) 和式 (4.3.4), 可知

$$\frac{\|\delta\,\mathbf{x}\|}{\|\mathbf{x}\|} \leqslant \left(\|\mathbf{A}\| \cdot \|\mathbf{A}^{-1}\|\right) \frac{\|\delta\,\mathbf{b}\|}{\|\mathbf{b}\|} \tag{4.3.5}$$

接下来考虑 $\delta\mathbf{x}$ 和 $\delta\mathbf{A}$ 二者的扰动影响。在这种情况下, 线性方程变为

$$(\mathbf{A} + \delta\mathbf{A})(\mathbf{x} + \delta\mathbf{x}) = \mathbf{b}$$

[169] 由上式, 可以推导出

$$\delta\mathbf{x} = ((\mathbf{A} + \delta\mathbf{A})^{-1} - \mathbf{A}^{-1})\mathbf{b}$$

$$
\begin{aligned}
&= [\mathbf{A}^{-1}(\mathbf{A}-(\mathbf{A}+\delta\mathbf{A}))(\mathbf{A}+\delta\mathbf{A})^{-1}]\mathbf{b}\\
&= -\mathbf{A}^{-1}\delta\mathbf{A}(\mathbf{A}+\delta\mathbf{A})^{-1}\mathbf{b}\\
&= -\mathbf{A}^{-1}\delta\mathbf{A}(\mathbf{x}+\delta\mathbf{x}) \qquad (4.3.6)
\end{aligned}
$$

由此有

$$\|\delta\mathbf{x}\| \leqslant \|\mathbf{A}^{-1}\|\cdot\|\delta\mathbf{A}\|\cdot\|\mathbf{x}+\delta\mathbf{x}\|$$

即

$$\frac{\|\delta\mathbf{x}\|}{\|\mathbf{x}+\delta\mathbf{x}\|} \leqslant (\|\mathbf{A}\|\cdot\|\mathbf{A}^{-1}\|)\frac{\|\delta\mathbf{A}\|}{\|\mathbf{A}\|} \tag{4.3.7}$$

式 (4.3.5) 和式 (4.3.7) 表明, 解向量 $\mathbf{x}$ 的相对误差与数值

$$\text{cond}(\mathbf{A}) = \|\mathbf{A}\|\cdot\|\mathbf{A}^{-1}\| \tag{4.3.8}$$

成正比。式中, $\text{cond}(\mathbf{A})$ 称为矩阵 $\mathbf{A}$ 的条件数, 有时也记作 $\kappa(\mathbf{A})$。

条件数具有以下属性。

- $\text{cond}(\mathbf{A}) = \text{cond}(\mathbf{A}^{-1})$。
- $\text{cond}(c\mathbf{A}) = \text{cond}(\mathbf{A})$。
- $\text{cond}(\mathbf{A}) \geqslant 1$。
- $\text{cond}(\mathbf{AB}) \leqslant \text{cond}(\mathbf{A})\text{cond}(\mathbf{B})$。

这里, 我们给出 $\text{cond}(\mathbf{A}) \geqslant 1$ 和 $\text{cond}(\mathbf{AB}) \leqslant \text{cond}(\mathbf{A})\text{cond}(\mathbf{B})$ 的证明:

$$\text{cond}(\mathbf{A}) = \|\mathbf{A}\|\cdot\|\mathbf{A}^{-1}\| \geqslant \|\mathbf{AA}^{-1}\| = \|\mathbf{I}\| = 1$$

$$\text{cond}(\mathbf{AB}) = \|\mathbf{AB}\|\cdot\|(\mathbf{AB})^{-1}\| \leqslant \|\mathbf{A}\|\cdot\|\mathbf{B}\|\cdot(\|\mathbf{B}^{-1}\|\cdot\|\mathbf{A}^{-1}\|) = \text{cond}(\mathbf{A})\text{cond}(\mathbf{B})$$

正交矩阵 $\mathbf{A}$ 在 $\text{cond}(\mathbf{A}) = 1$ 时是有完全条件的。

以下是 4 种常见的矩阵条件数。

- ℓ_1 条件数, 表示为 $\text{cond}_1(\mathbf{A})$, 定义为

$$\text{cond}_1(\mathbf{A}) = \|\mathbf{A}\|_1\|\mathbf{A}^{-1}\|_1 \tag{4.3.9}$$

- ℓ_2 条件数, 表示为 $\text{cond}_2(\mathbf{A})$, 定义为 [170]

$$\text{cond}_2(\mathbf{A}) = \|\mathbf{A}\|_2\|\mathbf{A}^{-1}\|_2 = \sqrt{\frac{\lambda_{\max}(\mathbf{A}^{\mathrm{H}}\mathbf{A})}{\lambda_{\min}(\mathbf{A}^{\mathrm{H}}\mathbf{A})}} = \frac{\sigma_{\max}(\mathbf{A})}{\sigma_{\min}(\mathbf{A})} \tag{4.3.10}$$

其中 $\lambda_{\max}(\mathbf{A}^{\mathrm{H}}\mathbf{A})$ 和 $\lambda_{\min}(\mathbf{A}^{\mathrm{H}}\mathbf{A})$ 分别是 $\mathbf{A}^{\mathrm{H}}\mathbf{A}$ 的最大和最小特征值, $\sigma_{\max}(\mathbf{A})$ 和 $\sigma_{\min}(\mathbf{A})$ 分别是 $\mathbf{A}$ 的最大和最小奇异值。

- ℓ_∞ 条件数, 表示为 $\text{cond}_\infty(\mathbf{A})$, 定义为

$$\text{cond}_\infty(\mathbf{A}) = \|\mathbf{A}\|_\infty\cdot\|\mathbf{A}^{-1}\|_\infty \tag{4.3.11}$$

- Frobenius-norm 条件数, 表示为 $\text{cond}_F(\mathbf{A})$, 定义为

$$\text{cond}_F(\mathbf{A}) = \|\mathbf{A}\|_F\cdot\|\mathbf{A}^{-1}\|_F = \sqrt{\sum_i\sigma_i^2\sum_j\sigma_j^{-2}} \tag{4.3.12}$$

考虑一个超定线性方程 $\mathbf{Ax}=\mathbf{b}$, 其中 $\mathbf{A}$ 是一个 $m\times n$ 矩阵, $m>n$。超定方程具有唯一的线性最小二乘 (LS) 解, 由下式给出

$$\mathbf{A}^{\mathrm{H}}\mathbf{Ax}=\mathbf{A}^{\mathrm{H}}\mathbf{b} \tag{4.3.13}$$

即, $\mathbf{x}_{\mathrm{LS}}=(\mathbf{A}^{\mathrm{H}}\mathbf{A})^{-1}\mathbf{A}^{\mathrm{H}}\mathbf{b}$。

需要注意的是, 在用 LS 方法求解矩阵方程 $\mathbf{Ax}=\mathbf{b}$, 由于 $\mathrm{cond}_2(\mathbf{A}^{\mathrm{H}}\mathbf{A})=(\mathrm{cond}_2(\mathbf{A}))^2$, 对于一个条件数大的矩阵 $\mathbf{A}$, LS 方法可能会得到很差的解。

作为比较, 如果我们用 $\mathbf{A}$ 的 QR 分解 $\mathbf{A}=\mathbf{QR}$ (其中 $\mathbf{Q}$ 是正交的, $\mathbf{R}$ 是上三角的) 来求解超定方程 $\mathbf{Ax}=\mathbf{b}$, 有

$$\mathrm{cond}(\mathbf{Q})=1,\quad \mathrm{cond}(\mathbf{A})=\mathrm{cond}(\mathbf{Q}^{\mathrm{H}}\mathbf{A})=\mathrm{cond}(\mathbf{R}) \tag{4.3.14}$$

由于 $\mathbf{Q}^{\mathrm{H}}\mathbf{Q}=\mathbf{I}$, 在这种情况下, 有 $\mathbf{Q}^{\mathrm{H}}\mathbf{Ax}=\mathbf{Q}^{\mathrm{H}}\mathbf{b}\Rightarrow\mathbf{Rx}=\mathbf{Q}^{\mathrm{H}}\mathbf{b}$。由于 $\mathrm{cond}(\mathbf{A})=\mathrm{cond}(\mathbf{R})$, 故 QR 分解方法 $\mathbf{Rx}=\mathbf{Q}^{\mathrm{H}}\mathbf{b}$ 具有比最小二乘方法 $\mathbf{x}_{\mathrm{LS}}=(\mathbf{A}^{\mathrm{H}}\mathbf{A})^{-1}\mathbf{A}^{\mathrm{H}}\mathbf{b}$ 更好的数值稳定性 (更小的条件数)。

对于求解超定矩阵方程比 QR 分解更有效的方法, 我们将在介绍奇异值分解之后进行讨论。

[171]

4.4 奇异值

Beltrami (1835—1899) 和 Jordan (1838—1921) 被公认为奇异值分解 (SVD) 的创始人。Beltrami 于 1873 年发表了关于奇异值分解的第一篇论文[2]。一年后, Jordan 发表了自己关于 SVD 的独立推导[23]。

4.4.1 奇异值分解

定理 4.2 (SVD) 令 $\mathbf{A}\in\mathbb{R}^{m\times n}$ (或者 $\mathbb{C}^{m\times n}$), 则存在正交 (或酉) 矩阵 $\mathbf{U}\in\mathbb{R}^{m\times m}$ (或 $\mathbb{C}^{m\times m}$) 和 $\mathbf{V}\in\mathbb{R}^{n\times n}$ (或 $\mathbb{C}^{n\times n}$) 使得

$$\mathbf{A}=\mathbf{U\Sigma V}^{\mathrm{T}}\ (\text{或 } \mathbf{U\Sigma V}^{\mathrm{H}}),\quad \mathbf{\Sigma}=\begin{bmatrix}\mathbf{\Sigma}_1 & \mathbf{O}\\ \mathbf{O} & \mathbf{O}\end{bmatrix} \tag{4.4.1}$$

其中, $\mathbf{U}=[\mathbf{u}_1,\cdots,\mathbf{u}_m]\in\mathbb{C}^{m\times m}$, $\mathbf{V}=[\mathbf{v}_1,\cdots,\mathbf{v}_n]\in\mathbb{C}^{n\times n}$, $\mathbf{\Sigma}_1=\mathbf{Diag}(\sigma_1,\cdots,\sigma_r)$, 其对角元素

$$\sigma_1\geqslant\cdots\geqslant\sigma_r>\sigma_{r+1}=\cdots=\sigma_l=0 \tag{4.4.2}$$

其中, $l=\min\{m,n\}$, $r=\mathrm{rank}(\mathbf{A})$。

上述定理由 Eckart 和 Young[11] 于 1939 年最早证明, 不过 Klema 和 Laub[26] 给出的证明更为简单。

数值 $\sigma_1,\cdots,\sigma_r$ 和 $\sigma_{r+1}=\cdots=\sigma_l=0$ 一起称为矩阵 $\mathbf{A}$ 的奇异值。$\mathbf{u}_1,\cdots,\mathbf{u}_m$ 和 $\mathbf{v}_1,\cdots,\mathbf{v}_n$ 分别称为矩阵 $\mathbf{A}$ 的左右奇异向量, $\mathbf{U}\in\mathbb{C}^{m\times m}$ 和

$\mathbf{V} \in \mathbb{C}^{n\times n}$ 称为 $\mathbf{A}$ 的左右奇异向量矩阵。

下面是关于奇异值和 SVD 的几点解释和注释 [46]。

- 矩阵 $\mathbf{A}$ 的 SVD 可以写作向量形式

$$\mathbf{A} = \sum_{i=1}^{r} \sigma_i \mathbf{u}_i \mathbf{v}_i^{\mathrm{H}} \tag{4.4.3}$$

  这个表达式也称 $\mathbf{A}$ 的二进分割[16]。

- $n \times n$ 矩阵 $\mathbf{V}$ 是酉矩阵。用 $\mathbf{V}$ 右乘式 (4.4.1), 则有 $\mathbf{AV} = \mathbf{U\Sigma}$, 其列向量

$$\mathbf{A}\mathbf{v}_i = \begin{cases} \sigma_i \mathbf{u}_i, & i = 1, 2, \cdots, r \\ 0, & i = r+1, r+2, \cdots, n \end{cases} \tag{4.4.4}$$

- $m \times m$ 矩阵 $\mathbf{U}$ 是酉矩阵。用 $\mathbf{U}^{\mathrm{H}}$ 左乘式 (4.4.1), 得出 $\mathbf{U}^{\mathrm{H}}\mathbf{A} = \mathbf{\Sigma V}$, 其列向量

[172]

$$\mathbf{u}_i^{\mathrm{H}}\mathbf{A} = \begin{cases} \sigma_i \mathbf{v}_i^{\mathrm{T}}, & i = 1, 2, \cdots, r \\ 0, & i = r+1, r+2, \cdots, n \end{cases} \tag{4.4.5}$$

- 当矩阵秩 $r = \mathrm{rank}(\mathbf{A}) < \min\{m, n\}$ 时, 由于 $\sigma_{r+1} = \cdots = \sigma_h = 0$, 其中 $h = \min\{m, n\}$, 故 SVD 公式 (4.4.1) 可以简化为

$$\mathbf{A} = \mathbf{U}_r \mathbf{\Sigma}_r \mathbf{V}_r^{\mathrm{H}} \tag{4.4.6}$$

  式中, $\mathbf{U}_r = [\mathbf{u}_1, \cdots, \mathbf{u}_r], \mathbf{V}_r = [\mathbf{v}_1, \cdots, \mathbf{v}_r]$, $\mathbf{\Sigma}_r = \mathbf{Diag}(\sigma_1, \cdots, \sigma_r)$。式 (4.4.6) 称为矩阵 $\mathbf{A}$ 的截断奇异值分解或薄奇异值分解。相反, 式 (4.4.1) 称作全奇异值分解。

- 用 $\mathbf{u}_i^{\mathrm{H}}$ 左乘式 (4.4.4), 并注意到 $\mathbf{u}_i^{\mathrm{H}}\mathbf{u}_i = 1$, 容易得到

$$\mathbf{u}_i^{\mathrm{H}}\mathbf{A}\mathbf{v}_i = \sigma_i, \quad i = 1, 2, \cdots, \min\{m, n\} \tag{4.4.7}$$

  或者写成矩阵形式

$$\mathbf{U}^{\mathrm{H}}\mathbf{A}\mathbf{V} = \mathbf{\Sigma} = \begin{bmatrix} \mathbf{\Sigma}_1 & \mathbf{O} \\ \mathbf{O} & \mathbf{O} \end{bmatrix}, \quad \mathbf{\Sigma}_1 = \mathbf{Diag}(\sigma_1, \cdots, \sigma_r) \tag{4.4.8}$$

  式 (4.4.1) 和式 (4.4.8) 是 SVD 的两种定义形式。

- 由式 (4.4.1) 可知, $\mathbf{A}\mathbf{A}^{\mathrm{H}} = \mathbf{U}\mathbf{\Sigma}^2\mathbf{U}^{\mathrm{H}}$。这表明, 一个 $m \times n$ 矩阵 $\mathbf{A}$ 的奇异值 σ_i 是矩阵乘积 $\mathbf{A}\mathbf{A}^{\mathrm{H}}$ 的非负特征值的正平方根。

- 若矩阵 $\mathbf{A}_{m\times n}$ 的秩为 r, 则

  ① $m \times m$ 酉矩阵 $\mathbf{U}$ 最左边的 r 列组成矩阵 $\mathbf{A}$ 的列空间的标准正交基, 即有 $\mathrm{Col}(\mathbf{A}) = \mathrm{span}\{\mathbf{u}_1, \cdots, \mathbf{u}_r\}$。

  ② $n \times n$ 酉矩阵 $\mathbf{V}$ 最左边的 r 列组成矩阵 $\mathbf{A}$ 的行空间或 $\mathbf{A}^{\mathrm{H}}$ 的列空间的标准正交基, 即有 $\mathrm{Row}(\mathbf{A}) = \mathrm{span}\{\mathbf{v}_1, \cdots, \mathbf{v}_r\}$。

  ③ $n \times n$ 酉矩阵 $\mathbf{V}$ 的最右边的 $n - r$ 列组成矩阵 $\mathbf{A}$ 的零空间的标准

正交基, 即 $\text{Null}(\mathbf{A}) = \text{span}\{\mathbf{v}_{r+1}, \cdots, \mathbf{v}_n\}$。

④ $m \times m$ 酉矩阵 $\mathbf{U}$ 的最右边的 $m-r$ 列组成矩阵 $\mathbf{A}^{\text{H}}$ 的零空间的标准正交基, 即 $\text{Null}(\mathbf{A}^{\text{H}}) = \text{span}\{\mathbf{u}_{r+1}, \cdots, \mathbf{u}_m\}$。

[173]

4.4.2 奇异值的性质

定理 4.3 (Eckart-Young 定理)[11] 若 $\mathbf{A} \in \mathbb{C}^{m\times n}$ 的奇异值为

$$\sigma_1 \geqslant \sigma_2 \geqslant \cdots \geqslant \sigma_r \geqslant 0, \quad r = \text{rank}(\mathbf{A})$$

则

$$\sigma_k = \min_{\mathbf{E}\in\mathbb{C}^{m\times n}} \{\|\mathbf{E}\|_{\text{spec}} | \text{rank}(\mathbf{A}+\mathbf{E}) \leqslant k-1\}, \quad k = 1, \cdots, r \tag{4.4.9}$$

且存在误差矩阵 $\mathbf{E}_k$ (其谱范数 $\|\mathbf{E}_k\|_{\text{spec}} = \sigma_k$), 使得

$$\text{rank}(\mathbf{A}+\mathbf{E}_k) = k-1, \quad k = 1, \cdots, r \tag{4.4.10}$$

Eckart-Young 定理表明, 奇异值 σ_k 等于误差矩阵 $\mathbf{E}_k$ 的最小谱范数, 使得 $\mathbf{A}+\mathbf{E}_k$ 的秩变为 $k-1$。

Eckart-Young 定理的一个重要应用是提供矩阵 $\mathbf{A}$ 的最佳秩 k 逼近, 其中 $k < r = \text{rank}(\mathbf{A})$。

定义

$$\mathbf{A}_k = \sum_{i=1}^{k} \sigma_i \mathbf{u}_i \mathbf{v}_i^{\text{H}}, \quad k < r \tag{4.4.11}$$

则 $\mathbf{A}_k$ 是下列优化问题的解

$$\mathbf{A}_k = \underset{\text{rank}(\mathbf{X})=k}{\arg\min} \|\mathbf{A}-\mathbf{X}\|_F^2, \quad k < r \tag{4.4.12}$$

且均方逼近误差为

$$\|\mathbf{A}-\mathbf{A}_k\|_F^2 = \sigma_{k+1}^2 + \cdots + \sigma_r^2 \tag{4.4.13}$$

定理 4.4[20, 21] 令 $\mathbf{A}$ 是一个 $m \times n$ 矩阵, 其奇异值 $\sigma_1 \geqslant \cdots \geqslant \sigma_r$, 其中 $r = \min\{m, n\}$。若 $p \times q$ 矩阵 $\mathbf{B}$ 是 $\mathbf{A}$ 的一个子矩阵, 并且 $\mathbf{B}$ 的奇异值为 $\gamma_1 \geqslant \cdots \geqslant \gamma_{\min\{p,q\}}$, 则

$$\sigma_i \geqslant \gamma_i, \quad i = 1, \cdots, \min\{p, q\} \tag{4.4.14}$$

和

$$\gamma_i \geqslant \sigma_{i+(m-p)+(n-q)}, \quad i \leqslant \min\{p+q-m, p+q-n\} \tag{4.4.15}$$

[174]

这个定理称为奇异值交错定理。

一个矩阵的奇异值与其范数、行列式和条件数密切相关。

1. 奇异值与范数的关系

$$\|\mathbf{A}\|_2 = \sigma_1 = \sigma_{\max}$$

$$\|\mathbf{A}\|_F = \left[\sum_{i=1}^{m}\sum_{j=1}^{n}|a_{ij}|^2\right]^{1/2} = \|\mathbf{U}^{\mathrm{H}}\mathbf{A}\mathbf{V}\|_F = \|\mathbf{\Sigma}\|_F = \sqrt{\sigma_1^2 + \cdots + \sigma_r^2}$$

2. 奇异值与行列式的关系

$$|\det(\mathbf{A})| = |\det(\mathbf{U\Sigma V}^{\mathrm{H}})| = |\det \mathbf{\Sigma}| = \sigma_1 \cdots \sigma_n \tag{4.4.16}$$

若所有 σ_i 不等于零, 则 $|\det(\mathbf{A})| \neq 0$, 这表明 $\mathbf{A}$ 非奇异。如果至少有一个奇异值 $\sigma_i = 0\,(i > r)$, 则 $\det(\mathbf{A}) = 0$, 即 $\mathbf{A}$ 奇异。这就是为什么将所有 $\sigma_i, i = 1, \cdots, \min\{m, n\}$ 称为奇异值的原因。

3. 奇异值与条件数的关系

$$\mathrm{cond}_2(\mathbf{A}) = \sigma_1/\sigma_p, \quad p = \min\{m, n\} \tag{4.4.17}$$

4.4.3 奇异值阈值化

考虑一个低秩矩阵 $\mathbf{W} \in \mathbb{R}^{m\times n}$ 的截断奇异值分解

$$\mathbf{W} = \mathbf{U\Sigma V}^{\mathrm{T}}, \quad \mathbf{\Sigma} = \mathbf{Diag}(\sigma_1, \cdots, \sigma_r) \tag{4.4.18}$$

其中, $r = \mathrm{rank}(\mathbf{W}) \ll \min\{m, n\}$, $\mathbf{U} \in \mathbb{R}^{m\times r}, \mathbf{V} \in \mathbb{R}^{n\times r}$。

令阈值 $\tau \geqslant 0$, 则

$$\mathcal{D}_\tau(\mathbf{W}) = \mathbf{U}\mathcal{D}_\tau(\mathbf{\Sigma})\mathbf{V}^{\mathrm{T}} \tag{4.4.19}$$

称为矩阵 $\mathbf{W}$ 的奇异值阈值化, 其中

$$\mathcal{D}_\tau(\mathbf{\Sigma}) = \mathrm{soft}(\mathbf{\Sigma}, \tau) = \mathbf{Diag}\left((\sigma_1 - \tau)_+, \cdots, (\sigma_r - \tau)_+\right) \tag{4.4.20}$$

称为软阈值化, 并且

$$(\sigma_i - \tau)_+ = \begin{cases} \sigma_i - \tau, & \sigma_i > \tau \\ 0, & \text{其他} \end{cases}$$

是软阈值化算子。 [175]

奇异值阈值化与奇异值分解之间的关系如下。

- 如果软阈值 $\tau = 0$, 则奇异值阈值化退化为截断奇异值分解式 (4.4.18)。
- 所有奇异值都被软阈值 $\tau > 0$ 软阈值化。这种软阈值化只是改变奇异值的大小, 并不改变左和右奇异向量矩阵 $\mathbf{U}$ 和 $\mathbf{V}$。

定理 4.5[6] 对于软阈值 $\mu > 0$ 和矩阵 $\mathbf{W} \in \mathbb{R}^{m\times n}$, 奇异值阈值化算子服从

$$\mathbf{U}\mathrm{soft}(\mathbf{\Sigma}, \mu)\mathbf{V}^{\mathrm{T}} = \arg\min_{\mathbf{X}} \left(\mu\|\mathbf{X}\|_* + \frac{1}{2}\|\mathbf{X} - \mathbf{W}\|_F^2\right) \tag{4.4.21}$$

$$\mathrm{soft}(\mathbf{W}, \mu) = \arg\min_{\mathbf{X}} \left(\mu\|\mathbf{X}\|_1 + \frac{1}{2}\|\mathbf{X} - \mathbf{W}\|_F^2\right) \tag{4.4.22}$$

其中 $\mathbf{U\Sigma V}^{\mathrm{T}}$ 是矩阵 $\mathbf{W}$ 的奇异值分解, 并且软阈值化算子

$$[\mathrm{soft}(\mathbf{W},\mu)]_{ij}=\begin{cases}w_{ij}-\mu, & w_{ij}>\mu\\ w_{ij}+\mu, & w_{ij}<-\mu\\ 0, & \text{其他}\end{cases}\tag{4.4.23}$$

其中 $w_{ij}\in\mathbb{R}$ 是 $\mathbf{W}\in\mathbb{R}^{m\times n}$ 的第 (i,j) 个元素。

4.5 最小二乘法

在超定方程中, 独立方程的个数大于独立未知数的个数, 独立方程在确定唯一解时显得多余。超定矩阵方程 $\mathbf{Ax}=\mathbf{b}$ 没有确切解, 因此是一个不一致方程, 在某些情况下可能有近似解。通常有 4 种方法用来求解矩阵方程: 最小二乘法、Tikhonov 正则化、Gauss-Seidel 法和总体最小二乘法。从本节开始, 我们将依次介绍这 4 种方法。

4.5.1 最小二乘解

考虑超定矩阵方程 $\mathbf{Ax}=\mathbf{b}$, 其中 $\mathbf{b}$ 是一个 $m\times 1$ 数据向量, $\mathbf{A}$ 为 $m\times n$ 数据矩阵, 并且 $m>n$。

[176] 假定数据向量存在加性观测误差或噪声, 即 $\mathbf{b}=\mathbf{b}_0+\mathbf{e}$, 其中 $\mathbf{b}_0$ 和 $\mathbf{e}$ 分别是无误差的数据向量和加性误差向量。

为了抵抗误差对矩阵方程解的影响, 我们引入一个校正向量 $\Delta\mathbf{b}$, 并且用它"干扰" 数据向量 $\mathbf{b}$, 使 $\mathbf{Ax}=\mathbf{b}+\Delta\mathbf{b}$ 以补偿数据向量 $\mathbf{b}$ 中的不确定性 (噪声或误差)。求解矩阵方程的方法可以用以下最优化问题来描述

$$\min_{\mathbf{x}}\{\|\Delta\mathbf{b}\|^2=\|\mathbf{Ax}-\mathbf{b}\|_2^2=(\mathbf{Ax}-\mathbf{b})^{\mathrm{T}}(\mathbf{Ax}-\mathbf{b})\}\tag{4.5.1}$$

这样一种方法称为普通最小二乘 (OLS) 法, 简称最小二乘 (LS) 法。

事实上, 校正向量 $\Delta\mathbf{b}=\mathbf{Ax}-\mathbf{b}$ 正是矩阵方程 $\mathbf{Ax}=\mathbf{b}$ 两边的误差向量。因此, 最小二乘法的中心思想是求解向量 $\mathbf{x}$, 使得平方误差和 $\|\mathbf{Ax}-\mathbf{b}\|_2^2$ 极小化, 即

$$\hat{\mathbf{x}}_{\mathrm{LS}}=\arg\min_{\mathbf{x}}\ \|\mathbf{Ax}-\mathbf{b}\|_2^2\tag{4.5.2}$$

为了推导 $\mathbf{x}$ 的解析解, 展开式 (4.5.1) 得

$$\phi=\mathbf{x}^{\mathrm{T}}\mathbf{A}^{\mathrm{T}}\mathbf{Ax}-\mathbf{x}^{\mathrm{T}}\mathbf{A}^{\mathrm{T}}\mathbf{b}-\mathbf{b}^{\mathrm{T}}\mathbf{Ax}+\mathbf{b}^{\mathrm{T}}\mathbf{b}$$

求 ϕ 关于 $\mathbf{x}$ 的导数, 并令结果等于零, 则有

$$\frac{\mathrm{d}\phi}{\mathrm{d}\mathbf{x}}=2\mathbf{A}^{\mathrm{T}}\mathbf{Ax}-2\mathbf{A}^{\mathrm{T}}\mathbf{b}=0$$

即是说, 解向量 $\mathbf{x}$ 必须满足条件

$$\mathbf{A}^{\mathrm{T}}\mathbf{A}\mathbf{x}=\mathbf{A}^{\mathrm{T}}\mathbf{b} \tag{4.5.3}$$

上述方程可能是可辨识的, 也可能是不可辨识的, 取决于 $m\times n$ 矩阵 $\mathbf{A}$ 的秩的不同。

- 可辨识: 当 $\mathbf{Ax}=\mathbf{b}$ 为超定方程时, 它有唯一解

  $$\mathbf{x}_{\mathrm{LS}}=(\mathbf{A}^{\mathrm{T}}\mathbf{A})^{-1}\mathbf{A}^{\mathrm{T}}\mathbf{b},\quad \mathrm{rank}(\mathbf{A})=n \tag{4.5.4}$$

  或者

  $$\mathbf{x}_{\mathrm{LS}}=(\mathbf{A}^{\mathrm{T}}\mathbf{A})^{\dagger}\mathbf{A}^{\mathrm{T}}\mathbf{b},\quad \mathrm{rank}(\mathbf{A})<n \tag{4.5.5}$$

  其中, $\mathbf{B}^{\dagger}$ 表示 $\mathbf{B}$ 的 Moore-Penrose 逆矩阵。在参数估计理论中, 若 $\mathbf{x}$ 是唯一确定的, 未知的参数向量 $\mathbf{x}$ 就说是唯一可辨识的。 [177]
- 不可辨识: 对于一个欠定方程 $\mathbf{Ax}=\mathbf{b}$, 若 $\mathrm{rank}(\mathbf{A})=m<n$, 则 $\mathbf{x}$ 的不同解给出相同的 $\mathbf{Ax}$。显然, 虽然数据向量 $\mathbf{b}$ 可以提供有关 $\mathbf{Ax}$ 的一些信息, 但是我们却不能区分对应于相同 $\mathbf{Ax}$ 值的不同参数向量 $\mathbf{x}$。这样的未知向量称为不可辨识的。

在参数估计中, 参数向量 $\boldsymbol{\theta}$ 的估计 $\hat{\boldsymbol{\theta}}$ 称为无偏估计量, 若其数学期望等于真实的未知参数向量, 即 $E\{\hat{\boldsymbol{\theta}}\}=\boldsymbol{\theta}$。进一步地, 若一个无偏估计量具有最小方差, 则称它为最优无偏估计量。类似地, 对于一个数据向量 $\mathbf{b}$ 被噪声污染的超定矩阵方程 $\mathbf{A}\boldsymbol{\theta}=\mathbf{b}+\mathbf{e}$, 如果最小二乘解 $\hat{\boldsymbol{\theta}}_{\mathrm{LS}}$ 的数学期望等于真实参数向量 $\boldsymbol{\theta}$, 即 $E\{\hat{\boldsymbol{\theta}}_{\mathrm{LS}}\}=\boldsymbol{\theta}$, 并且具有最小方差, 则 $\hat{\boldsymbol{\theta}}_{\mathrm{LS}}$ 称为超定矩阵方程的最优无偏解。

定理 4.6 (Gauss-Markov 定理) 考虑线性方程组

$$\mathbf{Ax}=\mathbf{b}+\mathbf{e} \tag{4.5.6}$$

其中, $m\times n$ 矩阵 $\mathbf{A}$ 和 $n\times 1$ 向量 $\mathbf{x}$ 分别是常数矩阵和参数向量; $\mathbf{b}$ 是 $m\times 1$ 数据向量, 具有随机误差向量 $\mathbf{e}=[e_1,\cdots,e_m]^{\mathrm{T}}$, 并且其均值向量和协方差矩阵分别为

$$E\{\mathbf{e}\}=\mathbf{0},\quad \mathrm{cov}(\mathbf{e})=E\{\mathbf{e}\mathbf{e}^{\mathrm{H}}\}=\sigma^2\mathbf{I}$$

于是, $n\times 1$ 参数向量 $\mathbf{x}$ 存在最优无偏解 $\hat{\mathbf{x}}$, 当且仅当 $\mathrm{rank}(\mathbf{A})=n$。在这种情况下, 最优无偏解由最小二乘解给出

$$\hat{\mathbf{x}}_{\mathrm{LS}}=(\mathbf{A}^{\mathrm{H}}\mathbf{A})^{-1}\mathbf{A}^{\mathrm{H}}\mathbf{b} \tag{4.5.7}$$

并且其协方差

$$\mathrm{var}(\hat{\mathbf{x}}_{\mathrm{LS}})\leqslant \mathrm{var}(\tilde{\mathbf{x}}) \tag{4.5.8}$$

其中 $\tilde{\mathbf{x}}$ 是矩阵方程 $\mathbf{Ax}=\mathbf{b}+\mathbf{e}$ 的任何一个其他解。

证明参见文献 [46]。

注意, Gauss-Markov 定理中的条件 $\mathrm{cov}(\mathbf{e})=\sigma^2\mathbf{I}$ 意味着加性噪声向量 $\mathbf{e}$ 的所有分量互不相关, 并且具有相同的方差 σ^2。只有在这种情况下, 最小二乘解才是无偏和最优的。

[178]

4.5.2 秩亏最小二乘解

在许多工程应用中, 通常需要使用低秩矩阵逼近被噪声或者干扰污染的矩阵。下面的定理给出了对矩阵逼近质量的评价。

定理 4.7 (低秩逼近) 令 $\mathbf{A} = \sum_{i=1}^{p} \sigma_i \mathbf{u}_i \mathbf{v}_i^{\mathrm{T}}$ 是 $\mathbf{A} \in \mathbb{R}^{m\times n}$ 的奇异值分解, 其中 $p = \mathrm{rank}(\mathbf{A})$。若 $k < p$, 且 $\mathbf{A}_k = \sum_{i=1}^{k} \sigma_i \mathbf{u}_i \mathbf{v}_i^{\mathrm{T}}$ 是 $\mathbf{A}$ 的秩 k 逼近, 则逼近质量可以用 Frobenius 范数度量

$$\min_{\mathrm{rank}(\mathbf{B})=k} \|\mathbf{A} - \mathbf{B}\|_F = \|\mathbf{A} - \mathbf{A}_k\|_F = \left(\sum_{i=k+1}^{q} \sigma_i^2 \right)^{1/2} \tag{4.5.9}$$

其中 $q = \min\{m, n\}$。

证明参见文献 [10, 21, 30]。

对于超定和秩亏的线性方程 $\mathbf{Ax} = \mathbf{b}$, 令 $\mathbf{A}$ 的 SVD 为 $\mathbf{A} = \mathbf{U\Sigma V}^{\mathrm{H}}$, 其中 $\mathbf{\Sigma} = \mathbf{Diag}(\sigma_1, \cdots, \sigma_r, 0, \cdots, 0)$。最小二乘解

$$\hat{\mathbf{x}} = \mathbf{Ab} = \mathbf{V\Sigma}^{\dagger}\mathbf{U}^{\mathrm{H}}\mathbf{b} \tag{4.5.10}$$

其中, $\mathbf{\Sigma}^{\dagger} = \mathbf{Diag}(1/\sigma_1, \cdots, 1/\sigma_r, 0, \cdots, 0)$。

式 (4.5.10) 可以表示为

$$\mathbf{x}_{\mathrm{LS}} = \sum_{i=1}^{r} (\mathbf{u}_i^{\mathrm{H}}\mathbf{b}/\sigma_i)\mathbf{v}_i \tag{4.5.11}$$

对应的最小残差为

$$r_{\mathrm{LS}} = \|\mathbf{Ax}_{\mathrm{LS}} - \mathbf{b}\|_2 = \|[\mathbf{u}_{r+1}, \cdots, \mathbf{u}_m]^{\mathrm{H}}\mathbf{b}\|_2 \tag{4.5.12}$$

虽然当 $i > r$ 时, 奇异值 σ_i 理论上等于零, 但是计算得到的奇异值 $\hat{\sigma}_i, i > r$ 却往往不等于零, 有时甚至有比较大的扰动。在这些情况下, 需要估计矩阵的秩 r。在信号处理和系统理论中, 秩的估值 $\hat{r}$ 常称为“有效秩”。

有效秩可以采用以下两种常用方法确定。

1. 归一化奇异值方法

计算归一化奇异值 $\bar{\sigma}_i = \dfrac{\hat{\sigma}_i}{\hat{\sigma}_1}$, 并选择满足准则 $\bar{\sigma}_i \geqslant \epsilon$ 的最大整数 i 作为有效秩 $\hat{r}$ 的估值。显然, 这个准则等价于选择满足

$$\hat{\sigma}_i \geqslant \epsilon \cdot \hat{\sigma}_1 \tag{4.5.13}$$

[179]

的最大整数 i 作为 $\hat{r}$, 其中 ϵ 是一个非常小的正整数, 例如, $\epsilon = 0.1$ 或 $\epsilon = 0.05$。

2. 范数比方法

令 $m \times n$ 矩阵 $\mathbf{A}_k$ 是原 $m \times n$ 矩阵 $\mathbf{A}$ 的秩 k 逼近。定义 Frobenius 范数比为

$$\nu(k) = \frac{\|\mathbf{A}_k\|_F}{\|\mathbf{A}\|_F} = \frac{\sqrt{\sigma_1^2 + \cdots + \sigma_k^2}}{\sqrt{\sigma_1^2 + \cdots + \sigma_h^2}}, \quad h = \min\{m, n\} \tag{4.5.14}$$

然后选取满足

$$\nu(k) \geqslant \alpha \tag{4.5.15}$$

的最小 k 作为有效秩估计 $\hat{r}$, 其中 α 是一个接近 1 的阈值, 例如 $\alpha = 0.997$ 或 $\alpha = 0.998$。

在借助以上两种准则确定有效秩 $\hat{r}$ 之后, 则

$$\hat{\mathbf{x}}_{\mathrm{LS}} = \sum_{i=1}^{\hat{r}} (\hat{\mathbf{u}}_i^{\mathrm{H}} \mathbf{b} / \hat{\sigma}_i) \hat{\mathbf{v}}_i \tag{4.5.16}$$

可以视为最小二乘解 $\mathbf{x}_{\mathrm{LS}}$ 的合理逼近。

4.6 Tikhonov 正则化与 Gauss-Seidel 法

最小二乘法被广泛应用于求解矩阵方程组, 并适用于机器学习、神经网络、支持向量机与演化计算等许多实际应用领域。但由于其对数据矩阵的扰动敏感, 最小二乘法必须在这些应用中有所改进。一种简单有效的方法是常用的 Tikhonov 正则化。

4.6.1 Tikhonov 正则化

当 $m = n$, 并且 $\mathbf{A}$ 非奇异时, 矩阵方程 $\mathbf{A}\mathbf{x} = \mathbf{b}$ 的解由 $\hat{\mathbf{x}} = \mathbf{A}^{-1}\mathbf{b}$ 确定; 当 $m > n$, 并且 $\mathbf{A}_{m\times n}$ 满列秩时, 矩阵方程的解为 $\hat{\mathbf{x}}_{\mathrm{LS}} = \mathbf{A}^{\dagger}\mathbf{b} = (\mathbf{A}^{\mathrm{H}}\mathbf{A})^{-1}\mathbf{A}^{\mathrm{H}}\mathbf{b}$。

问题: 矩阵 $\mathbf{A}$ 在工程应用中通常是秩亏的。在这种情况下, 解 $\hat{\mathbf{x}} = \mathbf{A}^{-1}\mathbf{b}$ 或者 $\hat{\mathbf{x}}_{\mathrm{LS}} = (\mathbf{A}^{\mathrm{H}}\mathbf{A})^{-1}\mathbf{A}^{\mathrm{H}}\mathbf{b}$ 要么发散; 要么即使存在, 也是未知向量 $\mathbf{x}$ 很差的逼近。即便幸运, 碰巧求得 $\mathbf{x}$ 的一个合理逼近, 但误差估计 $\|\mathbf{x}-\hat{\mathbf{x}}\| \leqslant \|\mathbf{A}^{-1}\|\,\|\mathbf{A}\hat{\mathbf{x}}-\mathbf{b}\|$ 或 $\|\mathbf{x}-\hat{\mathbf{x}}\| \leqslant \|\mathbf{A}^{\dagger}\|\,\|\mathbf{A}\hat{\mathbf{x}}-\mathbf{b}\|$ 也会令人失望[32]。通过观察, 容易发现问题出在秩亏矩阵 $\mathbf{A}$ 的协方差矩阵 $\mathbf{A}^{\mathrm{H}}\mathbf{A}$ 的求逆上。

作为最小二乘成本函数 $\frac{1}{2}\|\mathbf{A}\mathbf{x}-\mathbf{b}\|_2^2$ 的一种改进, Tikhonov[39] 于 1963 年提出了正则化最小二乘成本函数 [180]

$$J(\mathbf{x}) = \frac{1}{2}\left(\|\mathbf{A}\mathbf{x}-\mathbf{b}\|_2^2 + \lambda\|\mathbf{x}\|_2^2\right) \tag{4.6.1}$$

其中, $\lambda \geqslant 0$ 叫作正则化参数。

成本函数 $J(\mathbf{x})$ 相对于变元 $\mathbf{x}$ 的共轭梯度为

$$\frac{\partial J(\mathbf{x})}{\partial \mathbf{x}^{\mathrm{H}}} = \frac{\partial}{\partial \mathbf{x}^{\mathrm{H}}}\left((\mathbf{A}\mathbf{x}-\mathbf{b})^{\mathrm{H}}(\mathbf{A}\mathbf{x}-\mathbf{b}) + \lambda\mathbf{x}^{\mathrm{H}}\mathbf{x}\right) = \mathbf{A}^{\mathrm{H}}\mathbf{A}\mathbf{x} - \mathbf{A}^{\mathrm{H}}\mathbf{b} + \lambda\mathbf{x}$$

令 $\frac{\partial J(\mathbf{x})}{\partial \mathbf{x}^{\mathrm{H}}} = \mathbf{0}$, 则可得 Tikhonov 正则化解

$$\hat{\mathbf{x}}_{\mathrm{Tik}} = (\mathbf{A}^{\mathrm{H}}\mathbf{A} + \lambda\mathbf{I})^{-1}\mathbf{A}^{\mathrm{H}}\mathbf{b} \tag{4.6.2}$$

这种使用 $(\mathbf{A}^{\mathrm{H}}\mathbf{A}+\lambda\mathbf{I})^{-1}$ 代替协方差矩阵直接求逆 $(\mathbf{A}^{\mathrm{H}}\mathbf{A})^{-1}$ 的方法称为 Tikhonov 正则化法 (或简称正则化法)。在信号处理和图像处理中, 正则化法有时被称作松弛法。

Tikhonov 正则化法的本质: 通过给秩亏矩阵 $\mathbf{A}$ 的协方差矩阵 $\mathbf{A}^{\mathrm{H}}\mathbf{A}$ 的每一个对角线元素加一个非常小的扰动 λ, 将奇异的协方差矩阵 $\mathbf{A}^{\mathrm{H}}\mathbf{A}$ 的求逆变成了非奇异矩阵 $\mathbf{A}^{\mathrm{H}}\mathbf{A} + \lambda\mathbf{I}$ 的求逆, 从而大大改善求解秩亏矩阵方程 $\mathbf{A}\mathbf{x} = \mathbf{b}$ 的数值稳定性。

显然, 若数据矩阵 $\mathbf{A}$ 满列秩, 但存在误差或者噪声时, 我们必须采用与 Tikhonov 正则化相反的方法: 对协方差矩阵 $\mathbf{A}^{\mathrm{H}}\mathbf{A}$ 的每一个对角元素加一个非常小的负干扰 $-\lambda$, 以抵消误差或噪声的影响。这样一种使用一个非常小的负扰动矩阵 $-\lambda\mathbf{I}$ 的方法称为反 Tikhonov 正则化法或反正则化方法, 其解为

$$\hat{\mathbf{x}} = (\mathbf{A}^{\mathrm{H}}\mathbf{A} - \lambda\mathbf{I})^{-1}\mathbf{A}^{\mathrm{H}}\mathbf{b} \tag{4.6.3}$$

总体最小二乘法是一种典型的反正则化方法, 将在之后讨论。

当正则化参数 λ 在定义区间 $[0, \infty)$ 内变化时, 正则化 LS 问题的解被称为它的正则化路径。

Tikhonov 正则化解具有以下重要性质[25]。

- 线性: Tikhonov 正则化最小二乘解 $\hat{\mathbf{x}}_{\mathrm{Tik}} = (\mathbf{A}^{\mathrm{H}}\mathbf{A} + \lambda\mathbf{I})^{-1}\mathbf{A}^{\mathrm{H}}\mathbf{b}$ 是观测数据向量 $\mathbf{b}$ 的线性函数。
- $\lambda \to 0$ 时的极限特性: 当正则化参数 $\lambda \to 0$ 时, Tikhonov 正则化最小二乘解收敛为普通最小二乘解或者 Moore-Penrose 解 $\lim\limits_{\lambda\to 0} \hat{\mathbf{x}}_{\mathrm{Tik}} = \hat{\mathbf{x}}_{\mathrm{LS}} = \mathbf{A}^{\dagger}\mathbf{b} = (\mathbf{A}^{\mathrm{H}}\mathbf{A})^{-1}\mathbf{A}^{\mathrm{H}}\mathbf{b}$。解点 $\hat{\mathbf{x}}_{\mathrm{Tik}}$ 在所有满足 $\mathbf{A}^{\mathrm{H}}(\mathbf{A}\mathbf{x} - \mathbf{b}) = \mathbf{0}$ 的可行点中具有最小 ℓ_2 范数

[181]

$$\hat{\mathbf{x}}_{\mathrm{Tik}} = \underset{\mathbf{A}^{\mathrm{T}}(\mathbf{b}-\mathbf{A}\mathbf{x})=\mathbf{0}}{\arg\min} \|\mathbf{x}\|_2 \tag{4.6.4}$$

- $\lambda \to \infty$ 时的极限特性: 当 $\lambda \to \infty$ 时, Tikhonov 正则化最小二乘解收敛为零向量, 即 $\lim\limits_{\lambda\to\infty} \hat{\mathbf{x}}_{\mathrm{Tik}} = \mathbf{0}$。
- 正则化路径: 当正则化参数 λ 在区间 $[0, \infty)$ 变化时, Tikhonov 正则化最小二乘问题的最优解是正则化参数的平滑函数, 即当 λ 减小为零时, 最优解收敛为 Moore-Penrose 解; 而当 λ 增加时, 最优解收敛为零向量。

Tikhonov 正则化可以有效防止最小二乘解 $\hat{\mathbf{x}}_{\mathrm{LS}} = (\mathbf{A}^{\mathrm{T}}\mathbf{A})^{-1}\mathbf{A}^{\mathrm{T}}\mathbf{b}$ 当 $\mathbf{A}$ 秩亏时发生的发散, 从而明显改善最小二乘算法和交替最小二乘算法的收敛性, 因此被广泛应用。

4.6.2 Gauss-Seidel 法

矩阵方程 $\mathbf{Ax} = \mathbf{b}$ 可以重新排列为

$$
\begin{aligned}
&a_{11}x_1 && && && = b_1 - a_{12}x_2 - \cdots - a_{1n}x_n \\
&a_{21}x_1 && + a_{22}x_2 && && = b_2 - \cdots - a_{2n}x_n \\
&\quad\vdots && \quad\vdots && && \quad\vdots \qquad \vdots \\
&a_{(n-1)1}x_1 && + a_{(n-2)}x_2 && + \cdots + a_{(n-1)n}x_n && = b_{n-1} - a_{nn}x_n \\
&a_{n1}x_1 && + a_{n2}x_2 && + \cdots \quad + a_{nn}x_n && = b_n
\end{aligned}
$$

根据以上重新排列, Gauss-Seidel 方法从初始逼近解 $\mathbf{x}^{(0)}$ 开始, 然后计算 $\mathbf{x}$ 第一个元素的更新

$$x_1^{(1)} = \frac{1}{a_{11}}\left(b_1 - \sum_{j=2}^{n} a_{1j}x_j^{(0)}\right) \tag{4.6.5}$$

依此, $\mathbf{x}$ 的其他元素可由 Gauss-Seidel 法给出

$$x_i^{(1)} = \frac{1}{a_{ii}}\left(b_i - \sum_{j=1}^{i-1} a_{ij}x_j^{(1)} - \sum_{j=i+1}^{n} a_{ij}x_j^{(0)}\right), \quad i = 1, \cdots, n \tag{4.6.6}$$

得到逼近解 $\mathbf{x}^{(1)} = \left[x_1^{(1)}, \cdots, x_n^{(1)}\right]^{\mathrm{T}}$ 后, 我们继续同样的迭代得到 $\mathbf{x}^{(2)}, \mathbf{x}^{(3)}, \cdots$ 直到 $\mathbf{x}$ 收敛。 [182]

Gauss-Seidel 法不仅可以找到矩阵方程的解, 而且可以用于求解非线性优化问题。

令 $X_i \subseteq \mathbb{R}^{n_i}$ 为 $n_i \times 1$ 向量 $\mathbf{x}_i$ 的可行集, 考虑非线性极小化问题

$$\min_{\mathbf{x}\in X} \{f(\mathbf{x}) = f(\mathbf{x}_1, \cdots, \mathbf{x}_m)\} \tag{4.6.7}$$

其中 $\mathbf{x} \in X = X_1 \times \cdots \times X_m \subseteq \mathbb{R}^n$ 是闭非空凸集 $X_i \subseteq \mathbb{R}^{n_i}, i = 1, \cdots, m$ 的笛卡儿积且 $\sum_{i=1}^{m} n_i = n$。

式 (4.6.7) 是一个具有 m 个耦合变元向量的无约束优化问题。求解这类耦合优化问题的一种有效方法是分块非线性 Gauss-Seidel 法, 简称 GS 法[3, 18]。

在 GS 法的每一步迭代中, 固定 $m-1$ 变元向量为已知, 极小化剩余的一个变元向量。这种思想组成为求解非线性无约束优化问题式 (4.6.7) 的基本框架:

① 初始化 $m-1$ 变元向量 $\mathbf{x}_i, i = 2, \cdots, m$, 并令 $k = 0$。

② 求解下列分离子优化问题的解

$$\mathbf{x}_i^{k+1} = \arg\min_{\mathbf{y}\in X_i} f(\mathbf{x}_1^{k+1}, \cdots, \mathbf{x}_{i-1}^{k+1}, \mathbf{y}, \mathbf{x}_{i+1}^{k}, \cdots, \mathbf{x}_m^{k}), \quad i = 1, \cdots, m \tag{4.6.8}$$

在更新 $\mathbf{x}_i$ 的第 $(k+1)$ 次迭代中, 所有 $\mathbf{x}_1, \cdots, \mathbf{x}_{i-1}$ 已经被更新为 $\mathbf{x}_1^{k+1}, \cdots, \mathbf{x}_{i-1}^{k+1}$, 所以这些已更新的子向量和尚待更新的子向量 $\mathbf{x}_{i+1}^{k}, \cdots, \mathbf{x}_m^{k}$ 都固定为已知向量。

③ 检验 m 变元向量是否都已经收敛。若已经收敛, 则输出优化结果 ($\mathbf{x}_1^{k+1}$,

$\cdots, \mathbf{x}_m^{k+1})$; 否则, 令 $k \leftarrow k+1$, 并返回式 (4.6.8) 继续迭代, 直至收敛准则满足。

若优化问题式 (4.6.7) 的目标函数 $f(\mathbf{x})$ 是最小二乘误差函数 (例如 $\|\mathbf{A}\mathbf{x} - \mathbf{b}\|_2^2$), 则 GS 法习惯称为交替最小二乘 (ALS) 方法。

例 4.2 考虑 $m \times n$ 已知数据矩阵 $\mathbf{X} = \mathbf{AB}$ 的满秩分解, 其中 $m \times r$ 矩阵 $\mathbf{A}$ 满列秩, 而 $r \times n$ 矩阵 $\mathbf{B}$ 满行秩。令矩阵满秩分解的成本函数为

$$f(\mathbf{A}, \mathbf{B}) = \frac{1}{2}\|\mathbf{X} - \mathbf{AB}\|_F^2 \tag{4.6.9}$$

[183] 于是, 交替最小二乘算法首先初始化矩阵 $\mathbf{A}$。在第 $(k+1)$ 次迭代中, 由固定矩阵 $\mathbf{A}_k$ 更新 $\mathbf{B}$ 的最小二乘解

$$\mathbf{B}_{k+1} = (\mathbf{A}_k^{\mathrm{T}}\mathbf{A}_k)^{-1}\mathbf{A}_k^{\mathrm{T}}\mathbf{X} \tag{4.6.10}$$

然后, 由矩阵分解的转置 $\mathbf{X}^{\mathrm{T}} = \mathbf{B}^{\mathrm{T}}\mathbf{A}^{\mathrm{T}}$, 可以立即更新 $\mathbf{A}^{\mathrm{T}}$ 的最小二乘解

$$\mathbf{A}_{k+1}^{\mathrm{T}} = (\mathbf{B}_{k+1}\mathbf{B}_{k+1}^{\mathrm{T}})^{-1}\mathbf{B}_{k+1}\mathbf{X}^{\mathrm{T}} \tag{4.6.11}$$

上述两种最小二乘方法交替运行。一旦交替最小二乘算法收敛, 即可得到矩阵分解的优化结果。

Powell 于 1973 年观察到 GS 算法可能不收敛的事实[34], 他称之为 GS 算法的 “循环现象”。大量的仿真实验业已证明[28, 31], 即使收敛, 交替最小二乘方法的迭代过程也非常容易陷入 “沼泽” 中, 即异常大量的迭代导致非常缓慢的收敛速率[28, 31]。

避免 GS 方法的循环和沼泽现象, 一种简单而有效的方式是对优化问题式 (4.6.7) 的目标函数进行 Tikhonov 正则化, 即将分离子优化算法式 (4.6.8) 正则化为

$$\begin{aligned}\mathbf{x}_i^{k+1} = \arg\min_{\mathbf{y} \in X_i} \Big\{ & f(\mathbf{x}_1^{k+1}, \cdots, \mathbf{x}_{i-1}^{k+1}, \mathbf{y}, \mathbf{x}_{i+1}^{k}, \cdots, \mathbf{x}_m^{k}) \\ & + \frac{1}{2}\tau_i\|\mathbf{y} - \mathbf{x}_i^k\|_2^2 \Big\}\end{aligned} \tag{4.6.12}$$

其中, $i = 1, \cdots, m$。

上述算法称为 GS 方法的邻近点版本[1, 3], 简称 PGS 方法。

正则化项 $\|\mathbf{y} - \mathbf{x}_i^k\|_2^2$ 的作用是迫使更新的向量 $\mathbf{x}_i^{k+1} = \mathbf{y}$ 接近 $\mathbf{x}_i^k$, 不至于偏离太多, 由此避免迭代过程的剧烈震荡, 防止算法的发散。

若每个子优化问题都有一个最优解[18], 则称 GS 方法或者 PGS 方法是良好定义的。

定理 4.8[18] 若 PGS 方法是良好定义的, 并且序列 $\{\mathbf{x}^k\}$ 存在极限点, 则序列 $\{\mathbf{x}^k\}$ 的每个极限点 $\bar{\mathbf{x}}$ 都是优化问题式 (4.6.7) 的一个临界点。

定理 4.8 表明, PGS 方法的收敛性优于 GS 方法。

[184] 大量仿真实验表明[28], 在达到相同误差的条件下, 处于沼泽迭代的 GS 方法

的迭代次数是非常大的, 而 PGS 方法趋于迅速收敛。在有些文献中, PGS 方法也称正则化 Gauss-Seidel 法。

交替最小二乘法和正则化交替最小二乘法在非负矩阵分解和张量分析中有重要的应用, 将在以后讨论。

4.7 总体最小二乘法

对于矩阵方程 $\mathbf{A}_{m\times n}\mathbf{X}_n = \mathbf{b}_m$, 所有 LS 方法、Tikhonov 正则化方法和 Gauss-Seidel 方法都给出了 n 个参数的解。然而, 通过矩阵 $\mathbf{A}$ 的秩亏, 我们知道未知参数向量 $\mathbf{x}$ 只包含 r 个独立参数, 其他参数与 r 线性无关。在许多工程应用中, 我们希望找到与 r 无关的参数, 而不是包含冗余成分的 n 个参数。换句话说, 我们只想估计主要参数, 并消除次要成分。这个问题可以通过低秩总体最小二乘法 (TLS) 来解决。

虽然原来的叫法不同, 但是总体最小二乘 (TLS) 具有悠久的历史。TLS 的最早的想法可以追溯到 Pearson 于 1901 年发表的论文[33], 他当时考虑了当 $\mathbf{A}$ 和 $\mathbf{b}$ 二者都存在误差时矩阵方程 $\mathbf{Ax} = \mathbf{b}$ 的逼近求解方法。然而, 到 1980 年, Golub 和 van Loan[15] 才第一次从数值分析的观点给出了总体分析, 并且正式称这种方法为总体最小二乘法。在数理统计中, 称这种方法为正交回归或变量误差回归[14]。在系统辨识中, TLS 称作特征向量方法或 Koopmans-Levin 方法[42]。现在, TLS 方法已广泛应用于数理统计、物理、经济学、生物学与医学、信号处理、自动控制、系统科学、人工智能等许多学科领域。

4.7.1 TLS 解

令 $\mathbf{A}_0$ 和 $\mathbf{b}_0$ 分别表示不可观测的无误差矩阵和无误差数据向量。实际观测到的数据矩阵和数据向量分别为

$$\mathbf{A} = \mathbf{A}_0 + \mathbf{E}, \quad \mathbf{b} = \mathbf{b}_0 + \mathbf{e} \tag{4.7.1}$$

式中, $\mathbf{E}$ 和 $\mathbf{e}$ 分别表示误差数据矩阵和误差数据向量。

TLS 的基本思想: 不仅使用校正向量 $\Delta\mathbf{b}$ 扰动数据向量 $\mathbf{b}$, 而且使用校正矩阵 $\Delta\mathbf{A}$ 扰动数据矩阵 $\mathbf{A}$, 从而对 $\mathbf{A}$ 和 $\mathbf{b}$ 中的误差或者噪声进行联合补偿 [185]

$$\mathbf{b} + \Delta\mathbf{b} = \mathbf{b}_0 + \mathbf{e} + \Delta\mathbf{b} \to \mathbf{b}_0$$

$$\mathbf{A} + \Delta\mathbf{A} = \mathbf{A}_0 + \mathbf{E} + \Delta\mathbf{A} \to \mathbf{A}_0$$

目的是抵消观测误差或噪声对矩阵方程解的影响, 实现将有噪声的矩阵方程求解转变为无噪声的矩阵方程的求解

$$(\mathbf{A} + \Delta\mathbf{A})\mathbf{x} = \mathbf{b} + \Delta\mathbf{b} \;\Rightarrow\; \mathbf{A}_0\mathbf{x} = \mathbf{b}_0 \tag{4.7.2}$$

自然地, 我们希望校正数据矩阵和校正数据向量尽可能小。因此,TLS 问题可以

表示为约束优化问题

$$\text{TLS:}\quad \min_{\Delta\mathbf{A},\Delta\mathbf{b},\mathbf{x}} \|[\Delta\mathbf{A},\Delta\mathbf{b}]\|_F^2 \quad \text{s.t.} \quad (\mathbf{A}+\Delta\mathbf{A})\mathbf{x}=\mathbf{b}+\Delta\mathbf{b} \tag{4.7.3}$$

或

$$\text{TLS:}\quad \min_{\mathbf{z}} \|\mathbf{D}\|_F^2 \quad \text{s.t.} \quad \mathbf{Dz}=-\mathbf{Bz} \tag{4.7.4}$$

式中, $\mathbf{D}=[\Delta\mathbf{A},\Delta\mathbf{b}]$, $\mathbf{B}=[\mathbf{A},\mathbf{b}]$, $\mathbf{z}=\begin{bmatrix}\mathbf{x}\\-1\end{bmatrix}$ 是 $(n+1)\times 1$ 向量。

假设 $\|\mathbf{z}\|_2=1$, 由 $\|\mathbf{D}\|_2 \leqslant \|\mathbf{D}\|_F$ 和 $\|\mathbf{D}\|_2=\sup\limits_{\|\mathbf{z}\|_2=1}\|\mathbf{Dz}\|_2$, 有 $\min\limits_{\mathbf{z}}\|\mathbf{D}\|_F^2=\min\limits_{\mathbf{z}}\|\mathbf{Dz}\|_2^2$。于是, 式 (4.7.4) 可以改写为

$$\text{TLS:}\quad \min_{\mathbf{z}} \|\mathbf{Bz}\|_2^2 \quad \text{s.t.} \quad \|\mathbf{z}\|=1 \tag{4.7.5}$$

因为 $\mathbf{Dz}=-\mathbf{Bz}$。

1. 单个最小奇异值

$\mathbf{B}$ 的奇异值 σ_n 明显比 σ_{n+1} 大, 即最小奇异值只有一个。此时, TLS 问题式 (4.7.5) 容易用 Lagrange 乘子法求解。为此, 定义目标函数

$$J(\mathbf{z})=\|\mathbf{Bz}\|_2^2+\lambda(1-\mathbf{z}^{\mathrm{H}}\mathbf{z}) \tag{4.7.6}$$

其中, λ 是 Lagrange 乘子。注意 $\|\mathbf{Bz}\|_2^2=\mathbf{z}^{\mathrm{H}}\mathbf{B}^{\mathrm{H}}\mathbf{Bz}$, 故由 $\frac{\partial J(\mathbf{z})}{\partial \mathbf{z}^*}=0$ 可得

$$\mathbf{B}^{\mathrm{H}}\mathbf{Bz}=\lambda\mathbf{z} \tag{4.7.7}$$

这表明, Lagrange 乘子应该选择为矩阵 $\mathbf{B}^{\mathrm{H}}\mathbf{B}=[\mathbf{A},\,\mathbf{b}]^{\mathrm{H}}[\mathbf{A},\mathbf{b}]$ 的最小特征值 $\lambda_{\min}$ (即 $\mathbf{B}$ 的最小奇异值的平方), 而 TLS 解向量 $\mathbf{z}$ 是 $[\mathbf{A},\,\mathbf{b}]^{\mathrm{H}}[\mathbf{A},\mathbf{b}]$ 的最小特征值 $\lambda_{\min}$ 对应的特征向量。换言之, TLS 解向量 $\begin{bmatrix}\mathbf{x}\\-1\end{bmatrix}$ 是 Rayleigh 商极小化问题的解

[186]

$$\min_{\mathbf{x}}\ J(\mathbf{x})=\frac{\begin{bmatrix}\mathbf{x}\\-1\end{bmatrix}^{\mathrm{H}}[\mathbf{A},\,\mathbf{b}]^{\mathrm{H}}[\mathbf{A},\,\mathbf{b}]\begin{bmatrix}\mathbf{x}\\-1\end{bmatrix}}{\begin{bmatrix}\mathbf{x}\\-1\end{bmatrix}^{\mathrm{H}}\begin{bmatrix}\mathbf{x}\\-1\end{bmatrix}}=\frac{\|\mathbf{Ax}-\mathbf{b}\|_2^2}{\|\mathbf{x}\|_2^2+1} \tag{4.7.8}$$

令 $m\times(n+1)$ 增广矩阵 $\mathbf{B}$ 的奇异值分解为 $\mathbf{B}=\mathbf{U\Sigma V}^{\mathrm{H}}$, 其奇异值按照次序排列为 $\sigma_1\geqslant\cdots\geqslant\sigma_{n+1}$, 并且它们对应的右奇异向量是 $\mathbf{v}_1,\cdots,\mathbf{v}_{n+1}$。于是, 根据以上分析, TLS 解是 $\mathbf{z}=\mathbf{v}_{n+1}$, 即有

$$\mathbf{x}_{\mathrm{TLS}}=-\frac{1}{v(n+1,n+1)}\begin{bmatrix}v(1,n+1)\\ \vdots \\ v(n,n+1)\end{bmatrix} \tag{4.7.9}$$

其中, $v(i,n+1)$ 是矩阵 $\mathbf{V}$ 的第 $(n+1)$ 列的第 i 个元素。

注释　如果增广数据矩阵由 $\mathbf{B} = [-\mathbf{b}, \mathbf{A}]$ 给出, 则 TLS 解为

$$\mathbf{x}_{\mathrm{TLS}} = \frac{1}{v(1,n+1)} \begin{bmatrix} v(2,n+1) \\ \vdots \\ v(n+1,n+1) \end{bmatrix} \tag{4.7.10}$$

2. 多重最小奇异值

在某种情况下, 增广矩阵 $\mathbf{B}$ 存在多个最小奇异值, 即多个小奇异值重复或者非常接近。

令

$$\sigma_1 \geqslant \sigma_2 \geqslant \cdots \geqslant \sigma_p > \sigma_{p+1} \approx \cdots \approx \sigma_{n+1} \tag{4.7.11}$$

则右奇异向量矩阵 $\mathbf{V} = [\mathbf{v}_{p+1}, \mathbf{v}_{p+2}, \cdots, \mathbf{v}_{n+1}]$ 将给出 $n-p+1$ 个可能的 TLS 解 $\mathbf{x}_i = -\mathbf{y}_{p+i}/\alpha_{p+i}$, $i = 1, \cdots, n+1-p$。为了找到唯一的 TLS 解, 可以采用 Householder 变换

$$\mathbf{V}_1\mathbf{Q} = \left[\begin{array}{c|c} \mathbf{y} & \times \\ \hline \alpha & 0 \cdots 0 \end{array}\right] \tag{4.7.12}$$

唯一的 TLS 解是由 $\hat{\mathbf{x}}_{\mathrm{TLS}} = \mathbf{y}/\alpha$ 给出的最小范数解。求最小范数解的 TLS 算法是 Golub 与 van Loan[15] 提出的, 见算法 4.5。　[187]

算法 4.5　最小范数解的 TLS 算法

1. **input:** $\mathbf{A} \in \mathbb{C}^{m\times n}, \mathbf{b} \in \mathbb{C}^m, \alpha > 0$
2. **repeat**
3. Compute $\mathbf{B} = [\mathbf{A}, \mathbf{b}] = \mathbf{U\Sigma V}^{\mathrm{H}}$, and save $\mathbf{V}$ and all singular values
4. Determine the number p of principal singular values
5. Put $\mathbf{V}_1 = [\mathbf{v}_{p+1}, \cdots, \mathbf{v}_{n+1}]$, and compute the Householder transformation
$$\mathbf{V}_1\mathbf{Q} = \left[\begin{array}{c|c} \mathbf{y} & \times \\ \hline \alpha & 0 \cdots 0 \end{array}\right]$$
where α is a scalar, and $\times$ denotes the uninterested block
6. **exit if** $\alpha \neq 0$
7. **return** $p \leftarrow p - 1$
8. **output:** $\mathbf{x}_{\mathrm{TLS}} = -\mathbf{y}/\alpha$

上述最小范数解 $\mathbf{x}_{\mathrm{TLS}} = \mathbf{y}/\alpha$ 包含 n 参数, 而不是 p 独立的主参数, 因为 $\mathrm{rank}(\mathbf{A}) = p < n$。

在信号处理、系统论和人工智能等领域, 无冗余参数的唯一 TLS 解是最有意义的 LS 逼近解。首先令 $m \times (n+1)$ 矩阵 $\hat{\mathbf{B}}$ 是增广矩阵 $\mathbf{B}$ 的一个最优秩 p

逼近, 即

$$\hat{\mathbf{B}} = \mathbf{U}\mathbf{\Sigma}_p\mathbf{V}^{\mathrm{H}}$$

其中, $\mathbf{\Sigma}_p = \mathbf{Diag}(\sigma_1, \cdots, \sigma_p, 0, \cdots, 0)$。

然后, 令 $m \times (p+1)$ 矩阵 $\hat{\mathbf{B}}_j^{(p)}$ 是 $m \times (n+1)$ 最优逼近矩阵 $\hat{\mathbf{B}}$ 的一个子矩阵

$$\hat{\mathbf{B}}_j^{(p)}: \text{从 } j \text{ 到 } (j+p) \text{ 列的子矩阵} \tag{4.7.13}$$

显然, 存在有 $(n+1-p)$ 个子矩阵 $\hat{\mathbf{B}}_1^{(p)}, \hat{\mathbf{B}}_2^{(p)}, \cdots, \hat{\mathbf{B}}_{n+1-p}^{(p)}$。

如前所述, $\mathbf{B}$ 的有效秩等于 p 意味着在参数向量 $\mathbf{x}$ 内仅 p 个分量是线性独立的。令 $(p+1)\times 1$ 向量 $\mathbf{a} = \begin{bmatrix} \mathbf{x}^{(p)} \\ -1 \end{bmatrix}$, 其中 $\mathbf{x}^{(p)}$ 是由向量 $\mathbf{x}$ 中 p 个线性无关未知参数组成的列向量。于是, 原 TLS 问题变为以下 $(n+1-p)$ TLS 问题的解

$$\hat{\mathbf{B}}_j^{(p)}\mathbf{a} = 0, \qquad j = 1, 2, \cdots, n+1-p \tag{4.7.14}$$

[188] 或者等价为一个合成 TLS 问题的求解

$$\begin{bmatrix} \hat{\mathbf{B}}(1:p+1) \\ \vdots \\ \hat{\mathbf{B}}(n+1-p:n+1) \end{bmatrix} \mathbf{a} = \mathbf{0} \tag{4.7.15}$$

其中 $\hat{\mathbf{B}}(i:p+i) = \hat{\mathbf{B}}_i^{(p)}$ 由式 (4.7.13) 定义。不难证明

$$\hat{\mathbf{B}}(i:p+i) = \sum_{k=1}^{p} \sigma_k \mathbf{u}_k (\mathbf{v}_k^i)^{\mathrm{H}} \tag{4.7.16}$$

式中, $\mathbf{v}_k^i$ 是 $\mathbf{V}$ 的第 k 个列向量的一个窗口段, 定义为

$$\mathbf{v}_k^i = [v(i,k), v(i+1,k), \cdots, v(i+p,k)]^{\mathrm{T}} \tag{4.7.17}$$

这里, $v(i,k)$ 是 $\mathbf{V}$ 的第 (i,k) 个元素。

根据最小二乘原理, 求式 (4.7.15) 的最小二乘解等价于使下列测度 (或成本) 函数极小化

$$\begin{aligned} f(\mathbf{a}) &= [\hat{\mathbf{B}}(1:p+1)\mathbf{a}]^{\mathrm{H}}\hat{\mathbf{B}}(1:p+1)\mathbf{a} + [\hat{\mathbf{B}}(2:p+2)\mathbf{a}]^{\mathrm{H}}\hat{\mathbf{B}}(2:p+2)\mathbf{a} \\ &\quad + \cdots + [\hat{\mathbf{B}}(n+1-p:n+1)\mathbf{a}]^{\mathrm{H}}\hat{\mathbf{B}}(n+1-p:n+1)\mathbf{a} \\ &= \mathbf{a}^{\mathrm{H}} \left[\sum_{i=1}^{n+1-p} [\hat{\mathbf{B}}(i:p+i)]^{\mathrm{H}}\hat{\mathbf{B}}(i:p+i) \right] \mathbf{a} \end{aligned} \tag{4.7.18}$$

定义 $(p+1)\times(p+1)$ 矩阵

$$\mathbf{S}^{(p)} = \sum_{i=1}^{n+1-p} [\hat{\mathbf{B}}(i:p+i)]^{\mathrm{H}}\hat{\mathbf{B}}(i:p+i) \tag{4.7.19}$$

则测度函数可以简写为

$$f(\mathbf{a}) = \mathbf{a}^{\mathrm{H}}\mathbf{S}^{(p)}\mathbf{a} \tag{4.7.20}$$

测度函数 $f(\mathbf{a})$ 的最小变量由 $\frac{\partial f(\mathbf{a})}{\partial \mathbf{a}^*} = 0$ 给出

$$\mathbf{S}^{(p)}\mathbf{a} = \alpha \mathbf{e}_1 \tag{4.7.21}$$

其中, $\mathbf{e}_1 = [1, 0, \cdots, 0]^{\mathrm{T}}$, 且常数 $\alpha > 0$ 表示误差能量。由式 (4.7.16) 和式 (4.7.19), 有 [189]

$$\mathbf{S}^{(p)} = \sum_{j=1}^{p} \sum_{i=1}^{n+1-p} \sigma_j^2 \mathbf{v}_j^i (\mathbf{v}_j^i)^{\mathrm{H}} \tag{4.7.22}$$

求解矩阵方程式 (4.7.21) 是容易的。如果令 $\mathbf{S}^{-(p)}$ 是 $\mathbf{S}^{(p)}$ 的逆矩阵, 则解向量 $\mathbf{a}$ 仅与逆矩阵 $\mathbf{S}^{-(p)}$ 的第 1 列有关。易知,TLS 解向量 $\mathbf{a} = \begin{bmatrix} \mathbf{x}^{(p)} \\ -1 \end{bmatrix}$ 的 $\mathbf{x}^{(p)} = [x_{\mathrm{TLS}}(1), \cdots, x_{\mathrm{TLS}}(p)]^{\mathrm{T}}$ 的第 i 个元素为

$$x_{\mathrm{TLS}}(i) = -\mathbf{S}^{-(p)}(i,1)/\mathbf{S}^{-(p)}(p+1,1), \quad i = 1, \cdots, p \tag{4.7.23}$$

这个解称为最优最小二乘逼近解。因为这个解的参数个数和有效秩相同, 所以这种解也称低秩 TLS 解[5]。

注意, 如果增广矩阵是 $\mathbf{B} = [-\mathbf{b}, \mathbf{A}]$, 则

$$x_{\mathrm{TLS}}(i) = \mathbf{S}^{-(p)}(i+1,1)/\mathbf{S}^{-(p)}(1,1), \quad i = 1, 2, \cdots, p \tag{4.7.24}$$

对于 $\mathbf{A} \in \mathbb{C}^{m \times n}$, $\mathbf{b} \in \mathbb{C}^n$, 求低秩 TLS 解的算法包括以下步骤。

① 计算 SVD $\mathbf{B} = [\mathbf{A}, \mathbf{b}] = \mathbf{U\Sigma V}^{\mathrm{H}}$, 并保存 $\mathbf{V}$。

② 确定 $\mathbf{B}$ 的有效秩 p。

③ 利用式 (4.7.17) 和式 (4.7.22) 计算 $(p+1) \times (p+1)$ 矩阵 $\mathbf{S}^{(p)}$。

④ 计算逆矩阵 $\mathbf{S}^{-(p)}$ 和解

$$x_{\mathrm{TLS}}(i) = -\mathbf{S}^{-(p)}(i,1)/\mathbf{S}^{-(p)}(p+1,1), \quad i = 1, \cdots, p$$

4.7.2 TLS 解的性能

TLS 有两个解释: 一个是几何解释[15], 另一个是闭式解[43]。

1. TLS 解的几何解释

令 $\mathbf{a}_i^{\mathrm{T}}$ 是矩阵 $\mathbf{A}$ 的第 i 行, 且 b_i 是向量 $\mathbf{b}$ 的第 i 个元素。于是, TLS 解 $\mathbf{x}_{\mathrm{TLS}}$ 是极小化向量

$$\min_{\mathbf{x}} \frac{\|\mathbf{Ax} - \mathbf{b}\|_2^2}{\|\mathbf{x}\|_2^2 + 1} = \sum_{i=1}^{n} \frac{|\mathbf{a}_i^{\mathrm{T}}\mathbf{x} - b_i|^2}{\mathbf{x}^{\mathrm{T}}\mathbf{x} + 1} \tag{4.7.25}$$

其中, $|\mathbf{a}_i^{\mathrm{T}}\mathbf{x} - b_i|/(\mathbf{x}^{\mathrm{T}}\mathbf{x} + 1)$ 是从点 $\begin{pmatrix} \mathbf{a}_i \\ b_i \end{pmatrix} \in \mathbb{C}^{n+1}$ 到子空间 P_x 内最近点的距离, [190] 而子空间 P_x 定义为

$$P_x = \left\{ \begin{pmatrix} \mathbf{a} \\ b \end{pmatrix} : \mathbf{a} \in \mathbb{C}^{n\times 1}, b \in \mathbb{C}, b = \mathbf{x}^{\mathrm{T}}\mathbf{a} \right\} \tag{4.7.26}$$

因此, TLS 解可以利用子空间 P_x 表示[15]: 从 TLS 解点 $\begin{pmatrix} \mathbf{a}_i \\ b_i \end{pmatrix}$ 到子空间 P_x 的距离的平方和极小化。

2. TLS 问题的闭式解

如果增广矩阵 $\mathbf{B}$ 的奇异值是 $\sigma_1 \geqslant \cdots \geqslant \sigma_{n+1}$, 则 TLS 解可以表示为[43]

$$\mathbf{x}_{\mathrm{TLS}} = (\mathbf{A}^{\mathrm{H}}\mathbf{A} - \sigma_{n+1}^2\mathbf{I})^{-1}\mathbf{A}^{\mathrm{H}}\mathbf{b} \tag{4.7.27}$$

与 Tikhonov 正则化方法比较, TLS 是一种反正则化方法, 可以解释为具有噪声去除的一类最小二乘方法: 首先从协方差矩阵 $\mathbf{A}^{\mathrm{T}}\mathbf{A}$ 中去除噪声影响项 $\sigma_{n+1}^2\mathbf{I}$, 然后求 $\mathbf{A}^{\mathrm{T}}\mathbf{A} - \sigma_{n+1}^2\mathbf{I}$ 的逆矩阵, 得到最小二乘解。

令含噪矩阵是 $\mathbf{A} = \mathbf{A}_0 + \mathbf{E}$, 则其协方差矩阵 $\mathbf{A}^{\mathrm{H}}\mathbf{A} = \mathbf{A}_0^{\mathrm{H}}\mathbf{A}_0 + \mathbf{E}^{\mathrm{H}}\mathbf{A}_0 + \mathbf{A}_0^{\mathrm{H}}\mathbf{E} + \mathbf{E}^{\mathrm{H}}\mathbf{E}$。显然, 当误差矩阵 $\mathbf{E}$ 有零均值时, 协方差矩阵的数学期望

$$E\{\mathbf{A}^{\mathrm{H}}\mathbf{A}\} = E\{\mathbf{A}_0^{\mathrm{H}}\mathbf{A}_0\} + E\{\mathbf{E}^{\mathrm{H}}\mathbf{E}\} = \mathbf{A}_0^{\mathrm{H}}\mathbf{A}_0 + E\{\mathbf{E}^{\mathrm{H}}\mathbf{E}\}$$

如果误差矩阵的列向量统计独立, 并且具有相同的方差, 即 $E\{\mathbf{E}^{\mathrm{T}}\mathbf{E}\} = \sigma^2\mathbf{I}$, 则 $(n+1)\times(n+1)$ 协方差矩阵 $\mathbf{A}^{\mathrm{H}}\mathbf{A}$ 的最小特征值 $\lambda_{n+1} = \sigma_{n+1}^2$ 是误差矩阵 $\mathbf{E}$ 的奇异值的平方。由于奇异值平方 σ_{n+1}^2 恰好反映了误差矩阵的每一列的共同方差 σ^2, 所以无误差数据矩阵的协方差矩阵 $\mathbf{A}_0^{\mathrm{H}}\mathbf{A}_0$ 可以从 $\mathbf{A}^{\mathrm{H}}\mathbf{A} - \sigma_{n+1}^2\mathbf{I}$ 恢复, 即 $\mathbf{A}^{\mathrm{T}}\mathbf{A} - \sigma_{n+1}^2\mathbf{I} = \mathbf{A}_0^{\mathrm{H}}\mathbf{A}_0$。换言之, TLS 法可以有效地抑制未知误差矩阵的影响。

应当指出的是, 求解矩阵方程 $\mathbf{A}_{m\times n}\mathbf{x}_n = \mathbf{b}_m$ 的 TLS 法与 Tikhonov 正则化法的主要区别是: TLS 解可以只含 $p = \mathrm{rank}([\mathbf{A}, \mathbf{b}])$ 主要参数, 并排除冗余参数; 而 Tikhonov 正则化法只能够提供所有 n 参数 (包括冗余参数)。

[191]

4.7.3 广义总体最小二乘

普通最小二乘法、Tikhonov 正则化法和 TLS 法可以用一种统一的理论框架推导和解释[46]。

考虑极小化问题

$$\min_{\Delta\mathbf{A},\Delta\mathbf{b},\mathbf{x}} \left(\|[\Delta\mathbf{A}, \Delta\mathbf{b}]\|_F^2 + \lambda\|\mathbf{x}\|_2^2\right) \tag{4.7.28}$$

服从约束条件

$$(\mathbf{A} + \alpha\Delta\mathbf{A})\mathbf{x} = \mathbf{b} + \beta\Delta\mathbf{b}$$

式中, α 和 β 分别是矩阵 $\mathbf{A}$ 的扰动 $\Delta\mathbf{A}$ 的加权系数和向量 $\mathbf{b}$ 的扰动 $\Delta\mathbf{b}$ 的加权系数; 而 λ 为 Tikhonov 正则化参数。上述极小化问题称为广义总体最小二乘 (GTLS) 问题[46]。

广义总体最小二乘的约束条件 $(\mathbf{A}+\alpha\Delta\mathbf{A})\mathbf{x}=(\mathbf{b}+\beta\Delta\mathbf{b})$ 可以表示为

$$\left([\alpha^{-1}\mathbf{A},\beta^{-1}\mathbf{b}]+[\Delta\mathbf{A},\Delta\mathbf{b}]\right)\begin{bmatrix}\alpha\mathbf{x}\\-\beta\end{bmatrix}=0$$

若令: $\mathbf{D}=[\Delta\mathbf{A},\Delta\mathbf{b}]$, $\mathbf{z}=\begin{bmatrix}\alpha\mathbf{x}\\-\beta\end{bmatrix}$, 则上式变为

$$\mathbf{D}\mathbf{z}=-\left[\alpha^{-1}\mathbf{A},\beta^{-1}\mathbf{b}\right]\mathbf{z} \tag{4.7.29}$$

在 $\mathbf{z}^{\mathrm{H}}\mathbf{z}=1$ 的假设条件下, 即有

$$\min\|\mathbf{D}\|_F^2=\min\|\mathbf{D}\mathbf{z}\|_2^2=\min\|[\alpha^{-1}\mathbf{A},\beta^{-1}\mathbf{b}]\mathbf{z}\|_2^2$$

因此, 广义总体最小二乘问题式 (4.7.28) 的解可以写为

$$\hat{\mathbf{x}}_{\mathrm{GTLS}}=\arg\min_{\mathbf{z}}\left(\frac{\|[\alpha^{-1}\mathbf{A},\beta^{-1}\mathbf{b}]\mathbf{z}\|_2^2}{\mathbf{z}^{\mathrm{H}}\mathbf{z}}+\lambda\|\mathbf{x}\|_2^2\right) \tag{4.7.30}$$

注意到 $\mathbf{z}^{\mathrm{H}}\mathbf{z}=\alpha^2\mathbf{x}^{\mathrm{H}}\mathbf{x}+\beta^2$, 并且

$$[\alpha^{-1}\mathbf{A},\beta^{-1}\mathbf{b}]\mathbf{z}=[\alpha^{-1}\mathbf{A},\beta^{-1}\mathbf{b}]\begin{bmatrix}\alpha\mathbf{x}\\-\beta\end{bmatrix}=\mathbf{A}\mathbf{x}-\mathbf{b}$$

所以广义总体最小二乘问题式 (4.7.30) 的解由下式给出 [192]

$$\hat{\mathbf{x}}_{\mathrm{GTLS}}=\arg\min_{\mathbf{x}}\left(\frac{\|\mathbf{A}\mathbf{x}-\mathbf{b}\|_2^2}{\alpha^2\|\mathbf{x}\|_2^2+\beta^2}+\lambda\|\mathbf{x}\|_2^2\right) \tag{4.7.31}$$

以下是普通最小二乘法、Tikhonov 正则化法和总体最小二乘法的比较。

1. 优化问题的比较

- 普通最小二乘法: $\alpha=0,\beta=1,\lambda=0$, 则

$$\min_{\Delta\mathbf{A},\Delta\mathbf{b},\mathbf{x}}\|\Delta\mathbf{b}\|_2^2\quad \text{s.t.}\quad \mathbf{A}\mathbf{x}=\mathbf{b}+\Delta\mathbf{b} \tag{4.7.32}$$

- Tikhonov 正则化法: $\alpha=0,\beta=1,\lambda>0$, 则

$$\min_{\Delta\mathbf{A},\Delta\mathbf{b},\mathbf{x}}\left(\|\Delta\mathbf{b}\|_2^2+\lambda\|\mathbf{x}\|_2^2\right)\quad \text{s.t.}\quad \mathbf{A}\mathbf{x}=\mathbf{b}+\Delta\mathbf{b} \tag{4.7.33}$$

- 总体最小二乘法: $\alpha=\beta=1,\lambda<0$, 则

$$\min_{\Delta\mathbf{A},\Delta\mathbf{b},\mathbf{x}}\left(\|\Delta\mathbf{A},\Delta\mathbf{b}\|_2^2\right)\quad \text{s.t.}\quad (\mathbf{A}+\Delta\mathbf{A})\mathbf{x}=\mathbf{b}+\Delta\mathbf{b} \tag{4.7.34}$$

2. 解向量比较

当加权系数 α、β 和 Tikhonov 正则化参数 λ 取适当值时, 广义总体最小二乘解式 (4.7.31) 分别给出以下结果

- $\hat{\mathbf{x}}_{\mathrm{LS}}=(\mathbf{A}^{\mathrm{H}}\mathbf{A})^{-1}\mathbf{A}^{\mathrm{H}}\quad(\alpha=0,\beta=1,\lambda=0)$。
- $\hat{\mathbf{x}}_{\mathrm{Tik}}=(\mathbf{A}^{\mathrm{H}}\mathbf{A}+\lambda\mathbf{I})^{-1}\mathbf{A}^{\mathrm{H}}\mathbf{b}\quad(\alpha=0,\beta=1,\lambda>0)$。

- $\hat{\mathbf{x}}_{\text{TLS}} = (\mathbf{A}^{\text{H}}\mathbf{A} - \lambda\mathbf{I})^{-1}\mathbf{A}^{\text{H}}\mathbf{b} \quad (\alpha = 1, \beta = 1, \lambda = 0)$。

3. 扰动方法的比较

- 普通最小二乘法: 使用尽可能小的校正项 $\Delta\mathbf{b}$ 扰动数据向量 $\mathbf{b}$, 使得 $\mathbf{b} - \Delta\mathbf{b} \approx \mathbf{b}_0$, 从而补偿 $\mathbf{b}$ 中的观测噪声。
- Tikhonov 正则化法: 对矩阵 $\mathbf{A}^{\text{H}}\mathbf{A}$ 的每一个对角元素加相同的扰动项 $\lambda > 0$, 以避免最小二乘解 $(\mathbf{A}^{\text{H}}\mathbf{A})^{-1}\mathbf{A}^{\text{H}}\mathbf{b}$ 的数值不稳定性。
- 总体最小二乘法: 通过减去扰动矩阵 $\lambda\mathbf{I}$, 抑制原矩阵的协方差矩阵中的扰动。

4. 适用范围的比较

- 最小二乘法适用于矩阵 $\mathbf{A}$ 满列秩, 并且数据向量 $\mathbf{b}$ 存在独立同分布高斯误差。
- [193] Tikhonov 正则化法适用于列秩亏缺的矩阵 $\mathbf{A}$。
- 总体最小二乘法适用于矩阵 $\mathbf{A}$ 满列秩, 并且 $\mathbf{A}$ 和向量 $\mathbf{b}$ 存在独立同分布的高斯误差。

4.8 欠定系统的解

一个完整的行秩欠定矩阵方程 $\mathbf{A}_{m\times n}\mathbf{x}_{n\times 1} = \mathbf{b}_{m\times 1}$, $m < n$ 有无数解。在这些情况下, 令 $\mathbf{x} = \mathbf{A}^{\text{H}}\mathbf{y}$, 则

$$\mathbf{A}\mathbf{A}^{\text{H}}\mathbf{y} = \mathbf{b} \;\Rightarrow\; \mathbf{y} = (\mathbf{A}\mathbf{A}^{\text{H}})^{-1}\mathbf{b} \;\Rightarrow\; \mathbf{x} = \mathbf{A}^{\text{H}}(\mathbf{A}\mathbf{A}^{\text{H}})^{-1}\mathbf{b}$$

这个唯一的解被称为最小范数解。然而, 这种方法在工程上的应用却很少。我们对具有少量非零项的稀疏解 $\mathbf{x}$ 感兴趣。

4.8.1 ℓ_1 范数最小化

为了解具有最少非零元素的稀疏解, 需要解决两个问题:

- 它是唯一的解吗?
- 怎样求出最稀疏的解?

对于任何正数 $p > 0$, 向量 $\mathbf{x}$ 的 ℓ_p 范数定义为

$$\|\mathbf{x}\|_p = \left(\sum_{i\in\text{support}(\mathbf{x})} |x_i|^p\right)^{1/p} \tag{4.8.1}$$

那么向量 $\mathbf{x}$ 的 ℓ_0 范数可定义为

$$\|\mathbf{x}\|_0 = \lim_{p\to 0}\|\mathbf{x}\|_p^p = \lim_{p\to 0}\sum_{i=1}^{n}|x_i|^p = \sum_{i=1}^{n} 1(x_i \neq 0) = \#\{i|x_i \neq 0\} \tag{4.8.2}$$

其中 $\#\{i|x_i \neq 0\}$ 表示 $\mathbf{x}$ 的所有非零元素的数目。因此, 如果 $\|\mathbf{x}\|_0 \ll n$, 则 $\mathbf{x}$ 是稀疏的。

稀疏表示的核心问题是 ℓ_0 范数最小化

$$(P_0) \qquad \min_{\mathbf{x}} \|\mathbf{x}\|_0 \quad \text{s.t.} \quad \mathbf{b} = \mathbf{A}\mathbf{x} \tag{4.8.3}$$

其中 $\mathbf{A} \in \mathbb{R}^{m\times n}, \mathbf{x} \in \mathbb{R}^n, \mathbf{b} \in \mathbb{R}^m$。

由于观测信号通常被噪声污染, 所以上述优化问题中的等式约束常松弛为允许某个误差扰动 $\epsilon \geqslant 0$ 的不等式约束的 ℓ_0 范数最小化问题 [194]

$$\min_{\mathbf{x}} \|\mathbf{x}\|_0 \quad \text{s.t.} \quad \|\mathbf{A}\mathbf{x} - \mathbf{b}\|_2 \leqslant \epsilon \tag{4.8.4}$$

矩阵 $\mathbf{A}$ 的稀疏性是在文献 [9] 中定义的一个对研究稀疏解唯一性的重要术语。

定义 4.7 (稀疏性)[9] 给定矩阵 $\mathbf{A}$, 其稀疏性定义为可能的最小数, 使得存在一个 $\mathbf{A}$ 的 σ 列子组是线性相关的, 表示为 $\sigma = \text{spark}(\mathbf{A})$。

稀疏性为欠定线性方程组 $\mathbf{A}\mathbf{x} = \mathbf{b}$ 稀疏解的唯一性提供了一个简单的标准, 如下所述。

定理 4.9[9, 17] 如果一个线性方程组 $\mathbf{A}\mathbf{x} = \mathbf{b}$ 有一个解 $\mathbf{x}$ 满足 $\|\mathbf{x}\|_0 < \text{spark}(\mathbf{A})/2$, 那么这个解必然是最稀疏解。

称向量 $\mathbf{x} = [x_i, \cdots, x_n]^{\mathrm{T}}$ 非零元素的索引集为其支撑度, 用符号 $\text{support}(\mathbf{x}) = \{i|x_i \neq 0\}$ 表示, 支撑度的长度即非零元素的个数用 ℓ_0 范数

$$\|\mathbf{x}\|_0 = |\text{support}(\mathbf{x})| \tag{4.8.5}$$

度量。一个向量 $\mathbf{x} \in \mathbb{R}^n$ 称为 K 稀疏, 若 $\|\mathbf{x}\|_0 \leqslant K$, 其中 $K \in \{1, \cdots, n\}$。

K 稀疏向量的集合记为

$$\varSigma_K = \left\{\mathbf{x} \in \mathbb{R}^{n\times 1} \middle| \|\mathbf{x}\|_0 \leqslant K\right\} \tag{4.8.6}$$

若 $\hat{\mathbf{x}} \in \varSigma_K$, 则称向量 $\hat{\mathbf{x}} \in \mathbb{R}^n$ 是 $\mathbf{x}$ 的 K 稀疏逼近。

显然, ℓ_0 范数定义公式 (4.8.5) 和 ℓ_p 范数定义公式 (4.8.1) 之间存在密切的关系: 当 $p \to 0$ 时, $\|\mathbf{x}\|_0 = \lim_{p\to 0} \|\mathbf{x}\|_p^p$。因为 $\|\mathbf{x}\|_p$ 是凸函数, 当且仅当 $p \geqslant 1$, ℓ_1 范数是最接近 ℓ_0 范数的目标函数。那么, 从优化的角度来看, ℓ_1 范数被称为 ℓ_0 范数的凸松弛。因此, 式 (4.8.3) 中的 ℓ_0 范数最小化问题 (P_0) 可以转化为遵循凸松弛的 ℓ_1 范数最小化问题

$$(P_1) \qquad \min_{\mathbf{x}} \|\mathbf{x}\|_1 \quad \text{s.t.} \quad \mathbf{b} = \mathbf{A}\mathbf{x} \tag{4.8.7}$$

这是一个凸优化问题, 因为 ℓ_1 范数 $\|\mathbf{x}\|_1$, 作为目标函数, 本身是凸函数, 等式约束 $\mathbf{b} = \mathbf{A}\mathbf{x}$ 是仿射函数。

由于观测噪声, 等式约束优化问题 (P_1) 应该松弛为下面的不等式约束优化 [195]

问题

$$(P_{10}) \qquad \min_{\mathbf{x}} \|\mathbf{x}\|_1 \quad \text{s.t.} \quad \|\mathbf{b}-\mathbf{A}\mathbf{x}\|_2 \leqslant \epsilon \tag{4.8.8}$$

ℓ_1 范数下的最优化问题又称为基追踪 (BP), 是一个二次约束线性规划 (QCLP) 问题。

若 $\mathbf{x}_1$ 是 (P_1) 的解, 且 $\mathbf{x}_0$ 是 (P_0) 的解, 则[8]

$$\|\mathbf{x}_1\|_1 \leqslant \|\mathbf{x}_0\|_1 \tag{4.8.9}$$

因为 $\mathbf{x}_0$ 只是 (P_1) 的可行解, 而 $\mathbf{x}_1$ 是 (P_1) 的最优解; 同时有 $\mathbf{A}\mathbf{x}_1 = \mathbf{A}\mathbf{x}_0$。

与不等式约束 ℓ_0 范数最小化式 (4.8.4) 相类似, 不等式约束 ℓ_1 范数最小化表达式 (4.8.8) 也有两种变形:

- 利用 $\mathbf{x}$ 是 K 稀疏向量的约束, 将不等式约束 ℓ_1 范数最小化变成不等式约束的 ℓ_2 范数最小化

$$(P_{11}) \qquad \min_{\mathbf{x}} \frac{1}{2}\|\mathbf{b}-\mathbf{A}\mathbf{x}\|_2^2 \quad \text{s.t.} \quad \|\mathbf{x}\|_1 \leqslant q \tag{4.8.10}$$

  这是一个二次规划 (QP) 问题。

- 利用 Lagrange 乘子法, 将不等式约束的 ℓ_1 范数最小化变成

$$(P_{12}) \qquad \min_{\lambda,\mathbf{x}} \frac{1}{2}\|\mathbf{b}-\mathbf{A}\mathbf{x}\|_2^2 + \lambda\|\mathbf{x}\|_1 \tag{4.8.11}$$

  这个最小化问题称为基追踪去噪 (BPDN)[7]。

优化问题 (P_{10}) 和 (P_{11}) 分别称为误差约束的 ℓ_1 最小化和 ℓ_1 惩罚最小化[41]。

其中, Lagrange 乘子称为正则化参数, 用于控制稀疏解的稀疏度: λ 取值越大, 解 $\mathbf{x}$ 越稀疏。当正则化参数 λ 足够大时, 解 $\mathbf{x}$ 为零向量; 随着 λ 的逐渐减小, 解向量 $\mathbf{x}$ 的稀疏度也逐渐减小; 当 λ 逐渐减小至 0 时, 解向量 $\mathbf{x}$ 变成使得 $\|\mathbf{b}-\mathbf{A}\mathbf{x}\|_2^2$ 最小化的向量。也就是说, $\lambda > 0$ 可以平衡双目标 (twin objectives) 函数

$$J(\lambda,\mathbf{x}) = \frac{1}{2}\|\mathbf{b}-\mathbf{A}\mathbf{x}\|_2^2 + \lambda\|\mathbf{x}\|_1 \tag{4.8.12}$$

[196]

4.8.2 Lasso

稀疏方程组的解与回归分析密切相关。最小化最小平方误差通常可能会导致敏感的解决方案。许多正则化方法建议降低这种敏感性。其中, Tikhonov 正则化[40] 和 Lasso[12, 38] 是两个广为人知并被引用的算法[44]。

回归分析问题是许多领域的基本问题之一, 例如统计、监督机器学习、优化等。为了降低直接求解优化问题 (P_1) 的计算复杂度, 考虑一个线性回归问题: 给定观察到的向量 $\mathbf{b} \in \mathbb{R}^m$ 和观察到的矩阵 $\mathbf{A} \in \mathbb{R}^{m\times n}$, 找到一个系数向量 $\mathbf{x} \in \mathbb{R}^n$ 使得

$$\hat{b}_i = x_1 a_{i1} + x_2 a_{i2} + \cdots + x_n a_{in}, \quad i = 1,\cdots,m \tag{4.8.13}$$

或者

$$\hat{\mathbf{b}} = \sum_{i=1}^{n} x_i \mathbf{a}_i = \mathbf{A}\mathbf{x} \tag{4.8.14}$$

其中

$$\mathbf{x} = [x_1, \cdots, x_n]^{\mathrm{T}}, \quad \mathbf{b} = [b_1, \cdots, b_m]^{\mathrm{T}}, \quad \mathbf{A} = [\mathbf{a}_1, \cdots, \mathbf{a}_n] = \begin{bmatrix} a_{11} & \cdots & a_{1n} \\ \vdots & & \vdots \\ a_{m1} & \cdots & a_{mn} \end{bmatrix}$$

作为线性回归的预处理, 假定

$$\sum_{i=1}^{m} b_i = 0, \quad \sum_{i=1}^{m} a_{ij} = 0, \quad \sum_{i=1}^{m} a_{ij}^2 = 1, \quad j = 1, \cdots, n \tag{4.8.15}$$

令输入矩阵 $\mathbf{A}$ 的列向量线性独立。预处理输入矩阵 $\mathbf{A}$ 被称为正交输入矩阵, 其列向量 $\mathbf{a}_i$ 为预测变量; 向量 $\mathbf{x}$ 简称为系数向量。

Tibshirani[38] 于 1996 年提出了求解线性回归的最小绝对收敛与选择算子 (Lasso) 算法, 其求最优预测向量的基本思想是: 通过约束预测向量的 ℓ_1 范数不超过某个上限 q, 使预测误差平方和最小化, 即

[197]

$$\begin{aligned} \text{Lasso:} \quad & \min_{\mathbf{x}} \|\mathbf{b} - \mathbf{A}\mathbf{x}\|_2^2 \\ & \text{s.t.} \quad \|\mathbf{x}\|_1 = \sum_{i=1}^{n} |x_i| \leqslant q \end{aligned} \tag{4.8.16}$$

显然, Lasso 算法的模型与 QP 问题式 (4.8.10) 具有完全相同的形式。

q 是调整参数。当 q 足够大时, 约束对 $\mathbf{x}$ 不起作用, 解决方案通常是多元线性最小二乘回归法的解 $\mathbf{x}$, $a_{i1}, \cdots, a_{in}$ 和 $b_i, i = 1, \cdots, m$。但是, 对于较小的 $q (q \geqslant 0)$, 某些系数 x_j 将为零。选择合适的 q 将导致稀疏的系数向量 $\mathbf{x}$。

正则化 Lasso 问题是

$$\text{正则化 Lasso:} \quad \min_{\mathbf{x}} \|\mathbf{b} - \mathbf{A}\mathbf{x}\|_2^2 + \lambda \|\mathbf{x}\|_1 \tag{4.8.17}$$

Lasso 问题涉及统计的 ℓ_1 范数约束拟合和数据挖掘。

Lasso 算法的显著特点是它具有的收敛和选择两种基本功能。

- 收敛功能: 与每一步估计所有未知参数的迭代算法不同, Lasso 算法收缩待估计的参数的范围, 每一步只对入选的少数参数进行估计。
- 选择功能: Lasso 算法会自动地选择很少一部分变量进行线性回归。

Lasso 方法通过收敛和变量选择实现了更好的预测精度。

Lasso 算法有很多推广, 这里有一些例子。在机器学习中, 稀疏核回归被称为广义 Lasso[36]。多维收敛阈值方法被称为分组 Lasso[35]。通过低秩分析的稀疏多视图特征选择方法称为 MRM-Lasso (多视图秩最小化 Lasso)[45]。分布式 Lasso 解决了分布式稀疏线性回归问题[29]。

4.8.3 LARS

LARS 最小角度回归是一种逐步回归的方法, 逐步回归也称为 “前进逐步回归”。给定一组可能的预测值, $X = \{\mathbf{x}_1, \cdots, \mathbf{x}_m\}$, LARS 的目的是确定拟合与响应向量最相关的向量, 即两个向量之间的角度最小化。

[198]

LARS 算法包含两个基本步骤。

① 第一步选择与响应向量 $\mathbf{y}$ 具有最大绝对相关性的拟合向量, $\mathbf{x}_{j_1} = \max_i\{|\text{corr}(\mathbf{y}, \mathbf{x}_i)|\}$, 在 $\mathbf{x}_{j_1}$ 上执行 $\mathbf{y}$ 的简单线性回归 $\mathbf{y} = \beta_1\mathbf{x}_{j_1} + \mathbf{r}$, 其中 $\mathbf{r}$ 是残差向量, 残差向量 $\mathbf{r}$ 与 $\mathbf{x}_{j_1}$ 正交。当某些预测因子恰好与 $\mathbf{x}_j$ 高度相关并且与 $\mathbf{r}$ 近似正交, 这些预测因子可能被消除, 残差向量 $\mathbf{r}$ 将没有关于这些消除预测因子的信息。

② 在第二步中, $\mathbf{r}$ 被视为新的响应。LARS 选择与新样本具有最大绝对相关性的拟合向量响应 $\mathbf{r}$, $\mathbf{x}_{j_2}$, 并执行简单线性回归 $\mathbf{r} \leftarrow \mathbf{r} - \beta_2\mathbf{x}_{j_2}$。重复此选择过程直到没有预测因子与 $\mathbf{r}$ 关联。

在 k 个选择步骤之后, 我们得到一组预测变量 $\mathbf{x}_{j_1}, \cdots, \mathbf{x}_{j_k}$, 然后以通常的方式使用它们构建一个 k 个参数的线性模型。这种选择回归是一种激进的拟合技术, 可能过于贪婪[12]。由于可能消除了有用的预测变量, 逐步回归可以说是 “不足回归”。

为了避免前向逐步回归中的欠回归问题, LARS 算法允许使用相当大的变量来实现 “分段回归” 步骤。

算法 4.6 是具有 Lasso 修正的 LARS 算法[12]。

[199]

算法 4.6 具有 Lasso 修正的 LARS 算法[12]

---

1. **input:** The data vector $\mathbf{b} \in \mathbb{R}^m$ and the input matrix $\mathbf{A} \in \mathbb{R}^{m\times n}$
2. **initialization:** $\Omega_0 = \emptyset, \hat{\mathbf{b}} = \mathbf{0}$ and $\mathbf{A}_{\Omega_0} = \mathbf{A}$. Put $k = 1$
3. **repeat**
4. Compute the correlation vector $\hat{\mathbf{c}}_k = \mathbf{A}^{\mathrm{T}}_{\Omega_{k-1}}(\mathbf{b} - \hat{\mathbf{b}}_{k-1})$
5. Update the active set $\Omega_k = \Omega_{k-1}\bigcup\{j^{(k)}||\hat{c}_k(j)| = C\}$ with
   $C = \max\{|\hat{c}_k(1)|, \cdots, |\hat{c}_k(n)|\}$
6. Update the input matrix $\mathbf{A}_{\Omega_k} = [s_j\mathbf{a}_j, j \in \Omega_k]$, where $s_j = \text{sign}(\hat{c}_k(j))$
7. Find the direction of the current minimum angle
   $$\mathbf{G}_{\Omega_k} = \mathbf{A}^{\mathrm{T}}_{\Omega_k}\mathbf{A}_{\Omega_k} \in \mathbb{R}^{k\times k}$$
   $$\alpha_{\Omega_k} = (\mathbf{1}^{\mathrm{T}}_k\mathbf{G}_{\Omega_k}\mathbf{1}_k)^{-1/2}$$
   $$\mathbf{w}_{\Omega_k} = \alpha_{\Omega_k}\mathbf{G}^{-1}_{\Omega_k}\mathbf{1}_k \in \mathbb{R}^k$$
   $$\boldsymbol{\mu}_k = \mathbf{A}_{\Omega_k}\mathbf{w}_{\Omega_k} \in \mathbb{R}^k$$
8. Compute $\mathbf{b} = \mathbf{A}^{\mathrm{T}}_{\Omega_k}\boldsymbol{\mu}_k = [b_1, \cdots, b_m]^{\mathrm{T}}$ and estimate the coefficient vector
   $$\hat{\mathbf{x}}_k = (\mathbf{A}^{\mathrm{T}}_{\Omega_k}\mathbf{A}_{\Omega_k})^{-1}\mathbf{A}^{\mathrm{T}}_{\Omega_k} = \mathbf{G}^{-1}_{\Omega_k}\mathbf{A}^{\mathrm{T}}_{\Omega_k}$$
9. Compute $\widehat{\gamma} = \min\limits_{j\in\Omega^c_k}\left\{\frac{C-\hat{c}_k(j)}{\alpha_{\Omega_k}-b_j}, \frac{C+\hat{c}_k(j)}{\alpha_{\Omega_k}+b_j}\right\}^+$, $\widetilde{\gamma} = \min\limits_{j\in\Omega_k}\left\{-\frac{x_j}{w_j}\right\}^+$, where w_j is the j th of entry
   $\mathbf{w}_{\Omega_k} = [w_1, \cdots, w_n]^{\mathrm{T}}$ and $\min\{\cdot\}^+$denotes the positive minimum term. If there is not positive term then $\min\{\cdot\}^+ = \infty$

---

10. If $\tilde{\gamma} < \hat{\gamma}$ then the fitted vector and the active set are modified as follows
    $\hat{\mathbf{b}}_k = \hat{\mathbf{b}}_{k-1} + \tilde{\gamma}\mu_k, \Omega_k = \Omega_k - \{\tilde{j}\}$
    where the removed index $\tilde{j}$ is the index $j \in \Omega_k$ such that $\tilde{\gamma}$ is a minimum. Conversely, if $\hat{\gamma} < \tilde{\gamma}$
    then $\hat{\mathbf{b}}_k$ and Ω_k are modified as follows
    $\hat{\mathbf{b}}_k = \hat{\mathbf{b}}_{k-1} + \hat{\gamma}\boldsymbol{\mu}_k, \Omega_k = \Omega_k \cup \{\hat{j}\}$
    where the added index $\hat{j}$ is the index $j \in \Omega_k$ such that $\hat{\gamma}$ is a minimum
11. **exit** If some stopping criterion is satisfied
12. **return** $k \leftarrow k + 1$
13. **output:** coefficient vector $\mathbf{x} = \hat{\mathbf{x}}_k$

分段回归也叫 “前向分段回归”, 比逐步回归限制更多, 它创建了一个系数剖面如下: 在每一步中, 它增加与当前残差最相关的变量的系数。相关符号确定如下[19]。

① 初始化 $\mathbf{r} = \mathbf{y}$ 和 $\beta_1 = \beta_2 = \cdots = \beta_p = 0$;
② 挑选和当前残差 $\mathbf{r}$ 最相关的自变量 $\mathbf{x}_j$;
③ 更新 $\beta_j \leftarrow \beta_j + \delta_j$, 其中 $\delta_j = \epsilon \cdot \text{sign}[\text{corr}(\mathbf{r}, \mathbf{x}_j)]$;
④ 更新 $\mathbf{r} \leftarrow \mathbf{r} - \delta_j \mathbf{x}_j$, 重复步骤 ② 和步骤 ③, 直到没有自变量与残差 $\mathbf{r}$ 相关。

本章小结

- 本章集中讨论了矩阵奇异值分解, 超定矩阵方程、适定矩阵方程和欠定稀疏矩阵方程求解的线性代数方法。
- Tikhonov 正则化与 ℓ_1 范数优化在人工智能中有广泛的应用。
- 广义总体最小二乘法包括 LS 方法和 Tikhonov 正则化方法, 总体最小二乘法是个特例。

参考文献

[1] Auslender A.: Asymptotic properties of the Fenchel dual functional and applications to decomposition problems. J. Optimization Theory Applications, **73**(3): 427-449 (1992)

[2] Beltrami E. Sulle funzioni bilineari, Giomale di Mathematiche ad Uso Studenti Delle Universita. **11**: 98-106, 1873. An English translation by D Boley is available as Technical Report 90-37, University of Minnesota, Department of Computer Science (1990)

[200]

[3] Bertsekas D. P.: *Nonlinear Programming.* 2nd edn. Nashua: Athena Scientific (1999)

[4] Bramble J, Pasciak J. A preconditioning technique for indefinite systems resulting from mixed approximations of elliptic problems. Mathematics of Computation, **50**(181): 1-17 (1988)

[5] Cadzow J. A.: Spectral estimation: An overdetermined rational model equation approach. Proc IEEE, **70**: 907-938 (1982)

[6] Cai D., Zhang C., He S.: Unsupervised feature selection for multi-cluster data. In: Proc. of the 16th ACM SIGKDD, Washington, pp. 333-342 (2010)

[7] Chen S. S., Donoho D. L., Saunders M. A.: Atomic decomposition by basis pursuit. SIAM Review, **43**(1): 129-159 (2001)

[8] Donoho D. L.: For most large underdetermined systems of linear equations, the minimal ℓ^1 solution is also the sparsest solution. Communications on Pure Applied Mathematics. **59**: 797-829 (2006)

[9] Donoho D. L., Grimes C.: Hessian eigenmaps: Locally linear embedding techniques for high-dimensional data. Proc. of the National Academy of Sciences, **100** (10): 5591-5596 (2003)

[10] Eckart C., Young G.: The approximation of one matrix by another of lower rank. Psychometrica, **1**: 211-218 (1936)

[11] Eckart C., Young G.: A Principal axis transformation for non-Hermitian matrices. Null Amer. Math. Soc., **45**: 118-121 (1939)

[12] Efron B., Hastie T., Johnstone I., Tibshirani R.: Least angle regression. Ann. Statist., **32**: 407-499 (2004)

[13] Fletcher R.: Conjugate gradient methods for indefinite systems. In: Proc. Dundee Conf. on Num. Anal. (Watson G A. ed.). New York: Springer-Verlag, pp. 73-89 (1975)

[14] Gleser L. J.: Estimation in a multivariate "errors in variables" regression model: Large sample results. Ann. Statist., **9**: 24-44 (1981)

[15] Golub G. H., Van Loan C. F.: An analysis of the total least squares problem. SIAM J. Numer Anal, **17**: 883-893 (1980)

[16] Golub G. H., Van Loan C. F. *Matrix Computation.* 2nd edn. Baltimore: The John Hopkins University Press (1989)

[17] Gorodnitsky I. F., Rao B. D.: Sparse signal reconstruction from limited data using FOCUSS: A re-weighted norm minimization algorithm, IEEE Trans. Signal Process., **45**: 600-616 (1997)

[18] Grippo L., Sciandrone M.: On the convergence of the block nonlinear Gauss-Seidel method under convex constraints. Operations Research Letter, **26**: 127-136 (1999)

[19] Hastie T., Taylor J., Tibshiran R., Walther G.: Forward stagewise regression and the monotone lasso. Electronic Journal of Statistics, **1**: 1-29 (2007)

[20] Horn R. A., Johnson C. R.: *Topics in Matrix Analysis.* Cambridge: Cambridge University Press (1991)

[21] Huffel S. V., Vandewalle J.: The Total Least Squares Problems: Computational Aspects and Analysis. Frontiers in Applied Mathemamatics, vol. 9, SIAM, Philadelphia (1991)

[22] Johnson L. W., Riess R. D., Arnold J. T. *Introduction to Linear Algebra.* 5th edn. New York: Prentice-Hall (2000)

[23] Jordan C.: Memoire sur les formes bilineaires. J. Math. Pures Appl., Deuxieme Serie, **19**: 35-54 (1874)

[24] Kelley C. T.: Iterative Methods for Linear and Nonlinear Equations. Frontiers in Applied Mathematics, vol.16, SIAM, Philadelphia (1995)

[25] Kim S. J., Koh K., Lustig M., Boyd S., Gorinevsky D.: An interior-point method for large-scale ℓ_1-regularized least squares. IEEE Journal Of Selected Topics in Signal Processing, **1**(4): 606-617 (2007)

[26] Klema V. C., Laub A. J.: The singular value decomposition: its computation and some applications. IEEE Trans. Automatic Control, **25**: 164-176 (1980)

[27] Lay D. C.: *Linear Algebra and Its Applications.* 2nd edn. New York: Addison-Wesley (2000)

[28] Li N., Kindermannb S., Navasca C.: Some convergence results on the regularized alternating least-squares method for tensor decomposition. Linear Algebra and its Applications, **438**(2): 796-812 (2013)

[29] Mateos G., Bazerque J. A., Giannakis G. B.: Distributed sparse lincar regression. IEEE Trans. Signal Processing, **58**(10): 5262-5276 (2010)

[30] Mirsky L.: Symmetric gauge functions and unitarily invariant norms. Quart. J. Math. Oxford, **11**: 50-59 (1960)

[201]

[31] Navasca C., Lathauwer L. D., Kindermann S.: Swamp reducing technique for tensor decomposition. In: The 16th Proceedings of the European Signal Processing Conference, Lausanne, (2008)

[32] Neumaier A.: Solving ill-conditioned and singular linear systems: A tutorial on regularization. SIAM Review, **40**(3): 636-666 (1998)

[33] Pearson K.: On lines and planes of closest fit to points in space. Philos. Mag. 2: 559-572 (1901)

[34] Powell M. J. D.: On search directions for minimization algorithms. Math. Programming, **4**: 193-201 (1973)

[35] Puig A. T., Wiesel A., Fleury G., Hero A. O.: Multidimensional shrinkage-thresholding operator and group LASSO penalties. IEEE Signal Processing Letters, **18**(6): 343-346 (2011)

[36] Roth V.: The generalized LASSO. IEEE Trans. Neural Networks, **15**(1): 16-28 (2004)

[37] Shewchuk J. R.: An introduction to the conjugate gradient method without the agonizing pain.

[38] Tibshirani R.: Regression shrinkage and selection via the lasso. J. R. Statist. Soc. B, **58**: 267-288 (1996)

[39] Tikhonov A.: Solution of incorrectly formulated problems and the regularization method. Soviet Math. Dokl., **4**: 1035-1038 (1963)

[40] Tikhonov A. N., Arsenin V. Y.: *Solutions of Ill-Posed Problems.* New York: John Wiley & Sons (1977)

[41] Tropp J. A.: Just relax: Convex programming methods for identifying sparse signals in noise. IEEE Trans. Inform. Theory, **52**(3): 1030-1051 (2006)

[42] Van Huffel S., Vandewalle J.: Analysis and properties of the generalized total least squares problem $Ax = b$ when some or all columns in A are subject to error. SIAM J. Matrix Anal Appl, **10**: 294-315 (1989)

[43] Wilkinson J. H.: *The Algerbaic Eigenvalue Problem.* Oxford: Clarendon Press (1965)

[44] Xu H., Caramanis C., Mannor S.: Robust regression and Lasso. IEEE Trans. Inform. Theory, **56**(7): 3561-3574 (2010)

[45] Yang W., Gao Y., Shi Y., Cao L.: MRM-Lasso: A sparse multiview feature selection method via low-rank analysis. IEEE Trans. Neural Networks Learning Systems, **26**(11): 2801-2815 (2015)

[46] Zhang X. D.: *Matrix Analysis and Applications.* Cambridge: Cambridge University Press (2017)

第 5 章 [203]

特征值分解

本章主要讲述矩阵代数的另一个核心主题: 矩阵的特征值分解 (EVD), 包括 EVD 的各种推广, 如广义特征值分解、Rayleigh 商和广义 Rayleigh 商。

5.1 特征值问题与特征方程

特征值问题不仅是一个非常有趣的理论问题, 而且在人工智能领域有广泛的应用。

5.1.1 特征值问题

如果任何非零向量 $\mathbf{w}$ 满足 $\mathcal{L}[\mathbf{w}] = \mathbf{w}$, 则称 $\mathcal{L}$ 为恒等变换。一般地说, 当一个线性算子作用于一个向量时, 输出是这个向量的倍数, 那么这个线性算子具有输入再现特性。

定义 5.1 (特征值、特征向量) 若非零向量 $\mathbf{u}$ 作为线性算子 $\mathcal{L}$ 的输入时, 所产生的输出与输入相同 (顶多相差一个常数因子 λ) $\mathbf{u}$, 即

$$\mathcal{L}[\mathbf{u}] = \lambda\mathbf{u}, \quad \mathbf{u} \neq \mathbf{0} \tag{5.1.1}$$

则称向量 $\mathbf{u}$ 是线性算子 $\mathcal{L}$ 的特征向量, 称标量 λ 为线性算子 $\mathcal{L}$ 的特征值。

由上述定义可知, 若将每一个特征向量 $\mathbf{u}$ 视为线性时不变系统 $\mathcal{L}$ 的输入, 那么与每一个特征向量对应的特征值 λ 就相当于线性系统输入该特征向量时的增益。由于只有当特征向量 $\mathbf{u}$ 为 $\mathcal{L}$ 的输入时, 系统的输出才具有与输入相同 (除相差一个倍数因子外) 这个重要特征, 所以特征向量可以看作是表征系统特征的向量, 称为特征向量。这就是从线性系统的观点给出的特征向量的物理解释。 [204]

若一个线性变换能够表示为 $\mathcal{L}[\mathbf{x}] = \mathbf{A}\mathbf{x}$, 则线性变换的特征值问题的表达式 (5.1.1) 可以写为

$$\mathbf{A}\mathbf{u} = \lambda\mathbf{u}, \quad \mathbf{u} \neq \mathbf{0} \tag{5.1.2}$$

这样的标量 λ 称为矩阵 $\mathbf{A}$ 的特征值, 向量 $\mathbf{u}$ 称为与 λ 对应的特征向量。式

(5.1.2) 有时也被称为特征值—特征向量方程式。

作为一个例子, 我们考虑一个具有传递函数 $H(\mathrm{e}^{\mathrm{j}\omega})=\sum_{k=-\infty}^{\infty}h(k)\mathrm{e}^{-\mathrm{j}\omega k}$ 的线性时不变系统 $h(k)$。当输入复指数或谐波信号 $\mathrm{e}^{\mathrm{j}\omega n}$ 时, 系统输出为

$$\mathcal{L}[\mathrm{e}^{\mathrm{j}\omega n}]=\sum_{k=-\infty}^{\infty}h(n-k)\mathrm{e}^{\mathrm{j}\omega k}=\sum_{k=-\infty}^{\infty}h(k)\mathrm{e}^{\mathrm{j}\omega(n-k)}=H(\mathrm{e}^{\mathrm{j}\omega})\mathrm{e}^{\mathrm{j}\omega n}$$

如果谐波信号矢量 $\mathbf{u}(\omega)=[1,\mathrm{e}^{\mathrm{j}\omega},\cdots,\mathrm{e}^{\mathrm{j}\omega(N-1)}]^{\mathrm{T}}$ 是系统输入, 则输出是

$$\mathcal{L}\begin{bmatrix}1\\ \mathrm{e}^{\mathrm{j}\omega}\\ \vdots\\ \mathrm{e}^{\mathrm{j}\omega(N-1)}\end{bmatrix}=H(\mathrm{e}^{\mathrm{j}\omega})\begin{bmatrix}1\\ \mathrm{e}^{\mathrm{j}\omega}\\ \vdots\\ \mathrm{e}^{\mathrm{j}\omega(N-1)}\end{bmatrix}\quad\Rightarrow\quad\mathcal{L}[\mathbf{u}(\omega)]=H(\mathrm{e}^{\mathrm{j}\omega})\mathbf{u}(\omega)$$

也就是说, 如果谐波信号矢量 $\mathbf{u}(\omega)=[1,\mathrm{e}^{\mathrm{j}\omega},\cdots,\mathrm{e}^{\mathrm{j}\omega(N-1)}]^{\mathrm{T}}$ 是线性时不变系统的特征向量, 系统传递函数 $H(\mathrm{e}^{\mathrm{j}\omega})$ 就是 $\mathbf{u}(\omega)$ 的特征值。

由式 (5.1.2) 易知, 若 $\mathbf{A}\in\mathbb{C}^{n\times n}$ 为 Hermite 矩阵, 则其特征值 λ 一定是实数, 并且有

$$\mathbf{A}=\mathbf{U}\mathbf{\Sigma}\mathbf{U}^{\mathrm{H}}\tag{5.1.3}$$

式中, $\mathbf{U}=[\mathbf{u}_1,\cdots,\mathbf{u}_n]^{\mathrm{T}}$ 是酉矩阵, $\mathbf{\Sigma}=\mathbf{Diag}(\lambda_1,\cdots,\lambda_n)$。式 (5.1.3) 称为 Hermite 矩阵 $\mathbf{A}$ 的特征值分解。

由于特征值 λ 和特征向量 $\mathbf{u}$ 经常成对出现, 因此常将 $(\lambda,\mathbf{u})$ 称为矩阵 $\mathbf{A}$ 的特征对。虽然特征值可以取零值, 但是特征向量不可以是零向量。

[205] 方程式 (5.1.2) 意味着, 使用矩阵 $\mathbf{A}$ 对向量 $\mathbf{u}$ 所作的线性变换 $\mathbf{Au}$ 不改变向量 $\mathbf{u}$ 的方向。因此, 线性变换 $\mathbf{Au}$ 是一种 “保持方向不变” 的映射。为了确定向量 $\mathbf{u}$, 不妨将式 (5.1.2) 改写为

$$(\mathbf{A}-\lambda\mathbf{I})\mathbf{u}=\mathbf{0}\tag{5.1.4}$$

如果假设上述方程对某些非零向量 $\mathbf{u}$ 成立, 唯一的条件是矩阵的行列式 $\mathbf{A}-\lambda\mathbf{I}$ 等于零

$$|\mathbf{A}-\lambda\mathbf{I}|=0\tag{5.1.5}$$

因此, 特征值问题的求解包括以下两个步骤:

- 求出所有使矩阵 $|\mathbf{A}-\lambda\mathbf{I}|=0$ 奇异的标量 λ(特征值);
- 给出一个特征值 λ, 求出所有满足 $(\mathbf{A}-\lambda\mathbf{I})\mathbf{u}=\mathbf{0}$ 的非零向量 $\mathbf{u}$, 它就是与 λ 对应的特征向量。

5.1.2 特征多项式

如上所述, 矩阵 $(\mathbf{A}-\lambda\mathbf{I})$ 是奇异的当且仅当其行列式 $\det(\mathbf{A}-\lambda\mathbf{I})=0$, 即

$$(\mathbf{A}-\lambda\mathbf{I})\ \text{奇异}\quad\Leftrightarrow\quad\det(\mathbf{A}-\lambda\mathbf{I})=0\tag{5.1.6}$$

其中, 矩阵 $\mathbf{A}-\lambda\mathbf{I}$ 称为 $\mathbf{A}$ 的特征矩阵。

行列式

$$p(x)=\det(\mathbf{A}-x\mathbf{I})=\begin{vmatrix} a_{11}-x & a_{12} & \cdots & a_{1n} \\ a_{21} & a_{22}-x & \cdots & a_{2n} \\ \vdots & \vdots & & \vdots \\ a_{n1} & a_{n2} & \cdots & a_{nn}-x \end{vmatrix}$$

$$=p_nx^n+p_{n-1}x^{n-1}+\cdots+p_1x+p_0 \tag{5.1.7}$$

称为 $\mathbf{A}$ 的特征多项式, 并且

$$p(x)=\det(\mathbf{A}-x\mathbf{I})=0 \tag{5.1.8}$$

是 $\mathbf{A}$ 的特征方程。

特征方程 $\det(\mathbf{A}-x\mathbf{I})=0$ 的根称为特征值、潜在值、特征根或潜在根。 [206]

显然, 计算 $n\times n$ 矩阵 $\mathbf{A}$ 的 n 个特征值 λ_i, 并找到 n 阶特征多项式 $p(x)=\det(\mathbf{A}-x\mathbf{I})=0$ 是两个等价问题。一个 $n\times n$ 矩阵 $\mathbf{A}$ 生成 n 阶特征多项式。同样, 每个 n 次多项式也可以写为一个 $n\times n$ 矩阵的特征多项式。

定理 5.1[1] 任何一个多项式

$$p(\lambda)=\lambda^n+a_1\lambda^{n-1}+\cdots+a_{n-1}\lambda+a_n$$

都可以写成 $n\times n$ 矩阵

$$\mathbf{A}=\begin{bmatrix} -a_1 & -a_2 & \cdots & -a_{n-1} & -a_n \\ -1 & 0 & \cdots & 0 & 0 \\ 0 & -1 & \cdots & 0 & 0 \\ \vdots & \vdots & & \vdots & \vdots \\ 0 & 0 & \cdots & -1 & 0 \end{bmatrix}$$

的特征多项式, 即有 $p(\lambda)=\det(\lambda\mathbf{I}-\mathbf{A})$。

5.2 特征值与特征向量

给定一个 $n\times n$ 矩阵 $\mathbf{A}$, 我们考虑 $\mathbf{A}$ 的特征值和特征向量的计算和性质。

5.2.1 特征值

根据代数学基本定理可知, 即使矩阵 $\mathbf{A}$ 是实的, 特征方程的根也可能是复的, 而且根的多重数可以是任意的, 甚至可以是 n 重根。这些根统称矩阵 $\mathbf{A}$ 的特征值。

若 λ 是特征多项式 $\det(\mathbf{A}-x\mathbf{I})=0$ 的 μ 重根, 称 $\mathbf{A}$ 的特征值 λ 具有代数重数 μ。

若特征值 λ 的代数重数为 1, 则称该特征值为单特征值。非单的特征值称为多重特征值。

众所周知, 任何一个 n 阶多项式 $p(x)$ 都可以写成因式分解形式

$$p(x)=a(x-x_1)(x-x_2)\cdots(x-x_n) \tag{5.2.1}$$

[207] 特征多项式 $p(x)$ 的 n 个根 $x_1,x_2,\cdots,x_n$ 不一定是各不相同的, 也不一定是实的。例如, Givens 转动矩阵

$$\mathbf{A}=\begin{bmatrix}\cos\theta & -\sin\theta\\ \sin\theta & \cos\theta\end{bmatrix}$$

其特征方程

$$\det(\mathbf{A}-\lambda\mathbf{I})=\begin{vmatrix}\cos\theta-\lambda & -\sin\theta\\ \sin\theta & \cos\theta-\lambda\end{vmatrix}=(\cos\theta-\lambda)^2+\sin^2\theta=0$$

但是, 如果 θ 不是 π 的整数倍, 那么 $\sin^2\theta>0$。在这种情况下, 特征方程不可能有 λ 的实根, 即转动矩阵的两个特征值是复数, 并且这两个特征值对应特征向量是复向量。

$n\times n$ 矩阵 $\mathbf{A}$ (不一定是 Hermite 矩阵) 的特征值有如下属性[8]。

① $n\times n$ 矩阵 $\mathbf{A}$ 共有 n 个特征值, 其中, 多重特征值按照其重数计数。

② 如果非对称实矩阵 $\mathbf{A}$ 具有复特征值和/或复特征向量, 则它们必须以复共轭对的形式出现。

③ 若 $\mathbf{A}$ 是实对称矩阵或 Hermite 矩阵, 则其所有特征值都是实数。

④ 关于对角矩阵与三角矩阵的特征值:
- 若 $\mathbf{A}=\mathbf{Diag}(a_{11},\cdots,a_{nn})$, 则其特征值为 $a_{11},\cdots,a_{nn}$;
- 若 $\mathbf{A}$ 为三角矩阵, 则其对角元素是所有的特征值。

⑤ 对一个 $n\times n$ 矩阵 $\mathbf{A}$,
- 若 λ 是 $\mathbf{A}$ 的特征值, 则 λ 也是 $\mathbf{A}^{\mathrm{T}}$ 的特征值;
- 若 λ 是 $\mathbf{A}$ 的特征值, 则 λ^* 是 $\mathbf{A}^{\mathrm{H}}$ 的特征值;
- 若 λ 是 $\mathbf{A}$ 的特征值, 则 $\lambda+\sigma^2$ 是 $\mathbf{A}+\sigma^2\mathbf{I}$ 的特征值;
- 若 λ 是 $\mathbf{A}$ 的特征值, 则 $1/\lambda$ 是逆矩阵 $\mathbf{A}^{-1}$ 的特征值。

⑥ 幂等矩阵 $\mathbf{A}^2=\mathbf{A}$ 的所有特征值取 0 或者 1。

⑦ 若 $\mathbf{A}$ 是 $n\times n$ 实正交矩阵, 则其所有特征值位于单位圆上, 即 $|\lambda_i(\mathbf{A})|=1,\ i=1,\cdots,n$。

⑧ 特征值与矩阵奇异性的关系:
- 若 $\mathbf{A}$ 奇异, 则至少有一个特征值为 0;
- 若 $\mathbf{A}$ 非奇异, 则所有的特征值非零。

[208] ⑨ 特征值与迹的关系: 矩阵 $\mathbf{A}$ 的特征值之和等于该矩阵的迹, 即 $\sum_{i=1}^{n}\lambda_i=\mathrm{tr}(\mathbf{A})$。

⑩ 一个 Hermite 矩阵 $\mathbf{A}$ 是正定 (或半正定) 的, 当且仅当它的特征值是正 (或者非负) 的。

⑪ 特征值与行列式的关系: 矩阵 $\mathbf{A}$ 所有特征值的乘积等于该矩阵的行列式, 即 $\prod_{i=1}^{n} \lambda_i = \det(\mathbf{A}) = |\mathbf{A}|$。

⑫ Cayley-Hamilton 定理: 若 $\lambda_1, \lambda_2, \cdots, \lambda_n$ 是 $n \times n$ 矩阵 $\mathbf{A}$ 的特征值, 则

$$\prod_{i=1}^{n} (\mathbf{A} - \lambda_i \mathbf{I}) = 0$$

⑬ 若 $n \times n$ 矩阵 $\mathbf{B}$ 是非奇异的, 则 $\lambda(\mathbf{B}^{-1}\mathbf{A}\mathbf{B}) = \lambda(\mathbf{A})$; 若 $\mathbf{B}$ 是酉矩阵, 则 $\lambda(\mathbf{B}^{\mathrm{H}}\mathbf{A}\mathbf{B}) = \lambda(\mathbf{A})$。

⑭ 矩阵乘积 $\mathbf{A}_{m\times n}\mathbf{B}_{n\times m}$ 和 $\mathbf{B}_{n\times m}\mathbf{A}_{m\times n}$ 有相同的非零特征值。

⑮ 若矩阵 $\mathbf{A}$ 的特征值是 λ 的特征值, 则矩阵多项式 $f(\mathbf{A}) = \mathbf{A}^n + c_1\mathbf{A}^{n-1} + \cdots + c_{n-1}\mathbf{A} + c_n\mathbf{I}$ 的相应特征值是

$$f(\lambda) = \lambda^n + c_1\lambda^{n-1} + \cdots + c_{n-1}\lambda + c_n \tag{5.2.2}$$

⑯ 若 λ 是 $\mathbf{A}$ 的特征值, 则 e^{λ} 是 $\mathrm{e}^{\mathbf{A}}$ 的特征值。

5.2.2 特征向量

若矩阵 $\mathbf{A}_{n\times n}$ 是一个复矩阵, 并且 λ 是其特征值, 则满足

$$(\mathbf{A} - \lambda\mathbf{I})\mathbf{v} = \mathbf{0} \quad \text{或} \quad \mathbf{A}\mathbf{v} = \lambda\mathbf{v} \tag{5.2.3}$$

的向量 $\mathbf{v}$ 称为 $\mathbf{A}$ 与特征值 λ 对应的右特征向量; 而满足

$$\mathbf{u}^{\mathrm{H}}(\mathbf{A} - \lambda\mathbf{I}) = \mathbf{0}^{\mathrm{T}} \quad \text{或} \quad \mathbf{u}^{\mathrm{H}}\mathbf{A} = \lambda\mathbf{u}^{\mathrm{H}} \tag{5.2.4}$$

的向量 $\mathbf{v}$ 称为 $\mathbf{A}$ 与特征值 λ 对应的左特征向量。

若矩阵 $\mathbf{A}$ 为 Hermite 矩阵, 则其所有特征值为实数。因此, 由式 (5.2.3) 可知 $((\mathbf{A} - \lambda\mathbf{I})\mathbf{v})^{\mathrm{T}} = \mathbf{v}^{\mathrm{T}}(\mathbf{A} - \lambda\mathbf{I}) = \mathbf{0}^{\mathrm{T}}$, $\mathbf{v} = \mathbf{u}$, 即 Hermite 矩阵的左、右特征向量相同。

有必要对矩阵的奇异值分解与特征值分解之间的联系与区别进行比较。 [209]

- 奇异值分解适用于任何 $m \times n$ 长方形矩阵 ($m \geqslant n$ 或 $m < n$), 特征值分解只适用于正方矩阵。
- 即使是同一个 $n \times n$ 非 Hermite 矩阵 $\mathbf{A}$, 奇异值和特征值的定义也是完全不同的。奇异值定义为使原矩阵 $\mathbf{A}$ 的秩减小 1 的误差矩阵 $\mathbf{E}_k$

$$\sigma_k = \min_{\mathbf{E}\in\mathbb{C}^{m\times n}} \left\{ \|\mathbf{E}\|_{\mathrm{spec}} : \mathrm{rank}(\mathbf{A}+\mathbf{E}) \leqslant k-1 \right\}, \quad k = 1, \cdots, \min\{m, n\} \tag{5.2.5}$$

而特征值定义为特征多项式 $\det(\mathbf{A} - \lambda\mathbf{I}) = 0$ 的根。同一个方阵的奇异值和特征值之间无内在联系, 但 $m \times n$ 矩阵 $\mathbf{A}$ 的非零奇异值是 $n \times n$ Hermite 矩阵 $\mathbf{A}^{\mathrm{H}}\mathbf{A}$ 或 $m \times m$ Hermite 矩阵 $\mathbf{A}\mathbf{A}^{\mathrm{H}}$ 的非零特征值的正平方根。

- $m \times n$ 矩阵 $\mathbf{A}$ 与奇异值 σ_i 对应的左奇异向量 $\mathbf{u}_i$ 和右奇异向量 $\mathbf{v}_i$ 定义为满足 $\mathbf{u}_i^{\mathrm{H}}\mathbf{A}\mathbf{v}_i = \sigma_i$ 的两个向量, 而 $n \times n$ 矩阵 A 的左和右特征向量则分别由 $\mathbf{u}^{\mathrm{H}}\mathbf{A} = \lambda_i \mathbf{u}^{\mathrm{H}}$ 和 $\mathbf{A}\mathbf{v}_i = \lambda_i \mathbf{v}_i$ 定义。因此, 对于同一个 $n \times n$ 非 Hermite 矩阵 $\mathbf{A}$, 它的 (左和右) 奇异向量与 (左和右) 特征向量之间也没有内在的关系。然而, 矩阵 $\mathbf{A} \in \mathbb{C}^{m\times n}$ 的左奇异向量和右奇异向量 $\mathbf{v}_i$ 分别是 $m \times m$ Hermite 矩阵 $\mathbf{A}\mathbf{A}^{\mathrm{H}}$ 和 $n \times n$ $\mathbf{A}^{\mathrm{H}}\mathbf{A}$ 矩阵的特征向量。

从方程式 (5.1.2) 可以很容易地看出, 将矩阵 $\mathbf{A}$ 的特征向量 $\mathbf{u}$ 与任何非零标量 μ 相乘, $\mu\mathbf{u}$ 仍然是 $\mathbf{A}$ 的特征向量。一般特征向量具有单位范数, 即 $\|\mathbf{u}\|_2 = 1$。

利用特征向量可以引入任意一个特征值的条件数。

定义 5.2 (特征值的条件数) [17] 任意一个矩阵 $\mathbf{A}$ 的单个特征值 λ 的条件数定义为

$$\mathrm{cond}(\lambda) = \frac{1}{\cos\theta(\mathbf{u}, \mathbf{v})} \tag{5.2.6}$$

式中, $\theta(\mathbf{u}, \mathbf{v})$ 表示与特征值 λ 对应的左特征向量和右特征向量之间的夹角 (锐角)。

定义 5.3 (矩阵的谱) 矩阵 $\mathbf{A} \in \mathbb{C}^{n\times n}$ 的所有特征值的集合称为矩阵 $\mathbf{A}$ 的谱, 记作 $\lambda(\mathbf{A})$。矩阵 $\mathbf{A}$ 的谱半径是非负实数, 定义为

$$\rho(\mathbf{A}) = \max |\lambda| : \lambda \in \lambda(\mathbf{A}) \tag{5.2.7}$$

[210]

定义 5.4 (惯性) 对称矩阵 $\mathbf{A} \in \mathbb{R}^{n\times n}$ 的惯性 $\mathrm{In}(\mathbf{A})$ 定义为三元组

$$\mathrm{In}(\mathbf{A}) = (i_+(\mathbf{A}), i_-(\mathbf{A}), i_0(\mathbf{A}))$$

其中, $i_+(\mathbf{A})$、$i_-(\mathbf{A})$ 和 $i_0(\mathbf{A})$ 分别是 $\mathbf{A}$ 的正、负和零特征值的个数 (多重特征值分别计算重数在内)。另外, $i_+(\mathbf{A}) - i_-(\mathbf{A})$ 叫作 $\mathbf{A}$ 的符号差。

5.3 广义特征值分解

一个 $n \times n$ 单矩阵的特征值分解可以推广到矩阵对或矩阵束的特征值分解。矩阵束的特征值分解称为广义特征值分解 (GEVD)。事实上, 特征值分解是广义特征值分解的一个特例。

5.3.1 广义特征值分解

特征值分解的基础是由线性变换 $\mathcal{L}[\mathbf{u}] = \lambda\mathbf{u}$ 表示的特征值: 取线性变换 $\mathcal{L}[\mathbf{u}] = \mathbf{A}\mathbf{u}$, 得到特征值分解 $\mathbf{A}\mathbf{u} = \lambda\mathbf{u}$。

现在考虑特征系统的推广: 它由两个线性系统 $\mathcal{L}_a$ 和 $\mathcal{L}_b$, 两个线性系统都以向量 $\mathbf{u}$ 作为输入, 但第一个系统 $\mathcal{L}_a$ 的输出 $\mathcal{L}_a[\mathbf{u}]$ 是第二个系统 $\mathcal{L}_b$ 的输出

$\mathcal{L}_b[\mathbf{u}]$ 的某个常数 (例如 λ) 倍, 即特征系统推广为[11]

$$\mathcal{L}_a[\mathbf{u}] = \lambda \mathcal{L}_b[\mathbf{u}], \quad \mathbf{u} \neq \mathbf{0} \tag{5.3.1}$$

将上式称为广义特征系统, 记作 $(\mathcal{L}_a, \mathcal{L}_b)$。式中的常数 λ 和非零向量 $\mathbf{u}$ 分别称为广义特征系统的特征值 (即广义特征值) 和特征向量 (即广义特征向量)。

特别地, 若两个线性变换分别取 $\mathcal{L}_a[\mathbf{u}] = \mathbf{Au}$ 和 $\mathcal{L}_b[\mathbf{u}] = \mathbf{Bu}$, 则广义特征系统变为

$$\mathbf{Au} = \lambda \mathbf{Bu} \tag{5.3.2}$$

广义特征系统的两个 $n \times n$ 矩阵 $\mathbf{A}$ 和 $\mathbf{B}$ 组成矩阵束或矩阵对, 记作 $(\mathbf{A}, \mathbf{B})$。常数 λ 和非零向量 $\mathbf{u}$ 分别称为矩阵束的广义特征值和广义特征向量。

一个广义特征值和与之对应的广义特征向量合称广义特征对, 记作 $(\lambda, \mathbf{u})$。式 (5.3.2) 也称广义特征方程。观察可知, 特征值问题是当矩阵束取作 $(\mathbf{A}, \mathbf{I})$ 时广义特征值问题的一个特例。 [211]

虽然广义特征值和广义特征向量总是成对出现, 但是广义特征值可以单独求出。这种情况与特征值可以单独求出类似。为了单独求出广义特征值, 将广义特征方程式 (5.3.2) 稍加改写, 即有 $(\mathbf{A} - \lambda \mathbf{B})\mathbf{u} = \mathbf{0}$。为了求出非零的有用解 $\mathbf{u}$, 矩阵 $\mathbf{A} - \lambda \mathbf{B}$ 不能是非奇异的。这意味着, 它们的行列式必须等于零

$$(\mathbf{A} - \lambda \mathbf{B}) \text{ 奇异} \quad \Leftrightarrow \quad \det(\mathbf{A} - \lambda \mathbf{B}) = 0 \tag{5.3.3}$$

$\det(\mathbf{A} - \lambda \mathbf{B})$ 称为矩阵束 $(\mathbf{A}, \mathbf{B})$ 的广义特征多项式, $\det(\mathbf{A} - \lambda \mathbf{B}) = 0$ 被称为矩阵束 $(\mathbf{A}, \mathbf{B})$ 的广义特征方程。鉴于此, 矩阵束 $(\mathbf{A}, \mathbf{B})$ 又常表示成 $\mathbf{A} - \lambda \mathbf{B}$。

矩阵束 $(\mathbf{A}, \mathbf{B})$ 的广义特征值 λ 是满足广义特征多项式 $\det(\mathbf{A} - z\mathbf{B}) = 0$ 的所有解 z, 包括零值在内。显然, 若矩阵 $\mathbf{B} = \mathbf{I}$, 则广义特征多项式退化为 $\det(\mathbf{A} - \lambda \mathbf{I}) = 0$。从这个角度讲, 广义特征多项式是特征多项式的推广, 而特征多项式是广义特征多项式在 $\mathbf{B} = \mathbf{I}$ 时的一个特例。

若将矩阵束的广义特征值记作 $\lambda(\mathbf{A}, \mathbf{B})$, 则广义特征值定义为

$$\lambda(\mathbf{A}, \mathbf{B}) = \left\{ z \in \mathbb{C} \middle| \det(\mathbf{A} - z\mathbf{B}) = 0 \right\} \tag{5.3.4}$$

定理 5.2[9] $\lambda \in \mathbb{C}$ 和 $\mathbf{u} \in \mathbb{C}^n$ 分别是 $n \times n$ 矩阵束 $(\mathbf{A}, \mathbf{B})$ 的广义特征值和广义特征向量, 当且仅当 $|\mathbf{A} - \lambda \mathbf{B}| = 0$ 和 $\mathbf{u} \in \text{Null}(\mathbf{A} - \lambda \mathbf{B})$, 并且 $\mathbf{u} \neq \mathbf{0}$。

下面是关于广义特征值问题 $\mathbf{Au} = \lambda \mathbf{Bu}$ 的一些性质[10]。

- 若矩阵 $\mathbf{A}$ 和 $\mathbf{B}$ 互换, 则广义特征值将变为其倒数, 但广义特征向量保持不变

$$\mathbf{Au} = \lambda \mathbf{Bu} \quad \Rightarrow \quad \mathbf{Bu} = \frac{1}{\lambda} \mathbf{Au}$$

- 若 $\mathbf{B}$ 非奇异, 则广义特征值分解简化为标准的特征值分解

$$\mathbf{Au} = \lambda \mathbf{Bu} \quad \Rightarrow \quad (\mathbf{B}^{-1}\mathbf{A})\mathbf{u} = \lambda \mathbf{u}$$

- 若 $\mathbf{A}$ 和 $\mathbf{B}$ 均为实对称的正定矩阵, 则广义特征值一定是正的。
- 如果 $\mathbf{A}$ 奇异, 则 $\lambda = 0$ 必定是一个广义特征值。 [212]

- 若 $\mathbf{A}$ 和 $\mathbf{B}$ 均为正定的 Hermite 矩阵, 则广义特征值必定是实的, 并且与不同广义特征值对应的广义特征向量相对于正定矩阵 $\mathbf{A}$ 和 $\mathbf{B}$ 分别正交, 即有

$$\mathbf{u}_i^{\mathrm{H}}\mathbf{A}\mathbf{u}_j = \mathbf{u}_i^{\mathrm{H}}\mathbf{B}\mathbf{u}_j = 0, \quad i \neq j$$

严格地说, 上面介绍的广义特征向量 $\mathbf{u}$ 称为矩阵束 $(\mathbf{A}, \mathbf{B})$ 的右广义特征向量。与广义特征值 λ 对应的左广义特征向量定义为满足

$$\mathbf{v}^{\mathrm{H}}\mathbf{A} = \lambda\mathbf{v}^{\mathrm{H}}\mathbf{B} \tag{5.3.5}$$

的列向量 $\mathbf{v}$。

令 $\mathbf{X}$ 和 $\mathbf{Y}$ 都是非奇异矩阵, 则根据式 (5.3.2) 和式 (5.3.5) 有

$$\mathbf{XAu} = \lambda\mathbf{XBu}, \quad \mathbf{v}^{\mathrm{H}}\mathbf{AY} = \lambda\mathbf{v}^{\mathrm{H}}\mathbf{BY} \tag{5.3.6}$$

这表明, 矩阵束 $(\mathbf{A}, \mathbf{B})$ 左乘非奇异矩阵, 不改变矩阵束的右广义特征向量 $\mathbf{u}$; 而矩阵束右乘非奇异矩阵 $\mathbf{Y}$, 则不改变左广义特征向量 $\mathbf{v}$。

算法 5.1 使用压缩映射计算 $n \times n$ 实对称矩阵束 $(\mathbf{A}, \mathbf{B})$ 的广义特征对 $(\lambda, \mathbf{u})$。

算法 5.1 广义特征值分解的 Lanczos 算法[17]

---

1. **input:** $n \times n$ real symmetric matrices $\mathbf{A}, \mathbf{B}$
2. **initialization:** Choose $\mathbf{u}_1$ such that $\|\mathbf{u}_1\|_2 = 1$, and set $\alpha_1 = 0, \mathbf{z}_0 = \mathbf{u}_0 = \mathbf{0}, \mathbf{z}_1 = \mathbf{B}\mathbf{u}_1, i = 1$
3. **repeat**
4. Compute
   $\mathbf{u} = \mathbf{A}\mathbf{u}_i - \alpha_i\mathbf{z}_{i-1}$
   $\beta_i = \langle\mathbf{u}, \mathbf{u}_i\rangle$
   $\mathbf{u} = \mathbf{u} - \beta_i\mathbf{z}_i$
   $\mathbf{w} = \mathbf{B}^{-1}\mathbf{u}$
   $\alpha_{i+1} = \sqrt{\langle\mathbf{w}, \mathbf{u}\rangle}$
   $\mathbf{u}_{i+1} = \mathbf{w}/\alpha_{i+1}$
   $\mathbf{z}_{i+1} = \mathbf{u}/\alpha_{i+1}$
   $\lambda_i = \beta_{i+1}/\alpha_{i+1}$
5. **exit if** $i = n$
6. **return** $i \leftarrow i + 1$
7. **output:** $(\lambda_i, \mathbf{u}_i), i = 1, \cdots, n$

算法 5.2 是计算对称正定矩阵束 $(\mathbf{A}, \mathbf{B})$ 广义特征值分解的正切算法。

当矩阵 $\mathbf{B}$ 奇异时, 算法 5.1 和算法 5.2 将是不稳定的。矩阵 $\mathbf{B}$ 奇异时的矩阵束 $(\mathbf{A}, \mathbf{B})$ 的广义特征值分解算法由 Nour-Omid 等人[12] 提出, 见算法 5.3。这种算法的主要思想是通过引入一个移位因子 σ 使 $\mathbf{A} - \sigma\mathbf{B}$ 非奇异。

算法 5.2 广义特征值分解的正切算法[4] [213]

1. **input:** $n \times n$ real symmetric matrices $\mathbf{A}, \mathbf{B}$
2. **repeat**
3. Compute $\mathbf{\Delta}_A = \text{Diag}(A_{11}, \cdots, A_{nn})^{-1/2}$, $\mathbf{A}_s = \mathbf{\Delta}_A \mathbf{A} \mathbf{\Delta}_A, \mathbf{B}_1 = \mathbf{\Delta}_A \mathbf{B} \mathbf{\Delta}_A$
4. Calculate the Cholesky decomposition $\mathbf{R}_A^{\mathrm{T}} \mathbf{R}_A = \mathbf{A}_s, \mathbf{R}_B^{\mathrm{T}} \mathbf{R}_B = \Pi^{\mathrm{T}} \mathbf{B}_1 \mathbf{\Pi}$
5. Solve the matrix equation $\mathbf{F} \mathbf{R}_B = \mathbf{A} \mathbf{\Pi}$ for $\mathbf{F} = \mathbf{A} \mathbf{\Pi} \mathbf{R}_B^{-1}$
6. Compute the SVD $\mathbf{\Sigma} = \mathbf{V} \mathbf{F} \mathbf{U}^{\mathrm{T}}$ of $\mathbf{F}$
7. Compute $\mathbf{X} = \mathbf{\Delta}_A \mathbf{\Pi} \mathbf{R}_B^{-1} \mathbf{U}$
8. **exit if** $\mathbf{A}\mathbf{X} = \mathbf{B}\mathbf{X}\mathbf{\Sigma}^2$
9. **repeat**
10. **output**: $\mathbf{X}, \mathbf{\Sigma}$

算法 5.3 奇异矩阵 **B** 的广义特征值分解算法[12, 17]

1. **input:**
2. **initialization:** Choose a basis $\mathbf{w}, \mathbf{z}_1 = \mathbf{B}\mathbf{w}, \alpha_1 = \sqrt{\langle \mathbf{w}, \mathbf{z}_1 \rangle}$. Set $\mathbf{u}_0 = \mathbf{0}, i = 1$
3. **repeat**
4. Compute

$$\mathbf{u}_i = \mathbf{w}/\alpha_i$$
$$\mathbf{z}_i = (\mathbf{A} - \sigma \mathbf{B})^{-1} \mathbf{w}$$
$$\mathbf{w} = \mathbf{w} - \alpha_i \mathbf{u}_{i-1}$$
$$\beta_i = \langle \mathbf{w}, \mathbf{z}_i \rangle$$
$$\mathbf{z}_{i+1} = \mathbf{B}\mathbf{w}$$
$$\alpha_{i+1} = \sqrt{\langle \mathbf{z}_{i+1}, \mathbf{w} \rangle}$$
$$\lambda_i = \beta_i / \alpha_{i+1}$$

5. **exit if** $i = n$
6. **return** $i \leftarrow i + 1$
7. **output:** $(\lambda_i, \mathbf{u}_i), i = 1, \cdots, n$

定义 5.5 (等效矩阵束) 所有广义特征值相同的两个矩阵束称为等效矩阵束。

由广义特征值的定义 $\det(\mathbf{A} - \lambda \mathbf{B}) = 0$ 和行列式的性质, 易知

$$\det(\mathbf{XAY} - \lambda \mathbf{XBY}) = 0 \quad \Leftrightarrow \quad \det(\mathbf{A} - \lambda \mathbf{B}) = 0$$

因此, 矩阵束左乘任意一个非奇异矩阵与 (或) 右乘任意一个非奇异矩阵, 都不会改变矩阵束的广义特征值。这个结果可以总结为下面的命题。

命题 5.1 若 $\mathbf{X}$ 和 $\mathbf{Y}$ 是两个非奇异矩阵, 则矩阵束 $(\mathbf{XAY}, \mathbf{XBY})$ 和 $(\mathbf{A}, \mathbf{B})$ 是等价的矩阵束。

广义特征值分解也可以等价地写成 $\alpha \mathbf{A}\mathbf{u} = \beta \mathbf{B}\mathbf{u}$。在这种情况下, 广义特征值定义为 $\lambda = \beta/\alpha$。 [214]

5.3.2 广义特征值分解的总体最小二乘方法

正如 Roy 和 Kailath[16] 所示, 在求解广义特征值问题时, 使用最小二乘估计可能会导致某些潜在的数值困难。为了克服这些困难, 需要将高维病态 LS 问题转化为低维无病态 LS 问题。

在不改变矩阵束的非零广义特征值的前提下, 利用截断奇异值分解, 将一个高维数的矩阵束转化为一个低维数的矩阵束。

考虑矩阵束 $(\mathbf{A},\mathbf{B})$ 的广义特征值分解。令 $\mathbf{A}$ 的奇异值分解为

$$\mathbf{A}=\mathbf{U}\boldsymbol{\Sigma}\mathbf{V}^{\mathrm{H}}=[\mathbf{U}_1,\mathbf{U}_2]\begin{bmatrix}\boldsymbol{\Sigma}_1 & \mathbf{O}\\ \mathbf{O} & \boldsymbol{\Sigma}_2\end{bmatrix}\begin{bmatrix}\mathbf{V}_1^{\mathrm{H}}\\ \mathbf{V}_2^{\mathrm{H}}\end{bmatrix} \tag{5.3.7}$$

式中, $\boldsymbol{\Sigma}_1$ 由 p 个主奇异值组成, 在不改变广义特征值的条件下, 可以用 $\mathbf{U}_1^{\mathrm{H}}$ 左乘和用 $\mathbf{V}_1$ 右乘矩阵 $\mathbf{A}-\gamma\mathbf{B}$, 得到[18]

$$\mathbf{U}_1^{\mathrm{H}}(\mathbf{A}-\gamma\mathbf{B})\mathbf{V}_1=\boldsymbol{\Sigma}_1-\gamma\mathbf{U}_1^{\mathrm{H}}\mathbf{B}\mathbf{V}_1 \tag{5.3.8}$$

因此, 原较大维数 $n\times n$ 的矩阵束 $(\mathbf{A},\mathbf{B})$ 的广义特征值问题变成了较小维数 $p\times p$ 的矩阵束 $(\boldsymbol{\Sigma}_1,\mathbf{U}_1^{\mathrm{H}}\mathbf{B}\mathbf{V}_1)$ 的广义特征值问题。这个方法称为广义特征值分解的总体最小二乘方法[18]。

5.4 Rayleigh 商和广义 Rayleigh 商

在物理学和人工智能领域, 常常会遇到 Hermite 矩阵的二次型函数商的最大化或者最小化问题。这种商有两种形式, 分别是一个 Hermite 矩阵的 Rayleigh 商 (有时也叫 Rayleigh-Ritz 比) 和两个 Hermite 矩阵的广义 Rayleigh 商 (或广义 Rayleigh-Ritz 比)。

[215]

5.4.1 Rayleigh 商

在研究振动系统的小振动时, 为了找到合适的广义坐标, Rayleigh 在 20 世纪 30 年代提出了一种特殊形式的商[15], 被后人称为 Rayleigh 商。下面是现在被广泛采用的 Rayleigh 商定义。

定义 5.6 (Rayleigh 商) Hermite 矩阵 $\mathbf{A}\in\mathbb{C}^{n\times n}$ 的 Rayleigh 商或 Rayleigh-Ritz 比 $R(\mathbf{x})$ 是个标量, 定义为

$$R(\mathbf{x})=R(\mathbf{x},\mathbf{A})=\frac{\mathbf{x}^{\mathrm{H}}\mathbf{A}\mathbf{x}}{\mathbf{x}^{\mathrm{H}}\mathbf{x}} \tag{5.4.1}$$

其中, $\mathbf{x}$ 是待选择的向量, 其目的是使 Rayleigh 商最大化或者最小化。

Rayleigh 商的重要性质如下[2, 13, 14]。

① 齐次性: 若 α 和 β 为标量, 则 $R(\alpha\mathbf{x},\beta\mathbf{A})=\beta R(\mathbf{x},\mathbf{A})$。

② 平移不变性: $R(\mathbf{x},\mathbf{A}-\alpha\mathbf{I})=R(\mathbf{x},\mathbf{A})-\alpha$。

③ 正交性: $\mathbf{x}\perp\big(\mathbf{A}-R(\mathbf{x})\mathbf{I}\big)\mathbf{x}$。

④ 有界性: 当向量 $\mathbf{x}$ 在所有非零向量的范围变化时, Rayleigh 商 $R(\mathbf{x})$ 落在一个复平面的区域 (称为矩阵 $\mathbf{A}$ 的值域) 内。这个区域是闭合、有界和凸的。若 $\mathbf{A}$ 是 Hermite 矩阵, 即满足 $\mathbf{A}=\mathbf{A}^{\mathrm{H}}$, 则这个区域是一个闭区间 $[\lambda_1,\lambda_n]$。

⑤ 最小残差: 对所有向量 $\mathbf{x}\neq\mathbf{0}$ 和所有标量 μ, 恒有 $\|(\mathbf{A}-R(\mathbf{x})\mathbf{I})\mathbf{x}\|\leqslant\|(\mathbf{A}-\mu\mathbf{I})\mathbf{x}\|$。

定理 5.3 (Rayleigh-Ritz 定理) 令 $\mathbf{A}\in\mathbb{C}^{n\times n}$ 是 Hermite 矩阵, 并令 $\mathbf{A}$ 的特征值按递增次序

$$\lambda_{\min}=\lambda_1\leqslant\lambda_2\leqslant\cdots\leqslant\lambda_{n-1}\leqslant\lambda_n=\lambda_{\max}\tag{5.4.2}$$

排列, 则

$$\max_{\mathbf{x}\neq\mathbf{0}}\frac{\mathbf{x}^{\mathrm{H}}\mathbf{A}\mathbf{x}}{\mathbf{x}^{\mathrm{H}}\mathbf{x}}=\max_{\mathbf{x}^{\mathrm{H}}\mathbf{x}=1}\frac{\mathbf{x}^{\mathrm{H}}\mathbf{A}\mathbf{x}}{\mathbf{x}^{\mathrm{H}}\mathbf{x}}=\lambda_{\max},\quad \mathbf{A}\mathbf{x}=\lambda_{\max}\mathbf{x}\tag{5.4.3}$$

$$\min_{\mathbf{x}\neq\mathbf{0}}\frac{\mathbf{x}^{\mathrm{H}}\mathbf{A}\mathbf{x}}{\mathbf{x}^{\mathrm{H}}\mathbf{x}}=\min_{\mathbf{x}^{\mathrm{H}}\mathbf{x}=1}\frac{\mathbf{x}^{\mathrm{H}}\mathbf{A}\mathbf{x}}{\mathbf{x}^{\mathrm{H}}\mathbf{x}}=\lambda_{\min},\quad \mathbf{A}\mathbf{x}=\lambda_{\min}\mathbf{x}\tag{5.4.4}$$

更一般地, 矩阵 $\mathbf{A}$ 的所有特征向量和特征值分别称为 Rayleigh 商 $R(\mathbf{x})$ 的临界点和临界值。

这个定理的证明方法有多种, 可参考文献 [3, 6, 7]。

事实上, 从特征值分解 $\mathbf{A}\mathbf{x}=\lambda\mathbf{x}$ 我们得到了

$$\mathbf{A}\mathbf{x}=\lambda\mathbf{x}\quad\Leftrightarrow\quad\mathbf{x}^{\mathrm{H}}\mathbf{A}\mathbf{x}=\lambda\mathbf{x}^{\mathrm{H}}\mathbf{x}\quad\Leftrightarrow\quad\frac{\mathbf{x}^{\mathrm{H}}\mathbf{A}\mathbf{x}}{\mathbf{x}^{\mathrm{H}}\mathbf{x}}=\lambda\tag{5.4.5}$$

也就是说, Hermite 矩阵 $\mathbf{A}\in\mathbb{C}^{n\times n}$ 的 n 个 Rayleigh 商是等于 $\mathbf{A}$ 的 n 个特征值, 即 $R_i(\mathbf{x},\mathbf{A})=\lambda_i(\mathbf{A}),\ i=1,\cdots,n$。 [216]

5.4.2 广义 Rayleigh 商

定义 5.7 (广义 Rayleigh 商) 令 $\mathbf{A}$、$\mathbf{B}$ 均为 $n\times n$ 维 Hermite 矩阵, 且 $\mathbf{B}$ 是正定矩阵。矩阵束 $(\mathbf{A},\mathbf{B})$ 的广义 Rayleigh 商或广义 Rayleigh-Ritz 比 $R(\mathbf{x})$ 是一个标量 (函数), 定义为

$$R(\mathbf{x})=\frac{\mathbf{x}^{\mathrm{H}}\mathbf{A}\mathbf{x}}{\mathbf{x}^{\mathrm{H}}\mathbf{B}\mathbf{x}}\tag{5.4.6}$$

其中, $\mathbf{x}$ 是待选择的向量, 其目的是使广义 Rayleigh 商最大化或者最小化。

为了求解广义 Rayleigh 商, 定义一个新向量 $\tilde{\mathbf{x}}=\mathbf{B}^{1/2}\mathbf{x}$, 其中, $\mathbf{B}^{1/2}$ 表示正

定矩阵 $\mathbf{B}$ 的平方根。将 $\mathbf{x} = \mathbf{B}^{-1/2}\tilde{\mathbf{x}}$ 代入广义 Rayleigh 商定义式 (5.4.6), 则有

$$R(\tilde{\mathbf{x}}) = \frac{\tilde{\mathbf{x}}^{\mathrm{H}}\left(\mathbf{B}^{-1/2}\right)^{\mathrm{H}}\mathbf{A}\left(\mathbf{B}^{-1/2}\right)\tilde{\mathbf{x}}}{\tilde{\mathbf{x}}^{\mathrm{H}}\tilde{\mathbf{x}}} \tag{5.4.7}$$

这表明, 矩阵束 $(\mathbf{A}, \mathbf{B})$ 的广义 Rayleigh 商等价于矩阵乘积 $\mathbf{C} = (\mathbf{B}^{-1/2})^{\mathrm{H}} \cdot \mathbf{A}(\mathbf{B}^{-1/2})$。由 Rayleigh-Ritz 定理可知, 当选择向量 $\tilde{\mathbf{x}}$ 是与矩阵乘积 $\mathbf{C}$ 的最小特征值 $\lambda_{\min}$ 对应的特征向量时, 广义 Rayleigh 商取最小值 $\lambda_{\min}$。而当向量 $\tilde{\mathbf{x}}$ 被选为对应 $\mathbf{C}$ 的最大特征值 $\lambda_{\max}$ 的特征向量时, 广义 Rayleigh 商取最大值 $\lambda_{\max}$。

矩阵乘积的特征值分解 $(\mathbf{B}^{-1/2})^{\mathrm{H}}\mathbf{A}(\mathbf{B}^{-1/2})\tilde{\mathbf{x}} = \lambda\tilde{\mathbf{x}}$。若 $\mathbf{B} = \sum_{i=1}^{n} \beta_i \mathbf{v}_i \mathbf{v}_i^{\mathrm{H}}$ 是矩阵 $\mathbf{B}$ 的特征值分解, 则

$$\mathbf{B}^{1/2} = \sum_{i=1}^{n} \sqrt{\beta_i}\mathbf{v}_i\mathbf{v}_i^{\mathrm{H}}, \quad \mathbf{B}^{-1/2} = \sum_{i=1}^{n} \frac{1}{\sqrt{\beta_i}}\mathbf{v}_i\mathbf{v}_i^{\mathrm{H}}$$

说明 $\mathbf{B}^{-1/2}$ 也是 Hermite 矩阵, 即有 $(\mathbf{B}^{-1/2})^{\mathrm{H}} = \mathbf{B}^{-1/2}$。

将 $(\mathbf{B}^{-1/2})^{\mathrm{H}}\mathbf{A}(\mathbf{B}^{-1/2})\tilde{\mathbf{x}} = \lambda\tilde{\mathbf{x}}$ 乘以 $\mathbf{B}^{-1/2}$ 替代 $(\mathbf{B}^{-1/2})^{\mathrm{H}} = \mathbf{B}^{-1/2}$, 即得到 $\mathbf{B}^{-1}\mathbf{A}\mathbf{B}^{-1/2}\tilde{\mathbf{x}} = \lambda\mathbf{B}^{-1/2}\tilde{\mathbf{x}}$ 或 $\mathbf{B}^{-1}\mathbf{A}\mathbf{x} = \lambda\mathbf{x}$。因此, 矩阵乘积 $(\mathbf{B}^{-1/2})^{\mathrm{H}}\mathbf{A}(\mathbf{B}^{-1/2})$ 等价于 $\mathbf{B}^{-1}\mathbf{A}$ 的特征值分解。

[217]

由于 $\mathbf{B}^{-1}\mathbf{A}$ 的特征值分解就是矩阵束 $(\mathbf{A}, \mathbf{B})$ 的广义特征值分解, 所以上述讨论可归结为: 广义 Rayleigh 商取最大值和最小值的条件是

$$R(\mathbf{x}) = \frac{\mathbf{x}^{\mathrm{H}}\mathbf{A}\mathbf{x}}{\mathbf{x}^{\mathrm{H}}\mathbf{B}\mathbf{x}} = \lambda_{\max}, \quad 若\ \mathbf{A}\mathbf{x} = \lambda_{\max}\mathbf{B}\mathbf{x} \tag{5.4.8}$$

$$R(\mathbf{x}) = \frac{\mathbf{x}^{\mathrm{H}}\mathbf{A}\mathbf{x}}{\mathbf{x}^{\mathrm{H}}\mathbf{B}\mathbf{x}} = \lambda_{\min}, \quad 若\ \mathbf{A}\mathbf{x} = \lambda_{\min}\mathbf{B}\mathbf{x} \tag{5.4.9}$$

即是说, 要使广义 Rayleigh 商最大化, 向量 $\mathbf{x}$ 必须选取与矩阵束 $(\mathbf{A}, \mathbf{B})$ 最大广义特征值对应的特征向量; 反之, 要使广义 Rayleigh 商最小化时, 则应该取与矩阵束 $(\mathbf{A}, \mathbf{B})$ 最小广义特征值对应的特征向量 $\mathbf{x}$。

5.4.3 类鉴别有效性的评估

模式识别广泛应用于人类特征 (如人脸、指纹、虹膜) 和各种雷达目标 (如飞机、舰船) 的识别。在这些应用中, 信号特征的提取是关键的。例如, 当一个目标被视为一个线性系统时, 目标参数就是目标的一个特征信号。

散度是对两个信号之间的距离或差异的度量, 常用于特征识别及其有效性评价。

令 Q 表示各种方法提取的信号特征向量的公共维数。假设有 c 类的信号, 在 i 和 j 类之间, Fisher 类的可分性度量简称为 Fisher 测度, 用于确定特征向量的排序。考虑 c 类信号的类鉴别, $\mathbf{v}_k^{(l)}$ 表示 k 示例第 l 类信号的特征向量, 其中, $l = 1, \cdots, c$, $k = 1, \cdots, l_K$, l_K 是 l 类信号。假设随机向量 $\mathbf{v}^{(l)} = \mathbf{v}_k^{(l)}$ 的先

验概率对于 $k=1,\cdots,l_K$ 是相同的 (即等概率), Fisher 测度定义为

$$m^{(i,j)}=\frac{\sum_{l=i,j}\left(\text{mean}_k(\mathbf{v}_k^{(l)})-\text{mean}_l(\text{mean}(\mathbf{v}_k^{(l)}))\right)^2}{\sum_{l=i,j}\text{var}_k(\mathbf{v}_k^{(l)})} \tag{5.4.10}$$

其中: [218]

$\text{mean}_k(\mathbf{v}_k^{(l)})$ 是第 l 类的所有信号特征向量的平均值 (质心);

$\text{var}(\mathbf{v}_k^{(l)})$ 是第 l 类的所有信号特征向量的方差;

$\text{mean}_l(\text{mean}_k(\mathbf{v}_k^{(l)}))$ 为所有类的总样本质心。

作为 Fisher 类鉴别测度的一个扩展, 考虑所有 $Q\times 1$ 特征向量到 $(c-1)$ 维类判别空间上的投影。

令 $N=N_1+\cdots+N_c$, 其中 N_i 表示在训练阶段提取的 i 类信号的特征向量的个数。

假定 $\mathbf{s}_{i,k}=[s_{i,k}(1),\cdots,s_{i,k}(Q)]^{\text{T}}$ 表示在训练阶段由第 i 类信号的第 k 组观测数据得到的 $Q\times 1$ 维特征向量, 而 $\mathbf{m}_i=[m_i(1),\cdots,m_i(Q)]^{\text{T}}$ 为第 i 类信号特征向量的样本均值向量, 则

$$m_i(q)=\frac{1}{N_i}\sum_{k=1}^{N_i}s_{i,k}(q),\quad i=1,\cdots,c,\ q=1,\cdots,Q$$

类似地, 令 $\mathbf{m}=[m(1),\cdots,m(Q)]^{\text{T}}$ 表示由全体观测数据得到的所有特征向量的总体均值向量, 其中

$$m(q)=\frac{1}{c}\sum_{i=1}^{c}m_i(q),\quad q=1,\cdots,Q$$

可定义类内散射矩阵和类间散射矩阵[5]

$$\mathbf{S}_w\stackrel{\text{def}}{=}\frac{1}{c}\sum_{i=1}^{c}\left(\frac{1}{N_i}\sum_{k=1}^{N_i}(\mathbf{s}_{i,k}-\mathbf{m}_i)(\mathbf{s}_{i,k}-\mathbf{m}_i)^{\text{T}}\right) \tag{5.4.11}$$

$$\mathbf{S}_b\stackrel{\text{def}}{=}\frac{1}{c}\sum_{i=1}^{c}(\mathbf{m}_i-\mathbf{m})(\mathbf{m}_i-\mathbf{m})^{\text{T}} \tag{5.4.12}$$

定义准则函数

$$J(\mathbf{U})\stackrel{\text{def}}{=}\frac{\prod_{\text{diag}}\mathbf{U}^{\text{T}}\mathbf{S}_b\mathbf{U}}{\prod_{\text{diag}}\mathbf{U}^{\text{T}}\mathbf{S}_w\mathbf{U}} \tag{5.4.13}$$

式中, $\prod_{\text{diag}}\mathbf{U}$ 表示矩阵 $\mathbf{U}$ 的对角元素的乘积。作为评估类鉴别能力的测度, 应该使 J 最大化。称 $\text{span}(\mathbf{U})$ 是类判别空间, 若 [219]

$$
\mathbf{U} = \arg\max_{\mathbf{U}\in\mathbb{R}^{Q\times Q}} J(\mathbf{U}) = \frac{\prod_{\text{diag}} \mathbf{U}^{\mathrm{T}}\mathbf{S}_b\mathbf{U}}{\prod_{\text{diag}} \mathbf{U}^{\mathrm{T}}\mathbf{S}_w\mathbf{U}} \tag{5.4.14}
$$

这个优化问题可等价写作

$$
[\mathbf{u}_1, \cdots, \mathbf{u}_Q] = \arg\max_{\mathbf{u}_i\in\mathbb{R}^Q} \left\{ \frac{\prod_{i=1}^{Q} \mathbf{u}_i^{\mathrm{T}}\mathbf{S}_b\mathbf{u}_i}{\prod_{i=1}^{Q} \mathbf{u}_i^{\mathrm{T}}\mathbf{S}_w\mathbf{u}_i} = \prod_{i=1}^{Q} \frac{\mathbf{u}_i^{\mathrm{T}}\mathbf{S}_b\mathbf{u}_i}{\mathbf{u}_i^{\mathrm{T}}\mathbf{S}_w\mathbf{u}_i} \right\} \tag{5.4.15}
$$

其解为

$$
\mathbf{u}_i = \arg\max_{\mathbf{u}_i\in\mathbb{R}^Q} \frac{\mathbf{u}_i^{\mathrm{T}}\mathbf{S}_b\mathbf{u}_i}{\mathbf{u}_i^{\mathrm{T}}\mathbf{S}_w\mathbf{u}_i}, \quad i = 1, \cdots, Q \tag{5.4.16}
$$

这就是广义 Rayleigh 商的最大化。上面的方程有一个明确的物理意义: 构成最优类识别子空间的矩阵 $\mathbf{U}$ 的列向量 $\mathbf{u}$ 应该同时使得类间散度最大化和类内散度最小化, 即广义 Rayleigh 商最大化。

对于 c 类信号, 最优类识别子空间为 $(c-1)$ 维。因此, 方程式 (5.4.16) 仅对 $c-1$ 广义 Rayleigh 商最大化。换句话说, 对于 $c-1$ 广义特征向量 $\mathbf{u}_1$、$\cdots$、$\mathbf{u}_{c-1}$, 需要解决以下广义特征值问题

$$
\mathbf{S}_b\mathbf{u}_i = \lambda_i\mathbf{S}_w\mathbf{u}_i, \quad i = 1, 2, \cdots, c-1 \tag{5.4.17}
$$

这些广义特征向量构成了 $Q\times(c-1)$ 矩阵

$$
\mathbf{U}_{c-1} = [\mathbf{u}_1, \cdots, \mathbf{u}_{c-1}] \tag{5.4.18}
$$

的列跨越了最优类识别子空间。

在得到 $Q\times(c-1)$ 矩阵 $\mathbf{U}_{c-1}$ 后, 对于在训练阶段得到的每个信号特征向量, 我们可以找到它在最优类识别子空间的投影

$$
\mathbf{y}_{i,k} = \mathbf{U}_{c-1}^{\mathrm{T}}\mathbf{s}_{i,k}, \quad i = 1, \cdots, c,\ k = 1, \cdots, N_i \tag{5.4.19}
$$

[220] 当只有 3 类信号 $(c=3)$ 时, 最优类识别子空间是一个平面, 且每个特征向量上的最优类识别子空间都是一个点。这些投影直接反映了不同特征向量在信号分类中的识别能力。

本章小结

本章重点介绍在人工智能中广泛应用的矩阵代数方法: 特征值分解、广义特征值分解、Rayleigh 商、广义 Rayleigh 商和 Fisher 测度。

参考文献

[1] Bellman R.: *Introduction to Matrix Analysis.* 2nd edn. New York: McGraw-Hill (1970)

[2] Chatelin F.: *Eigenvalues of Matrices.* New York: Wiley (1993)

[3] Cirrincione G., Cirrincione M., Herault J., et al.: The MCA EXIN neuron for the minor component analysis. IEEE Trans. Neural Networks, **13** (1): 160-187 (2002)

[4] Drmac Z.: A tangent algorithm for computing the generalized singular value decomposition. SIAM J. Numer. Anal., **35**(5): 1804-1832 (1998)

[5] Duda R. O., Hart P., E.: *Pattern Classification and Scene Analysis.* New York: Wiley (1973)

[6] Golub G. H., Van Loan C. F.: *Matrix Computation.* 2nd edn. Baltimore: The John Hopkins University Press (1989)

[7] Helmke U., Moore J. B.: *Optimization and Dynamical Systems.* London: Springer-Verlag (1994)

[8] Horn R. A., Johnson C. R.: *Matrix Analysis.* Cambridge: Cambridge University Press (1985)

[9] Huang L.: *Linear Algebra in System and Control Theory* (in Chinese). Beijing: Science Press (1984)

[10] Jennings A., McKeown J. J.: *Matrix Computations.* New York: John Wiley & Sons (1992)

[11] Johnson D. H., Dudgeon D. E.: *Array Signal Processing: Concepts and Techniques.* Englewood Cliffs, NJ: Prentice Hall (1993)

[12] Nour-Omid B., Parlett B. N., Ericsson T., Jensen P. S.: How to implement the spectral transformation. Math. Comput., **48**: 663-673 (1987)

[13] Parlett B. N.: The Rayleigh quotient iteration and some generalizations for nonormal matrices. Math. Comput., **28** (127): 679-693 (1974)

[14] Parlett B. N.: *The Symmetric Eigenvalue Problem.* Englewood Cliffs: Prentice-Hall (1980)

[15] Rayleigh L.: *The Theory of Sound.* 2nd edn. New York: Macmillian (1937)

[16] Roy R., Kailath T.: ESPRIT – Estimation of signal parameters via rotational invariance techniques. IEEE Trans. Acoust., Speech, Signal Processing, **37**: 297-301 (1989)

[17] Saad Y.: *Numerical Methods for Large Eigenvalue Problems.* New York: Manchester University Press (1992)

[18] Zhang X. D., Liang Y. C.: Prefiltering-based ESPRIT for estimating parameters of sinusoids in non-Gaussian ARMA noise. IEEE Trans. Signal Processing, **43**: 349-353 (1995)

索　引

① 索引页码对应本书页边方括号中的页码。

D

F

H

M

N

O

Q

U

V

W

后　记

回顾张贤达教授近 30 年的出版历程, 他的著述之所以能得到业界的肯定和读者的喜爱, 是因为他秉持将高深的数学理论融入科学研究和前沿技术的宗旨, 以及系统、平实的写作风格, 也离不开学界和出版界人士的支持。在此表示衷心的感谢。

感谢杨子江教授, 是他对《信号处理中的线性代数》一书的深刻理解和不懈努力, 将我丈夫的书第一次输出到国外。感谢剑桥大学 Arieh Iserles 教授和香港理工大学 Qi Liqun 教授。感谢剑桥大学出版社刘泳辰编辑, 感谢斯普林格出版社的常兰兰编辑和李坚博士为本书英文版出版所做的工作。

张远声先生对本书的英文版全面、细致地进行了审校, 并完成本书中文版的翻译工作, 他的认真和努力, 以及对本书的巨大付出堪以告慰我的丈夫。对此表示深深的谢意。

感谢高等教育出版社对出版本书的重视, 感谢冯英编辑、黄慧靖编辑。

感谢西安电子科技大学、航空工业部的培养。

为确保本书内容准确无误以及高质量的出版, 特组织了我丈夫的学生李剑、苏泳涛、丁子哲、高秋彬、韩芳明、常冬霞、张道明、朱峰、胡亚峰、王曦元博士进行分章节通读。对他们极其认真、辛勤的劳动表示感谢。同时对我丈夫的学生杨恒、栾天祥、吕齐、隗伟、丁建江、谢德光、楼顺天、朱孝龙、王琨、李小军、冶继民、彭春翌、陈滨宁、赵锡凯、张玲、武露、张莉、饶彦祎、郑亮、郑继民、马晓岩、闫世强、陈建峰、陈忠、张勇、王煜航表示感谢。

唐晓英
2021 年 9 月